# 中国乗用車企業の成長戦略

陳　晋著

Growth Strategies of the Chinese Automotive Manufacturers
by Jin Chen

信 山 社

　　　　　　は　し　が　き

　1980年代以来、中国は他のアジア諸国と異なって、早めに技術導入の焦点を軽工業的な消費財の段階から基幹的な工業部門に移しはじめた。これと関連して、90年代の半ば以降の中国の輸出は、衣類・玩具などの軽工業品から電機・電子関連製品にと急速にシフトし、99年になると電機・電子製品の輸出で初めて繊維・衣類製品を抜いて首位に立った。
　一方、日本の電機や自動車などの大手企業が、90年代の半ばから従来の消極的な姿勢を変えて、大型プロジェクトを目標に、中国で相次いで事業の拡大に動き出した。ただし、そうした中で長江三峡ダムの発電機応札での失敗や、乗用車事業の進出で苦戦するなどのケースも目立っている。重要な敗因の一つとしては、日本企業が意思決定の主体になりつつある中国企業の戦略に対する研究が少なく、中国企業の現地状況に対する調査も不足していた。
　中国における市場経済の転換にともない、企業戦略や技術導入などの意思決定の主体は、次第に従来の政府部門から企業へと移行してきている。中国の企業は、成長を指向する明確な戦略目標を持ちながら、多様でダイナミックな行動をとるようになっており、つねに国の政策に働きかけて影響を与えようとしている。それゆえに、中国企業における組織改革や戦略構築の研究は、中国の経済発展・産業進歩のプロセスを解明する重要な手がかりになるばかりではなく、中国市場に進出する外資系企業にとっても欠かせない課題になっていた。
　本書は、中国経済の発展にとって重要な要素になりつつある乗用車産業を取り上げ、この分野に参入して大量生産体制の確立を目指した諸企業が、いかにして環境変動や自社の経営資源に適合した成長戦略を構築してきたかを実証し、検討するものである。ここに乗用車企業の事例を取り上げたのは、乗用車産業が中国の改革開放政策による急激な環境変化の中で、高い成長率を保つ中国製造業の象徴として存在し、この産業における企業戦略構築のプロセスの解明が、中国における企業成長と中国の産業進歩の共通ルートを、明確に説明できる適例であろう

と考えたからである。

　また、ここで解明する乗用車企業の技術・資本の導入、ならびにグロバール化のプロセスは、中国における他産業の企業の成長パターンとかなり共通性を持つので、いままで中国の乗用車市場への進出に遅れ、苦戦してきた日本の自動車メーカーだけではなく、広く日本企業の対中投資戦略にも参考になるものと思われる。

　そこで、第一の特徴として、従来はマクロレベルでの制度分析や、産業レベルでの経済分析が多かった中国経済・産業・企業論に、個別企業レベルでの戦略分析の視点を持ち込んだことである。従来あまり分析されなかった中国の個別企業間の競争行動の違いに焦点を当て、企業における具体的な製品と市場の選択、経営資源の活用と蓄積、そして政府の計画と政策に対応する経営戦略に関して、実証的な分析を行った。産業レベルから企業レベルの分析へ、国営大企業中心の分析から地方や軍需などの後発企業を含めた比較分析へ、さらに外資側の視点から中国企業側の視点へ、日本における中国産業・企業研究の流れの中で論点の位置づけを明確にした。

　第二の特徴は、中国乗用車各社の現地資料を精力的に収集して、事例を豊富に引用して丹念に分析したことである。実証分析の部分については基本的には現地実態調査による一次基礎データを主とし、それを既存の文献・資料で補完するように努めた。インタビュー・リストで記したように、中国における現地実態調査は1990年から本格的に始まり、96年までにほとんどの乗用車メーカーを調査した。中国の自動車産業・企業という、比較的資料の整備が遅れた分野において、乗用車個別企業の戦略行動を詳細かつ具体的に記述した著作は、初めてであるといえよう。

　第三の特徴は、環境・能力・戦略の動態的変化を扱う戦略形成論を中心的な分析枠組に据えて、中国の産業・企業に対して、国際共通の経営学的な実証分析を展開したことである。この枠組みで、主に1980年代初めから1990年代の半ばまで、技術導入が集中した時期における、中国の乗用車各社の完成車の技術導入から、部品の国産化、生産の拡大、新製品の自主開発の試行にいたるまでの全過程を、一貫的に説明してきた。一方で、中国における乗用車産業が発展した特性に

ついても十分に実証しており、これによって従来からの「アメリカ流経営学の中国の実態へのナイーブな応用」という問題提起に対して、充分な正しい解答を出すことができると言える。

　本書は、東京大学大学院経済研究科に提出した経済学博士学位論文「中国自動車産業における企業の成長戦略の策定と実行に関する研究」(1999年11月に審査合格)に若干の加筆・修正を加えたものである。これまでの研究を学位論文としてまとめ、刊行することができたのは、たゆまぬ指導をいただいた恩師の東京大学経済学部の藤本隆宏教授に負うところが大きい。先生には、博士論文の分析枠組の構築から分析ツールの導入にいたるまで、始終ご懇篤なご指導を賜った。また、ともに現地調査にも赴かれ、博士論文作成の過程において詳細なコメントを通じて、数えきれぬの改善を加えてくださった。一方、筆者が東京大学で勉学できたのは、恩師の東京大学名誉教授の岡本康雄先生(現在、文京女子大学)のおかげであった。修士課程で、先生は研究者に必要な経営学の思考法と技法について、懇切丁寧な御指導を惜しまれなかった。その後も、学位論文の基礎になった一連の研究論文を日本国内の学会で発表する機会をつくって頂き、貴重なアドバイスを頂いた。ここで、藤本隆宏教授と岡本康雄教授に心から感謝の意を表するものである。また大学院在学中、最初に自動車産業の研究に導いてくださった山本潔教授、中国問題研究のための知識を下さった高橋満教授、論文の発表などで有益な助言を与えて下さった新宅純二郎助教授、和田一夫教授、高橋伸夫教授、欧米自動車産業の事情を教えて下さった米国ペンシルベニア大学ウォートン・スクールのJohn Paul MacDuffie助教授に感謝いたします。

　また、法政大学の下川浩一教授、東京都立大学の桑田耕太郎教授、横浜国立大学の山倉健嗣教授、立教大学の丸山恵也教授からは、研究会を通じて貴重なご質問とコメントを頂いた。大阪市立大学の坂上茂樹(旧姓、山岡)教授と城西大学の大島卓教授は、文部省科学研究費補助金・国際学術研究「現代日本の商用車用ディーゼル・エンジン技術の対中国移転戦略」プロジェクトに加えて下さって、そのため数回にわたる中国での現地調査が可能となった。また、大島先生は今回の博士論文の出版という貴重な機会をつくっていただいた。このほか、現地調査の際、インタビューに応じてくださった多くの方々、その一人ひとりに心から御

礼を申し上げたい。

　論文作成の大学院時代に、日本生命財団、高久国際奨学財団、中村奨学財団、積善奨学財団から奨学金及び研究助成金を頂いた。東京大学経済学部留学生担当助手の横尾佐世さん、友人の宮澤美孝先生には日本語を訂正して頂いた。また、刊行に当たって、信山社出版の袖山貴さんは、原稿の遅れがちな筆者を激励し、辛抱強く待っていただいた。あわせて心から感謝の意を表したい。

　最後に、父が亡くなった後の海外留学を支援してくれた母の王品賢、筆者を激励してくれた義母の葉綺、長年の研究生活を支え、見守ってくれた妻の林雪非に感謝したい。

2000年5月15日

陳　　晋

# 目　次

## 第1章　序　論 …………………………………………… 1

1. 問 題 関 心（1）
2. 研 究 方 法（10）

## 第2章　分析の枠組：環境変化と企業戦略の策定・実行プロセス …………………………… 15

1. 実証と理論に関する既存の研究（15）
   - 1.1　中国自動車産業における実証研究の検討（15）
   - 1.2　経営戦略における理論的検討（18）
2. 分析枠組：戦略構築プロセスの動態分析（22）
   - 2.1　市場経済と中国乗用車産業の形成：戦略論的な再解釈（23）
   - 2.2　環境・資源の相互作用と戦略構築プロセス（27）
   - 2.3　分析枠組：戦略構築とその規定要因（28）
     - (1)　環 境 条 件（29）
     - (2)　既 存 資 源（30）
     - (3)　戦略構築能力（30）
       - (3)-a　認 識 能 力（30）
       - (3)-b　資源投入能力（31）
       - (3)-c　競争力蓄積能力（32）
3. 環境要因の焦点要因シフトと戦略構築の焦点シフト（35）
   - 3.1　外部環境の焦点要因転換（35）
   - 3.2　企業戦略の策定・実行プロセスと戦略構築の焦点シフト（37）
4. 成長スピードと戦略的経路の差異に関する仮説（41）

## 第3章 中国自動車産業の歴史的沿革と乗用車中心への移行……45

1. 早期の自動車試作と産業基盤分布 (45)
2. 重層構造の形成と中型トラック中心 (47)
3. 市場開放と技術導入政策の実施 (53)
4. 乗用車ニーズの急増と産業政策の転換 (55)
5. セグメント分断構造から競争システムへ移行 (59)
6. 小　括 (62)

## 第4章 上海自工におけるコア能力の集中強化戦略……67

1. はじめに (67)
2. 上海における自動車修理と乗用車生産の歴史 (69)
   - 2.1 自動車修理と部品産業基盤の形成 (69)
   - 2.2 自動車と乗用車の組立経験 (71)
   - 2.3 鳳凰号乗用車の試作 (72)
   - 2.4 上海号乗用車の少量生産 (73)
   - 2.5 小括：従来計画経済統制期における既存資源 (75)
3. 乗用車生産集中構想と政府政策への適合 (76)
   - 3.1 乗用車生産への集中構想と企業体制の改革 (76)
   - 3.2 政府政策の適合と技術導入の戦略ビジョン (77)
   - 3.3 外国メーカーの思惑 (80)
   - 3.4 導入プランの策定と試行組立の実行 (82)
   - 3.5 小括：技術導入・市場開放初期における認識能力 (83)
4. 乗用車生産の強化と部品国産化ネットワークの構築 (83)
   - 4.1 技術導入の実現と上海ＶＷの組織構造 (84)
   - 4.2 戦略調整と乗用車生産能力の強化 (87)
   - 4.3 部品供給ネットワークの構築 (93)
   - 4.4 販売体制整備と市場拡張 (97)
   - 4.5 小括：乗用車ニーズ成長期における資源投入能力 (100)

5. 技術吸収と資源能力蓄積のプロセス（101）
　5.1　経営者の理念と企業の基本精神（101）
　5.2　上海ＶＷの品質管理体制の確立（103）
　5.3　「生産特区」の試行（106）
　5.4　リーン生産方式の導入と普及（109）
　5.5　開発能力の育成と新合弁事業（119）
　　（1）上海ＶＷの開発組織と活動（119）
　　（2）上海自工の開発組織と活動（120）
　　（3）新事業と開発能力の育成（123）
　5.6　小括：市場競争激化期には入る前の競争力蓄積能力（126）
6. ディスカッション（127）

## 第5章　天津自工における市場機会の探求適合戦略 …………131

1. はじめに（131）
2. 天津における初期自動車・部品生産の歴史（132）
　2.1　トヨタによって作られた自動車と部品生産基盤（132）
　2.2　自動車試作の歴史（135）
　2.3　部品生産の不振と再興（136）
　2.4　自動車の少量生産と乗用車試作の挫折（138）
　2.5　小括：従来計画経済期における既存資源（141）
3. 市場機会の探求と乗用車進出計画の策定（142）
　3.1　市場調査からの軽自動車進出ビジョン（142）
　3.2　企業体制の改革とプロジェクトの推進（144）
　3.3　日本への視察と軽自動車の技術導入（146）
　3.4　内外調査と乗用車進出計画の策定（148）
　3.5　小括：技術導入・市場開放初期における認識能力（150）
4. 乗用車技術導入と市場ニーズとの適合（150）
　4.1　市場変化の活用と乗用車技術導入の実現（151）
　4.2　「以老養新」の成長パターン（153）

4.3　部品調達先の転換と部品生産投資不足（158）
　　4.4　販売システムの構築と代理店の試行（162）
　　4.5　小括：乗用車ニーズ成長期における資源投入能力（164）
　5.　技術吸収と資源能力蓄積のプロセス（165）
　　5.1　経営者の理念と経営指導思想（165）
　　5.2　ハードウェア導入の過剰とソフトウェア導入の不足（167）
　　5.3　部品メーカーの技術導入と外注取引の管理（169）
　　5.4　数量重視と品質軽視の市場利益追求方式（172）
　　5.5　製品開発の実態と新合弁事業（174）
　　　（1）ボディの改造と委託設計（175）
　　　（2）開発組織とその活動（175）
　　　（3）トヨタとの戦略相違と合弁事業（176）
　　5.6　小括：市場競争激化期に入る前の競争力蓄積能力（180）
　6.　ディスカッション（181）

## 第6章　第一自動車における政府政策の適応活用戦略 …………183

　1.　はじめに（183）
　2.　第一自動車の設立と初期の生産活動（184）
　　2.1　立地条件と建設準備（184）
　　2.2　工場設計と工場建設（186）
　　2.3　生産車種と紅旗号乗用車の少量生産（189）
　　2.4　生産量の拡大と部品生産の初期拡散（190）
　　2.5　小括：従来計画経済統制期における既存資源（192）
　3.　企業姿勢の転換と商用車多角化の展開（193）
　　3.1　危機の襲来と東風自動車の挑戦（193）
　　3.2　中型トラックのモデルチェンジと企業姿勢の転換（194）
　　3.3　小型トラックの開発と生産準備（196）
　　3.4　紅旗乗用車の生産中止と改善の試み（197）
　　3.5　小括：技術導入・市場開放初期における認識能力（198）

4. 乗用車技術導入と商用車中心の市場拡張（199）
　　　4.1　戦略転換と乗用車進出計画の形成（199）
　　　4.2　技術導入先の変更と乗用車技術導入の実現（202）
　　　4.3　商用車中心の生産量拡大と部品国産化の展開（206）
　　　4.4　「小紅旗」とジェッタ乗用車の市場進出（211）
　　　4.5　販売体制の構築（213）
　　　4.6　小括：乗用車ニーズ成長期における資源投入能力（214）
　　5. 技術吸収と資源能力蓄積のプロセス（215）
　　　5.1　経営理念と企業精神の変化（215）
　　　5.2　品質管理体制の整備とコスト管理の問題（217）
　　　5.3　部品工場の技術導入と品質管理（220）
　　　5.4　リーン生産方式の推進（221）
　　　5.5　乗用車開発活動と新事業の展開（224）
　　　　(1)　開発組織と商用車開発活動（224）
　　　　(2)　組織再編と乗用車開発の実践（225）
　　　　(3)　乗用車新事業の展開（227）
　　　5.6　小括：市場競争激化期に入る前の競争力蓄積能力（230）
　　6. ディスカッション（231）

## 第7章　パターンの違った停滞3社における失敗原因の分析 …235

　　1. 上海自工と北京自工の比較
　　　　　　──乗用車技術の導入と生産体制再編（235）
　　2. 天津自工と広州自工の比較
　　　　　　──基盤・組織・車種について（240）
　　3. 第一自動車と東風自動車の比較
　　　　　　──政府政策対応と乗用車戦略転換（245）
　　4. 小　　　括（249）

## 第8章　戦略パフォーマンス：総合比較 …………………251

1. 成功・失敗の共通要因（254）
   - 1.1　停滞3社の共通の失敗原因（255）
   - 1.2　上位3社の共通の成功原因（257）
2. 上位3社における戦略的経路の差異（259）
   - 2.1　70年代末までの既存資源（259）
   - 2.2　技術導入・市場開放初期の認識能力（263）
   - 2.3　乗用車ニーズ成長期の資源投入能力（265）
   - 2.4　乗用車技術導入後の競争力蓄積能力（268）
3. 結　論（270）

補論　表8-3の比較結果についての説明（271）

## 第9章　総括と今後の課題 …………………281

1. 総　括（281）
2. 中国企業への一般化（291）
   - (1)　経済体制変化への対応における企業間の差（291）
   - (2)　技術転換への対応における企業間の差（293）
   - (3)　市場高度化への対応における企業間の差（294）
3. インプリケーションと今後の課題（296）

## 補章　中国軍需産業における企業の乗用車生産進出とグローバル化 …………………301

1. はじめに（301）
2. 軍需企業の歴史的変遷と経営資源の分布（303）
3. 自動車参入戦略の策定と実行（305）
4. 乗用車生産の進出と政府政策の破綻（309）
5. 組織再編と乗用車生産の拡大（311）
6. モータリゼーションと小型乗用車競争（315）

7. 軍需企業乗用車生産のグローバル化 (320)
8. むすび (322)

参考文献……………………………………………………*325*
インタビュー・リスト………………………………………*337*

索　引………………………………………………………*341*
CONTENTS…………………………………………………*345*

## 図 表 一 覧

| 第1章 | 表1-1 | 第一自動車・上海自工・天津自工の販売額・利潤額・従業員数・生産性の推移（1978-1996） | (7) |
| --- | --- | --- | --- |
| | 図1-1 | 「3大3小2微」生産基地の乗用車生産推移（1982-1996） | (3) |
| | 図1-2 | 1996年中国乗用車生産状況 | (4) |
| | 図1-3 | 中国自動車産業における上位8社自動車生産台数推移（1978-1996） | (5) |
| | 図1-4 | 中国自動車産業における各車種の生産量推移（1990-1995） | (11) |
| 第2章 | 表2-1 | 指令性分配計画が生産計画の中に占められる比重の推移（1982-1989） | (24) |
| | 表2-2 | 能力評価項目基準表 | (33) |
| | 表2-3 | 中国乗用車メーカーの外部環境要因変化のプロセスと焦点要因の転換 | (36) |
| | 図2-1 | 静態的な企業戦略論の基本図式 | (19) |
| | 図2-2 | 外部環境変動に応じる企業成長戦略の構築 | (25) |
| | 図2-3 | 概念図：中国自動車産業における企業戦略構築のプロセス | (27) |
| | 図2-4 | 分析枠組：中国自動車産業における企業戦略の構築とその規定要因 | (29) |
| | 図2-5 | 応用図：中国自動車産業における乗用車メーカーの成長戦略策定と実行のプロセス | (38) |
| 第3章 | 表3-1 | 中国自動車産業の企業数・生産量・輸入台数・保有台数の推移（1955-1996） | (52) |
| | 表3-2 | 中国自動車産業における乗用車メーカーの技術導入の時間表 | (57) |

|  |  |  |  |
|---|---|---|---|
|  | 表3-3 | 技術導入された各乗用車車種の生産量と国産化率の推移 |  |
|  |  | (1985-1995) | (60, 61) |
|  | 表3-4 | 中国自動車産業における乗用車メーカーの競争関係 | (63) |
|  | 表3-5 | 中国のメーカーに生産された乗用車たちの性能と価格 |  |
|  |  | 比較 | (64, 65) |
|  | 図3-1 | 中国自動車主要会社の歴史的変遷図 | (50, 51) |
| 第4章 | 表4-1 | 上海汽車工業総公司組織の歴史沿革 | (74) |
|  | 表4-2 | 上海ＶＷの資本構成（1985年スタートの時） | (85) |
|  | 表4-3 | 上海ＶＷの董事（取締役）分配 | (86) |
|  | 表4-4 | 上海自工緊密型販売公司表（1994年） | (98) |
|  | 表4-5 | 上海小糸経営実績（1989-1995年） | (110) |
|  | 表4-6 | 上海自工所属メーカーのリーン生産方式推し広める |  |
|  |  | 状況 | (116, 117) |
|  | 図4-1 | 上海汽車工業総公司の組織図 | (90, 91) |
|  | 図4-2 | 1979年と1995年の上海自工における主要各車種の生産 |  |
|  |  | 量比較 | (92) |
|  | 図4-3 | 上海ＶＷサンタナ乗用車国産化のプロセス | (105) |
|  | 図4-4 | 上海小糸職場レイアウト改善の実例 | (112) |
| 第5章 | 表5-1 | 天津自工の工場体系 | (160, 161) |
|  | 表5-2 | 中国における主な企業別軽自動車生産量推移 |  |
|  |  | (1984-1996年) | (178) |
|  | 図5-1 | 天津自工における各車種生産量の推移（1983-1994年） | (155) |
| 第6章 | 図6-1 | 第一自動車における主要各車種生産量の推移 |  |
|  |  | (1991-1994年) | (207) |
|  | 図6-2 | 第一自動車の組織関連図 | (229) |
| 第7章 | 表7-1 | 上海自工と北京自工における初期条件と戦略パフォー |  |
|  |  | マンスの比較 | (237) |

## 14　図表一覧

|  |  |  |  |
|---|---|---|---|
| | 表7-2 | 天津自工と広州自工における初期条件と戦略パフォーマンスの比較 | (242) |
| | 表7-3 | 第一自動車と東風自動車における初期条件と戦略パフォーマンスの比較 | (246) |
| 第8章 | 表8-1 | 「3大3小」乗用車メーカーの既存資源と戦略構築能力についての評価 | (253) |
| | 表8-2 | 中国「3大3小」乗用車メーカーの焦点戦略構築能力と競争成果の総合比較 | (255) |
| | 表8-3 | 上位3社の乗用車戦略の策定と実行における戦略構築能力の発揮比較 | (262) |
| | 図8-1 | 総合比較の案内図 | (252) |
| 補　章 | 表補-1 | 中国自動車産業における上位10社自動車生産台数推移（1997-99年） | (301) |
| | 表補-2 | 中国全乗用車メーカー生産台数推移（1997-99年） | (302) |
| | 表補-3 | 中国軍需産業における主要な企業の自動車生産や技術導入状況 | (307) |
| | 表補-4 | 中国自動車産業における主要小型乗用車メーカーの生産とグローバル化状況 | (317) |

# 第1章 序　論

## 1. 問題関心

　現代中国企業における主体的な競争行動の違いに着目し、経営戦略論の枠組を適用しつつ、企業間の成長性の違いを生み出す諸要因に関する分析を試みる。分析の対象としては、中国経済の発展にとって重要な要素となりつつある乗用車産業を取り上げ、この産業に参入して大量生産の確立を目指す諸企業が、いかにして環境変動や自社の経営資源に適合した成長戦略を構築しつつあるかを実証的に検討する[1]。とくに、80年代初めから90年代半ばという乗用車産業の勃興・成長初期に焦点を当てることにする。

　したがって、解明を試みる基本的な問題関心（key research question）は、以下の通りである。すなわち、乗用車産業という同一セクターの中で、同様の産業保護、政策支援を受けている国営企業の間で、90年代半ばの時点でなぜ著しい成長格差が生じたのか。その要因はなにか。また、90年代半ばの時点で、成長性において比較的成功している企業は、同一の成長戦略をたどっていたのか、その間に戦略的経路の差があれば、それを規定した要因はなにかなどである。

　乗用車企業の事例を取り上げたのは、乗用車産業が改革開放以来、計画統制から市場経済へ急速に転換する環境変化の中で、高い成長率を保つ中国製造業の象徴として存在し、この産業における企業戦略構築のプロセスの解明が、中国企業の成長と中国産業の進歩の共通性について、かなりの部分で説明ができる最適な

---

[1] 成長戦略について、Ansoff, H. I. (1957) は成長ベクトルを提唱し、市場浸透（market penetration）、市場開発（market development）、製品開発（product development）と多角化（diversification）の4つの成長戦略をあげた。ここで成長戦略とは、主に近年中国自動車産業で成長が最も速い乗用車の分野で、技術の導入によって生産を拡大し、成長性において他社に差をつけた中国企業の競争戦略を指す。

例であろうと考えたからである(2)。

　中国自動車産業は、80年代の初めから本格的に乗用車の生産技術を導入しはじめた。80年代の半ばから90年代の半ばまで、政府の外資新規参入規制による国内市場の保護政策の下で、乗用車のニーズが急速に成長し、国が認可した主な6社の間で量的成長を巡る国内競争も激しくなっていった(3)。こうした内外環境の変化に応じて、中国企業はそれぞれの成長戦略を構築し、多様な競争行動を展開していったように見える。また、90年代半ばまで、その成長パフォーマンスにも顕著な格差を生じていた。

　これらの問題関心に答えるために、戦略形成論の枠組を中国乗用車産業の事例に適用してみることにする。なぜなら、外部環境の変化に適応しつつ企業の戦略構築の焦点も変化している中国企業の成長の実態から考えて、戦略形成論の枠組が、このような経路依存性を持つ中国企業の成長戦略を解明する最適な枠組だろうと考えたからである。具体的には、図1-1と図1-2に示す上述6社の中で、より高い成長率を達成した乗用車メーカーである「上海汽車工業総公司」(4)（上海自動車工業総会社、以下略称上海自工）、「天津汽車工業公司」（天津自工）、「第一汽車集団公司」（第一自動車）の3社を主たる対象として、その成長戦略の策定と実行のプロセスを時間軸に沿って比較分析することとする。

　中国乗用車企業の「成功」を測る尺度としては、規模的な成長、利益率などがありうるが、後者はデータの制約があるので、成長率を主な評価基準とする。収益性については、質的データで可能な限り補完する。上述の3社は、少なくとも

---

（2）　中国の乗用車生産は、まだ自動車総生産量の中で多くを占めていないが、自動車産業の中で最近の10年間成長が最も速い分野であり、業界発展の主役になりつつある。乗用車分野における企業の戦略動向の解明は、参入規制の中で技術を導入しながら発展してきた中国の自動車産業における他車種（例えば、小型トラック、軽自動車など）の成長の共通パターンを説明できるだけではなく、最も重要なのは中国自動車産業組織の構造変化の方向も把握できることにある。

（3）　この6社、いわゆる「3大3小」（第3章参照）乗用車メーカーの他に、90年代の前期に軽自動車を製造する2つの軍需企業、いわゆる「2微」も乗用車生産に参入したが、軍需企業と民間企業とは背景条件にかなり違いがあるので、軍需企業乗用車戦略の分析は補章に譲る。ちなみに、軍需産業の「2微」の乗用車生産への進出と拡張戦略について陳晋（1999）を参照されたい。

（4）　中国で自動車は「汽車」、汽車は「火車」、会社は「公司」という。

第1章 序論 3

図1-1 「3大3小2微」生産基地の乗用車生産推移（1982-1996）

単位：台

| | 上海自工 | 第一自動車 | 東風自動車 | 天津自工 | 北京自工 | 広州自工 | 北方長安 | 貴州航空 | 全国総生産 |
|---|---|---|---|---|---|---|---|---|---|
| 1982年 | 4,030 | | | | | | | | 4,030 |
| 83 | 6,010 | | | | | | | | 6,046 |
| 84 | 6,040 | | | | | | | | 6,010 |
| 85 | 5,207 | | | | | | | | 5,207 |
| 86 | 10,705 | | | | 60 | 1,532 | | | 12,329 |
| 87 | 15,025 | | | | 100 | 3,002 | 1,343 | | 20,865 |
| 88 | 21,046 | 391 | | 2,873 | 4,500 | 3,309 | | | 36,798 |
| 89 | 21,206 | 1,922 | | 1,274 | 6,630 | 4,399 | | | 35,450 |
| 90 | 24,609 | 4,200 | | 2,920 | 7,500 | 3,016 | | | 42,409 |
| 91 | 40,792 | 18,550 | | 11,261 | 12,700 | 9,381 | 245 | | 81,055 |
| 92 | 65,000 | 23,189 | 801 | 30,150 | 20,001 | 15,410 | 5,565 | 93 | 162,725 |
| 93 | 100,001 | 29,886 | 5,062 | 47,850 | 13,809 | 16,763 | 10,463 | 1,160 | 229,697 |
| 94 | 115,326 | 30,196 | 8,010 | 58,500 | 14,703 | 4,485 | 10,020 | 570 | 250,333 |
| 95 | 160,070 | 37,908 | 3,797 | 65,000 | 25,127 | 6,936 | 11,595 | 1,653 | 320,578 |
| 96 | 200,222 | 45,598 | 9,228 | 88,000 | 26,051 | 2,544 | 13,374 | 1,568 | 391,099 |

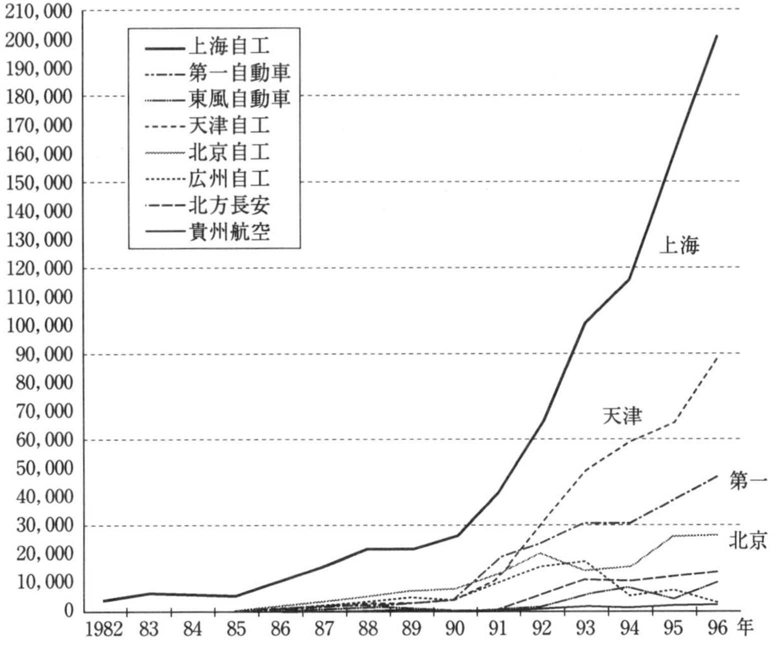

出所：各年『中国汽車工業年鑑』及び各社社史により作成。
注：北方長安のデータは北方公司各メーカーの合計数字である。

*4* 第1章 序　論

図1-2　1996年中国乗用車生産状況

単位：台　シェア：％

| 企　業　例 | 生　産　台　数 | 市場シェア |
|---|---|---|
| 上海自工 | 200,222 | 51.2 |
| 天津自工 | 88,000 | 22.5 |
| 第一自動車 | 45,598 | 11.7 |
| 北京自工 | 26,051 | 6.7 |
| 北方長安 | 13,374 | 3.4 |
| 東風自動車 | 9,228 | 2.4 |
| 広州自工 | 2,544 | 0.7 |
| 貴州航空 | 1,568 | 0.4 |
| その他 | 4,514 | 1.2 |
| 合　　計 | 391,099 | 100 |

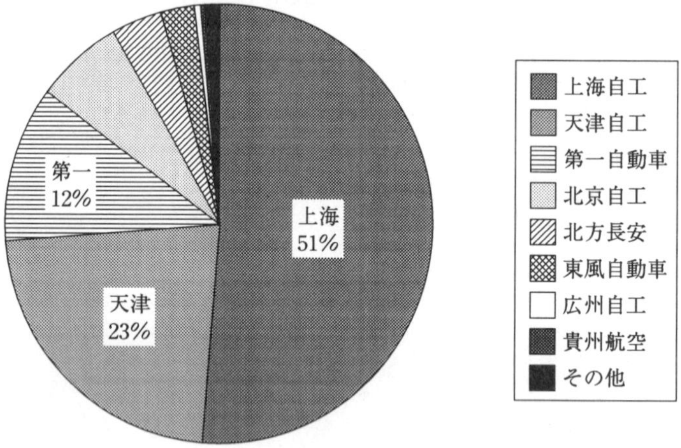

出所：1996年『中国汽車工業年鑑』（1997年版）339頁より作成。

図1-3 中国自動車産業における上位8社自動車生産台数推移 (1978-1996)

単位:台

| | 第一自動車 | 東風自動車 | 北京自工 | 南京自工 | 上海自工 | 済南自工 | 天津自工 | 金杯自工 | 全国総生産 |
|---|---|---|---|---|---|---|---|---|---|
| 1978年 | 58,227 | 5,123 | 17,850 | 13,252 | 10,050 | 3,300 | 1,875 | 303 | 149,062 |
| 79 | 63,002 | 14,541 | 24,195 | 15,201 | 10,222 | 3,515 | 2,337 | 1,051 | 185,700 |
| 80 | 66,000 | 31,500 | 28,250 | 16,302 | 14,074 | 5,039 | 4,052 | 3,001 | 222,288 |
| 81 | 60,002 | 37,503 | 27,002 | 8,310 | 6,150 | 5,099 | 3,491 | 1,680 | 175,645 |
| 82 | 60,507 | 51,711 | 28,520 | 9,025 | 6,837 | 5,993 | 4,979 | 3,050 | 196,304 |
| 83 | 67,200 | 60,106 | 31,390 | 12,250 | 7,647 | 7,249 | 7,137 | 4,777 | 239,886 |
| 84 | 78,416 | 70,173 | 34,367 | 16,620 | 8,331 | 7,949 | 10,095 | 7,259 | 316,367 |
| 85 | 85,003 | 83,431 | 50,064 | 22,265 | 11,320 | 9,400 | 20,787 | 13,361 | 443,377 |
| 86 | 61,607 | 87,292 | 59,553 | 20,403 | 13,991 | 7,600 | 20,849 | 22,178 | 372,753 |
| 87 | 62,038 | 104,673 | 65,371 | 22,625 | 18,743 | 7,866 | 30,166 | 27,299 | 472,538 |
| 88 | 80,846 | 114,542 | 88,376 | 35,000 | 24,800 | 11,373 | 35,933 | 27,883 | 646,951 |
| 89 | 76,224 | 120,892 | 84,144 | 33,007 | 24,837 | 13,943 | 39,236 | 34,708 | 586,936 |
| 90 | 69,358 | 107,952 | 85,498 | 37,395 | 27,274 | 10,895 | 26,963 | 16,103 | 509,242 |
| 91 | 83,467 | 122,489 | 106,717 | 48,338 | 44,015 | 16,425 | 44,743 | 30,079 | 708,820 |
| 92 | 145,259 | 139,380 | 135,180 | 33,738 | 69,381 | 16,262 | 75,715 | 41,636 | 1,061,721 |
| 93 | 175,738 | 182,413 | 125,084 | 64,900 | 102,342 | 18,240 | 107,653 | 25,000 | 1,296,778 |
| 94 | 186,518 | 190,294 | 138,996 | 74,074 | 116,809 | 16,415 | 122,490 | 18,808 | 1,353,368 |
| 95 | 202,259 | 145,025 | 168,946 | 82,318 | 161,137 | 11,384 | 133,885 | 13,345 | 1,434,788 |
| 96 | 231,607 | 142,518 | 129,417 | 74,629 | 201,086 | 13,231 | 152,686 | 20,348 | 1,474,905 |

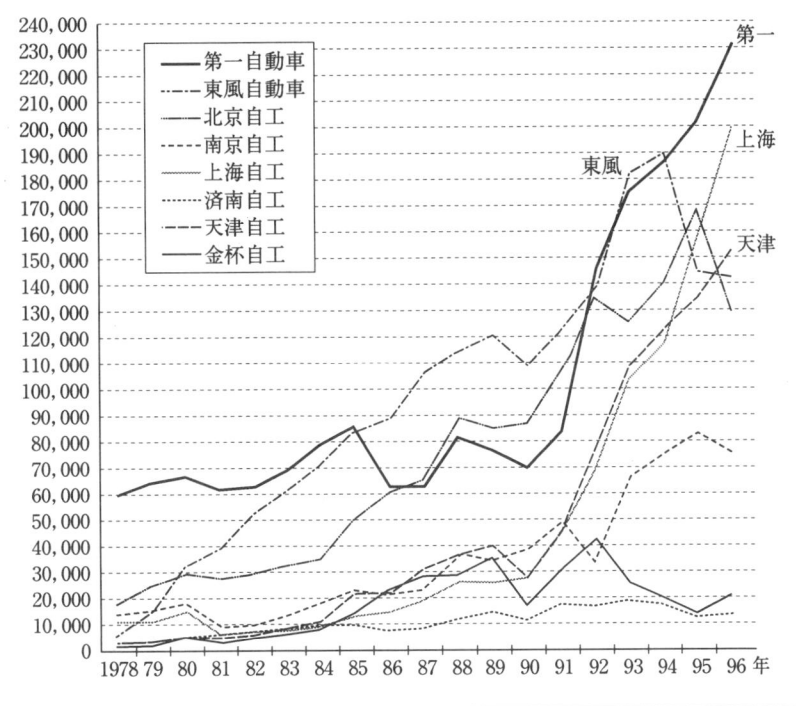

出所:各年『中国汽車工業年鑑』及び各社社史により筆者作成。
(1) 1978-1991年:『汽車工業規画参考資料』、1992年版 118-119頁。
(2) 1992-1996年:『中国汽車工業年鑑』1993-1997各年版、「汽車生産量前40（或いは50）名企業名簿及び生産量」と「企業集団主要指標」を参照。
注:上海汽車、北京汽車と天津汽車の数字は公司になった各工場の統合数字である。第一自動車と東風自動車の92年以後の数字は合併会社に生産された乗用車も含まれた。済南自工は87年から集団になった「重型汽車」の数字を、南京自工は1992年から集団になった「中国汽車」や「躍進集団」の数字を引用した。金杯自工は95年から第一自動車グループに入ったが、続けて単独統計している。

量的成長を基準にした場合、他の3メーカー（北京自工、広州自工、東風自動車）より成功したと見られ、その意味で90年代半ばの時点で比較的成功した3社といえる。この3社は図1-1、図1-3に表したように、90年代半ばの時点で乗用車生産台数の上位に立っているばかりでなく、商用車を含む自動車総生産台数においても中国自動車産業の「ビッグ・スリー」に入っている。しかし、3社はどれも中国乗用車生産の代表格の国有企業といわれているものの(5)、80年代から今日まで歩んできた成長経路は、かなり異なっているようにみえる。表1-1からわかるように、80年代初期から90年代半ばまで3社の経営パフォーマンスには相当の違いがあり、特に90年代に入って利潤総額や一人当たりの生産性など重要なパラメーターが各社ごとに大きく異なっている。その中で、特に従来、中小型企業(6)としての上海自工と天津自工の急速な成長ぶりが目立っている(7)。以上、

―――――
(5) 上海自工と天津自工は地方政府に所属する企業であるが、これに対して第一自動車は中央政府に所属する企業である。また、上海自工と天津自工とは企業形態および各自の所在地方政府との経済や人事など基本関係がほぼ同じである。ただし、上海自工傘下の乗用車完成車メーカーは外国企業と資本で合弁したことに対して、天津自工傘下の乗用車完成車メーカーは外国企業から技術を導入しただけで、資本の合弁までは行わなかった。これらの差異は各社の戦略動向に影響する重要要因と考えられる。
(6) 日本総合研究所・中国社会科学院工業経済研究所編(1982)『現代中国経済事典』437頁の生産能力による企業規模区分標準によると、それまでの自動車製造工場は年産5万台以上のものが大型に、年産0.5-5万台のものが中型に、年産0.5万台以下のものが小型企業になっていた。当時（例えば1982年、図1-3参照）第一自動車と東風自動車が大型企業であったのに比べて、上海自工と天津自工はただの中小型企業にすぎなかった。
(7) 現時点で上海自工は乗用車メーカー、天津自工は軽自動車メーカー、第一自動車はトラックと乗用車の総合メーカーとみられるが、実に3社はともに中型トラック、小型トラック、軽自動車と乗用車の試作や生産の歴史を持っていた。3社の違いは従来の生産規模や技術能力などの初期条件、及び後の製品構成の変化である。本論文はこれらの要素を企業間の既存資源と成長経路の差異として見なす。

第1章 序　論

表1-1　第一自動車・上海自工・天津自工の販売額・利潤額・従業員数・生産性の推移（1978-1996）

売上げ・利潤額：万元　従業員：人　生産性：人・年平均生産高：元

| | 第一汽車集団公司 | | | | 上海汽車工業総公司 | | | | 天津汽車工業公司 | | | |
|---|---|---|---|---|---|---|---|---|---|---|---|---|
| | 売上げ | 利潤額 | 従業員数 | 生産性 | 売上げ | 利潤額 | 従業員数 | 生産性 | 売上げ | 利潤額 | 従業員数 | 生産性 |
| 1978 | n.a. | 20,317 | 42,793 | n.a. | | 23,801 | 43,374 | 7,269 | | | | |
| 79 | 96,992 | 23,822 | 43,311 | 7,726 | | 24,988 | 43,537 | 7,797 | | | | |
| 1980 | 103,446 | 26,713 | 44,370 | 8,409 | | 26,242 | 46,624 | 7,907 | | | | |
| 81 | 81,455 | 21,144 | 45,481 | 7,510 | | 14,616 | 48,308 | 5,006 | | | | |
| 82 | 92,822 | 16,380 | 54,541 | 5,551 | | 16,810 | 49,591 | 5,231 | | | | |
| 83 | 120,762 | 19,833 | 53,628 | 6,237 | | 21,318 | 50,516 | 6,089 | | | | |
| 84 | 139,877 | 34,915 | 60,944 | 8,413 | n.a. | 24,764 | 50,933 | 7,036 | | 5,439 | | |
| 85 | 164,551 | 43,862 | 66,825 | 10,828 | 131,682 | 30,428 | 50,302 | 9,951 | | 7,676 | | |
| 86 | 101,195 | 8,604 | 69,572 | 4,419 | n.a. | 25,577 | 50,532 | 10,158 | | 11,670 | | |
| 87 | n.a. | 23,947 | 87,274 | n.a. | n.a. | 23,435 | 50,964 | 10,715 | | 15,212 | n.a. | n.a. |
| 88 | n.a. | 44,115 | 95,847 | n.a. | n.a. | 33,374 | 54,548 | 15,567 | | 12,444 | 37,757 | n.a. |
| 89 | 314,187 | 34,915 | 95,560 | 9,971 | 281,957 | 30,030 | 55,467 | 16,017 | 164,801 | 15,821 | 41,473 | 8,227 |
| 1990 | 319,286 | 6,054 | 100,908 | 11,545 | 360,504 | 34,504 | 52,968 | 10,238 | 135,188 | 10,483 | 42,908 | 8,048 |
| 91 | n.a. | 6,891 | 105,557 | n.a. | n.a. | 90,269 | n.a. | n.a. | n.a. | 8,968 | 40,348 | n.a. |
| 92 | 1,218,888 | 77,553 | 109,826 | 32,739 | 1,099,414 | 125,264 | 40,485 | 45,438 | 488,602 | 26,308 | 45,818 | 24,087 |
| 93 | 1,965,082 | 98,391 | 117,701 | 37,812 | 1,600,767 | 182,717 | 44,595 | 67,169 | 738,788 | 52,553 | 43,842 | 23,761 |
| 94 | 2,300,916 | 52,177 | 141,961 | 49,902 | 2,038,119 | 225,172 | 57,233 | 90,464 | 870,439 | 35,975 | 44,052 | 35,398 |
| 95 | 2,567,352 | 50,270 | 173,940 | 44,779 | 2,956,362 | 376,054 | 58,914 | 138,181 | 984,443 | 57,032 | 57,815 | 44,080 |
| 96 | 2,723,375 | 48,832 | 174,412 | 43,798 | 3,780,487 | 511,063 | 61,530 | 182,229 | 1,216,543 | 64,175 | 56,183 | 54,470 |
| | | | | | | | | | | 65,012 | | |

出所：第一自動車の1978-1986年データは『汽車工業規画参考資料』1992版，114-115，122-123，146-147，154-155頁による。第一自動車と天津自工の1987-1991年の利潤額と従業員数は『汽車工業基本情況』1989年版，172，176頁により，1990年の利潤額，従業員数と生産性は『上海汽車工業史』293-295頁により，1985年の売上げは『中国汽車年鑑』1986年版217頁，1989年は『汽車工業基本情況』1989年版，176頁による。三社の1992-1996年のデータは『中国汽車年鑑』1993年版132-133頁，1994年版107-108頁，1995年版129-130頁，1996年版122-123頁，1997年版117-118頁による。天津自工の1983-1986年の利潤額は『天津汽車』1993年第2期，4頁による。第一自動車は1987年から『緊密聯営』企業グループが中央政府に原材料供給や製品生産などについて「計画単列」（まとめて計画）されたので、『聯営』（緊密聯営）集団公司／集団会社の売上げ＝各社の各純生産額＝当年平均従業員人数（もしくは年末従業員人数）
(2) 各社の生産性＝各社の各純生産額÷当年平均従業員人数（もしくは年末従業員人数）

企業行動の違いの要因の解明は、中国内外においてこれまでほとんど行われてこなかった。ゆえに成長率の点で、上位3社といえるこれらを分析することは、中国企業の成長戦略とその多様性を観察する上で格好の事例になると期待される[8]。そこで、本論文は同時期に乗用車生産に参入した他の3社の事例も取り上げ、各社の停滞原因を分析し、上位3社の成功原因及び3社間の差異を解明することをめざす。

ところで、こうした諸々の研究課題に対して、これまでに発表された中国企業論では十分な解答が出されていないと考える。確かに、地域（中国）の特殊的なファクターの分析については、ある程度充実してきている。しかし、そのほとんどが、国家の経済制度と政策によって企業の行動が決定され、また資源配分と政策決定がそれぞれの企業戦略のあり方を規定しているという経済体制論、または経済政策論的な視点からアプローチされたものである[9]。こうした傾向の中で従来あまり分析されなかった個別企業間の競争行動の違いに焦点を当て、主要企業における具体的な製品と市場の選択、経営資源の活用と蓄積、そして政府の計画と政策に対応する経営戦略に関する実証的な分析を試みようとするものである。

もちろん、中国の国有企業にとって、中国特有の経済制度と政策は避けられない制約条件であり、中国企業論を語るに当たっても無視できない要因である。しかし、中国は現在、計画経済から市場経済へと移行しつつある。いま各企業は、成長を指向する明確な戦略目的を持ちつつ、多様でダイナミックな行動をとっており、常に国の政策自体に働きかけて影響を与えようとしている。ともすれば、企業の作り上げた成果や実績を国は事後追認せざるを得ないということも多い。

---

（8）　中国乗用車産業の技術導入と国産化のプロセスについて、これまでの研究は、ほとんど外国企業との合弁メーカーや技術導入されたある特定の生産工場に焦点を置いて行われてきた。戦略策定から部品供給や製品販売などまで企業の全機能を持つ乗用車会社及びそれらの間の相違についての比較研究はまだ見あたらない。本書は中国自動車企業が80年代からの環境激変の中で如何に技術導入の戦略ビジョンを形成し、どのように行動してきたかの全体像について、解明を試みたい。

（9）　例えば、上原一慶（1987）、小島麗逸（1988）、小宮隆太郎（1989）、法政大学比較経済研究所・山内一男・菊池道樹編（1990）、河地重蔵・藤本昭・上野秀夫（1994）、林毅夫（1997）などを参照されたい。

つまり、国の制度と政府の政策は、基本的には企業行動の制約条件と見なすべきではあるものの、中国企業にとって国家政策は必ずしも乗り越えられない拘束条件とは限らないのである。

そこで、本書では、以上のような中国経済体制の特殊性を十分に勘案しながらも、個々の中国企業における主体的な戦略構築と企業行動の分析に力点を置き、環境・能力・戦略の動態的変化を扱う戦略形成論を中心的な分析枠組に据えて、中国企業・産業論に対して、実証分析に基づいた経営学的な基礎を与えることを狙いとする。

一般に企業戦略とは、企業が発見した市場ニーズを確認しながら、市場機会と自社経営資源などに対する総合判断によって、受け入れ可能なリスクの範囲で行われる企業活動の基本的な方針である。それは、企業内部の諸要因と外部環境要因との間の相互作用によって形成されるものである。経営資源・能力は、企業の歴史的発展のプロセスの中で生まれるという累積性と、企業特有の競争パターンという特殊性を持っている。動態的な環境、経営資源、戦略の相互作用が、相対的な競争パフォーマンスの変動をもたらす。環境の不可逆的変化、および資源・能力構築のスピードなどの限界ゆえに、戦略形成は経路依存性という特徴を持っている。その中から生じる企業の能動的な対応、すなわち環境創造、能力蓄積と組織慣性（既存ルーチンの硬直性）打破の行動に注目すべきである。

以上のような経営戦略分析の枠組を応用しながら、中国企業の実証分析という研究目的に応じて適宜修正を加えた成長戦略分析の枠組を用い、高成長の3社間の比較分析、及び停滞企業との差異の分析を試みる。ここで解明しようとするのは、中国自動車産業の企業の成長戦略とはなにか、その策定と実行のプロセスとはなにかである[10]。さらに、企業戦略の策定と実行の過程を企業に特殊な能力（firm-specific capability）という視点から捉え直し、企業の市場における競争パ

---

(10) 奥村昭博（1989）42頁によれば、経営戦略が生き物のように進化してゆくという。最初はボーっとした姿を描き、そこに向かって徐々に、しかしダイナミックにその具現化の努力をするのである。もちろん、そのプロセスにはさまざまなタイプがある（ミンツバーグ、1985）。企業の中には、ビジョンなしに偶然的に動くものや、途中で全く方向転換してしまうものもあれば、計画通りにしか動かないものもある。しかし、いずれの企業もこうした戦略プロセスを展開しながら、環境と相互作用して、進化してゆくのである。

フォーマンスの格差を企業に特殊な戦略構築能力、すなわち環境変化に対する企業の認識能力、資源投入能力及び競争力蓄積能力の違いに求める[11]。特に、環境変動と経営資源のダイナミックな相互作用、戦略構築能力の違いとその要因、組織慣性の役割などを重点的に分析する。

このように、純粋な市場経済の企業とは異なる中国企業の事例に経営戦略論の枠組を適用することによって、長年の間、安定した計画統制システムの下で活動してきた中国製造企業が、市場経済の導入という環境変動に対して、いかにして計画経済時代の組織慣性を克服し、独自の成長戦略を構築していったかについて、実証的に解明することを目指す。理論的には、本研究は近年の経営戦略論で盛んになってきた経営資源—競争能力アプローチの分野における経営資源・競争能力のマイナス面としての組織慣性、及びその克服についての研究を補強できると考える。また実務的には、ここで解明する乗用車産業の技術進歩のプロセスは、中国の他の産業の発展パターンとある程度の共通性を持つものであるから、日本企業の対中投資戦略一般にとっても参考になるものと思われる。

## 2. 研 究 方 法

以上の議論を総括すれば、企業をとりまく環境の変化に対応する場合、企業間の行動及び成果に差異が発生する要因は、環境条件、各企業に固有の経営資源・能力及び成長戦略の差異である。ある地域における企業戦略は、多くの場合企業によって異なるものであり、つまり地域特殊的（region-specific）及び企業特殊的（firm-specific）な要素が同時に含まれていると考えられる。このような認識に基づき、ここでは上述した基本的な問題関心（key research question）に答えるための研究の筋道を概略的に説明する。

経済体制の変動に伴い、市場ニーズがトラック中心から乗用車中心に移行するダイナミックな変化に対する各企業の対応という研究課題に鑑み、本書では中国の企業体制の実態に即した成長戦略の策定と実行に関する、一貫した分析枠組みを提示することにした。一方、実証分析の部分については基本的には現地実態調

---

(11) 既存資源、環境変化に対する認識能力、資源投入能力と競争力蓄積能力に関する詳しい説明は、第2章第4節にゆずる。

図1-4　中国自動車産業における各車種の生産量推移（1990-1995）

単位：千台

|  | 1990年 | 1991年 | 1992年 | 1993年 | 1994年 | 1995年 | 平均年成長 |
|---|---|---|---|---|---|---|---|
| 乗用車 | 42 | 81 | 163 | 230 | 250 | 321 | 49.95% |
| バス | 128 | 176 | 275 | 292 | 317 | 382 | 24.50% |
| 大型トラック | 18 | 19 | 27 | 34 | 37 | 30 | 11.00% |
| 中型トラック | 173 | 205 | 259 | 335 | 313 | 250 | 7.70% |
| 小型トラック | 123 | 178 | 274 | 330 | 335 | 357 | 23.80% |
| 軽型トラック | 26 | 50 | 65 | 76 | 101 | 110 | 33.40% |
| 自動車生産合計 | 509 | 709 | 1,062 | 1297 | 1,353 | 1,450 | 23.30% |

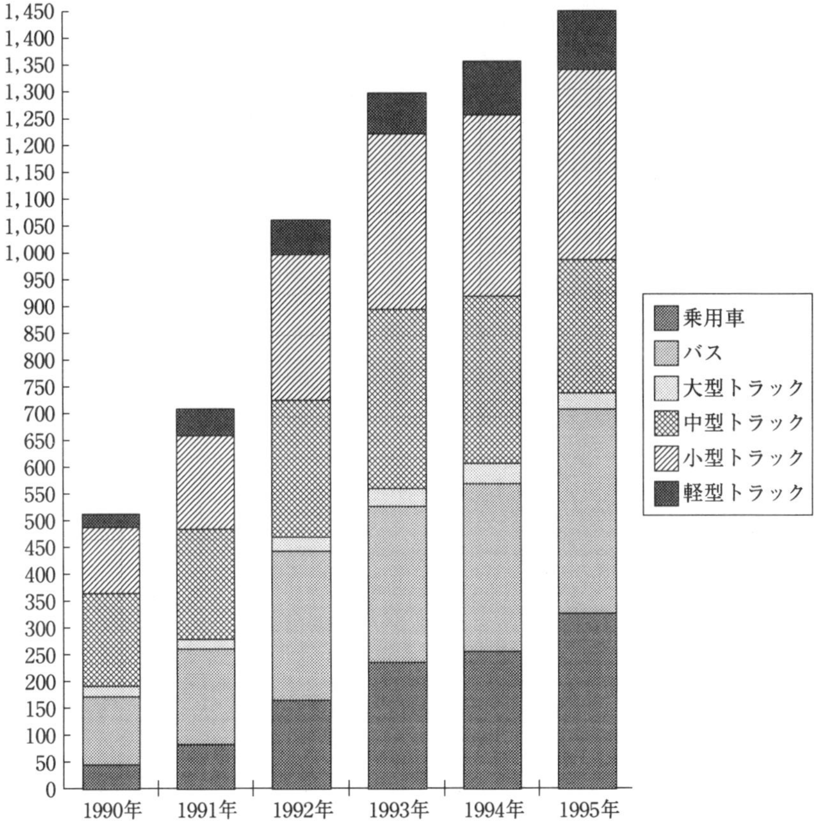

出所：『上海汽車』1996年、第5期、3頁による

査による一次基礎データを主とし、それを既存の文献・資料で補完するように努めた。中国においての現地実態調査は1990年から本格的に始め、96年までに上海自工、天津自工と第一自動車に対して数回ずつの直接調査を行った[12]。本書で事例分析の方法をとったのは、研究対象となる中国の乗用車企業がそもそも6社しかなく、データの制約上で統計分析ができないからである。また事例分析は、中国企業の行動に関するダイナミックな研究に適合した方法だと考える。

　図1-4に示したように、90年代以来、中国での乗用車産業は生産・市場両面で成長が最も速い分野として、自動車メーカー間競争の主戦場になっており、内外からの関心を集めている。分析対象である上海自工、天津自工と第一自動車は、ともに発展の重点を商用車から乗用車へと移行している。そこで、ここでは成長が最も速い分野である乗用車を主とし、商用車を従として分析した。このような分析によって、現在の中国乗用車メーカーの競争行動を更に深く認識することが出来るうえ、これからの中国自動車産業における企業行動の行方を把握する上でも重要であると考えられる。

　以上、本書における分析目的、研究対象、研究方法について概略説明してきた。これを踏まえて、その構成は次のようになっている。第2章では、分析枠組を明確にする。具体的には、国の計画や市場機会などを企業行動を制約する環境条件として位置づけ、中国の自動車産業の動向を「従来の計画経済統制期―技術導入・市場開放初期―乗用車ニーズ成長期―市場競争激化期」という4つの時期に分け、各時期ごとの企業にとっての外部環境要因と戦略構築の焦点のシフトを確認して、環境変動に対応する個別企業の成長戦略の策定と実行を分析する枠組を提出する[13]。

---

(12)　また、補足調査として、中国汽車工業総公司、北京ジープ、東風自動車などに対して調査を数回行い、中国国家計画委員会産業経済・技術経済研究所などの政府管理部門や研究開発組織に対してもこれまで数回調査を行った。詳しい調査状況については巻末のインタビュー・リストを参照されたい。

(13)　中国企業の成長戦略を論じるときには、70年代以前の伝統的な計画経済体制の下、中国に企業があったかどうかという企業形態論の問題に答えなければならない。実は70年代まで第一自動車は本社機能を抜きにした、単なる一生産工場に位置付けられていたが、上海自工と天津自工は地方政府の生産計画を所属工場に伝達し、計画の完成を監督する一

第3章では、中国における乗用車生産の歴史的展開とセグメント構造の形成の局面を説明し、企業戦略の策定・実行の客観的な環境背景を記述・分析する。第4～第6章では、主要な研究対象である3社の戦略構築プロセスを詳細に分析する。第4章では、上海自工におけるコア能力への集中とその強化、第5章では、天津自工における市場機会の探求とそれへの適合、第6章では、第一自動車における政府政策への適応とその活用に注目しながら、3社の戦略策定と実行のプロセスを解明する。そして、以上3社とそれぞれ類似した性格を持つ他の3社の停滞原因について、第7章で比較分析する。

こうして、上位3社の戦略策定と実行のプロセス、停滞3社の失敗原因を明らかにした上で、第8章では分析枠組で示した具体的な検証項目に基づいて、各社の戦略パフォーマンスと規定要因に関する総合的な比較を行い、結論を提出する。第9章では、研究結果及び今後の研究課題を総括する。最後に補章では、軍需企業の乗用車生産進出とグローバル化の過程を補充分析する。

---

行政部門に位置付けられていた。これら3社の企業機能の補完、いわゆる「企業への変身」は70年代の末、ここで議論している企業戦略の形成よりやや早い時期から始まったことである。しかし、ここでは組織進化の立場から、変身してきた企業の前の組織経験、製品構成、政府人脈などをその企業の既存経営資源として捉え、議論全体としてもそのように扱っている。

# 第2章　分析の枠組：環境変化と企業戦略の策定・実行プロセス

　この章では、第1章で示した基本的な問題関心に答えるための手段として、戦略形成論の分析枠組を提示し、またそこから幾つかの仮説を導出することにする。すなわち、経営戦略論の一般的な枠組から出発しつつも、中国自動車産業のもつ歴史的・制度的な特殊条件を勘案して適宜修正を行い、問題関心により適合した分析枠組を提出することを試みる。具体的には、国の計画・政策、地方政府の政策、外国企業の戦略および市場機会・脅威を、企業戦略を制約する環境条件として位置づけ、成長戦略の策定と実行のプロセスに関する企業の戦略構築能力という概念を中心に、全体の分析のフレーム・ワークを提出する。その手順として、まず中国自動車産業と企業戦略に関する既存の研究成果を整理し、環境要因や経営資源の地域特殊的な側面にも考慮しながら、再検討する。さらに環境条件の変化と、それに対応するための企業戦略の策定と実行のプロセス、及びその規定要因を考察する。最後に、フレーム・ワークから幾つかの仮説を導き出してみることにする。

## 1. 実証と理論に関する既存の研究

　分析枠組と仮説に関する議論の出発点として、この問題意識と関連する範囲で中国自動車産業に関するこれまでの実証研究、及び企業戦略論の一般的な流れを概観する。そうした先行研究の検討を行った上で、中国自動車産業における企業戦略の立体的な分析が可能になるという認識にたって、まず中国自動車産業と企業戦略に関する既存の研究を考察する。

### 1.1　中国自動車産業における実証研究の検討

　中国の自動車産業についての実証研究は近年、とくに90年代に入って盛んになってきた。中国の自動車産業全般の歴史的展開については、栗林（1988）、田島

(1991,1995,1996)、李洪（1993）、大島（1993）、岩原（1995）、渡辺（1996）などの研究がある。これらの研究は、中国の自動車産業の形成過程や産業組織などについて系統的に分析しており、その貢献は評価すべきであるが、そのほとんどは産業全般についての分析と評価が中心であり、個別企業レベルの行動についての分析があまりなされていない。その中でも、中国自動車産業の発展プロセスを、1956-65年の復興・自動車産業形成期、1966-76年の文革・自動車産業地方分散期、1977-90年の改革開放・自動車産業再編期と、1991年からの高度成長・自動車生産100万台体制確立期の4つの時期に分けた大島（1993）の分析は、比較的正確に中国自動車産業の歴史を把握していると考えられる。ただし、50年代初期から1977年までの計画統制期には、中型トラックに重点をおいて、乗用車を贅沢品として制限する政策がほぼ一貫して遂行されていたことを考慮すると、この時期を2つの時期に分けるのは適当ではない。また、80年代半ば以後の乗用車の輸入急増、及びそれをきっかけとする政府政策の転換以降の時期を、それ以前の時期と区別しないと、その後の乗用車に重点移行する中国自動車産業の発展パターンを、十分に説明できない。

　外資導入と技術移転に注目した研究としては、高山（1991）、陳（1994）、Yang（1994）、李（1993）、薛（1996）などがある。これらは、中国自動車産業における先行的な合弁企業の例を取り上げ、詳細に分析している。しかし、これらの研究はほとんどが上海VWに集中しており、外資や技術を導入している他のメーカーについては、あまり触れられていない。このうち、陳（1994）と李（1993）では、合弁企業の上海VWの管理体制、部品国産化のプロセス、及び品質保証制度、技術移転の内容について詳しい分析が行われている。また、両者とも上海VWの経営権をドイツVWに握られていたことが、中国企業の品質レベル向上を結果としてもたらしたことを指摘した。しかし、中国企業の技術導入戦略の形成プロセス、とくに戦略策定の主体である中国側企業の行動については、あまり触れられていない。

　自動車企業のシステムや、その進化の側面に重点をおいた研究としては、国務院経済技術社会発展中心調研組（1988）、丸川（1994）、李（1996）などがあげられる。その中で、丸川（1994）は第一自動車が「吉林モデル」に挫折したことから、

製品展開上重要な企業をなるべく統合する方針に変えたことと、政府の「計画単列」や貿易権限の賦与という政策的インセンティブを追求するために、集団メンバーの数だけを揃えようとしたことを指摘している点で注目に値する。

　また李（1996）は、第一自動車と東風自動車という、いわゆる商用車生産の大型企業を取り上げ、中国における個別企業システムの進化に焦点を当てている。その点で、ここでの問題意識に近いので、少し詳しく検討したい。結論として、第一自動車は静態的能力で東風自動車との直接製品競争の中で後れをとったが、動態的能力においては優位に立っていたという李の指摘は興味深い。しかし、李の論文は、あくまでも中央政府に所属している大型国有企業の商用車について競争活動を取り上げるにとどまっていた。その競争は、政府の政策によって大きく制限されていた。例えば、いかに中央政府から投資プロジェクトを獲得するかが、その競争において非常に重要なポイントになっていたのである[1]。ところが、90年代半ばの時点で中国自動車産業における総生産台数で第2位と第3位になった上海自工と天津自工は、80年代の始めから90年代の中期まで、第一自動車や東風自動車に比べ、中央政府からの投資プロジェクトが極めて少なかったにもかかわらず、同時期の乗用車生産量の成長率はより速かった。というのも、80年代後半から中国の自動車企業の外部環境が大きく転換したため、国家資金の獲得のみが企業成長の要件ではなくなってきたのである。要するに、後発の自動車企業、とくに上海自工と天津自工のような乗用車企業の企業行動に対しては、5カ年計画や投資プロジェクト獲得といった、対中央政府関係の要因だけを中心にした分析手法では不充分なのである。

　中国自動車工業の産業技術についての研究としては、南（1988）、丸山（1988）、関（1993）、山岡（1996）などがあげられる。この中で、南（1988）は、中国の自動車産業における生産技術面での立ち遅れ、産業組織面の問題、技術導入の形態、自前の技術開発の必要性などに関する包括的かつ先駆的な研究を行った。とくに、

---

（1）　李（1996）によれば、中国の国有企業の重要な設備投資と新製品開発計画が国家の5カ年計画の中に入れるか否かが、その企業の発展に重要な意味を持つという。したがって、政府から投資プロジェクトを獲得する能力あるいは対政府の交渉力は、非常に重要な企業特殊的な能力といえる（具体的には、同論文の8-17頁を参照されたい）。

中国自動車産業における外国からの生産技術の導入について、個別技術を導入して組み合わせる方法、技術提携によって外国車の技術をそっくり買う方法、そして外国企業との間で合弁企業を設立する方法という、3つの方式に区分して指摘した点が興味深い。但し、同論文は中国自動車産業における乗用車技術導入の初期段階で書かれたもので、その後の部品の国産化、組織再編と技術吸収の過程については分析されていない。

山岡（1996）は、産業技術論と技術史の視点から中国の自動車産業を体系的に分析した。その中で、中国乗用車産業の育成政策について、技術導入・技術の世代交替政策においては、国家の体面と権力者の自尊心を保つためという立場から考えられ、国民経済的な技術体制の形成と生産メーカーの技術形成の様式の両面から不自然かつ不合理であると鋭く指摘した。しかし、この研究は大中型トラックのディーゼル・エンジンが分析の中心であり、その技術体制の形成の背景、特に乗用車生産メーカーの技術形成の様式、及びその環境要因については、深く分析されていない。

以上のように、先駆的な研究の蓄積を見てきたが、90年代までの長期にわたって、改革開放期の成長産業である乗用車を中心とした、個別企業レベルの戦略行動を分析した比較研究はほとんど行われていない。そこで、この分野の研究の空白を埋めるために、乗用車産業に参入する各企業の戦略行動を比較して分析しようとするものである。

## 1.2　経営戦略における理論的検討

以上の既存研究のサーベイを踏まえて、次に、本書の分析枠組を構築する第一歩として、経営戦略論の先行研究の流れを概観しておこう。経営学の諸研究の中で、戦略（strategy）[2]という概念を最初に提示したのは、チャンドラーである[3]。

---

（2）「戦略」という概念が、経営学の概念として登場したのは、1960年代のアメリカである。「戦略」という概念は、もともとは軍事上の用語で、将軍を意味するギリシア語のストラテゴスに由来し、将軍の術（art of general）と将軍の職分（generalship）を意味しているとされる。戦略（strategy）とは、戦術（tactics）より広範な作戦計画によって、各種の戦闘を総合し、戦争を全面的に展開する方法である。さらに『漢字語源辞典』によると、中国の古代から「戦」は「邪魔物を除く」、闘（たたかう）、競（きそう）、攻（せめる）

彼は、経営戦略を「一企業体の基本的な長期目的を決定し、これらの諸目的を遂行するために必要な行動方式を採択し、諸資源を割り当てること」と定義している（Chandler, 1962）。その後、「企業戦略」について体系的な理論が展開されてきた。図2-1にまとめたように、戦略の決定とは「企業と環境との関係を確立する決定」であり、その核心をなすのは、どのような事業あるいは製品・市場を選択すべきかに関する決定である（Ansoff, 1965）；「企業戦略とは、企業の主要目的や狙い、目標、基本方針、その達成計画などからなるパターンのことであり、企業のいまやっている事業ややるべき事業、企業の今の状態やあるべき状態を、明確にするという形で示されるものである」（Andrews, 1971）と、概念規定が明確化されてきた(4)。

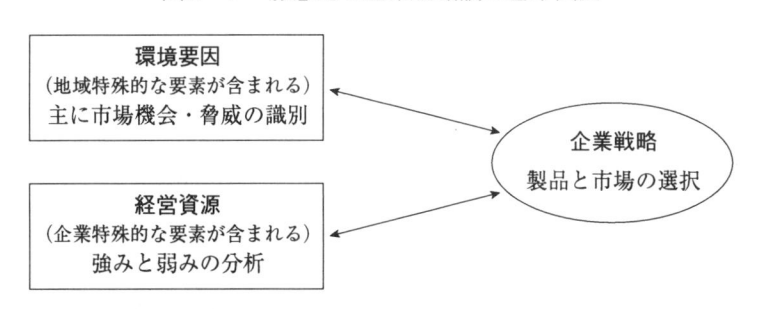

図2-1　静態的な企業戦略論の基本図式

環境要因
（地域特殊的な要素が含まれる）
主に市場機会・脅威の識別

経営資源
（企業特殊的な要素が含まれる）
強みと弱みの分析

企業戦略
製品と市場の選択

出所：経営戦略論をもとに筆者作成。

---

などの意味であり；「略」は量（はかる）の対転にあたると同時に、あらましの輪郭、概略という意味もある。即ち、「戦略」は戦争のはかりごと、合戦のかけひき、あらましの作戦計画である（『大漢和辞典・巻五』も参照）。中国の古書『鄭畋授武臣邠寧節度使制』の中に「習起翦之兵書、用関張之戦略」と書かれているが、関（関羽）と張（張飛）はともに三国時代蜀国の有名な将軍であった。
（3）　石井淳蔵ほか（1985, 2頁）による。また、Ansoff（1965, 94頁、邦訳 p.128）によると、1950年代の後半から、戦略の概念が経営学の分野で本格的に使われるようになってきたという説もある。
（4）　一方、高度に多角化している企業では、基本的には全社戦略（Corporate Strategy）、事業戦略（Business Strategy）、及び機能別戦略（Functional Strategy）の3レベルの戦略がある。本書は主に乗用車生産の参入、拡張を中心とする各企業の全社レベルの戦略を論じるものである。

これら多くの既存研究において、企業戦略には相互に関連する2つの側面、すなわち「戦略策定」(strategy formation) と「戦略実行」(strategy implementation) という重要な側面があるとされてきた。両者が、うまくいってはじめて企業の成長と競争力につながる。戦略策定においては、まず目的を明確にし、つづいて市場などの環境を分析し、目的達成に関する機会と脅威を識別する。ついで、企業の持つ経営資源ないし能力に関連して自社の強みと弱みが分析される。そして、そうした環境と諸資源の接点において、最終的に受け入れ可能なリスクの水準での社外機会と自社能力の適合という条件を満たす代替案が、1つ選択される (Hofer and Schendel, 1978)。これに対して戦略実行は、戦略計画を達成するために、全社の経営資源を調達することである[5]。戦略を、能率的に遂行するための適切な組織機構を構築し、分割されたサブ活動の調整を行い、それによって組織機構を効果的に機能させる (Andrews, 1987)。しかし、実際の企業活動においては、策定過程と実行過程とは互いに絡み合っていて、きっちり分けることは難しい。現場からのフィード・バックによって、環境諸要因が変化したことが知られ、企業戦略がその変化に対応して調整されなければならないこともある。企業戦略の実行が始まっても、戦略の策定は、まだ完全に終わったとはいえない。また、戦略を「意思決定の流れの一貫したパターン」(a pattern in astream of decisons) というように広義に解釈し、実現した (realized) 経営戦略は必ずしも事前に意図された (intended)、あるいは計画された戦略であるとは限らないとする考え方もある (Mintzberg and Waters, 1985)。この立場によれば、企業はその環境と相互作用行為を行うプロセスを通じて、戦略を形成してくるのである。そのプロセスは経時的で、進化的であり、その中から生起してくる創発的な行動に注目すべきだとされる (奥村、1989)。

　また、企業を経営資源或いは競争能力 (capability, competence) の束として捉える、いわゆる経営資源ー競争能力アプローチ (resource-capability view of the firm) も定着しつつある [Nelson and Winter (1982), 伊丹 (1984), Wernerfelt (1984), Chandler (1990), Praharad and Hamel (1990), 野中 (1990), Grant (1991), Teece, Pisano and

---

（5）Grant (1991) によれば、企業は新しい競争優位を獲得するために、常に既存資源と競争能力の腐食を防止し、それを活性化させなければならないという。

Shuen (1992), 藤本 (1994, 1995b)]。企業間の競争パフォーマンスの格差は、中長期的に見た場合、個別の企業戦略との違いよりは、むしろ深層的な経営資源や競争能力の格差に基づくという見方である。経営資源 (resource) とは、一般的に競争力の企業間差異に影響を及ぼす企業特殊的なストックのことであり、競争能力 (capability) とは安定的な活動と資源のパターンであって、企業間の競争成果の差異に影響を与えるものである [Grant (1991)、藤本 (1995b)]。経営資源はまた、生産設備や資金などといった有形財産と、技術、熟練、経営のノウハウ、ブランド評価などの無形資産に分けられる (Caves, 1980)。

　企業行動が、企業の環境制約 (environmental constraints) のもとにおけるビヘービアである以上、その条件 (環境と資源) に対する認識とその認識を踏まえた対応策、すなわち経営戦略を創り出すプロセスにおいて、当然ながら組織能力の格差が生じる。また、企業は競争に打ち勝つために、自社の競争力を分析し、コア競争能力を発見し、それを培養していく組織構造を作るのである (Prahalad and Hamel, 1989)。資源と能力は、いずれも企業の歴史的発展のプロセスの中で生まれるという累積性と、企業特有の競争パターンという特殊性をもつ。そして、こうした累積性と特殊性といった特性が容易に切り替えることのできない資源の安定性を生み出している (Dosi, Teece and Winter, 1990 ; Collis, 1991 ; Peteraf, 1993 ; Teece and Pisano, 1994)。競争能力を構築する動態能力は、事前の合理性に基づく用意周到な戦略的意思決定によってシステムを構築する事前能力と、何らかの理由で既に行われた試行やその経験をもとに、これを再編成して競争の合理的なシステムに転化する事後能力とに分けられる (藤本、1995b)。

　経営資源と競争能力は、イノベーションを妨げる組織慣性 (硬直性) というマイナス面も持っている。それは企業に完成された仕事の合理性、ルーチン及び暗黙知などにもとづいている。そこでは、旧いルーチンは新しい仕事に対して妨害するので、企業の変化が環境の変化よりも遅れてしまうことになる (Leonard-Barton, 1992 ; Rumelt, 1995)。異質な他の組織との連結は、慣性を破壊して組織学習を再開させる重要な役割を担う。また、多様な組織との相互関係は、単独で組織学習を行うよりも大量の知識を生成することを可能とする (吉田、1991)。

　以上、図2―1にまとめたように、経営戦略は静態的 (static) に見れば、主に市

場機会・脅威を中心とする外部環境要因と企業内部の経営資源との相互適合（fit）を指向するものである。しかし、動態的（dynamic）に見れば、経営戦略は時間の軸に添って内外環境要因の変化に対応しながら戦略を策定し、それに適合する量的・質的能力を構築したり、また環境に働きかけて、それらを変化させるダイナミックなプロセスでもある。ここでは、中国企業の市場経済化の初期段階における競争行動を、比較的長期にわたって分析するという研究目的から、基本的にオーソドックスな経営戦略論にもとづきつつも、ダイナミックな中国乗用車企業の発展というケースにあてはまる理論枠組を提示したい。この点から考えると、従来の理論的な研究成果は、中国の企業戦略研究に一般的な分析視点は提供するが、中国の企業戦略を分析する際にそのまま利用することは困難である。というのは、中国の企業に比べると、日本や欧米の企業は比較的であるが市場経済的な環境の中で戦略を策定し、市場機会・脅威を最も重要な環境要因と見なしてきた。一方、中国の企業は計画経済体制から市場経済体制へ移行するという、激しい環境変動の中で戦略行動を展開してきたが、市場機会・脅威のほかに政府の計画や政策など、制度要因にも大きく制約されてきたからである。

　とくに乗用車産業の場合、その発展期と中国の市場経済化の移行期が重なったという歴史的な事情がある。つまり、この産業における企業の成長戦略は計画経済から市場経済への転換という、特殊な環境要因の中で形成されてきたものであり、その意味で依然として中国特有の制度的制約の下にある。そこで、中国の現実と中国に特殊な企業行動の論理に即して、理論枠組の再構成を行う必要があるのである。以上のような問題意識にもとづいて、次節以降では中国に特殊な環境要因を観察し、これに応じて戦略形成論の分析枠組に修正を加えていくことにする。

## 2. 分析枠組：戦略構築プロセスの動態分析

　70年代末以来、長い間続いた計画統制時代が市場化の方向へと変わるのにつれて、市場ニーズも大きな変化を起こしはじめた。この節では中国自動車産業、とりわけ乗用車産業の発展に関わる特殊な環境要因の変化を認識する上で、以上の戦略形成論の枠組を修正して、環境変化の中で行った中国乗用車企業の戦略行動の分析を試みる。さらに、中国自動車企業に関わる環境要因の複合性及び環境要

因、経営資源と企業戦略のダイナミックな適合を把握するために、分析枠組の中で企業戦略策定と実行の規定要因、特に企業の戦略構築能力を主要な検証の項目として提出する。その中で、2つの修正ファクターを注目すべきである。1つは、中国自動車産業を取り巻く中央政府や地方政府など、制度的特殊性という制度でのファクターである。もう1つ、さらに重要なのは計画経済から市場経済への転換期と重なった中国乗用車産業形成の特殊なタイミングという、歴史的なファクターである。

## 2.1 市場経済と中国乗用車産業の形成：戦略論的な再解釈

　環境の変動に対応した中国企業の戦略行動を、理論的に解明する分析枠組を構築するためには、まず中国企業にかかわる大きな環境変化を観察する必要がある。企業戦略は、企業と環境・資源とのかかわり方（つまり外部・内部環境への適応のパターン）に関するものであるという経営戦略論的な視点から見れば、乗用車産業形成期であった70年代末から今日まで、中国の市場環境と経済体制は大きな変動を起こし、自動車企業の競争行動もその変化に応じて展開してきたといえる。

　70年代末までの20数年間、自動車メーカーは国家の計画経済体制の統制の下で生産活動を行ってきた。国営企業として、中央政府あるいは地方政府の企業主管部門に属し（例えば、第一自動車製造工場は大型企業として中央政府の機械工業部に属し、上海自動車製造工場と天津自動車製造工場は中小型企業として上海市や天津市政府の機械工業局に属していた）、経営活動における自主権をほとんど持っていなかった。企業の生産計画について、中央政府の計画部門が制定した生産計画の指標は、中央・地方の企業主管部門を通じて企業に分割・通達され、企業は通達された指標の達成を義務付けられていた。重要な設備投資と新技術導入も、5カ年計画という国民経済全体を拘束する国家計画に取り入れられていた。従って、常に供給不足の計画経済体制にあって、企業は市場ニーズに無頓着で、製品の品質や生産性よりも生産の量的拡大を優先させていた。

　しかしながら、70年代末以来の市場経済化に伴い、生産・経営の意思決定権、製品の価格決定権、物資購入権、製品販売権、投資の意思決定権など、一連の企業経営権の国家から国営企業へ譲渡されるようになった[6]。例えば、**表2-1**に

示したように、政府の自動車生産計画の中で政府の指令計画によって配分される部分の比重は、82年は92.3％であったが、89年には22.19％へと減少した。これによって、企業は市場経済に向けての「自主経営、損益自己負担、自己発展、自己規制」という方向に転換し、その成長指向がますます強くなった。それと同時に、国の財政体制の改革にともない地方政府は財政収入を増やすため[7]、地方産業の育成政策を定め、地方国有企業の組織再編や自主権拡大を推進し始めた。また、外国資本の利用や技術導入という政策に伴って、中国に資本提携や技術供与という形で進出してきた外国メーカーの戦略動向も、中国企業の行動に影響を与える要因になっていた。こうして70年代末から、計画経済統制から市場経済化へ移行するにつれて、中国企業は従来の国の計画を達成するという受動的な企業

表2-1 指令性配分計画が生産計画の中に占められる比重の推移
（1982－1989）

| 年　度 | 生産計画（万台） | 内指令性配分計画（万台） | 比重（％） |
|---|---|---|---|
| 1982 | 15.200 | 14.036 | 92.3 |
| 1983 | 18.430 | 14.646 | 79.5 |
| 1984 | 24.700 | 14.410 | 58.3 |
| 1985 | 39.110 | 15.235 | 39.0 |
| 1986 | 43.187 | 15.570 | 36.1 |
| 1987 | 36.500 | 13.440 | 36.8 |
| 1988 | 41.542 | 14.000 | 33.7 |
| 1989 | 50.920 | 11.300 | 22.19 |

出所：「中国汽車貿易指南」（1991年、経済出版社、北京）16頁。

（6） 例えば、河地重蔵他（1994）124頁によると、国の指令性計画による生産額が国有企業総生産額に占める比率は1978年にはほとんど100％であったものが、93年に6.5％にまで低下したという。このことは国有企業の自主的な意思決定権の目覚ましい拡大と見ることができよう。また、「国営企業」から「国有企業」と名を変えるのは1991年のことである。

（7） 例えば、『北京週報』1990年2月13日によると、中央と地方の財政を合わせた全財政収入のうち、中央財政収入の占める比率は、1984年には56％であったが、地方財政請負制など地方分権が進んだ1988年にはその比率は47％へと9％も低下した。

行動から脱し、国の計画のみならず、市場機会・脅威、地方政府政策、外国企業戦略などの環境要因に対しても適応する「同時適応」を展開するようになったのである。このように、市場経済化という外部環境の変化に伴って、中国企業はそれぞれ独自かつ主体的な成長戦略を要求されるようになった。

ちょうど同じ時期（80年代）、中国自動車市場では、市場ニーズがトラックから乗用車へ移行するという、大きな変化が観察されるようになった。70年代末までの30年間に、中央政府による中型トラックを中心とした車種政策が、80年代初めからは市場ニーズの多様化によって、大きく揺れ始めたのである。乗用車へのニーズは80年代の初期から台頭し、80年代の半ばから急速に成長した。その後、政府の外資新規参入規制・国内市場保護の政策の下で伸び続け、乗用車は90年代に入っても図1-4に示したように、中国自動車業界で量的成長の一番速いセグメントになっていた。そして90年代の半ば以降、生産能力の増加に伴って、乗用車は数量だけではなく、その性能、品質や価格に対する要求も次第に厳しくなってきた。従って、いかにしてこうした環境の急速な変化を認識し、それに対応した

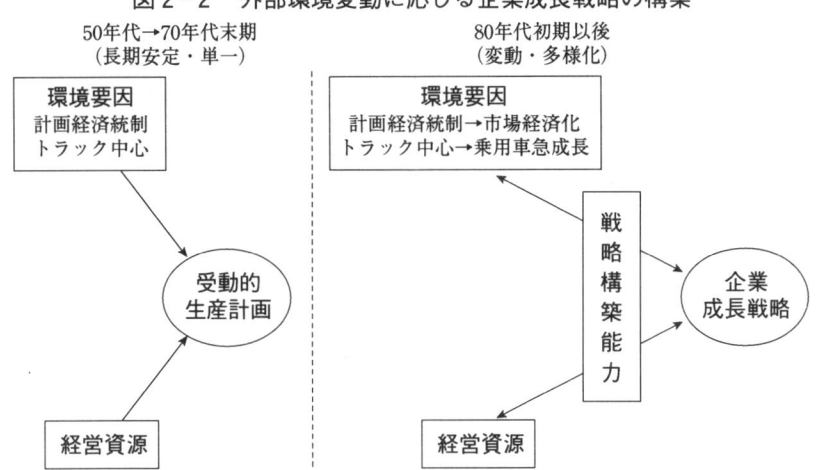

図2-2 外部環境変動に応じる企業成長戦略の構築

50年代→70年代末期
（長期安定・単一）

環境要因
計画経済統制
トラック中心

↓

受動的
生産計画

↑

経営資源

80年代初期以後
（変動・多様化）

環境要因
計画経済統制→市場経済化
トラック中心→乗用車急成長

↕

戦略構築能力 → 企業成長戦略

↑

経営資源

注：計画統制時期に主な環境要因だった中央政府の計画は企業計画に直接影響しただけではなく、企業の経営資源（例えば：設備投資、従業員の配置など）にも強く影響した。この図はそれを省略している。
出所：筆者作成。

成長戦略を策定するか、更に環境変動に応じて既存戦略を調整・変化させていくかが、自動車企業に求められる重要な課題となったのである。また、これに対応して、図2-2に示したように企業の側にも他社よりすぐれた戦略を策定・実行する能力、すなわち戦略構築能力が重要になってきたといえる。

戦略構築能力とは、内外環境要因の変化に適応する成長戦略を策定し、実行することに関する企業能力である。この能力はそれ自体、企業が長期の成長競争経験から得た組織学習の結果という側面もある。その中には、従来の計画統制時期における企業の行動経験もあれば、市場経済化時期に入ってからの戦略構築経験から学習したものも含まれている。後に詳しく述べるが、本書では、これらのケースを分析するために、戦略構築能力を、更に認識能力、資源投入能力、競争力蓄積能力の3つに分け、中国企業の成長過程における量的な獲得と、質的な確保という2つの側面から検討を加えていく。

このように、前掲の図2-1に示した企業戦略の基本図式を出発点としつつ、中国乗用車産業の特殊性も考慮してこれに修正を加え、図2-2にまとめた。要するに、70年代末からの経済体制の変動とほぼ同じ時期に、市場ニーズがトラックから乗用車へ移行する環境変化の中で、中国自動車企業は、従来の国の計画に従う受動的生産計画では環境要因の変化と多様化に対応しきれなくなり、それぞれ独自な成長戦略が要求されるようになり、更に環境変動に応じて戦略の調整・変更をせざるを得なくなった[8]。また、こうした変動に対応するために、企業の戦略構築能力が求められるようになったのである。

---

（8） 企業内の意思決定主体については、計画経済の時期には各企業内の共産党委員会が強い権限をもっていたが、1984年6月に工場長責任制（それまでのような企業内における党組織の支配を廃止して、専門家としての工場長或いは社長の支配を確立する制度）が提起され、実験的段階を経て1987年には実施の段階に入った。具体的には、各企業ごとに工場長、副工場長、技師長、総経済師、総会計師、党委員会書記、労組議長、従業員代表などにより管理委員会（或いは「廠務会」）を構成し、その主任（委員長）は工場長が担当する。管理委員会全員は、企業経営管理における重大問題の意思決定のプロセスに参加できるが、最後の決定権は工場長が持つことになる。このようにして、企業の経営者の自主権が強化されていたのである。第一自動車と天津自工の経営組織について陳晋(1991)を参照されたい。

## 2.2 環境・資源の相互作用と戦略構築プロセス

　以上述べたように、外部環境が計画経済統制から市場経済化へ移行するにつれて、企業は国の計画のみならず市場機会・脅威、地方政府政策、外国企業戦略などの環境要因に対しても「同時適応」を行うことになったが、これらの環境条件は企業にとって常に同じ重要さを持っていたわけではなかった。全般的に見れば、時が経つにつれて企業に対する政府計画の影響は弱くなり、かわって市場機会を中心とした他の環境要因の影響が徐々に強くなっていった。またこれと並行して、中国の自動車市場のニーズは次第に従来のトラック中心から乗用車中心へと移行しはじめたのである。

　このように、急速に変化する企業外部の環境要因と、急激には変化できない企業の経営資源との間には、常にタイムラグが生じる傾向があった。変化に対応するには、競争能力のフロンティアの変化、すなわち経営資源の蓄積が企業に要求される。その中で、各企業が如何に従来体制の下で形成されてきた組織慣性（硬直性）を克服し、既存資源を補充・再編・拡大・改善していくかが重要な課題になっていた。各企業は成長指向を強める中で、こうした内外環境のダイナミックな変化に適応するために、自身の戦略構築能力を活かしつつ、戦略ビジョンや行動プランを策定し、また実行していったのである。

　以上をまとめるならば、図2-3の通りである。中国乗用車企業における成長

図2-3　概念図：中国自動車産業における企業戦略構築のプロセス

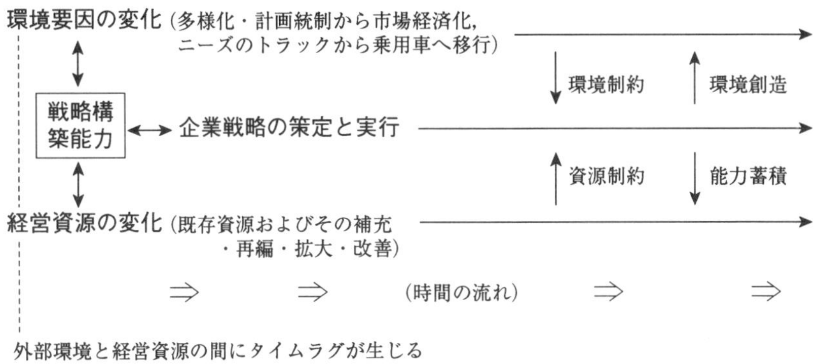

環境要因の変化（多様化・計画統制から市場経済化，
　　　　　　　ニーズのトラックから乗用車へ移行）
　　　　　　　　　　　　　　　　　↓環境制約　↑環境創造
戦略構築能力 ↔ 企業戦略の策定と実行
　　　　　　　　　　　　　　　　　↑資源制約　↓能力蓄積
経営資源の変化（既存資源およびその補充
　　　　　　　・再編・拡大・改善）

　　　　⇒　　⇒　　（時間の流れ）　⇒　　⇒

外部環境と経営資源の間にタイムラグが生じる

出所：筆者作成。

戦略は、地域特殊的な要因が含まれる外部環境と企業特殊的な要因が含まれる経営資源との間のダイナミックな相互作用を通じて、各企業の戦略構築能力に影響される形で策定され、実行されていった。さらにこれらの企業は、環境条件の変化を単に受動的に受けとめるだけでなく、これに能動的にはたらきかけ、環境創造の活動を進めることもあった[9]。例えば、政府によるプロジェクト認定と投資に対して、企業は従来の受動的な姿勢から、積極的に政府に影響力を与えることを通じて、プロジェクトを獲得するという行動方針へと転換した。すなわち、過去において成功した市場活動をアピールし、積極的に政府からの投資を働きかけたのである。また、従来の経営資源の不足に対しても、企業は積極的に資金の投入や管理ノウハウの吸収を通じて、量的・質的両面からこれを強化していった。

　このような環境創造活動を通して、企業は少しずつ各自の経営資源を補強しつつ、多様化された環境条件に対して多様な戦略行動で対応した。しかも、後で詳しく述べるように、同じ中国企業の中でも競争行動や競争成果に顕著な差異が観察されたのである。それは各社の戦略構築能力も含む、戦略策定・実行プロセスを規定する諸要因の違いによって生じたものである。そこで以下、企業戦略の策定と実行のプロセスを規定する主要な要因について検討する。

## 2.3　分析枠組：戦略構築とその規定要因

　以上のように、企業戦略は、外部環境の諸要因や経営資源の変動と深く関わりながら、更に深層にある各企業ごとの戦略構築能力に規定されている。中国の自動車メーカーは、経済体制の変動に伴い、市場ニーズがトラックから乗用車へ移行するという外部環境の中で、如何にして成長分野である乗用車の技術を導入し、その生産を拡大していくか、また如何にして従来の組織慣性（organizational inertia）、すなわち計画経済体制の下で形成された国家計画優先・市場ニーズ無視、トラック生産中心、生産量重視、品質・生産性軽視などの行動様式を克服していくかを、

---

（9）　環境創造（enact）は Child (1972)で提起された概念で、組織構造（organization's structure）が単に環境抑制によってできたものではなく、組織決定者は環境圧力に対して新しい「戦略選択（strategic choice）」の展開、顧客サービスの開拓や従業員の補給など組織構造自身のデザイン活動を通じて、組織と環境の限界を再定義するといった考え方である。

最も重要な課題としてきた。しかし、現実の対応の巧拙は企業によって大きく異なった。この事実を踏まえて、企業戦略策定・実行プロセスの企業間の差異を規定する5つの要因を特定化しつつ、分析枠組として提出したい。それらは図2-4に示す通りである。

図2-4　分析枠組：中国自動車産業における企業戦略の構築とその規定要因

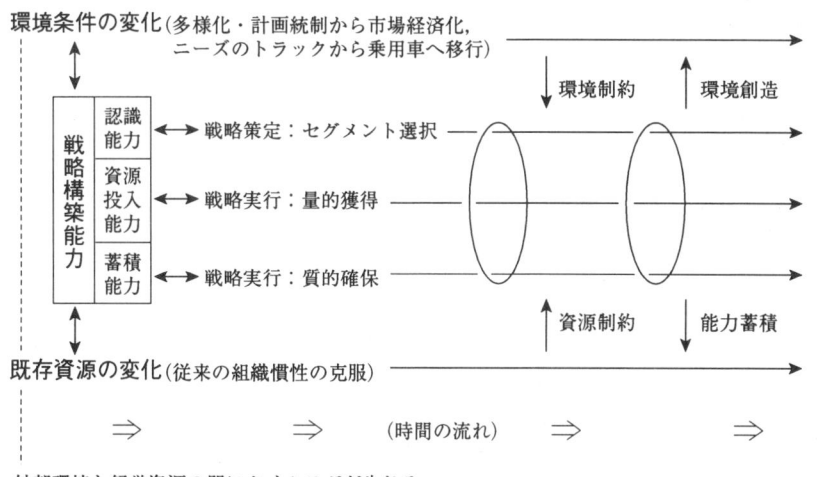

環境条件の変化(多様化・計画統制から市場経済化，ニーズのトラックから乗用車へ移行)

環境制約　環境創造

戦略構築能力
- 認識能力　⇔　戦略策定：セグメント選択
- 資源投入能力　⇔　戦略実行：量的獲得
- 蓄積能力　⇔　戦略実行：質的確保

資源制約　能力蓄積

既存資源の変化(従来の組織慣性の克服)

⇒　⇒　(時間の流れ)　⇒　⇒

外部環境と経営資源の間にタイムラグが生じる

出所：筆者作成。

以下、この図にしたがって、(1) 環境条件，(2) 既存資源，(3) 戦略構築能力の順に説明していくことにする。とくに戦略構築能力については、(3)-a 認識能力，(3)-b 資源投入能力，(3)-c 競争力蓄積能力の3つに分けて考察していくことにする。

(1) 環境条件

一般に企業戦略とは、企業と環境とのかかわり方（つまり環境適応のパターン）に関する基本的な意思決定である。その意味で、ある企業の経営戦略を論じるときには、その企業に関わっている環境条件を検討しなければならない。特に中国の国有企業は日米欧の企業と異なり、国の計画・政策と地方政府の政策が市場におとらず重要な環境要因になってきた。しかも、政府の計画・政策から市場機会

へ、またトラック市場から乗用車へと焦点が急速に移行する傾向が顕著にみられた。さらに、各社の乗用車技術導入のタイミング、あるいはそれぞれの地域政府や技術導入先の外国メーカーの違いなど、各企業にかかわる環境条件も違ってくる。したがって、こうした環境条件を認識し、それに対応する各社の戦略行動にも、当然差異が出てくるのである。

(2) 既存資源

既存資源とは、企業戦略の策定・実行の各時点において企業が累積している有形・無形の経営資源ストックを指す。例えば、既存の自動車生産能力、技術能力、乗用車生産の経験・ノウハウ、部品産業の基盤、政府との所属関係などの企業特殊的な要素が含まれる。これは企業の戦略行動の前提条件であり、同時に企業行動に伴って更に補充・再編・拡大・改善されていくものでもある。また、企業の従来の組織慣性も既存経営資源の特性として既定することができる[10]。一般に、成長しつつある企業においては、従来の既存資源の強みを活かし、欠陥を克服しようとする企業努力がよく観察される。そして、その達成の度合い次第によっては企業の次期の戦略展開に影響を与える可能性がある。

(3) 戦略構築能力

戦略構築能力とは、内外環境要因の変化に対応する成長戦略を策定し、実行することに関する企業特殊的でダイナミックな能力のことである。異なる企業が持つ戦略構築能力のパターンが異なる場合、それぞれの成長経路や競争優位に影響を与えるわけである。ここでは、戦略構築能力を更に認識能力、資源投入能力と競争力蓄積能力に分けて考えることにする。

(3)-a 認識能力

企業が戦略ビジョンや行動計画を策定する際には、まず、如何に外部環境（例えば、政府政策、市場ニーズ）と内部資源（例えば、技術能力、製品構成）を正確に認識し、自社の目的を達成できる製品・市場セグメント及び個別製品を選択して

---

(10) 既存資源の発生自体は歴史的拘束条件（historical imperatives）による制約が大きいので、それ故に手が加えられても容易に消えることはないものであり、それが企業行動の方向に大きい影響を与えるのである。歴史的拘束という概念は、藤本（1995b）の中でシステム発生のロジックの制約条件として使われたものであり、ここではそれを転用した（詳しくは同 9-10 頁を参照されたい）。

いくかが重要なポイントとなる[11]。これを企業の認識能力と呼ぶことにしよう。変化する環境と経営資源に対する認識が正しければ、他の条件を一定とすれば、当然よい戦略を生み出す可能性は高まる。とくに、中国乗用車企業にとって成長という目的を達成するためには、如何にして適切な製品およびその技術を先進国企業から導入し、既存資源を補充していくかが、戦略策定の重要なポイントである。また認識能力は、戦略ビジョンを策定するときに1回だけ要求されるものではない。その後も環境の変化に伴って、戦略計画が変更・再策定されるたびに、高い認識能力が要求されるのである。

### (3)-b　資源投入能力

　戦略計画を策定した後、もしくは乗用車製品技術を導入した次の段階では、如何にして内部・外部の経営資源を調達して乗用車生産を強化し、他社に先行して乗用車の量産効果を達成させていくかが重要になる。これを資源投入能力と呼ぼう。市場経済化や外部環境要因の多様化に伴って、企業の資金調達の方法も多様化された。企業にとって、従来の政府計画投資の他に、資金の自己調達、自社利潤の留保や外国企業資金の導入などの選択肢もあらわれた。一方、全体としての利用可能な資源に限りがある場合、各企業は早期に乗用車の量的生産能力を獲得するために、限られた資金、設備、原料、人員などの経営資源を乗用車生産に重点的にインプットしなければならない[12]。これに関連して、企業は資金調達方法の転換、生産体制の調整、乗用車生産へ集中投資、部品供給体制の構築、販売能力の強化などいろいろな新しい問題に直面する[13]。如何に、これらの問題を

---

(11)　アンゾフによれば、戦略評価・選択の工程は、まず大きく、内部評価と、外部評価とに分かれ、そのうしろに、製品─市場ポートフォリオの選択という仕上げ工程がつく。内部評価とは、その企業の現有の製品─市場範囲で企業目的を達成できないかどうかを調べるプロセスである。これに対して外部評価は、新しい製品─市場分野への進出という多角化の代替案を評価・検討するプロセスである（詳しくは、藤本隆宏「アンゾフの戦略論」、土屋守章編（1982）38-39頁を参照されたい）。

(12)　Chandler, A. D. Jr.（1990）によれば、新しい大量生産技術のもつコスト上の優位を獲得するために、企業家は3つの相互に関連した投資をおこなわなければならなかった。すなわち、生産・流通・マネジメントへの3つ又投資であった。

(13)　Prahalad & Hamel（1990）によれば、コア競争力（core competence）を蓄積するために、企業は膨大な資源の移動を進め、内部資源を増殖させる方向での合弁型提携を行うこともあるという。

速やかに、かつ効率的に解決していくかが、企業発展の明暗を分けることになる(14)。また、外部環境が変化するとき、環境と経営資源の間にタイムラグが生じるかもしれない。それに対応するには従来の生産能力の急速な変化が企業に要求される(15)。

### (3)-c 競争力蓄積能力

乗用車生産技術を導入し、量産能力を確立すると同時に、如何にして質的な競争力を高め、先進国の乗用車の品質標準や技術要求と自社の製造・技術能力との格差を縮めていくかも重要になる。この問題に対処する企業の組織学習能力を競争力蓄積能力と呼ぶことにしよう。競争力蓄積能力とは、製品技術導入と工場建設の後、中国企業が品質管理、工程管理、労務管理、生産性管理、購買管理、製品開発管理などのレベルを質的に向上させるために、先進国メーカーの管理方式を学習し、これをシステムとして定着させる、競争能力改善の動態的能力(16)を指す。また、先進国メーカーのノウハウの吸収(17)を余儀なくされた結果、競争力蓄

---

(14) 藤本(1995)は、事前能力には企業者的構想力や事前的合理計算能力など、事後能力には事後的合理計算能力や知識移転能力(すでに他社が試行済みのものを模倣するという意味で)が含まれると指摘した。具体的に、同論文第3節の3.2を参照されたい。本書であげられた資源投入能力、競争力蓄積能力は前述した認識能力を区別して、藤本(1995)の事後的な合理計算能力、すなわち既に何らかの理由で行われた試行に対して事後的に目的関数などの情報が付与され、合理的な行動として意味付けや活動の保持が行われる事後的な合理性という概念から援用して修正したものである。

(15) Grant(1991)によれば、経営資源—基礎の戦略研究(resource-based approach to strategy)は既存経営資源の展開に関するだけではなく、企業の経営資源の発展(development of firm's resource)にも関わるものである。これは引き続き投資して企業の経営資源ストックを保持することと、経営資源を増大(augment)して企業の競争優位を拡大しながら企業の戦略機会の対応力を広めることなどを含む。また、将来の競争優位の基盤を形成するために、企業は自社の経営資源と競争能力の基礎を高めなければならない(upgrading the firm's resource base)(具体的には、同論文の131-132頁を参照されたい)。

(16) 改善能力(improvement capability)については、藤本(1995b)によれば、競争力指標の上昇率に影響を与えるパターンであり、企業内で繰り返し行われる問題解決ないし組織学習を促進するルーチン的な能力である(詳しくは、同論文の7-8頁を参照されたい)。

(17) 吸収能力(Absorptive Capacity)については、Cohen and Levinthal (1990)によれば、「吸収能力は主として企業の前の関連知識(prior related knowledge)による働けた機能(function)である」。企業が環境に存在する資源の戦略的な価値を事後的に認識・評価する能力には企業間で差異があることを示唆している。

第 2 章　分析の枠組：環境変化と企業戦略の策定・実行プロセス

表 2-2　能力評価項目基準表

| |
|---|
| 1　認識能力 |
| a 国の政策研究<br>　◎：積極的に国の政策を研究、或いは速やかに国の政策変動に応じてプロジェクトを誘致。<br>　△：ある程度国の政策を研究、プロジェクトの認可をあまり期待しない。<br>　●：あまり研究しない、把握できない。 |
| b 地方政府の政策研究<br>　◎：地方政府と緊密に連絡を取り、いつも情報を交換し、その支持を積極的に説得。<br>　△：ある程度地方政府と協力関係を持ち、時々情報を交換。<br>　●：地方政府との関係がうまく行かない。時々トラブルが発生。 |
| c 外国企業と導入モデル調査：<br>　◎：外国企業へ専門の管理者や技術者などを派遣し、綿密に考察、深く交渉。<br>　△：外国企業へ代表団を派遣し、ある程度調査。<br>　●：あまり調査しない。 |
| d 市場調査：<br>　◎：専門家、或いは市場調査人員を組織し、時間をかけてまじめに市場ニーズ調査。<br>　△：ある程度市場ニーズについて調査。<br>　●：あまり調査しない。 |
| e 自社能力の考慮<br>　◎：技術導入の際、よく自社の技術能力、管理レベルを考慮、似合いの技術を選択。<br>　△：自社の能力をある程度考慮、自社能力よりレベル高い技術を導入。<br>　●：いろいろの事情であまり自社の能力を考慮しない。 |
| 2　資源投入能力 |
| a 資金調達方法の転換<br>　◎：乗用車生産を発展するために、環境条件の変化によって速やかに従来の資金調達方法から新しい方法へ転換。<br>　△：乗用車生産分野である程度資金調達方法を転換。<br>　●：乗用車生産の資金調達方法がほとんど転換しない。 |
| b 生産体制の調整<br>　◎：明確な計画を打ち上げ、乗用車生産能力を拡大するために、速く確実に生産体制を調整。<br>　△：ある程度生産体制を調整し、乗用車生産を発展する。<br>　●：あまり調整しない。 |
| c 乗用車生産へ集中投資<br>　◎：あらゆる手段を使って資金を調達し、乗用車生産へ重点投入。<br>　△：資金を調達するが、ほかの車種の投資によってあまり乗用車に集中しない。<br>　●：資金も少ないし、使用も分散。 |

| d 部品供給体制の構築 |
| --- |
| ◎：完成車以上に資金を部品生産に投入、従来の部品工場が技術導入、部品供給ネットワークを構築。<br>△：完成車投入に及ばないが、部品生産に投資、部品供給ネットワークを構築。<br>●：あまり部品生産へ投入しない。主に他メーカーの部品工場へ依頼。 |
| e 販売体制の整備 |
| ◎：全国の省に自社の販売ネットワークを構築、車の運輸手段を充実、セールスの人材を育成。<br>△：一部省に販売専門店を設立、同時に多く他販売部門に頼る。<br>●：主に他の販売部門に頼る。 |
| 3　競争力蓄積能力 |
| a 完成車メーカーの品質管理 |
| ◎：生産技術を導入すると同時に、まじめに品質管理など管理ノウハウも導入、導入元の標準で実施。<br>△：品質管理ノウハウを導入するが、あちこちで管理をゆるめる。<br>●：生産技術を導入するが、品質管理などノウハウをあまり導入しない。 |
| b 部品メーカーの品質管理 |
| ◎：部品メーカーも技術を導入すると同時に、積極的に先進設備や品質管理ノウハウを導入、実施。<br>△：一部部品メーカーが先進技術を導入し、品質管理をある程度実施。<br>●：生産技術を導入するが、品質管理などノウハウをほとんど導入しない。 |
| c コストと生産性の管理 |
| ◎：コスト管理をきちんと強化、潜在力を掘り出し、節約によって利益を高める。<br>△：ある程度コスト管理を進める。<br>●：コスト管理をゆるめる。 |
| d リーン生産方式の推し広め |
| ◎：積極的に日本のリーン生産方式を推し広め、着実に効果を収める。<br>△：ある程度にリーン生産方式を理解、一部工場に試行。<br>●：全然リーン生産方式を導入しない。 |
| e 製品開発能力の強化 |
| ◎：製品開発部門に資金を集中投入、人材を集めて、車のミニ設計やモデルチェンジを推進。<br>△：開発部門に資金を投入、設備導入、実質の設計成果がまだ見られない。<br>●：開発分野にあまり力を入れない。 |

注：ここでは上海自工、天津自工、第一自動車、北京工、広州自工、東風自動車の6社の乗用車戦略に限定する。
出所：現地調査と各社の資料によって作成。

積能力が増進されることもある。例えば、一部の中国企業は乗用車製品技術を導入した後、国の国産化政策、市場競争の圧力や技術導入先企業側の品質要求などといった外部条件の制約の中で、競争能力を高めていかざるを得なかった。その場合の吸収能力も競争力蓄積能力と考える。

　以上3つの戦略構築能力について、具体的な評価項目を設定して検証していくことにする。すなわち、認識能力、資源投入能力と競争力蓄積能力については、前の表2-2に示したように、それぞれ5つの評価項目を設定した。例えば、認識能力について、国の政策研究、地方政府の政策研究、外国企業と導入モデル調査、市場調査、自社能力の考慮など、5つの評価項目を設定した。第4章から事例を分析しながら、これらの評価項目によって検証していきたい。

　第1章の冒頭で述べたように、企業戦略は企業内部の諸要因と外部の環境要因による相互作用に関する企業の認識に基づいて規定されるものである。図2-4に、メインの分析枠組図を示したが、ここでの既存資源、認識能力、資源投入能力、及び競争力蓄積能力は、いずれも企業特殊的な (firm-specific) 戦略に影響する重要なファクターであり、それらの諸要素は中国特殊の経済体制転換や市場ニーズ変化といった地域特殊的な (region-specific) 外部環境条件との相互作用を通じて、企業戦略行動の差異を生み出していくのである。

## 3. 環境要因の焦点要因シフトと戦略構築の焦点シフト

　この節では、前節に提示された分析枠組に基づいて、中国の主要な乗用車会社の戦略構築にとって最も影響の大きい外部環境要因（焦点要因）のシフト、戦略構築の焦点のシフトについて検討する。これら内外要因のシフトは、第4～7章の個別企業分析にとって共通の前提条件となるので、ここで予備的に分析しておく。

### 3.1　外部環境の焦点要因転換

　企業戦略は、外部環境の変化に伴って転換し変化するものであるので、ここでは中国の主要な乗用車会社の戦略策定と実行のプロセスを立体的に分析するために、企業をとりまく主な環境要因の変化プロセス及び戦略構築にとっての焦点要

因の転換過程を、簡略に検討してみたい。焦点要因とは、一定の時期の中で、企業をとりまく主要な諸環境要因の中に、他の要因より企業の戦略構築に対する影響力がはるかに強い環境要因である。

表2-3は、中国の主要な乗用車メーカー（主にいわゆる「3大3小」企業[18]）をとりまく環境要因の変化プロセス、及びその焦点のシフトを表したものである[19]。環境要因変化のプロセスをさらに4つの時期、すなわち「従来の計画経済

表2-3 中国乗用車メーカーの外部環境要因変化のプロセスと焦点要因の転換

| 要因＼時期 | (1)50年代初→70年代後半 | (2)70年代末→80年代前半 | (3)80年代半ば→90年代前半 | (4)90年代半ば→ |
|---|---|---|---|---|
| 中央政府計画・政策 | ●中型トラックを中心に発展、乗用車が贅沢品として制限される | ●先進国からの技術導入で製造レベルの格差を是正する | 乗用車生産の参入を制限、国産化を促進する | 関税を下げ、企業競争をさせる |
| 地方政府の政策 | 供給不足で地方企業の自動車生産支持 | 地方産業育成政策の提出 | 地方企業の規模拡大と部品国産化を支援 | 地方保護主義が台頭 |
| 市場機会・脅威 | 強制代替 | 市場開放・需要台頭 | ●乗用車輸入急増・需要急成長 | ●市場高度化、WTO加入問題に直面 |
| 外国企業の戦略 | 中国への進出が遮断される | 中国市場への参入が始動 | 完成車＆部品生産の参入、中国市場に力を入れる | 中国市場参入の競争が激化 |
|  | ⇒ | ⇒ | ⇒ | ⇒ |

注：●は同時期に諸環境要因の中で最も重要な変化要因、すなわち焦点要因である。この表は主に第3章で記述した中国自動車産業発展の史実に基づいて整理したものであり、具体には第3章を参照されたい。ここでは「3大3小」乗用車メーカーの環境要因変化のプロセスに限定している。
出所：筆者作成。

---

(18) 「3大3小」は中国の6つの乗用車メーカーを指すが、具体的に第3章を参照されたい。

(19) ここの分類と関連のコンセプトについては、藤本（1994, 1995）の論述を参考にし、さらに中国自動車企業の環境要因の実態にもとづいて修正を加えた。同論文では、産業育成政策を「企業の競争力」という観点から考え、自動車産業を構成する内外企業、内外市場、部品産業、労働市場などを含むトータル産業システムにおけるダイナミックかつ長期的な相互作用に着目した（詳しくは、同論文(1)の52-57頁を参照されたい）。

統制期—技術導入・市場開放初期—乗用車ニーズ成長期—市場競争激化期」における中央政府の計画・政策、地方政府の政策、市場の機会・脅威および外国企業の戦略の動きに分け、各期の焦点要因を●印で示した。この表を縦に読むと、一定の時期における環境要因、すなわち中央政府、地方政府、市場、外国企業の中で、他の要因より企業成長に対する影響力の強い「焦点要因」が存在していたことがわかる。そして、横に読むと、その変化のプロセス、すなわち各環境要因の変化過程を、中国自動車産業発展4つの時期に追跡することができる。これにより、たとえば時間の経過に伴って、「焦点要因」が中央政府の計画・政策から市場機会・脅威へと転換したことが確認できる。

　中国自動車産業全体の発展過程については、次の第3章に詳しく観察するが、ここでは、本論文の分析枠組に対応させて、先ず上述した4つの時期区分における環境要因変化の主な特徴をあげておきたい。

　各時期の焦点要因を観察すると、大きく、中央政府の政策を中心にした時期と、市場ニーズを中心にした時期という前後2つの段階に分けられる。更に詳しく分析すれば、70年代の末までの30年間は、中央政府の計画統制と中型トラックを中心とした車種政策が、ほとんど主導地位を占めていたのに対して、70年代末から80年代前期の市場開放・多車種技術導入の初期段階では、中央政府の計画・政策は依然として最も重要な要因であったものの、市場ニーズをはじめほかの環境要因の影響も現れはじめた。その後、80年代半ばからは、乗用車市場需要が急成長して環境変化要因の焦点になったが、中央政府の参入制限や市場保護政策も、依然として重要な要因であった。更に、90年代の半ばからは、市場システムの整備に伴い、市場の影響力がますます強くなってきたのである[20]。

## 3.2　企業戦略の策定・実行プロセスと戦略構築の焦点シフト

　中国自動車企業の成長戦略構築過程においては、前述したように、外部環境の

---

(20)　また、80年代以降同じ時期においても、市場変動のスピードと国の計画変動のスピードには違いがあり、政府政策の変更は市場の変動よりかなり遅く、その上その政策が国の計画プロジェクトに編入されるまでには更に時間を要した。そのため、如何に速く市場の変動を読み取り、市場需要と政府政策の変化の時間差を利用して成長戦略を策定し、実行していくかが企業にとって重要な能力と言える。

*38* 第2章 分析の枠組：環境変化と企業戦略の策定・実行プロセス

図2-5 応用図：中国自動車産業における乗用車メーカーの成長戦略策定と実行のプロセス

環境要因変化のプロセス：

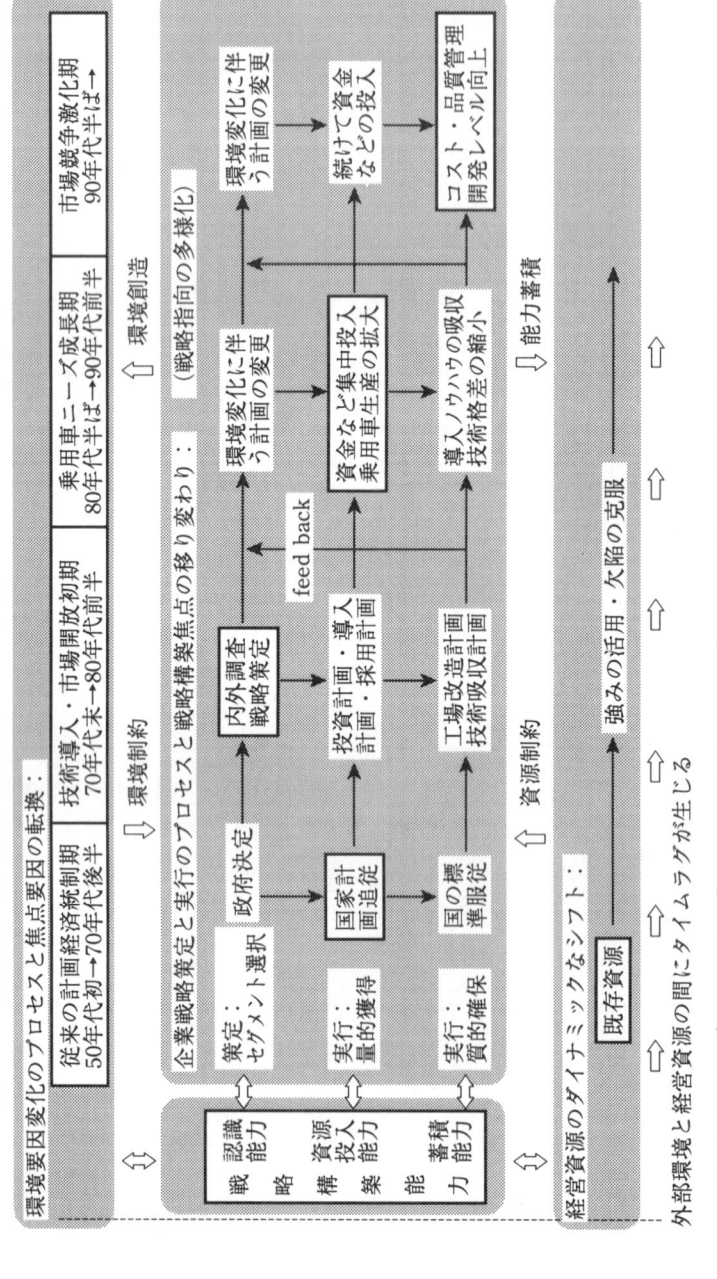

| 従来の計画経済統制期 50年代初→70年代後半 | 市場開放初期 技術導入・70年代末→80年代前半 | 乗用車ニーズ成長期 80年代半ば→90年代前半 | 市場競争激化期 90年代半ば→ |
|---|---|---|---|

⇕ 環境制約　　⇕ 環境創造
（戦略指向の多様化）

企業戦略策定と実行のプロセスと戦略構築焦点の移り変わり：

策定：
セグメント選択 → 政府決定 → 内外調査 戦略策定 → 環境変化に伴う計画の変更 → 環境変化に伴う計画の変更

実行：
量的獲得 → 国家計画製造 → 投資計画・導入計画・採用計画 → 資金など集中投入 乗用車生産の拡大 → 続けて資金などの投入

実行：
質的確保 → 国の標準設定 → 工場改造計画 技術吸収計画 → 導入ノウハウの吸収 技術格差の縮小 → コスト・品質管理 開発レベル向上

feed back

⇕ 資源制約　　⇕ 能力蓄積

経営資源のダイナミックなシフト：

既存資源 → 強みの活用・欠陥の克服

戦略　認識能力
構築　資源投入能力
能力　蓄積能力

外部環境と経営資源の間にタイムラグが生じる

注：この図の環境要因変化の時期区分は表2-3の外部環境要因変化プロセスと焦点転換に対応している。
出所：筆者作成。

時期区分ごとに焦点となる環境要因が変化していった。それと同時に、それに対応する企業の戦略構築の焦点、すなわち最も必要とされた戦略構築能力も時期ごとに変化していったと考えられる。戦略構築の焦点とは、ある特定の時期の中で、外部環境の焦点要因に対応し、中国自動車企業の成長にとって最も重要となる競争ポイントである。具体的に図2-5に示したように、中国乗用車メーカーの戦略構築の焦点は、外部環境の変化に応じて、主に国家計画への追従→内外調査・戦略策定→乗用車の生産規模拡大→管理・技術レベル向上の順に移行してきたと考えられる。

　前述したように、70年代末までの20数年間、自動車メーカーはトラックを中心とする国の計画に追従し、生産の量的拡大を優先させていた。乗用車生産の参入や完成車生産の技術導入については、政府が制限していた。80年代の初めから80年代の半ばにかけ、乗用車需要の台頭と輸入の増加によって制限は一時的に緩和されたが、80年代の後半から再び厳しくなった。その後、長年にわたって、軍需産業以外の民間企業にとっては、乗用車事業への参入はほぼ不可能であった。また中国の自動車企業は、ほとんど乗用車の開発能力を持っていなかったので、製品が市場ニーズに適合するかどうかは、全て外国から導入する製品の選択内容によって決定された。ゆえに80年代の半ばまでは、自動車企業が戦略ビジョンを立てる際に、内外環境要因の変化を深く認識したうえで、乗用車への参入を決定し、適切な製品を選択することが成長戦略の重要なポイントになった。

　一方、乗用車市場は、これまで高関税で政府に保護されていたので、国内の乗用車メーカーは、その保護により利益を享受していた[21]。したがって、資金が欠如している自動車企業が、80年代の半ばから90年代半ばまでの需要の急成長に伴って、如何に乗用車の生産能力を量的に発展させ、早く乗用車の量産効果を高め、利潤を増やしていくかが重要な意味を持っていた。他方、中国市場における

---

(21) 機械工業部汽車工業司・中国汽車技術研究中心（1996），76頁並びに河端正彦（1992），28頁によると、1993年末までGVW14t以下のトラック輸入関税の50％に対して、排気量3L以上のガソリン乗用車と2.5L以上のディーゼル乗用車の関税率は220％（その後150％）、3L以下のガソリン乗用車と2.5L以下のディーゼル乗用車の関税率は180％（その後110％）になっていた。

自動車の価格は、80年代半ばから国家計画配分部分の計画価格と、企業の自主販売部分の市場価格の「双軌制」(二重価格制度)に変わったが[22]、90年代初期からは、次第に市場の変動に応じてメーカーが自由に価格を決められるようになった[23]。同時に、生産量が増大するにつれて、乗用車の品質に対するユーザーの要求も高くなってきた。従って、ますます激しくなった市場競争に伴って、90年代半ばからは乗用車メーカーの生産性、製品品質や製品開発能力なども、戦略構築の重要なポイントとなったといわざるを得ない。

上述の図2-5を詳しく見れば、戦略策定のプロセスと戦略実行のプロセスとは、ある程度同時並行的に進んできたことが観察される。すなわち、最初に策定された戦略ビジョンや行動プランは、後の環境変化に伴って常に大きく変更、再策定せざるを得なかったし、戦略の実行も、環境の変化に伴って量的な獲得と質的な確保の両面で、ときとともに修正されていったのである。その中で、図2-5で太線で囲った部分、すなわち国家計画への追従、内外調査・戦略の策定、乗用車の生産規模の拡大、及び管理と技術レベルの向上は、環境変化に対応する中国自動車企業の競争ポイントになったともいえる。この4つのファクターは、ともに企業の戦略策定と実行のプロセスを構成する上でもっとも重要な要素であり、それぞれに要求された戦略構築能力も特定していった[24]。

---

(22) 厳密にいうと、国の指令性価格と市場の自由価格の間に、企業がある程度(上下10%)に調整できる国家の指導価格も存在していた。

(23) ただ、乗用車の価格についてはメーカーに対して最高限定格制度が設定されていたが、ますます激しくなった減価競争によって、事実上は無意味になっている。

(24) 一般に、資本主義市場経済諸国では市場における競争力の評価は、価格(price)、品質(quality)、納期(delivery)が主要な指標を軸に行われるが、企業の生産管理の目標としてはコスト(cost)、品質、生産期間の3つのファクターが最重要視されている。例えば、藤本(1995b)では、競争力指標として、生産性、生産リードタイム、品質、フレキシビリティーをあげている。藤本(1995b) 7-8頁を参照されたい。また、同論文では競争力指標のある時点でのレベルに影響を与えるような開発・生産活動のパターンを企業の静態能力(static capability)としている。また、競争力指標の上昇率に影響を与える活動パターンとしての改善能力(improvement capability)、及び企業の競争能力そのものを構築する能力を進化能力(evolutionary capability)としている。中国企業の戦略パフォーマンスをあくまでも市場競争に入ったばかりの初期段階のものと考えているので、敢えて進化能力の概念を引用せず、静態的な能力と改善能力の概念を援用し、必要な修正を加えた上で、中国企業の分析に応用した。一方、中国商用車企業の競争焦点について、李(1996)

第2章　分析の枠組：環境変化と企業戦略の策定・実行プロセス　*41*

要するに、上述した時期ごとに焦点となる環境要因の変化に従って、要求される戦略構築能力も変化している。この環境変化に応じて中国の各自動車企業は、他社にまさる企業戦略の策定・実行を目指しはじめた。そのために各企業は、その歴史から生み出した独自の戦略構築能力をできるだけうまく発揮・改善し、既存資源の制約を乗り越えようとしているが、30年間の計画統制期に形成された組織慣性によって、それは各側面から妨げを受けていて、簡単にはいかない。したがって、企業間の各時期において焦点とする戦略構築能力の優劣が顕在化し、各企業の成長経路及び競争優位のパターンに違いがあらわれてきたのである。

## 4. 成長スピードと戦略的経路の差異に関する仮説

さて、本論文における基本的な問題関心に戻る。90年代半ばまで、ほぼ同様の急激な環境変化に直面していた中国の乗用車メーカーの間で、何故その成長スピードと戦略的経路に大きな差異が生じたのだろうか？　ここで、前述の動態的戦略形成論の分析枠組を、具体的な中国自動車産業の事例に応用することによって、いくつかの仮説を導き出すことができる。

まず、現段階の中国乗用車産業における企業の成功と失敗を判断する基準を再確認しておきたい。中国の乗用車産業は90年代の後半になって、ようやく質的な競争の時代に入ったばかりで、これに関する確実なデータを収集することは難しく、結論を出すことは時期尚早と考える。従って、90年代半ばまでの資料で分析する本論文の段階では、乗用車事業の成長、すなわち生産量拡大の大小を、戦略的成功の基準とするのが妥当と考える。以上の分析枠組を基にして、成長スピード（仮説1）と戦略的経路（仮説2）の両面に生じた差異について、次のような仮説を導き出すことができる。

**仮説1**：成長性に関する一般論の仮説からいうと、ある時期（t期）における個別企業のパフォーマンスは、その時期ごとに、その企業の焦点となる戦略構築能力によって、最も大きく影響される。そして、ある時期（t期）の個別企業のパ

---

では、中国における企業間の市場競争の焦点として、製品の性能、製造品質及び生産量をあげている（李（1996）15-16頁を参照されたい）。

フォーマンスはそれ以前の時期（t－1、t－2期）におけるその企業の戦略構築の成果や経営資源の状況にも、ある程度は影響されると考えられる（path-dependence）。これを基にして、具体的に次の3つの仮説を導き出すことができる。

**1－a**：乗用車ニーズの成長期（80年代半ば→90年代前半）における企業間の成果（成長性）の差異は、その時期での焦点となる戦略構築能力、すなわち資源投入能力の企業間の差異に最も大きく影響される。

　この仮説は上述した判断基準に沿って、90年代の半ばまで、企業の経営資源をタイムリーに大量投入したことが、その乗用車の量的獲得に直接つながったと想定する。80年代の後半から90年代の半ばにかけて、乗用車ニーズの急成長の時期における新規参入が制限された市場の中では、ユーザの乗用車の品質・性能に対する要求のレベルはまだ低く、乗用車そのものを入手することが優先されていた。したがって、乗用車の生産能力を早期に拡大するためには、大量の資金を乗用車生産に投入できたかどうかが、企業発展の明暗を分けたものと推測される。

**1－b**：乗用車ニーズ成長期の企業の成果は、それ以前の時期（70年代末→80年代前半の技術導入・市場開放初期）における戦略構築の成果に影響される。

　80年代の半ばまで、開放政策の下で乗用車の市場ニーズが台頭し、乗用車の輸入も増えはじめたので、政府は技術の格差を是正して輸入車を阻止するために、乗用車技術導入の政策を採用しはじめた。企業が早めに、この変化を読み取って着実な内外調査により正確な乗用車への参入戦略を策定することができたかどうか、また適切な技術・資本協力パートナーや導入製品を選ぶことができたかどうかは、後に各自の乗用車生産量拡張に重要な意味を持っていた。すなわち、前の時期に認識能力の欠陥（誤った市場認識や自社能力認識など）によって適切な車種の選択に失敗した場合、他の条件を一定とすれば当期（乗用車ニーズ成長期）の不成功につながりやすい。

**1－c**：乗用車ニーズ成長期の企業の成果は、それ以前の時期（80年代半ば以前）における、その企業の既存経営資源にも影響される。

　この仮説は、従来の自動車・乗用車の開発や製造の経験、生産能力、周辺地域の技術基盤、政府との所属関係、資金獲得ルートなど、企業の特殊的な要素が企業の戦略行動の基本条件であり、企業競争優位のパターンを形成する基礎要因に

もなったものと想定する。すなわち、前期までの既存資源の不利な要素や組織慣性（硬直性）は、今期（乗用車ニーズ成長期）の企業成果にマイナスの影響を与える可能性が高い。

**仮説2**：同じく90年代半ばの時点で成功した企業の中にあっても、それぞれが持っている既存資源と戦略構築能力の違いによって、異なった戦略構築の経路をたどるといった傾向がある。また、やや緩やかな競争環境の下で、強い既存資源を持っていた企業は前期に多少失敗しても、当期にがんばればその失敗の挽回が可能である。

　既存資源と戦略構築能力は、いずれも企業の歴史的発展のプロセスの中で生まれた累積性と企業特有の競争パターンという特殊性を持っている。そして、こうした累積性と特殊性といった特性が企業間によって異なり、容易に切り替えることはできない。また、企業が成長する際に、従来の経営資源の強みを活かし、欠陥を克服しようとする企業努力が次期の戦略展開に影響を与える可能性もある。したがって、異なった企業は、それぞれが持っていた既存資源と戦略構築能力から出発して、仮に同じ環境制約の中で同じ方向に向かって競争していくとしても、まったく同じ戦略目標や成長経路を選択することはあり得ないと考える。さらに、中国の乗用車市場は政府から強く保護されていたので、企業間競争は日米欧企業のような厳しさはなかった。ゆえに、こうした環境条件の下で、きわめて強い既存資源を持っていた企業は前期に多少の失敗があったとしても、後期に相当な努力によって、その失敗を挽回することができたのである[25]。

---

(25) 仮説2は、企業間の異なる成功パターンを説明するためのものであり、成功と失敗の差を説明するための仮説1とは異なる問題に則したものである。しかし、その背後の論理は、仮説1と共通しているというのが筆者の見解である。すなわち、仮説1で示したように、t期（乗用車ニーズ成長期）の成功に寄与する要因は、a）t期に焦点となる戦略構築能力、b）t－1期（技術導入・市場開放初期）の戦略構築成果、c）t期以前の既存の経営資源、の3つである。この3つの要因について、すべて十分に満たした企業が存在すれば、その企業が極めて高い成果をあげると考えられる。しかし、後の章の分析で示すように、成功した各企業は、必ずしもすべての点で他企業を圧倒していたわけではない。むしろ、各企業は、3要因のうちいずれかの要因で他社よりも強みをもちつつ、他の要因においてはその不利を補う努力をした結果、成功にいたった。3要因のうちどの要因にその

第2章　分析の枠組：環境変化と企業戦略の策定・実行プロセス

　以上のような分析枠組と検証の前提に基づいて、具体的には上海自工、天津自工と第一自動車の企業行動とそれぞれの成長戦略を中心に、中国自動車産業における企業戦略策定と実行のプロセスを検討していく。なお、ここに記載された事実やデータは、ほとんど1996年までのものである。すなわち、乗用車ニーズの急成長を中心とする時期が終わり、市場競争激化の時期に入った頃の各社の実績である。従って、結論も主に以上の事実とデータから、分析枠組に沿って乗用車生産量成長の大小を中心に評価した。一方、各社の乗用車生産技術を導入してから90年代半ばまでの技術吸収や管理レベル向上の過程、各社のこれまで競争力蓄積能力の差異を検証して、今後の競争行動への影響を予測しようとするものである。

---

企業の強みがあったかが、成功企業間のパターンの違いと失敗の挽回を説明する基礎となると考えられる。

## 第3章　中国自動車産業の歴史的沿革と乗用車中心への移行

　中国自動車産業における企業の成長戦略を立体的に理解するために、中国自動車産業発展の歴史の概略を説明する。具体的には、今世紀初めから中国自動車産業の生産基盤形成過程を観察し、それと戦後の業界発展の歴史とのつながり、及び新中国の産業政策や産業組織の変遷を分析して、乗用車企業の戦略行動の経済的・歴史的背景を提示したい。

### 1. 早期の自動車試作と産業基盤分布

　中国における最初の自動車は、1901年にハンガリー人のLeinzが上海に持ち込んだ2台の乗用車である。その後、上海、天津など沿海都市に外国の商人や中国の官僚が持ち込んだ外国製の自動車が増えていったが、これら初期のものの用途はほとんど乗用車であった[1]。

　自動車の輸入に伴い、20-30年代に上海、天津、北京など東部大都市の自動車運輸業が次第に発展し、それと同時に、自動車修理業や部品製造工場も現れてきた。中国での自動車の試作は1920年代末期からである。1930年前後に、遼寧省の「遼寧迫撃砲工廠」がアメリカのモデルを模倣し「民生号」というトラックを

---

(1) 中国汽車工業史編審委員会編（1996）3-4頁による。その中で、1902年に中国の北洋大臣の袁世凱によって初めて輸入され、清朝の西太后に献上された乗用車が現在でも北京に保存されている。この車の外形は18世紀のヨーロッパの馬車に似ている。当時、北京の大臣たちはこの車を「不正な物品」と見なして、絶対に乗ってはいけないと猛反対したが、西太后はそれを聞入れなかった。乗ってから彼女は、ドライバーが自分の前に座っていることに気付き激怒した。ドライバーにひざまずいたままで運転することを命じたが、もちろん、それはできなかった。結局、この車はそのまま北京の宮殿の中に置かれ、それ以来一度も運転されていない。この車は、アメリカ人のE. D. Charles, J. Frank Duryen兄弟によって設計・製造されたもの。ボディが木製で、ダブル・フェトン式で、3気筒・6-10馬力の水冷ガソリンエンジンをリヤに搭載していた。このほか、ドイツのOLRYEA会社で1896-1898年に製造され、中国が1901年に輸入してきたものだという説もある。

試作した(2)。その後、山西省（1933 年）や湖南省（1936 年）などの自動車修理工場もトラックを試作したが、いずれも量産には至らなかった。1936 年 12 月に中央銀行の出資を基礎として、半官半民の「中国汽車公司」が上海に設立された。そこでは、ドイツのベンツ社から KD セットを毎月 100 台分輸入し、5 年以内に全部国産化するという計画に従い、1939 年までに 2000 台のディーゼルトラックを組み立てた。

1937 年、日中戦争が全面勃発し、日本軍の侵攻によって出来たばかりの中国の自動車工場はやむを得ず中部、西部の内陸へ転々と移転し、大半の設備を失った。戦争中、西安、重慶、昆明、貴陽など内陸都市の自動車修理と部品工場は、自動車運輸の増加に従って、ある程度発展した。

一方、日本軍の占領（東部）地域は軍用トラックを生産するために、自動車の生産が拡大した。例えば「満州事変」以後、日本人は前述した遼寧迫撃砲工廠を利用して、「同和自動車工業株式会社」（いすゞ）を設立（後に「満州自動車製造株式会社」に吸収）し、トラックを生産した。ただし、この工場の設備は日本の敗戦と同時にソ連軍に全部接収され、ソ連に持ち去られてしまった(3)。日本は戦時中、上海、天津、済南、武漢に軍用トラックの組立や修理の工場を設立し、日本の技術や設備で当地の自動車の生産レベルを高めたが、太平洋戦争以後の生産は衰退した。戦争直後、従来の天津トヨタ自動車工場はダイハツの三輪車を模倣して三輪「客車」を試作し、60 台を生産した。これは新中国の成立前に行われた中国で唯一の乗用車の試作であった。

こうして 1949 年以前、中国の自動車産業は戦争という多難な中で何回か試作を行ったが、いずれも輸入した KD 部品、中古再生部品やイミテーションパーツを組み立てたものであり、量産には至らなかった。中国の自動車修理工場や部品工場は、その形成の歴史からみれば、主に二種類に分けられる。一種類は、今世紀の初めから運輸業の発展に伴って東部地域（沿海部）の大都市に現われ、欧米や日本企業の設備や技術を導入して発展していったものである。もう一種類は、

---

（2） 貨物運輸の発展に応じて、早期の輸入車は乗用車が多かったのに対し、中国で初期に試作されたのはほとんどがトラックであった。

（3） 山岡茂樹（1996）12-13 頁による。

日中戦争によって、東部地域の自動車工場が内陸に移転し、西部地域（内陸部）の都市に定着していったものである(4)。新中国の自動車産業は、これを基盤として発展し始めた。

## 2. 重層構造の形成と中型トラック中心

新中国は1949年に成立してから、まもなくソ連式の中央集権的な計画統制システムを導入し始めた。50年代の初め、中央政府は生産技術と設備を全般的にソ連から導入し、1つの大型自動車プロジェクト（後の第一自動車）を建設する計画を立てた(5)。工場建設の候補地として当初、北京、西安、武漢など従来自動車部品の生産基盤がある都市を中国側はあげたが、結局ソ連側の意見に従ってソ連に近い長春になった。第一自動車は1953年に着工され、1956年には年間3万台の中型トラックを鋳造、鍛造から機械加工、最終組立まで一貫生産するシステムが完成した。その後、中国は西側からは全面禁輸という情況の中でソ連との関係も悪化してしまい、先進国との技術交流がほとんど隔離されるに至った。このような隔離の状態は、80年代の初めに外国から技術導入が行われ、現地生産が本格化するまで20年以上も続いた。

50年代末期の「大躍進」時期に、地方政府の権力が強化された。自動車、特に中型トラック以外の車種の供給不足によって、各地で地方政府の投資をうけて、小規模の自動車製造工場が建設され始めた。その当時、各地のメーカーは外車を模倣して多くの商用車や乗用車を試作した(6)。その中で60年代以降、中堅メー

---

（4）中国汽車工業史編審委員会編（1996）57頁によると、1949年6月に中国の各大都市には比較的大きな部品工場が97社あった。その内訳は、上海51社、西安11社、昆明8社、貴陽6社、長沙5社、南京4社、天津4社、北京4社、重慶3社、武漢1社という分布であった。その中で、特に東部（沿海部）の都市、例えば、上海、天津、北京、南京、済南などの都市は、長年自動車修理の経験と比較的強い部品産業の基盤を持っていたため、後の自動車事業の発展に有利な条件を備えていた。

（5）1950年初めの『中ソ友好互助同盟条約』調印の前後に、ソ連政府は中国の156項目の工業建設に対する援助計画を打ち出したが、その中の一つに総合的な自動車製造工場も含まれていた。当時、中国政府は運送能力不足のボトルネックを緩和するために、乗用車について伝統的運送手段を活用すればよいと判断し、優先権を中型トラックに与えた。

（6）例えば乗用車というと、第一自動車の「東風号」「紅旗号」、北京自動車工場の「井崗山号」「東方紅号」、上海自動車工場の「鳳凰号」、重慶自動車工場の「長江号」「前進号」、

カーとして成長してきたのが、東部地域にあった自動車修理や部品生産の基盤を持つ上海自動車工場（乗用車）、北京自動車工場（ジープ）、南京自動車工場（小型トラック）、済南自動車工場（大型トラック）の4社であった。

　1964年に自動車業界の統一管理を目指して、全国の主要な自動車関連企業64社を統合したトラスト「中国汽車工業公司」が成立した[7]。「中国汽車工業公司」はソ連の管理システムを模倣し、自動車関連企業を強力に中央政府の管理下にまとめて、国家の計画単位として、内部に統一企画、統一管理を実行した[8]。60年代の半ばから、米ソとの戦争に備えるため「中国汽車工業公司」の直接指導の下で、中央政府は第2番目の大型自動車プロジェクト、第2（後の東風）自動車の中型軍用トラック生産工場の建設に着手した。このプロジェクトは、第一自動車をモデルにして建設したものであるが、山間部という立地条件が悪かった[9]。一方、この時期に戦争に備えて中央政府の投資で西部地域（内陸部）の自動車関連工場も充実されていった[10]。

　「中国汽車工業公司」は、文化大革命の初期に「修正主義の産物」として批判され、解体された。60年代の末期から中堅メーカーの上海自動車工場、南京自動車工場、済南自動車工場と北京自動車工場が引き続き発展したのと同時に、地域内

---

　　天津自動車工場の「平和号」などがある。後に北京自動車工場は、その乗用車のシャーシーを利用してジープを生産することにしたほか、多数のメーカーは技術レベルや生産条件の問題をかかえて長続きせず、結局、乗用車の少量生産に入ったのは第一自動車と上海自工だけであった。
（7）中国汽車工業史編審委員会編（1996）76-78頁による。
（8）その時に、上海自工と天津自工の工場は、すでに国の農業機械化政策に従って農業機械の生産に転換していたので、「中国汽車工業公司」に統合されなかった。
（9）中国汽車工業史編審委員会編（1996）99頁による。東風自動車は、当初自動車部品の基盤が比較的強い湖南省に建設される予定であったが、後に鉄道線路の変動に従って湖北省の山の中に移された。具体的に、この工場の建設地は当初計画していた川漢鉄道（四川省の成都から湖南省の西部を経由して湖北省の武漢まで）に沿って、湖南省の西部地域に予定したが、後に川漢鉄道の建設が中央政府に中止され、襄渝鉄道（湖北省の襄樊から湖北省の西北部を経由して四川省の重慶まで）の建設に変更されたので、湖北省の西北部の山の中に選ばれた。
（10）例えば、大型軍用トラックメーカーの四川自動車と陝西自動車及び後にスズキと合弁会社を設立した長安機器などの企業は、この時に国家投資を受け、工場建設や設備導入を行った。

の運輸のニーズに応じて、各地で新設の特装車メーカーに加えて、天津、瀋陽、広州、武漢など都市の地方メーカーが、小型トラックのコピーや試作をするようになり、小型トラックの生産メーカーが増加した。しかし、これらの工場への地方政府の投資は既存の自動車修理工場の改造、拡張で賄われた程度のものであった。また、乗用車の生産は60年代の半ばから上海自動車工場（上海号）と第一自動車（紅旗号）によって手作業方式で少量生産を行ったが[11]、その発展は政治（例えば文化大革命）や経済の原因で、あくまで制限されていた。

こうして、図3-1に示すように、50年代の初めから70年代の末まで、中国の自動車産業は先進国との交流がほぼ遮断されていた中で、管理権限を中央政府に集中したり、地方政府に分散したりして形成していった。中央政府の投資により設立された大手メーカーと、地方政府の投資で設立された中堅メーカーや小型メーカーが併存するという重層構造を形成した[12]。その中で、大型プロジェクトへの集中投資は、すべて中央政府によって行われていたが[13]、中央政府は財政の制限や政治などの原因（例えば、戦争に備えて）で、一貫して中型トラックを中心とする計画的投資政策を推し進めていた[14]。車種別から見れば、表3-1にある

---

(11) 1979年の時点で乗用車の生産量は上海号4000余台、紅旗号130台であった。

(12) この中で、中央政府の投資により設立された第一自動車と東風自動車のような大手メーカーは政治（ソ連に近くや戦争に備え）などの原因もあるが、ソ連を経由してフォード（大量生産）システムを導入し、部品の内製率は非常に高かったために、周辺地域の機械産業基盤の弱さは問題にならなかった。一方、地方政府の投資により設立された上海、天津、北京、南京、済南、瀋陽、武漢など都市にある中堅や小型メーカーは、比較的強い部品産業の基盤を持っていたが、主に中央政府の投資政策の制約により、その成長が抑えられた。後に中央政府の政策制約の緩和という環境変化が、これら企業の成長にチャンスを提供してくれた。

(13) 中国の中央政府と地方政府の財政を合わせた全財政収入のうち、地方財政収入の占める比率は50年代の末まで3分の1にも満たず、その後次第に高まりはしたが、80年代の半ばに至っても半分にも満たなかった。しかも、地方政府の投資は各地で行っており、分散していた。

(14) 『中国汽車年鑑1986』177頁によると、建国以後中央政府が自動車産業の対する投資額は1949-52年2.2億元、53-57年6.6億元、58-62年0.9億元、63-65年1.0億元、66-70年6.1億元、71-75年15.7億元、76-80年9.2億元であった。すなわち53年-57年と71年-75年と2つの基本建設投資のピークがあるが、これは各々第一、第二（東風）自動車の建設期に対応している。

図 3-1　中国自動車主要

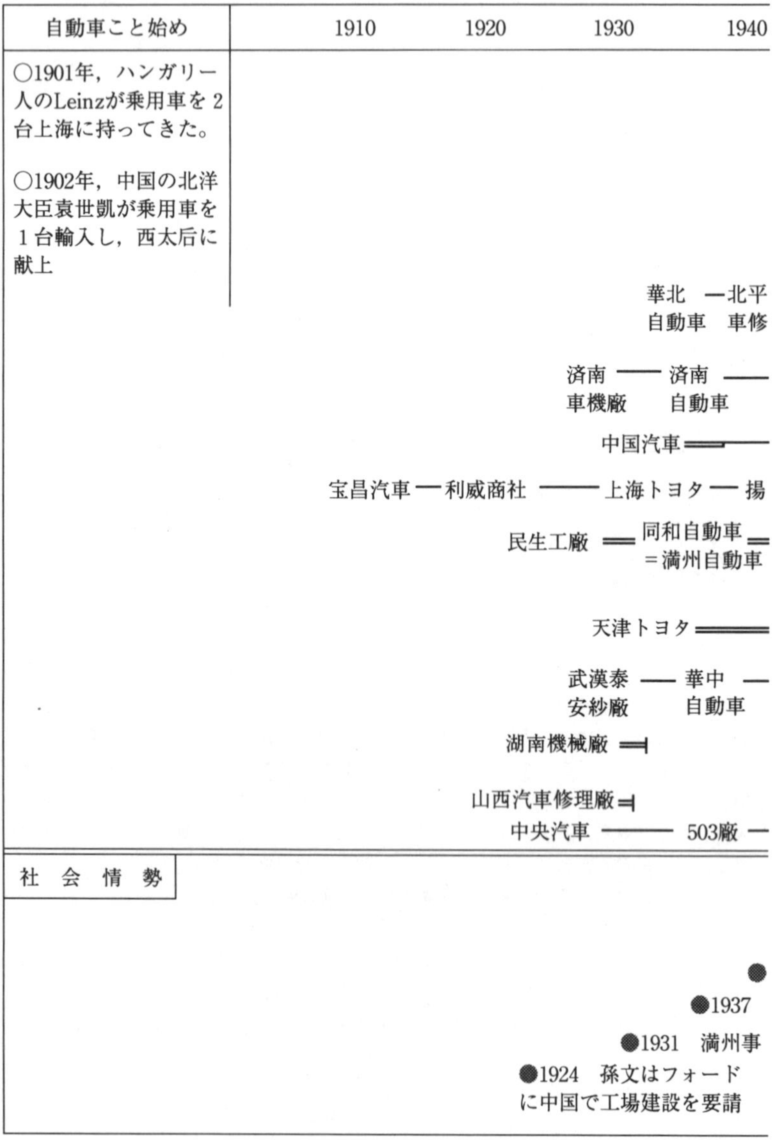

| 自動車こと始め | 1910 | 1920 | 1930 | 1940 |
|---|---|---|---|---|
| ○1901年，ハンガリー人のLeinzが乗用車を2台上海に持ってきた。<br><br>○1902年，中国の北洋大臣袁世凱が乗用車を1台輸入し，西太后に献上 | | | 華北　―北平<br>自動車　車修<br><br>済南　――　済南　――<br>車機廠　　　自動車<br><br>中国汽車══<br><br>宝昌汽車―利威商社―――上海トヨタ―揚<br><br>民生工廠══同和自動車═<br>　　　　　　＝満州自動車<br><br>天津トヨタ══════<br><br>武漢泰　――　華中　――<br>安紗廠　　　自動車<br><br>湖南機械廠╕<br><br>山西汽車修理廠╕<br>中央汽車　―――――　503廠　― | |

| 社　会　情　勢 |
|---|
| ●1937<br>●1931　満州事<br>●1924　孫文はフォードに中国で工場建設を要請 |

出所：筆者作成。　注：中自は1990年に再復活し、1993年に再改組したが、業界の

第3章　中国自動車産業の歴史的沿革と乗用車中心への移行　**51**

## 会社の歴史的変遷図

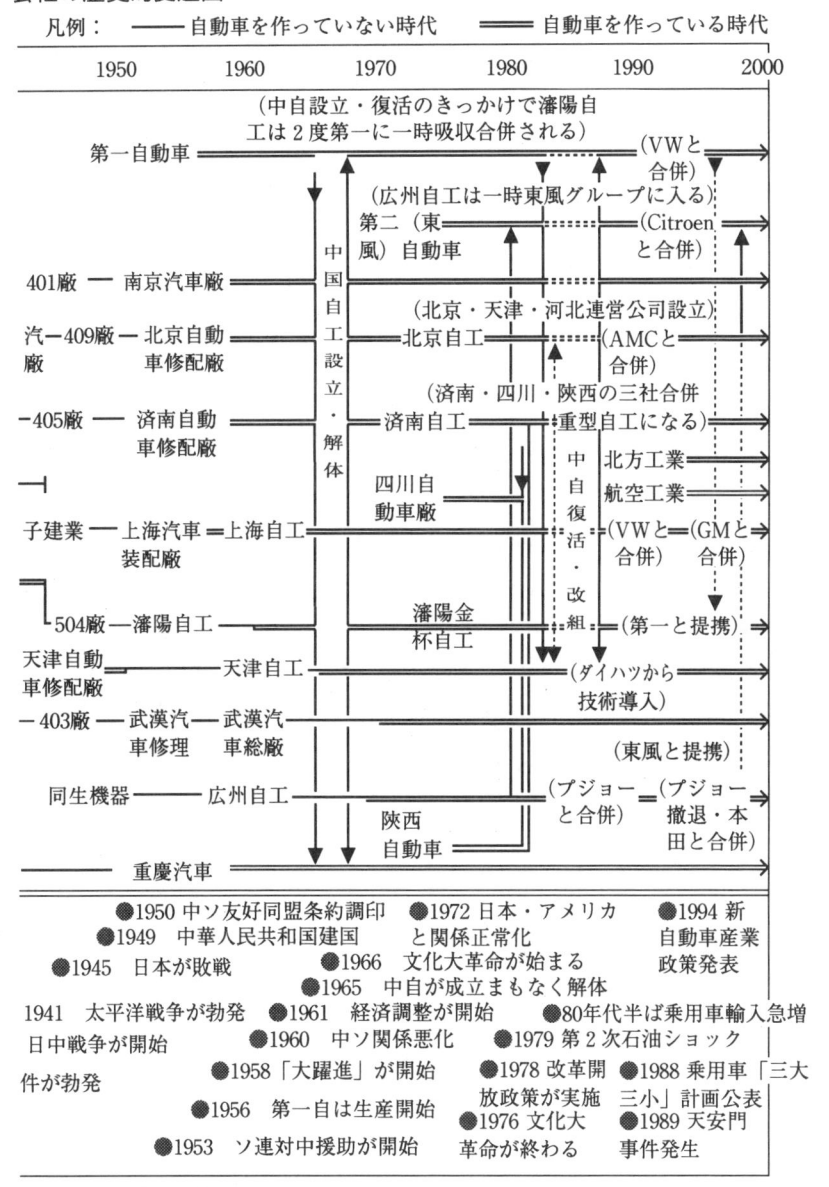

凡例：　──── 自動車を作っていない時代　════ 自動車を作っている時代

```
          1950      1960      1970      1980      1990      2000
```

                    (中自設立・復活のきっかけで瀋陽自
                     工は2度第一に一時吸収合併される)

第一自動車 ══════════════════════════════════ (VWと
                                              合併)

                           (広州自工は一時東風グループに入る)
                     中    第二（東──────────────── (Citroen
                     国     風）自動車                    と合併)
                     自
401廠 ── 南京汽車廠 ══工
                     設    (北京・天津・河北連営公司設立)
汽─409廠 ── 北京自動  立    北京自工 ═══════════ (AMCと
廠       車修配廠      ・                          合併)
                     解    (済南・四川・陝西の三社合併
─405廠 ── 済南自動    体    済南自工 ════════ 重型自工になる)
         車修配廠
                                                 北方工業
                           四川自                 航空工業
                           動車廠
                                              中  (VWと (GMと
子建業 ── 上海汽車 ══上海自工 ═══════════════════ 自   合併) 合併)
              装配廠                           復
                                              活
                                              ・
                           瀋陽金                改
└504廠 ── 瀋陽自工 ══════ 杯自工 ═══════════════ 組  (第一と提携)

天津自動     ─── 天津自工 ══════════════════ (ダイハツから
車修配廠                                       技術導入)

─403廠 ── 武漢汽 ═ 武漢汽                     (東風と提携)
           車修理   車総廠

同生機器 ──── 広州自工 ══════════════ (プジョー (プジョー
                                              と合併) 撤退・本
                     陝西                             田と合併)
                     自動車

═══════════════ 重慶汽車 ══════════════════════════════

●1950 中ソ友好同盟条約調印　●1972 日本・アメリカ　●1994 新
●1949　中華人民共和国建国　　　と関係正常化　　　　　自動車産業
●1945　日本が敗戦　　　　●1966 文化大革命が始まる　政策発表
1941　太平洋戦争が勃発　●1965 中自が成立まもなく解体
　　　　　　　　　　　　●1961　経済調整が開始　　●80年代半ば乗用車輸入急増
日中戦争が開始　　　●1960　中ソ関係悪化　　●1979 第2次石油ショック
件が勃発　　　　●1958「大躍進」が開始　　●1978 改革開　●1988 乗用車「三大
　　　　　　●1956　第一自は生産開始　　　　放政策が実施　　三小」計画公表
　　　　●1953 ソ連対中援助が開始　　　●1976 文化大　●1989 天安門
　　　　　　　　　　　　　　　　　　　　　革命が終わる　　事件発生

組織再編には全く役立たなかった。

52  第3章 中国自動車産業の歴史的沿革と乗用車中心への移行

表3-1 中国自動車産業の企業数・生産量・輸入台数・保有台数の推移
(1955-1996)

(生産量・輸入量・保有量：台、シェア：%)

| | メーカー数 | 自動車総生産 | 内にトラック | 内に乗用車 | 乗用車シェア | 総輸入台数 | 乗用車輸入 | 総保有台数 |
|---|---|---|---|---|---|---|---|---|
| 1955年 | 1 | 61 | 61 | | | 15,199 | 1,412 | |
| 56 | 1 | 1,654 | 1,654 | | | 11,240 | 1,556 | |
| 57 | 1 | 7,904 | 7,904 | | | 2,225 | 40 | 120,500 |
| 58 | 8 | 16,000 | 15,835 | 57 | 0.4 | 30,158 | 237 | |
| 59 | 14 | 19,601 | 18,938 | 101 | 0.5 | 15,619 | 1,259 | |
| 60 | 16 | 22,574 | 21,312 | 98 | 0.4 | 17,744 | 1,401 | 223,826 |
| 61 | 16 | 3,589 | 3,169 | 5 | 0.1 | 1,458 | 102 | 240,007 |
| 62 | 17 | 9,740 | 9,160 | 11 | 0.1 | 3,178 | 49 | 247,992 |
| 63 | 18 | 20,579 | 20,500 | 11 | 0.1 | 2,484 | 252 | 261,346 |
| 64 | 19 | 28,062 | 27,542 | 100 | 0.4 | 3,914 | 1,382 | 271,603 |
| 65 | 21 | 40,542 | 38,054 | 133 | 0.3 | 12,151 | 2,632 | 289,873 |
| 66 | 22 | 55,861 | 48,478 | 302 | 0.5 | 12,925 | 876 | 322,904 |
| 67 | 22 | 20,381 | 16,996 | 144 | 0.7 | 8,314 | 72 | 374,446 |
| 68 | 25 | 25,100 | 19,076 | 279 | 1.1 | 5,946 | 1 | 384,939 |
| 69 | 33 | 53,100 | 40,616 | 163 | 0.3 | 3,039 | 163 | 436,413 |
| 70 | 45 | 87,166 | 65,687 | 196 | 0.2 | 10,976 | | 487,557 |
| 71 | 47 | 111,022 | 83,616 | 562 | 0.5 | 11,637 | 10 | 542,896 |
| 72 | 49 | 108,277 | 82,102 | 661 | 0.6 | 14,206 | 10 | 642,792 |
| 73 | 49 | 116,193 | 88,070 | 1,130 | 1.6 | 18,863 | 1,141 | 717,583 |
| 74 | 49 | 104,771 | 76,054 | 1,508 | 1.4 | 27,871 | 1,156 | 825,226 |
| 75 | 52 | 139,800 | 105,103 | 1,819 | 1.3 | 25,286 | | 946,833 |
| 76 | 53 | 135,200 | 102,849 | 2,611 | 1.9 | 18,248 | | 1,100,463 |
| 77 | 54 | 125,400 | 99,460 | 2,330 | 1.9 | 15,993 | 52 | 1,250,827 |
| 78 | 55 | 149,062 | 125,073 | 2,642 | 1.8 | 25,367 | 3 | 1,429,229 |
| 79 | 55 | 185,700 | 154,086 | 4,152 | 2.2 | 32,226 | 667 | 1,565,678 |
| 80 | 56 | 222,288 | 183,853 | 5,418 | 2.4 | 51,083 | 19,570 | 1,680,960 |
| 81 | 57 | 175,645 | 148,247 | 3,428 | 2.0 | 41,575 | 1,401 | 1,873,049 |
| 82 | 58 | 296,304 | 164,330 | 4,030 | 1.4 | 16,077 | 1,101 | 2,053,174 |
| 83 | 65 | 239,886 | 199,363 | 6,046 | 2.5 | 25,156 | 5,806 | 2,227,130 |
| 84 | 82 | 316,367 | 265,194 | 6,010 | 1.9 | 99,743 | 21,651 | 2,433,713 |
| 85 | 114 | 443,377 | 351,003 | 5,207 | 1.2 | 353,992 | 105,775 | 2,887,126 |
| 86 | 99 | 372,753 | 300,125 | 12,329 | 3.3 | 150,052 | 48,276 | 3,574,463 |
| 87 | 116 | 472,538 | 391,616 | 20,865 | 4.4 | 67,182 | 30,536 | 4,122,939 |
| 88 | 115 | 646,951 | 500,234 | 36,798 | 5.7 | 99,233 | 57,433 | 4,776,382 |
| 89 | 119 | 586,936 | 446,731 | 35,450 | 6.0 | 85,554 | 45,000 | 5,274,663 |
| 90 | 117 | 509,242 | 359,672 | 42,409 | 8.3 | 65,430 | 34,063 | 5,835,865 |
| 91 | 120 | 708,820 | 484,183 | 81,055 | 11.4 | 98,454 | 54,009 | 6,114,089 |
| 92 | 124 | 1,061,721 | 659,436 | 162,725 | 15.3 | 210,087 | 115,641 | 6,917,354 |
| 93 | 124 | 1,296,541 | 774,667 | 229,661 | 17.7 | 310,099 | 180,717 | 8,175,835 |
| 94 | 122 | 1,353,368 | 785,876 | 250,333 | 18.5 | 283,060 | 169,995 | 9,419,533 |
| 95 | 122 | 1,452,697 | 733,559 | 325,461 | 22.4 | 158,115 | 129,861 | 10,400,029 |
| 96 | 122 | 1,474,905 | 688,614 | 391,099 | 26.5 | 75,830 | 57,942 | 11,000,764 |

出所：(1) 1992年までの数字は『中国汽車工業年鑑』(1994年版、企業数) 63頁、生産台数：71頁、輸入台数：269-270頁、保有量：454頁。
(2) 1993年以後の数字は『中国汽車工業年鑑』1996年版、企業数：68頁、生産台数：83頁、輸入台数：332頁、保有量：485頁、『中国汽車工業年鑑』(1997年版) 企業数：65頁、生産台数：76頁、輸入台数：301頁、保有量：513頁。
(3) 1990年までの乗用車輸入台数は『中国汽車工業史』221頁。

ように、ほとんどがトラックであり、とくに中型トラックが圧倒的多数を占め、乗用車生産は贅沢品として制限されていた。

## 3. 市場開放と技術導入政策の実施

　70年代の末から中国は開放政策を実施した。経済の発展と運送の拡大につれて自動車の需要が急増してきた。その中で注目すべきは、経済改革に伴って、先に豊かになった都市部の個人経営者や農村部の農民たちは中型トラック以外の車種、特に小型商用車に対するニーズが拡大したことである。また、対外開放に伴って中国を訪れる外国人が増加し、乗用車の需要も増加した。この市場変化に応じて、各地の地方政府は経済体制改革の波に乗り、積極的に地方産業の育成政策を打ち出し、地方企業に対して上納利潤の請負制度を実施し[15]地方企業の自主権を拡大して、その発展を促進していった。

　一方、中央政府も80年代の初めから中央に所属する企業に対して「利潤留保制」や「上納利潤の請負制」を実施しはじめ、企業自己発展の道を開いた[16]。また、地方政府や企業の活発な動きに対して、1982年5月に「中国汽車工業公司」を復活させ、企業集団化を通じて地方メーカーの新設を阻止し、産業全体の統一管理を回復しようとした[17]。しかし、実際の効果を見ると、供給飽和になった中型トラックは、第一自動車と東風自動車が自社の「連合公司」に参加している地方企業との間で、生産面及び技術面の提携を通じて長期的取引関係を樹立したのに対し、供給不足の小型トラックや軽自動車メーカーの集団化は全く進まず、新しく

---

(15)　第一自動車と天津自工の企業組織改革については陳晋（1991）を、東風自動車の企業体制改革及び中国自動車産業の利潤請負制の導入については蒋一葦（1986）と李春利（1991）を参照されたい。

(16)　ただし、この時期に中央政府所属企業（例えば、第一自動車や東風自動車）と地方政府所属企業（例えば、上海自工や天津自工）は獲得した企業自主権（意思決定や投資決定などの権利）の間には差がある。即ち、地方政府所属企業は地方政府から比較的自由に、新しい分野へ大量投資や新製品の選択・導入（重要な製品について中央政府の認可が必要）などに関する自主権を得たのに対して、中央政府所属企業はこうした意思決定や投資決定の自由度は地方政府所属企業に比べて少なく、大型プロジェクトへの投資や新製品導入の決定権はほとんど中央政府に握られていた。

(17)　中央政府は企業集団化を推進させるもう1つ重要な目的は、国際競争に備えて、分散された産業組織を再編して、自動車産業全般の競争力を高めようとすることにあった。

自動車産業に参入してきた従来の軍需産業の企業や農村の郷鎮（地元）企業も加わり、表3-1に示した企業数推移のように、そのメーカーの数は更に倍増する結果となった。そして、企業体制の改革につれて、85年から「中国汽車工業公司」の一部管理権限が企業へ移譲され、87年5月に「中国汽車工業公司」は2回目の解散をすることになった。

一方、市場開放によって輸入車も増え、中国自動車産業の技術レベルと先進国との格差は歴然としていた[18]。技術の格差を是正するために、中央政府は70年代末から先進国の技術を導入する政策を採り始めた[19]。生産車種も、従来の中型トラック中心から大型と小型トラック、乗用車へ重点を移す必要があり、そのためには、外国自動車メーカーの協力を得ることが不可欠であった。但し、この段階の技術導入は、なお中央政府の強いコントロールの下で行われていた[20]。また政府政策の重点は、いわゆる「大型や小型トラックが少なく、乗用車がほとんどない」という産業構造を是正することであったが、乗用車を大きく発展させることは重点としなかった[21]。その中で、乗用車について中央政府は輸入阻止するために、従来のジープメーカーの北京自工とアメリカAMC（1984年）、乗用車メーカーの上海自工とドイツVW（1985年）との合弁事業をそれぞれ認可し、乗用車の生産技術を向上させる政策を実施した[22]。

---

(18) 例えば、『人民日報』、1981年5月14日により、第一自動車が20数年間生産してきた国産乗用車のシンボルになっていた「紅旗号」は燃費の効率が悪いなどという理由で1981年5月に生産中止となった。

(19) ただし、80年代における中国の外貨不足は乗用車メーカーの技術導入に影響を与えた一つ重要な制約条件であった。この時期における外貨の制約は、乗用車製品技術の導入先や導入モデルの選択範囲にかなり制限を受けていた。例えば、東風自動車は乗用車技術導入する際に、複数の日米欧の企業と交渉したが、政府から全く外貨が得られず、外国政府や銀行の貸付金に頼らざる得なかったために、フランス政府の貸付金が付加された同国のシトロエンを選び、他の外国メーカーとの交渉は中止せざるを得なかった。

(20) これは当時の主な技術導入プロジェクトの認定権がほとんど中央政府に握られたほかに、前述した財政体制の改革、地方政府の財政請負制が80年代の中期までにまた本格的に導入されなかったことも関係があると思われる。その制度は1980年から広東省、福建省で試行がはじまり、全国的に普及されたのは80年代の後半のことである。

(21) 『中国汽車年鑑』1983年版14頁による。

(22) 中央政府が両社を設立させた目的は技術導入を通じて製造技術向上や輸入阻止を目指すことであり、初期の建設規模は両社とも概ね2万台と小規模であった。

こうして、70年代の末から80年代の半ばまで、先進国との技術格差を是正するために、中央政府は厳しくコントロールしながら、全面的に（全車種）技術導入の政策を実施しはじめた。また、この時期に中国の自動車産業では70年代以前とまったく異なった変化が起こった。すなわち、企業管理の権限を従来のように中央政府と地方政府の間に移転するだけではなく、企業自身に与えはじめた。これによって、企業は市場ニーズや政府政策の変化にしたがって、独自の成長の道を選ぶことができるようになった。

## 4. 乗用車ニーズの急増と産業政策の転換

80年代半ば、経済の発展に伴って都市部のタクシーの使用量が次第に増えてきた。一方、従来は少数の高級幹部しか乗ることができなかった乗用車に、地方や基層組織の幹部たちも乗れるようになった。表3-1に示した輸入台数変化のように、乗用車、バスなどの絶対的不足から自動車輸入が急増することになった。1983年までは、年間1万5,000台から5万台のペースであったが、1985年には35万4,000台（乗用車の輸入量が当年生産量5,200台の20倍の10万6,000台）[23]にも達した。市場ニーズの激変に対して、限られた外貨の大量流失を阻止するために、中央政府は新しい産業政策、すなわち乗用車の国産化の政策を検討し始めた。この市場変動と政策転換を利用して、広州自工と天津自工は速やかに政府から許可を得て、1986年に従来の技術協力パートナーから乗用車技術を導入し、少量生産を果たした。

中国自動車産業政策の重大な転換点になったのは、1987年5月に国務院の関係部門が東風自動車で召集した「中国自動車産業発展戦略会議」である[24]。この会

---

(23) 中国汽車工業史編審委員会（1996）221頁。また、大島（1993）によれば、これを裏付けるかのように85年には日本車ブームも手伝って中国は日本から実に24万台の自動車を輸入し、いわゆる海南島自動車転売事件が発生したのであった。こうした日本車の大量輸入とその転売による不正利得の獲得が海南島当局によって引き起こされたのは、結局は中国国内における自動車の需要ギャップに根ざしていたものと思われる。80年代半ばには、外国人が主に利用していたタクシーや幹部用の公用車としての乗用車の需要が急速に高まっていたからである。

(24) この会議で86年10月に一部古参幹部や専門家がまとめた「2000年自動車産業発展戦略に関する報告」と87年5月に日中共同研究のグループが作成した「2000年の中国自

議で、今後の中国自動車の発展の重点をトラックから乗用車に転換し[25]、過去の商用車メーカー乱立の教訓に学んで、高関税で乗用車市場を保護して参入メーカーの数を厳しく制限し、選ばれた乗用車メーカーに対しては各面で優遇育成政策を与え、乗用車の国産化を促進していく構想を打ち出した。そのためには選択的に外国から技術を導入し、主に第一自動車と東風自動車を中心に、資金を集中的に投入して乗用車産業を発展させていく戦略を提出した[26]。87年8月、北戴河において国務院会議はこの提案を受けて、第一自動車と東風自動車のほかに、先に乗用車の技術を導入していた上海自工を含めて、中国における乗用車生産の「3大」基地を確定した[27]。更に、88年12月24日に国務院は文書を公布し、乗用車生産の参入を制限するために、乗用車の生産企業を第一自動車、東風自動車と上海自工のいわゆる「3大」基地、及びすでに技術導入していた北京自工、天津自工と広州自工の「3小」基地という、6社に限定する政策を打ち出した。

乗用車の国産化を促進するために、中央政府は「輸入商品許可証」(I/L：impot licence)と輸入クォータ制度で、乗用車の輸入枠を制限していた。さらに、対外的に関税を200%前後に高くして[28]、国内の乗用車市場を保護し、対内的にはCKD

---

動車産業発展の戦略」を参照した。

(25) 具体的に、自動車の総生産量は85年の44万台から2000年には170万台へとし、そのうち乗用車が占める比率は85年の1%から2000年には40%に引き上げることとした。

(26) 『中国汽車年鑑』1988年版3-25頁。『中国汽車年鑑』1991年版29-35頁。中国政府はこれからの乗用車の生産については主に第一自動車と東風自動車という「2大」集団を中心に、前後二段階を分けて発展させていこうと計画した。それは、1つの集団には95年までに30万台の生産能力を形成させ、もう1つの集団には2000年までに30万台の生産能力を形成させるというものであった。政府はその初めの30万台を生産する集団に東風自動車を選び、積極的に支持してきた。しかし、実際には、東風自動車がCitroenと合弁するプロジェクトは89年天安門事件以後、フランス政府の対中制裁政策によって挫折してしまった。90年の年末になってようやく合弁の契約を調印したが、組立工場の着工は93年2月末になった。逆に第一自動車はVWとのプロジェクトを比較的順調に進ませ、88年に技術提携でAudi車の生産技術を導入し、90年にジェッタ車の合弁生産契約を調印した。具体的に第6章第3節3.4を参照されたい。

(27) 『中国汽車年鑑』1988年版、21頁より。上海市政府と上海自工は国務院の北戴河会議の前、7月21日にすでに「上海市乗用車年産30万台プロジェクト実行可能性調査報告」を発表した。

(28) 輸入乗用車完成車の関税率は1994年1月1日から110~150%になったが、それ以前は180~220%であった。

表3-2　中国自動車産業における乗用車メーカーの技術導入の時間表

| 企業別 | 技術導入の経過（1980～97年度） |
|---|---|
| 北京自工 | ●（米）AMCと契約調印（83年）<br>●北京ジープ設立（合弁）Cherokee（2.46L）（84年） |
| 上海自工 | ●（独）VWと契約調印（84年）<br>●上海VW設立（合弁）Santana（1.78L）生産（85年）<br>●サンタナ国産化共同体設立（86年）<br>●Santana 2000（1.78L）市場に（95年）<br>●（米）GMと契約調印（合弁）Buick（3.0L）98年生産（97年） |
| 広州自工 | ●（仏）PEUGEOTと契約調印（85年）<br>●広州PEUGEOT設立（合弁）Peugeot 505（1.97L）（86年）<br>●仏PEUGEOT撤退（日）本田と契約調印　アコード（2.3L）（97年） |
| 天津自工 | ●（日）ダイハツと契約調印（技術提携）シャレード（0.993L）（86年）<br>●（日）トヨタと1.3Lエンジン契約調印（合弁）（96年） |
| 第一自動車 | ●（独）Audi（1.8L）技術導入提携（88年）<br>●（独）VWと契約調印（90年）<br>●第一VW設立（合弁）Jetta/Golf（1.56L）（90年）<br>●（独）VWと（合弁）Audi C3V6,（2.6L, 2.8L）（96年） |
| 東風自動車 | ●（仏）CITROENと契約調印（91年）<br>●神龍汽車設立（合弁）Citroen ZX（1.36L）（92年）<br>●小紅旗（2.2L）が市場に（95年）<br>●CitroenZX（1.6L）が市場に（97年） |
| 長安機器 | ●（日）スズキ、日商岩井と契約調印（93年）<br>●長安スズキ設立（合弁）アルト（0.796L）（94年） |
| 貴州航空 | ●（日）富士重工と技術提携　スバル（0.544L）（92年） |

出所：筆者作成。

部品の「等級関税」で各乗用車メーカーの国産化を推進した。国内の乗用車メーカーに導入された乗用車製品の部品輸入に対して、関税政策開始の最初の3年間は関税率を一律に50％とした。4年目以後の国産化率が40％～60％になれば関税率は48％になり、国産化率が60％～80％になれば関税率は32％になる。国産化率が40％未満の場合には関税率80％になる[29]。これを達成するために、表3-2に示すように、乗用車生産各社が積極的に乗用車部品の国産化を推進しはじめた。

90年代に入ると、商用車市場の供給過剰によって競争が益々激しくなった。これに対して、図1-4に示すように乗用車のニーズは順調に拡大し、特に小型乗用車の需要が急速に増大してきた。80年代末に政府の政策転換に応じて、乗用車生産に追加投資を行った乗用車メーカーは、図の1-1に見られるように90年代に入って、それぞれの量産効果があらわれはじめた。特に、上海自工と天津自工の乗用車の生産量は、ほかのメーカーより急速に上昇し、乗用車生産のトップ2社の座に就いた。一方、従来は軍需産業に所属していた貴州航空工場と長安機器工場が民需へ転換し、乗用車の生産に参入してきた[30]。以上の2社は、ともに中央政府の認可を受けたため、中国の乗用車生産メーカーは「3大・3小・2微」[31]の8社体制を形成することになった。

要するに、80年代の半ばから経済の発展に伴って、中国の乗用車のニーズは急速に成長し、乗用車の輸入も大幅に増加していった。これに応じて、中央政府は自動車産業の発展重点を従来のトラックから乗用車に転換し、乗用車の国産化を

---

(29) 但し、このCKD部品の「等級関税」の開始時点は各メーカーの生産開始の時点より3-4年遅れの実施となっていた。例えば、北京Cherokeeと上海サンタナは1988年から、広州プジョーと天津シャレードは1990年から、第一自動車アウディは1991年から関税政策が実施された（表3-2に参照）。

(30) 92年航空工業総公司に所属していた貴州航空工場は、技術提携の形で日本の富士重工からスバルレックスの生産技術を導入し、93年に兵器（北方）工業総公司に所属していた長安機器工場は日本のスズキと合弁してアルトという軽乗用車（中国で「微型」乗用車という）の生産を始めた。

(31) いわゆる「3大・3小・2微」の呼び方は実に中央政府に認可された企業の乗用車生産の規模、時期及び生産の車種などのことを混ぜて、非常に大ざっぱな分類方法である。例えば、「3小」は先に認可された「3大」より生産規模が小さくて、しかも国からの重視度も低いと見られ、「小」と呼ばれた。また、「2微」は「3大・3小」と区別するために、「微型車」（軽自動車）という特徴を取ったという呼び方と思われる。

促進しはじめた。そのため、政府は乗用車生産への新規参入を規制しながら、高関税などの措置で乗用車の輸入を制限し、国内の乗用車市場を保護する政策を採っていった。こうして、乗用車生産に参入してきた国内の自動車企業には、大きな発展のチャンスをもたらした。

## 5. セグメント分断構造から競争システムへ移行

乗用車生産に参入した企業の生産車種について、中国政府は表3-3に示したように、当初は排気量によって原則的に1企業1車種というように、各セグメント別に生産する方針を定めた。例えば、北京自工のCherokeeは2.46L（Lはリッターであり、排気量を示す）、広州自工のプジョーは1.97L、上海自工のサンタナは1.78L、第一自動車のジェッタは1.56L、東風自動車のシトロエンは1.36L、天津自工のシャレードは0.99Lなどとなっていた[32]。当時、中国自動車業界の指導者たちは、なおソ連の体制と50～60年代の中国自動車産業の経験から受けた影響が大きかった。それゆえ、国全体が一体となって、各企業が導入した車種をシリーズ化して、相互に競争せずに部品を共通化しようと考えていた[33]。

しかし、乗用車の輸入と国内生産の増加にしたがって、国内の消費者は乗用車に対する認識を次第に深め、国産乗用車の性能や品質などに対する要求も高まっていった。また、各乗用車メーカーの生産量の増加に伴って、排気量の近いセグメントの国産乗用車の間に市場競争が現われはじめた[34]。その上、90年代の半ばから中央政府の産業政策は市場保護から競争促進の方向に転換しはじめた。WTO（世界貿易機関）に加入することに備えて、1994年2月19日に、中央政府は新自動車産業政策を発表した[35]。新産業政策の重点は、乗用車生産を量と質の両

---

(32) しかも、認可された車種は乗用車市場の変動によって、次第に（排気量の）大きいものからから小さいものへ移る傾向が見られた。
(33) 『中国汽車年鑑』1988年版 18-31頁。
(34) 例えば、上海自工のサンタナ、第一自動車のジェッタと東風自動車のシトロエンの間、また、天津自工のシャレード、長安機器のアルトと貴州航空のスバルの間に激しい市場競争が現れた。
(35) この産業政策は従来の政府の統制的な産業政策と違い、市場育成に伴って、企業を競争させる特徴が鮮明である。また、WTOを加入すれば、中国は5年以内完成車の輸入関税率は25％に、部品の関税率は0％に下がるという義務を負うことになる。

表3-3 技術導入された各乗用車車種の

| 生産メーカー | 技術導入の時間と方式 | パートナー資本シェア | モデル | 1984 | 1985 | 1986 |
|---|---|---|---|---|---|---|
| 北京ジープ | 83年12月AMCと合弁 | 北京自（68.65%）Chrysler（31.35%） | Cherokeeジープ | | | 1,532 |
| 上海VW | 84年10月VWと合弁 | 上自25%、中自10%、中銀上海信託15%VW（50%） | Santana<br><br>Santana 2000 | 456 | 1,733<br>2.7% | 8,900<br>3.99% |
| 広州Peugeot | 85年Peugeotと合弁 | 広自・CITIC（66%）Peugeot・他（34%） | Peugeot 505 | | | |
| 天津微型 | 86年ダイハツから技術提携 | 天津自工（100%） | ハイゼット軽自動車<br><br>シャレード7100<br><br>シャレード7100 U | 500<br>8.08% | 5,000<br>11.36% | 1,956<br>27.35%<br><br>60 |
| 第一乗用車工場 | 88年8月Audiから技術提携 | 第一自動車（100%） | Audi 100<br><br>小紅旗 | | | |
| 第一VW | 91年2月VWと合弁 | 第一（60%）VW（40%） | Jetta | | | |
| 神龍自工 | 92年5月Citroen合弁 | 東風（70%）Citroen（30%） | Citroen ZX（富康） | | | |
| 長安機器 | 91年技術提携93年4月スズキと合弁 | 北方工業（50%）スズキ・日商岩井（50%） | アルト | | | |
| 貴州航空 | 92年富士重工技術供与 | 航空工業（100%） | スバル・レックス | | | |

出所：陳正澄（1994）と各年の中国汽車年鑑を参照して作成。注：上の数字は生産台数、

## 生産量と国産化率の推移 (1985-1995)

| 生 産 台 数(台)と 国 産 化 率(%) | | | | | | | | | |
|---|---|---|---|---|---|---|---|---|---|
| 1987 | 1988 | 1989 | 1990 | 1991 | 1992 | 1993 | 1994 | 1995 | 1996 |
| 3,002 | 4,500 | 6,630 | 7,500 | 12,700 | 20,001 | 13,809 | 14,703 | 25,127 | 26,051 |
| | 30.02% | 35.51% | 43.51% | 44.74% | 57.31% | 60.48% | 80.44% | 82.26% | 98.76% |
| 11,001 | 15,549 | 15,688 | 18,573 | 35,005 | 65,000 | 100,001 | 115,326 | 131,070 | 115,222 |
| 5.7% | 12.83% | 31.04% | 60.09% | 70.31% | 75.33% | 80.47% | 85.82% | 88.56% | 90.45% |
| | | | | | | | | 29,000 | 85,000 |
| | | | | | | | | 65.84% | 80.10% |
| 1,343 | 3,309 | 4,399 | 3,016 | 9,381 | 15,401 | 16,763 | 4,485 | 6,936 | 2,522 |
| | 11.8% | 23.1% | 31.0% | 29.79% | 51.48% | 61.74% | 76.0% | 84.0% | 85.25% |
| 3,500 | 9,329 | 14,031 | 9,400 | 10,441 | 13,420 | 30,738 | 44,297 | | |
| 60.19% | 77.29% | 87.12% | 89.33% | 97.50% | 97.50% | 97.50% | 98.10% | | |
| 100 | 2,873 | 1,274 | 2,920 | 11,261 | 30,150 | 47,850 | 58,500 | 65,000 | 88,000 |
| | 11.24% | 40.74% | 40.74% | 45.72% | 47.40% | 61.8% | 83.84% | 89.23% | 93.29% |
| | | | | | | | | 81.45% | 85.36% |
| | 391 | 1,922 | 4,200 | 18,394 | 15,127 | 17,807 | 20,217 | 17,961 | |
| | | 6.68% | 13.66% | 21.19% | 30.70% | 44.51% | 62.16% | n.a. | |
| | | | | | | | 86 | 1,756 | 17,912 |
| | | | | | | | | 84.89% | 82.20% |
| | | | | 156 | 8,050 | 12,117 | 8,219 | 20,001 | 26,864 |
| | | | | 2% | 9.45% | 10.00% | 40.5% | 62.35% | 84.03% |
| | | | | | 801 | 5,062 | 8,010 | 3,797 | 9,228 |
| | | | | | 3.66% | 15.21% | 26.18% | 60.00% | |
| | | | | 245 | 5,565 | 10,463 | 10,020 | 7,725 | 13,374 |
| | | | | | 13.68% | 46.73% | 64.56% | 85.25% | |
| | | | | | 93 | 1,160 | 1,590 | 7,105 | 1,568 |
| | | | | | | 35.0% | 40.0% | 46.49% | 63.14% |

下は国産化率である。

面から促進すること、すなわち 2000 年までには乗用車の生産量が自動車総生産の半分以上を占め、少数メーカーで競争していく体制を育成することに置かれた。同時に、中央政府は乗用車の輸入関税率を下げ、「輸入商品許可証」制度も撤廃しはじめた。

　市場ニーズと政府政策の変動に従って、90 年代の半ばから各乗用車メーカーは乗用車生産の価格を下げ、製品多角化の新しい動きを見せはじめた。例えば第一自動車は、まず生産中止となっていた「紅旗」を復活させた。また、クライスラーから導入された 2.2L エンジンを Audi 車に載せ、「小紅旗」車として市場にデビューさせ、1 L 程度の小型乗用車の開発を始めた。上海自工は、ブラジル VW と共同で開発した Santana2000 を市場に出すと同時に、アメリカの GM と合弁で 3 L の Buick 乗用車の生産開始した。一方、天津自工は日本のトヨタと合弁して 1.3L のエンジンを生産し、更にダイハツの協力で開発した 1.3L の新型車を市場に進出させ始めた。また、東風自動車は自力で 1 L の小型車の開発に成功し、広州自工は本田と合弁で 2.3L のアコード車を生産しはじめた。これによって、表 3-4、表 3-5 に示したように、中国乗用車各メーカーの間に製品の性能、品質やコストなどに関する競争がますます激しくなって、新しい競争システムが次第に形成されはじめた。

## 6. 小　　括

　この章では、乗用車メーカーの戦略行動の経済的・歴史的背景に関して、中国自動車産業の発展と産業政策変遷のプロセスの概要を述べた。

　要するに、1949 年の新中国成立まで、中国の自動車産業は何回か自動車の試作を行ったが、量産には至らなかった。50 年代の初めに中央政府は、ソ連から大量生産方式の中型トラック工場を導入して、自動車の量産をスタートさせた。その後 70 年代の末までに、地方政府の支持の下で、いくつか中型トラック以外の地方中小メーカーが設立されたが、中国の自動車産業は主に中央政府の中型トラックを中心とする政策の下で発展していった。70 年代の末から市場開放に伴って、自動車のニーズの成長、特に中型トラック以外の車種の市場ニーズの成長が目立っていた。同時に、中国の自動車技術レベルと先進国との格差が顕在化していた。

第3章　中国自動車産業の歴史的沿革と乗用車中心への移行

表3－4　中国自動車産業における乗用車メーカーの競争関係

| 排気容積 | 第一自動車 | 東風自動車 | 上海自工 | 天津自工 | 北京自工 | 広州自工 | 長安機器 | 貴州航空 |
|---|---|---|---|---|---|---|---|---|
| 高級 V>4L | (中)紅旗 5.65L (92) 米Ford,Lincoln 技術で改造, 4.6L (98) | | | | | | | |
| 中高級 2.5L<V≦4L | (独)VW Audi C5V6 2.6L, 2.8L (98) (独)VW Audi C3V6 2.6L, 2.8L (96) | | (米)G M Buick 3.0L (98) | | | | | |
| 中級 1.6L<V≦2.5L | (中)小紅旗 2.2L, 2.5L (94) (独)VW Audi100 1.8L, 2.0L (88) (中)小紅旗 1.8L, 2.0L (97) | | (独)VW Santana 2000 1.78L (94) (独)VW Santana 1.78L (84) | | (米)CHRYSLER Cherokee 2.46L (84) | (日)本田アコード 2.3L (99) (仏)Peugeot 5051.97L (85)・撤退 | | |
| 普及級 1L<V≦1.6L | (独)VW Jetta/(Golf) 1.56L (90) (中)小小紅旗 1L, 1.3L計画中 | (仏)Citroen ZX 1.6L (97) (仏)Citroen ZX 1.36L (92) (仏)Citroen AX 1.1L (96) | | (日)トヨタ 1.3Lエンジン搭載シャレード (98) | | | | |
| 微型 V≦1L | (中)三口楽ミニカー 0.76L (96) | (中)軽型乗用車自己設計投入 1.0L (97) | | (日)ダイハツシャレード 0.993L (87) | | | (日)スズキアルト 0.796L (93) | (日)富士重エスバル 0.544L (92) |

注：クラス分類方法は中国機械工業部汽車司に編集された「1994 中国汽車工業」p. 20 を参照したが、これは中国現行の分類標準によるものである。Vは排気容積で、Lはリットルである。

表3-5 中国のメーカーに生産された

| メーカーと技術提供者 | 第一自動車 | 上海自工 | 上海VW | 上海VW | 第一VW |
|---|---|---|---|---|---|
| モデル | 紅旗<br>CA7560 | 上海<br>SH760A | サンタナ | サンタナ<br>2000 | Audi100 |
| 小売価格（人民元）<br>1元＝14円（1996年末） | 520,000<br>1995年 | | 135,000<br>1997年 | 165,000<br>1997年 | 289,000<br>1994年 |
| 海外初生産年 | | 1956型ベンツ真似 | 1982 | 1994 | |
| 中国で生産開始年 | 1958 | 1959 | 1985 | 1994 | 1988 |
| 長さ×幅×高さ（mm） | 5980/1990/1620 | 4830/1775/1570 | 4546/1690/1407 | 4680/1700/1423 | 4793//1422 |
| ホイール・ベース（mm） | 3720 | 2830 | 2548 | 2656 | 2687 |
| エンジンのシリンダ数／配置型 | 8 | 6／直立 | 4 | 4 | 4 |
| エンジンの排気量（L） | 5.66 | 2.23 | 1.781 | 1.781 | 1.8 |
| 経済性 燃料消費L/100km（正常道路） | 20 | 11.8 | 7.9 | | 11.3 |
| 動力性 最高速度（km/hr） | 160 | 141 | 161 | | 176 |
| 動力性 加速時間：秒（0→100km/hr） | | 21.7 | 16.3 | | 12.6 |

出所：「汽車工業引進技術匯編」(1992) など文献を参照して作成。

そこで、中央政府は厳しくコントロールしながら全車種の技術導入政策を実施しはじめた。ところが、80年代の半ばから中国の乗用車ニーズが急成長し、それに応じて乗用車の輸入も急に増えていった。市場の激変に対して、中央政府は自動車産業の重点を乗用車生産に移し、日本や韓国の産業政策[36]を参照して、乗用車の輸入と乗用車生産への新規参入を規制しながら、乗用車の国産化を促進する政策を打ち出した。その後、保護された市場の中で、中国乗用車の生産量は順調に

---

(36) 日本と韓国の産業歴史と産業政策について、藤本 (1994, 1995) を参照されたい。

## 乗用車たちの性能と価格比較

| 第一自動車 | 第一ＶＷ | 東風 citroen | 広州 peugeot | 北京 ＡＭＣ | 天津自工 ダイハツ | 長安 スズキ | 貴州航空 富士重工 |
|---|---|---|---|---|---|---|---|
| 小紅旗 | Jetta | Citroen ZX | Peugeot 505 | Cherokee 2021 | シャレード | アルト | レックス |
| 220,000 1997年 | 135,000 1997年 | 135,000 1997年 | 135,000 1997年 | 188,000 1997年 | 66,500 1997年 | 60,000 1997年 | 62,829 1994年 |
|  | 1983 | 1992 |  | 1983 | 1987 |  | 1984 |
| 1994 | 1992 | 1993 | 1986 | 1985 | 1987 | 1991 | 1992 |
| 1814 | 4385/1674/1445 | 4071/1688/1397 | 4579/1737/1468 | 4220/1790/1619 | 3610/1600/1385 | 3300/1405/1410 | 3285/1400/1360 |
|  | 2475 | 2540 | 2743 | 2576 | 2340 | 2175 | 2255 |
| 4 | 4／直立 | 4／直立 | 4 |  | 3 | 3 | 2 |
| 2.2 | 1.595 | 1.36 | 1.97 | 2.46 | 0.993 | 0.796 | 0.544 |
|  | 6.9 | 5.3 |  | 9..5 | 4.5 | 4.4 | 4.0 |
|  | 160 | 172 | 167 | 134 | 145 | 125 | 110 |
|  | 14.5 | 13.7 |  | 40 |  |  |  |

　伸びたが、消費者のニーズも次第に高度化していった。内外市場の変化に備えて、90年代の半ばから中央政府は新しい産業政策を公表し、市場競争を促進する方針へと転換しはじめた。

　中国の乗用車企業は、以上のような外部環境の変化の中で、中央政府や地方政府の従属から、独自の自主権を持つ企業となりつつ各自の成長戦略を策定し、多様な行動を展開していた。業界の「トップ・スリー」になった上海自工、天津自工と第一自動車が、どのような戦略に基づいて行動し、移り変わっていったのかについて、次の第4章から論じていきたい。

# 第4章 上海自工におけるコア能力の集中強化戦略

## 1. はじめに

　中国の自動車産業は、50年代にソ連から中型トラックの大量生産システムを導入した以降は、政治的な理由で外国との技術交流が長年にわたってほぼ断絶されてきた。計画経済体制の下で、その生産システムはほとんど進歩せずに温存されていた[1]。　乗用車生産は、50年代の外車を模倣して試作されたが、長年そのレベルのままに維持され、手作業方式で極少量を生産するという状態にとどまっていた。

　しかし、70年代末からの開放政策の実施に伴い、中国自動車産業における各企業は本格的に技術導入を再開し、技術格差の是正を目指した。その中で、比較的成功例と考えられるのは、上海自工である。同社は、ドイツVWとの合弁で上海VWを設立し、乗用車「上海サンタナ」及びその部品の国産化を通じて量産効果を達成しながら、現代的な企業管理制度を定着させたといえる。上海自工は、輸入代替保護政策の下で導入した乗用車の部品について、国産化すればするほどコスト高と不良品の増加をもたらすという、いわゆるコスト・ペナルティー（cost penalty）とクオリティー・ペナルティー（quality penalty）[2]を、作業者の習熟と、生産プロセスの合理化、部品サプライヤーの能力向上、規模の経済性などによって克服しつつある[3]。

---

（1）ソ連からの大量生産システムの導入については、李春利（1995）を参照されたい。
（2）発展途上国の自動車国産化とコストのトレード・オフ関係については、Baranson（1969）の、いわゆる「バランソン・カーブ」という経験的命題が知られている。彼は、経営資源が欠如していて市場の狭小な発展途上国では、部品生産の少量化は製造コストを割高にし、競争力を低下させると指摘していた。
（3）経験効果の研究について、例えば、Abernathy & Wayne（1974）のフォードT型車についての経験曲線が知られている。また、上海VWのサンタナ車についての経験曲線については、肖威（1996）を参照されたい。

# 第4章 上海自工におけるコア能力の集中強化戦略

本章が提起する問題は次のとおりである。すなわち、中国自動車産業の中でいち早く合弁企業を作って、乗用車及びその部品生産技術を国産化してきた上海自工は、どのように戦略ビジョンを策定したのか。どのような企業行動によって、手作業生産方式から大量生産方式へ、50年代の技術と管理レベルから80年代のレベルへ飛躍したのか。それが上海自工の競争能力の強化にどのような影響を与えたのか、その外部の環境的な要因はなにか、などである。

以上の問題について、上海自工の戦略策定と企業行動という視点から解明されたことは、これまでほとんどなかった[4]。主として、合弁会社の上海VWに焦点が置かれており、その親会社、戦略行動の本体である上海自工については、ほとんど論じられなかったのである。実は、上海自工こそ部品調達から完成車販売にいたるまで全責任を持ち、完成車組立メーカーである上海VWをも傘下におさめた企業体なのである。そして、VWとの合弁プランを決定し、リーダーシップを取ってサンタナ部品の国産化を全面的に推進し、さらにGMとの合弁で新しい乗用車生産事業を展開するという、いわゆる中国政府に指定された「3大」乗用車生産基地の1つである。本章は、上海自工の戦略策定と企業行動に視点をおいて、上海自工の乗用車生産技術の導入から、その部品の国産化を通じた競争能力の向上させた過程を整合的に分析する。具体的には、中国自動車産業における技術導入の成功例と見られる上海自工の競争力向上の過程を、乗用車生産へ集中する組織再編と、学習を通じて能力を高めるプロセスの2つの側面から、いくつかの時期に分けて考察する。

以下、第2節では初期生産と既存資源、第3節では内外調査と製品選択、第4節では乗用車生産への集中投資と急成長、第5節では競争能力の構築という順で、上海自工の戦略策定・実行のプロセスを観察していくことにする。

---

（4） 議論の角度が違うが、サンタナ乗用車の国産化の過程と供給体制に関する研究として、李春利（1993）、陳正澄（1994）、薛軍（1995）がある。

## 2. 上海における自動車修理と乗用車生産の歴史

　まず、既存資源の観点から上海地域の自動車産業の発展の歴史を簡単に通観し、初期における上海自工の経営資源とその制約を見ていくことにする[5]。上海地域では、20世紀の初期から輸入車の増加によって自動車の修理と部品の製造業が発展してきた。戦後、その基盤を活用して、上海自工は外国車を模倣しながら乗用車を試作して少量生産に入り、60年代の後期には中国最大の乗用車メーカーに成長した。以下、従来の計画経済統制期における上海自工の生産能力、技術能力、部品産業基盤、乗用車生産経験や対中央政府関係など、企業特殊的な要素について重点的に観察していきたい。

### 2.1　自動車修理と部品産業基盤の形成

　中国で最初に自動車が現れた都市は上海であった。1901年に、ハンガリー人のLeinzが乗用車を2台、上海に持ち込んだのである。その後、上海の自動車輸入は毎年増え、上海市租界にあった自動車の保有台数は、1908年の119台から1935年には10,292台になった。自動車保有台数の増加に伴って、自動車の修理業も現れてきた。初期修理工のほとんどは造船工場の技術労働者であった。上海で初めて造船工場ができたのは1850年で、1台目の自動車の輸入より約50年早かった。これらの労働者は、造船工場で習熟した技術を自動車修理に活用し、外資あるいは中国人の自動車修理工場に雇われていた。

　1920、30年代に、上海にあった大きな自動車修理工場は主にイギリスやフランスなどの外資に所有されたもので、中国人の工場の規模は小さかった。第二次世界大戦中、日本のトヨタと日産は上海にあった欧米工場を接収して、軍用トラックを修理していた。戦争直後、アメリカ自動車の輸入増加につれて、上海で中国人の経営する自動車修理工場が発展した。工場数は、46年の71から49年には200近くになり、従業員数も631人から1,200人余りになった。

　上海の自動車部品の生産も、20年代から30年代まで少しずつ発展していった。

---

　（5）　この節の叙述は、断りがないかぎり、上海汽車工業史編委会（1992）による。

それらは、主にピストン、ガジョオン・ピン、いたばね、ギア、シリンダ・ライナなどの簡単な部品を生産していた。36年に、中国で最初のディーゼル・エンジンの試作に成功したが、これらの部品生産工場の規模はみな小さく、従業員も少なかった。

1950年に勃発した朝鮮戦争が上海の自動車部品産業の発展を促進した。上海の工業部門はソ連製及びアメリカ製軍用トラック、ジープの部品生産を軍隊に提供することを要求されたのである。この軍用トラックの部品生産に対する納期、数量と品質の要求の厳しさは上海の自動車部品生産の標準化と専門化を推進するという役割を果たした[6]。上海市の自動車部品産業の従業員数は、49年の1,400人から52年には3,700人となり、部品工場の数も48年の22から55年には一気に300余りに増えた。

50年代の初めには、上海の自動車部品産業が生産した製品は全国の部品生産量の3分の1を占め、部品生産の量と質の両面で中国で優位に立っていた。したがって、1954年の第一自動車工場の建設の際には、上海から30名余りの高級技師が支援にやってきた。彼らは、第一自動車と「長春汽車研究所」の重要な技術ポストについた。そして、55年にやってきた767名の技術労働者は、第一自動車の第一世代の技術基幹労働者になった。1956年初めに、上海自工の前身「上海市内燃機部品製造公司」[7]が設立した。この公司は290の工場、5,374人の従業員、そして3,789件の機械設備を持っていた。その後、58年に「上海市動力機械製造公司」、60年に「上海市農業機械製造公司」と、名称を二回変えた。

50、60年代、上海の自動車管理部門は自動車、トラクター、オートバイを中心にした専門的な協力ネットワークを作り上げ、完成車やエンジンなど組立工場の外製部品の種類と数量を、ともに大幅に増加させた。1959年までに、自動車部品生産はワン・セット供給システムをほぼ完成させた。ディストリビュータ、キャブレター、ガソリン・ポンプ、インレットとイグゾースト・バルブ、ピストン、

---

（6）当時生産されていた主な自動車部品はピストン、ピストン・リング、点火装置、ギア、フィルタ、軸受けがね、ナックルなどであった。後に、自動車用モータ、ディストリビュータ、レギュレータなども扱われるようになった。

（7）上海汽車工業総公司の歴史沿革について、表4−1を参照されたい。

ピストン・リング、ガジョオン・ピン、ギア、軸受けがね、コネクティング・ロッド、フィルタ、ラジエータ、ショック・アブソーバなどの部品では、当時、全国の需要量の80％以上を生産し、コストも大幅に抑えていた。60年代に入ってからは、内陸の工場と第二（東風）自動車の建設に多くの設備や人材、技術を提供するようになった。

## 2.2 自動車と乗用車の組立経験

上海には、戦前に外国から技術を導入して自動車を組み立てた経験があったが、戦争で長く中断されてしまっていた。1937年1月に半官半民の「中国汽車製造公司」が成立した。視察団を海外に派遣し、ドイツのベンツ社と技術導入についての契約に調印した。その契約によると、5年以内に中国の環境に合わせたディーゼル自動車を作り上げ、しかも部品の自製率100％を達成するために、ベンツから積載量2.5トンの自動車（トラックとバス2種類）7,000台分のCKD部品を輸入して組み立てるというものであった。1937年8月に上海は戦争に巻き込まれたが、生産がストップするまでに約100台を組み立て、しかも上海から雲南省昆明までの試走にも成功していた。戦争で、この工場の設備は全部中国の内陸へ移転した。

「上海汽車製造廠」（現在の上海VW）の前身は、1915年に上海のフランス租界の中でドイツ商人が作った宝昌自動車会社であった。3年後、この企業はイギリスの利威商社に買収されて、Austin自動車会社（イギリス）とChevrolet自動車会社（アメリカ）の駐中国代理商となり、主にこの両社の乗用車の販売と修理を扱った。太平洋戦争が勃発すると、トヨタがこれを接収して軍用トラックやバスを組み立てたが[8]、戦後、国民党政権の直系財閥がイギリス商社からこれを買収し、ChevroletとAustinシリーズの乗用車の販売・修理を行うようになった。

当時、この企業は中国最大の自動車組立会社で、作業員は3人が一つのグループを構成して1台の乗用車を組み立てていた。1949年まで、この企業には80人余りの従業員がおり、相当な組立技術の能力を持っていた。共産党政権が、この企業を接収すると、50年代初めにそれまでアメリカの商社に勤めていた従業員も、

---

(8) トヨタ自動車工業株式会社（1978）83-84頁によると、「上海では、(昭和)11年8月に地鎮祭を行い、翌12年2月上海工場を設立した」。

一部この企業に採用された。57年までに、その作業員は300人近くに達したので、「上海汽車装修廠」と社名を変更し、自動車修理に専念するかたわら、一部の部品も生産するようになった。

## 2.3 鳳凰号乗用車の試作

戦後、部品産業の発展と産業組織の再編とともに、上海市の自動車産業の基盤は強化されていった。「上海汽車装修廠」は、1957年9月にアメリカのジープ（ブランドは不明）をモデルにしてジープ型車両を試作し、同年12月に日本ダイハツの三輪車をモデルにして三輪トラックを試作した。これらは成功を収め、三輪車は後に量産に入った。これらの成功をふまえて、58年4月（「上海汽車装配廠」と名を変えた）には乗用車試作の計画を立て、58年に2台を試作した。最初の乗用車は、シャーシはポーランドのPolskiを、ボディはアメリカのPlymouthを模倣して設計し、そのエンジンは南京自動車工場で生産した4気筒・50馬力のM−20という、元はソ連の乗用車にあったものを搭載して、58年9月28日に試作に成功した。2台目の乗用車は、ソ連のZIM（ЗИЛ）乗用車を模倣して、エンジンは南京汽車工場が生産した70馬力のNJ70という、元はソ連のGAZ51トラックにあったものを搭載して、59年1月初めに完成した。この2台の乗用車は、ほとんど一つの工場で手作業で作られ、ともに「鳳凰」号と名付けられた。

59年2月15日、1台目の乗用車「鳳凰」を北京の中南海・中央政府に送って、周恩来総理に試乗してもらった。彼が、残念そうに「やっぱりレベルの問題だ」と話したため、中央政府自動車生産管理部門の第一機械部汽車局は、その後も引き続き乗用車を試作して品質を高めることを、上海市に指示した。

このことにショックを受けた上海市政府と上海動力機械製造公司は、関係部門の会議を開いた。今度は一工場に限らず、上海市の全関連部門を総動員して試作するという体制を作り上げた。ここで選ばれたモデルは、ドイツ・ベンツ社が56年に市場に出したBENZ 220Sであった。当時、中央政府とソ連顧問は、このモデルは難しすぎるのではないかと反対意見を出したが、上海動力機械製造公司は思い切って挑戦した。部品ごとに分担工場を決め、技術者と労働者は古い設備のために苦労しながらも、59年9月30日に新しい「鳳凰」号を試作、完成させた。

エンジンは、外国製品(どの国のものかは不明)を参考に改良したばかりの上海680Qを乗せた。60年に入って、エンジン工場とシャーシ工場をはじめとする各部品工場は、工程設備を改善し始めた。「上海汽車製造廠」(60年8月11日に上海汽車装配廠から改名)も金型、取り付け具などを少しずつ整備して、乗用車を12台連続試作したのち、1960年末には上海郊外の安亭に工場を移転し、乗用車及びその部品生産のための新しい生産基地を用意した。しかし、60年末からの3年連続の不況のため、やむなく上海乗用車の試作は中止された。

### 2.4 上海号乗用車の少量生産

上海での乗用車試作の再開は1963年後半のことで、その年には10台が試作された。64年に乗用車「鳳凰」号は「上海」号と名を変えた。その組立ラインの技術装備は引き続いて強化され、50台が試作された。65年12月に、中央政府第一機械部の関係部門は上海号に対して技術評定を行い、生産を許可した。上海で、乗用車の少量生産に入ったばかりの66年、文化大革命が勃発した。乗用車は、ぜいたく品として批判されたため、その生産も70年までに200台前後と停滞した[9]。

1971年、即ち試作から13年目に上海市は乗用車の年産能力を1,000台に増強する計画を立てた。72年10月に、対日米関係の正常化を背景に、中央第一機械部から年産5,000台に拡大するという任務書が下りてきたため、「上海汽車製造廠」は上海号を改善しながら、金型などの設備を一層増強した。同時に、新しい組立ラインを建設し、溶接機械、工程装備及び検査設備を備え、75年の年末までに、乗用車5,000台の生産能力をほぼ完成した。一方、「上海市拖拉機(トラクター)汽車公司」(69年4月に上海市農業機械製造公司から名称変更)は、73年4月から年産5,000台の乗用車の部品サプライヤーについて調査に入り、各部品の生産能力や製品品質から部品メーカーの配置、供給システムの改善にいたる各側面からの報告書をまとめた。こうして、乗用車の生産量は71年から少しずつ増え、73年

---

(9)「上海トラクター汽車公司」はまた「上海汽車製造廠」、「上海汽車発動機廠」、「上海汽車底盤(シャーシ)廠」と「上海汽車歯輪(ギア)廠」などの工場の技術者を長春、北京へ送り、資料を収集させた。その後、70年と74年にドイツのベンツとアメリカのBUICKなどを真似て、2つの高級乗用車を試作したが、燃費と部品の問題から量産に入れなかった。

に1,000台、76年に2,500台となった。試作から22年目の80年に、ようやく5,000台を超えた[10]。60年代から80年代の初期まで、上海号は上海自工の主力製品となり、政府部門、企業、大学の幹部用や外国人観光客用として全国に供給された。

ただし、その間、政府幹部や外国人からの乗用車に対する要求がますます高まったにもかかわらず、「上海」号の性能は50年代のベンツ車の原型に及ばず、部品メーカーの能力も1950年代のレベルにとどまっていた[11]。更に、「上海」号の生産拡大に伴い、幾つかの技術的な問題が現れた。それは、エンジンの燃費問題、完成車の性能問題、生産工程中の品質管理問題などで、生産量が増えれば増えるほど問題も増えていった。それらの中には、当時の上海自工の技術能力ではなかなか解決できないほどの致命的な問題もあった[12]。こうして長い間、如何に乗用車の製造レベルを高めていくかが、上海自工とって重大な課題になっていた。

乗用車のほかに、上海自工傘下の各工場は三輪車やトラック（積載2トン、4トン、15トン、32トンのトラック）も60、70年代から生産したが、いずれも少量であった。70年代の末までの全車種の生産規模も少なく、中央政府からあまり重視されなかった。しかも、上海自工は（表4-1参照）1956年の設立以来ずっと上

表4-1　上海汽車工業総公司（上海自工）組織の歴史沿革

| 設立時間 | 組織名称 | 許可部門 |
| --- | --- | --- |
| 1956年5月24日 | 上海市内燃機部品製造公司 | 上海市人民政府 |
| 1958年3月13日 | 上海市動力機械製造公司 | 上海市機電工業局 |
| 1960年1月16日 | 上海市農業機械製造公司 | 上海市機械工業局 |
| 1969年4月24日 | 上海市拖拉機汽車工業公司 | 上海市革命委員会 |
| 1983年10月20日 | 上海市汽車拖拉機工業聯営公司 | 上海市人民政府 |
| 1990年1月26日 | 上海汽車工業総公司 | 上海市経済委員会 |

出所：上海汽車工業史編委会（1992）284頁による。

---

(10)　ピーク時には7,000台を生産した。
(11)　燃費が悪く、あちこちで生じた品質問題は長期的に解決できなかった。
(12)　1996年5月18日、筆者が上海汽車研究所対して行った調査によると、72年アメリカのニクソン大統領が上海を訪問したときに使用した乗用車「上海」号は雨漏りがしていたという。

第4章　上海自工におけるコア能力の集中強化戦略　**75**

海市政府の行政管理機関として、市政府を代表して所属工場に対する行政機能を行使していた。すなわち、上海市計画当局という総合的な意思決定機関の統一計画に基づいて、投資計画は上海市計画委員会、生産計画は上海市機械工業局、生産は所属する各工場、販売と必要資材の供給は上海市物資局、利潤の管理と使用は上海市財政局というように、本来一つの企業に集約されているはずの投資・管理・生産・販売・再投資の諸機能が分断されていたのである。その中で、ただ地域政府の生産任務を各所属工場に伝達し、その計画の完成を監督する管理部門の一つとして上海自工は位置付けられた。ここで、投資決定を含めた企業としての自主的な意思決定と市場競争メカニズムが欠如していたことは、長年にわたって上海自工の発展に大きな制約条件となってしまっていた。

## 2.5　小括：従来計画経済統制期における既存資源

　ここで、本論文の分析枠組にしたがって既存資源の観点から、70年代の末まで従来の計画経済統制期における上海自工の生産活動をまとめてみよう。上海自工は、中国で最も強い自動車部品産業の基盤を持っていた。50年代から、小型トラックなど数種類の自動車を試作してきたが、いずれも手作業方式で少量生産のレベルに留まっていた。あくまでも地方小工場の管理部門であり、中央政府とのつながりは弱かった。その中で、1958年から上海自工は外国製品を模倣して乗用車の試作と少量生産を果たしたが、試作段階でいろいろな品質上の問題が生じた経験や、また中央政府から批判を受けるという教訓もあった。また、乗用車は20年間にわたって贅沢品として制限された反面、主に政府幹部や外国人が使用していたので、その品質に対する要求は商用車よりかなり厳しかった。これに対して、上海自工は既存資源の制約で、70年代末まで同社の主導製品であった乗用車のモデルチェンジもせず、品質問題も解決していなかった[13]。

---

(13)　つまり、従来の計画経済統制期における上海自工は、中国で最も強い自動車部品産業の基盤と長年にわたる乗用車生産の経験を持っていた。この特殊的な既存資源は、後に上海自工の乗用車生産の成長にとって非常に有利な前提条件になった。一方、上海自工は乗用車の試作段階で中央政府から悪評を受けた経緯もあり、国内乗用車のユーザ（政府幹部や外国人）から製品の品質改善について厳しい要求があった。このような特殊な経験や教訓は、後に上海自工を品質重視に導いた重要な要因になった。但し、上海自工は地方小企

## 3. 乗用車生産集中構想と政府政策への適合

 以上、従来の計画経済統制期における上海自工の既存資源と、その制約条件を分析してきた。上海自工は、その既存資源の欠陥の克服、すなわち乗用車のモデルチェンジや品質問題を克服するために、70年代の末から始まった企業改革によって、乗用車生産に集中して技術レベルを高める指向を強めていった。この節では、認識能力の観点から技術導入・市場開放初期における上海自工の乗用車導入戦略ビジョンの策定過程を概観し、上海自工の認識能力の役割を考察する。その中で、特に国の政策研究、地方政府の政策研究、外国企業・製品の調査、市場調査や対自社能力についての判断など、認識能力の評価項目について重点的に観察していきたい。

### 3.1 乗用車生産への集中構想と企業体制の改革

 上海自工は乗用車製造の質的レベルを高め、生産能力を拡大するために、1976年3月に上海市政府に「上海自動車産業の構想」という報告書を提出した。その中で、これからは乗用車生産に重点を置き、軽型トラックの生産を次第に減らしていくという案を示した。77年6月に、上海自工が提出した「1978-1985年期間の企画構想」の中では、85年までに軽型トラックの生産を中止し、乗用車の生産量を10,000台に引き上げようということが、さらに具体的に示されていた。78年5月に、上海自工は以上の構想を「上海号乗用車10,000台企画についての報告」にまとめ、上海市政府を通じて中央政府に提出した[14]。

---

業の管理部門として中央政府とのつながりが弱かった上に、主導製品とした乗用車の発展も中央政府の政策によって制限を受けていた。これらの要因は長年上海自工の成長を制約していた。

(14) 上海汽車工業史編委会(1992) 196,198,201頁と中国汽車史編輯部(1992) 225頁による。その中には、10,000台乗用車の生産能力を達成するために、中止される軽型トラックの生産能力を全部乗用車生産に移し、その上に新しく必要な3,511万元の投資や新建設面積などの内容も具体的に詳しく書き込まれていた。また、上海自工がいち早く「乗用車集中構想」を打ち出したのは、乗用車が他社のものと異なる上海自工の独自の製品であり、しかも上海自工は当時中国で唯一乗用車の量産(上海の年間数1,000台に対して第一自動車は年間100台も未満であった)企業だったことにある。一方、当時乗用車に対するニー

また上海自工は、56年から上海市政府の行政部門の1つとして政府の生産計画を各所属工場に伝達し、政府計画の達成度を監督していたが、78年に入ると、それが変わり始めた。まず、78年11月から国家経済委員会の許可を得て、経済的な実体としての「公司」になった。具体的には、生産任務の伝達、計画完成監督の行政部門から国家計画の基本単位の1つになって、所属する工場をまとめて経営するという企業的性格のある経済組織に脱皮したのである。公司は、生産、建設、技術、財務など国家計画に対して経済的な責任を負い、各工場の人事、財務、設備及び生産、材料購買、販売を統一管理するようになった。そして、公司とそれに所属する工場は2階層計算（公司はプロフィットセンター、工場はコストセンターとする）を実行することになった。

さらに79年2月から、上海自工は管理体制面で重大な改革を行った。まず、各工場が上納した利潤を基準にした利潤請負制を78年に導入し、留保された利潤の一部を活用できるようにした。これによって、ある程度の投資の権利を持つようになり、市場に合わせた製品の調整と能力を集中できるようになった。その上、重点製品を発展させるために企業組織を再編し、乗用車をはじめ大型トラック、トラクター、オートバイなど4つの「協調センター」を設立した。そこでは製品を分類し、市場調査から生産・品質管理までの経営管理を行うようになった。もう一つ重要なことは、経済実体として技術導入や合弁経営などの対外活動もできるようになった点である。

## 3.2　政府政策の適合と技術導入の戦略ビジョン

上海自工が、乗用車生産において外資系の製品技術を導入したきっかけは、1978年7月に国務院に許可された『対外加工・組立の業務の発展についての報告』であった。この報告は、1978年6月27日に国家計画委員会、経済委員会と対外貿易部が共同で出したもので、3つの自動車組立ラインを導入するプランが含まれていた。それは、前述した上海自工の乗用車生産を強化する計画にも関連して、

ズは上海の生産能力よりはるかに大きかったが、中央政府の政策によって抑えられたのである。後に環境の変動、特に中央政府政策の転換は上海乗用車発展のチャンスをもたらし、以上構想の実現を加速させた。

「乗用車の組立ラインを上海に配置して、上海の乗用車産業を改造する」[15]という内容だった。78年7月29日には、中央第一機械工業部汽車局の責任者が、このプロジェクトを遂行するため、上海にやってきた。

「機械製品の輸出を拡大し、外貨を稼ぎ、同時に適当に国内のニーズを満足させるために、外国の乗用車製造技術の導入を通じてわが国の自動車産業の生産技術レベルを高める」[16]というのが、第一機械工業部と上海市政府の一致した意見だった。

上海が選ばれた理由について、当時、上海自工社長だった仇克は後に次のように述べている。

「このプロジェクトを上海に決めたのは、上海が乗用車産業の発展に最も有利と考えられたからである。まず、上海には乗用車量産の長年の経験がある。また、産業部門が揃っていて、乗用車生産の条件がよかった。さらに、交通が便利で、投資の環境も魅力的であった[17]。」

一方、その時の上海市政府の産業政策について、当時の上海市市長だった汪道涵は、後に次のように述べている。

「上海の産業発展はずっと国内で先頭に立っていたが、重要な原因の一つは時代の流れに応じた代表的な製品をいくつか持っていた点である。改革開放以来、わが国の産業発展は全般的にスピードがついてきた。上海の伝統産業の優位は次第に失われていった。激しい競争の中で国際的な格差が広がっていた一方で、国内の格差は縮んできた。上海産業の高度化と合理化を実現するために、乗用車産業が今後上海の最も重要な主導的産業になるべきである[18]。」

---

(15) 中国汽車汽油機工業史編委会・中国汽車柴油機工業史編委会編（1996）192頁による。
(16) 同上。
(17) 仇克（1990）3頁による。ちなみに、仇克は上海VWの董事会（取締役会）の初代会長であり、現在上海市汽車工程学会理事長である。
(18) 汪道涵（1990）1頁による。ここで、上海市政府は乗用車製品技術の導入を通して、上海市の産業レベルを高めようという思惑があった。ちなみに汪道涵は現任国家主席の江沢民の最も重要な政治の後ろ盾であり、江氏を上海市市長から中央政府へ出世させた主役であった。汪氏はいまも江沢民主席の主要顧問である。

第4章　上海自工におけるコア能力の集中強化戦略　**79**

　このプロジェクトの主旨は、乗用車に集中して能力を高めるという上海自工及び上海市政府の思惑と合致し、上海自工と上海市政府から積極的な協力を得た。78年7月29日からの10日間で計画書をまとめ、8月9日、上海市政府は第一機械工業部と共同で『乗用車製造技術導入と上海乗用車工場改造についての報告』を国務院に提出した。そして9月13日に、中央政府の許可を受けた。このプロジェクトでは、最初は外国自動車メーカーの製造技術を購入する方針であった。しかし、外国自動車メーカー側から合弁案が出されたため、同年11月9日に鄧小平の同意を得て、正式に外国企業との合弁事業方式で各国の自動車メーカーと交渉を始めた。

　それと同時に、上海自工では次の戦略ビジョンが策定された。その内容は「上海の自動車・トラクター産業を発展させるには設備の陳腐や技術の後れを克服し、生産量が少なくて市場のニーズを満足させられないという状況を変えなければならない。技術導入、外資利用、合弁経営の道を歩むことが、80年代の戦略の決定策となるであろう[19]」、というものであった。

　78年の末から、上海自工はトラック生産から撤退しながら、乗用車技術の導入に向けて、積極的に合弁相手の選択と外国メーカーの交渉に入った。81年に、ドイツVW社に決めるまでの2年あまりの間に、相次いでGM、フォード、日産、ルノー、プジョー、シトロエン、VWの有力メーカー7社と、60回以上にも及ぶ交渉をした。このプロセスにおいて、上海自工は中央政府と上海市政府から支持を得た。特に、中央政府の自動車管理部門は初めから積極的に、このプロセスに関与していた。80年2月に、第一機械工業部副部長の饒斌[20]をはじめとする

---

(19) 上海汽車工業編委会（1992）119頁による。また、仇克（1990）3頁によると、当時上海自工社長だった仇克は外国メーカーと合弁で、乗用車の技術を導入することについて、次のように認識していた。「合弁企業を設立しないと、我々の乗用車産業は非常に速い速度で発展することができない。我々の乗用車産業は50年代からスタートしたが、重視されなかった。特に自力更生を強調し、長い間遅れた状態に陥っていた。しかも、国際的に先進レベルとの差が日増しに拡大していた。この状況の下で、海外の先進技術を導入してこそ初めて、高いレベルの再スタート、すなわち80年代の国際的な先進レベルが達成できる。外資を利用してこそ初めて、わりに力強く海外の先進的な技術設備が購入できる。外国メーカーと合弁経営してこそ初めて、絶えず外国の先進技術と科学管理経験を得ることができる。」

(20) ちなみに、饒斌は第一自動車と東風両方の初代社長をつとめた人物である。また83

中央政府関係部門と上海自工の責任者は、代表団をドイツVW本社に派遣して、1ヶ月半のあいだ導入モデルの性能やVWの合弁条件について全面的に調査し、上海自工の製造能力を考慮しながら、慎重に交渉を進めたのである[21]。

### 3.3 外国メーカーの思惑

60回以上の協議における外国各社の対応は、さまざまであった。日本のメーカーの対応について、1986年から1992年まで、いすゞ自動車の北京駐在事務所長であった渡辺真純は次のように語った。

「中国が日本に協力を求めてきた80年代とは、特に（日本）乗用車産業にとって、国内外での競争がもっとも熾烈な時期であり、同時に成功が見え始め、（中略）中国市場などいつでも取り込めるとの観測が生まれ、協力要請に対し真剣に対応ができなかったのである。」また、「企業トップは中国を政治体制の違う恐ろしい国、経済的にも後れた市場と認識し、単に不況時の大口スポット市場としか考えず、民衆意識の変化とか新生中国の目指す方向など真剣に検討しなかったのである。」[22]

---

　年に中国自工復活時の初代董事長（会長）となり、第一機械工業部部長をもつとめた。晩年中国の乗用車産業の発展を推進し、87年の夏に上海で自動車及びその部品工場を視察、乗用車の国産化率を引き上げようしていたところ、急死した。中国では饒斌氏を「中国汽車の父」と呼び、氏の銅像を天津の中国汽車技術研究中心に立てた。饒斌の息子の饒達は、いま上海VWにつとめている（96年8月26日に饒達氏に対してインタビューをした）。

(21)　後に上海自工に導入されたVWの乗用車サンタナは、1976年から1980年にかけてVW社が開発し、82年にブラジルVW工場で生産し始めたモデルであった。そのエンジンは1982年7月からアウディ社に使用された1.78Lの4シリンダー、827型ガソリンエンジンである。このモデルの性能は表3-6に示したように、前の上海号乗用車よりはるかに良かったが、1985年上海VWが正式に生産開始した時点ではすでに古いタイプのモデルになっていた。このモデルを選んだのは、80年に第一機械工業部と上海自工の共同視察団がVW本社に訪問した時だと思われる。後になって、古いモデルを選んだためにいろいろと異議が出たが、当時の上海自工の製造レベルから冷静に考えてみると、わりに製造しやすいこのモデルを選択したのは、妥当だったと言わざるを得ないだろう。ただし、新モデルの開発権が基本的にドイツ側にあることについて、中国側はあまり気に留めていなかった。

(22)　渡辺（1994）211-212頁を参照されたい。

第4章　上海自工におけるコア能力の集中強化戦略　**81**

　アメリカのメーカーは、中国が乗用車の完成能力を持っていなかったため、部品メーカーやトラックメーカーから合弁事業を始めるだろうと考えていた。また、外貨投資の条件も厳しかった(23)。

　ヨーロッパのメーカーは、中国への進出に対して積極的な姿勢を見せた。その中から、次第にフランスのシトロエンとドイツのVWに絞られていった。両社の条件を比べると、シトロエンの投資条件は中国にとってもっとも有利であったが、VWは車のモデルと製造技術の点で魅力的であった。81年に技術改造を優先して、上海自工は最終的にVW社に決定した(24)。

　VW社に決めたことは、VW社の海外戦略、特にアジア戦略と直接に関係がある。上海自工をパートナーに選んだ理由について、上海VWのドイツ側の第二任副総経理（副社長）のB. Welkener博士は、次のように述べている。

　　「上海は中国沿海部の経済発達地域の中心にあり、揚子江の河口で中国最大の港である。同時に、航空、鉄道と道路が共に発達している。また、金融と情報の中心地でもあった。20余年の乗用車生産の歴史があり、生産量、品質、工程技術、企業管理と販売サービスなどで先頭に立っていた。上海は中国最大の産業都市であったため、乗用車生産の主な原材料がそろっており、総合的な加工能力も優れている。しかも、大学や研究部門も集まっていて、人材養成と技術吸収に有利であった(25)。」

　B. Welkener博士の前任者で、後に上海VWの副董事長（副会長）とドイツVWのアジア太平洋事業部本部長になったM. Posth博士は、もっと明確にドイツVWの戦略目標を語っている。

　　「ドイツVWの長期目標はアジア太平洋地域の市場でトップの地位を取ることだった。そのために、中国をアジア太平洋地域の完成車と部品の主な生産基地としようとしていた(26)。」

---

(23)　96年5月10日に中国汽車総公司でのインタビューによる。
(24)　96年5月17日に上海汽車研究所でのインタビューによる。
(25)　陸幸生（1995）による。
(26)　同上注。一方、李春利（1997）253頁によると、VWをはじめとするドイツ企業の

## 3.4 導入プランの策定と試行組立の実行

ドイツ VW 社が第一次代表団を北京と上海に派遣して、第一機械部汽車局及び上海自工と交渉したのは、1978年11月であった。その後、84年10月の契約調印までに28回の交渉が行われた[27]。その間、具体的な技術導入プランができたのは81年前半のことであった。それに沿って、上海自工は上海市政府を通じて「中国汽車工業公司」と一緒に、中央政府に報告書を提出した[28]。

その後、上海自工は自社の組立能力を試すため、1982年4月27日にVWとサンタナを100台輸入して、試行生産する協定を結んだ。年末に「上海汽車廠」で正式な組立段階に入り、83年4月11日に最初のサンタナ乗用車を組み立てた。その後、技術導入の契約を正式に調印する前に、中央政府の認可のもとに、サンタナのCKD部品を83年12月に300台、84年5月2,000台輸入し、組立を増やしていった[29]。これによって、上海自工はサンタナ乗用車の性能や製造技術に対する認識が、更に深まった。

上海自工が作成した技術導入プランは、次のとおりである。ドイツ VW との合弁により、年産2万台の中級乗用車の生産技術を導入する。上海で乗用車製造し

---

「アジア進出戦略の目標が明確である。すなわち、中国、台湾、韓国へ進出することによって日本を包囲する。ドイツ企業はインド、東南アジアへの進出にも積極的であり、『日本の裏庭』に対する挑戦としても理解できる。」

(27) その間、80年2月29日から4月3日まで、上海自工と第一機械部の共同の大型代表団がVW本社を1カ月余りかけて視察した。同年6月17日に上海自工の社長は、広州でフランスのシトロエン社と技術導入について交渉したが、それがVW社以外のメーカーとの最後の交渉であった。その後、上海市政府及び「中国汽車工業公司」と最終調整に入った。

(28) 上海汽車工業史編委会（1992）211頁による。81年8月21日に国務院は、上海自工がVWと合弁で上海乗用車生産工場を改造するというプロジェクトを外資委員会を通じて許可した。これによって、上海自工は82年1月21日にVWとの合弁経営の覚書に調印した。また、83年6月10日、ドイツVW社社長のドクターハーン（Dr. Hahn）は、マスコミに対して、VWの世界戦略を極東に移し、特に中国大陸で生産拠点を持つ意向を表明し、同年12月2日にドイツVWは、プレゼントとして上海市の汪道涵市長と上海自工の仇克社長それぞれに「アウディ100」乗用車を送り、協力関係の増強を進めた。83年12月18日に国務院の李鵬副総理は「上海汽車製造廠」を視察、改めて中央政府が合弁プロジェクトを支持する姿勢を強調した。

(29) 上海汽車工業史編委会、(1992)による。85年2月から5月にかけて上海VWは日産400台の組立ラインを上海汽車廠の敷地の中に先行して作った。

第4章　上海自工におけるコア能力の集中強化戦略　**83**

ていた工場の建物と一部設備を利用して、CDK から手をつける。次第に国産化を実現し、生産しながら大規模な技術改造によって導入技術を吸収し、そして新機軸を打ち出す(30)。

　このプランは、後から見ればあくまでも小規模かつ初歩的なものであった。技術導入の後、中国の乗用車市場及び政府の乗用車産業政策は共に大きく変化した。技術導入と企業改革に伴い、上海自工もいろいろと新しい問題に直面し、常に内容と規模の調整に迫られることになった。

## 3.5　小括：技術導入・市場開放初期における認識能力

　ここで、本論文の分析枠組にしたがって認識能力の観点から、70年代の末から80年代の半ばまでの技術導入・市場開放初期における上海自工の戦略ビジョンの策定過程をまとめる。70年代の末から、上海自工は乗用車の製造レベルを高めようという企業方針にしたがって、積極的に政府の技術導入・技術格差の是正という政策に添いながら、内外調査を展開しはじめた。この過程で、上海自工は長年の乗用車製造から蓄積された経験を活用して、導入するモデルの性能や自社の製造能力を深く調査したうえで、乗用車技術導入の戦略ビジョンを策定していったが、長期的な市場変動に対しては予測していなかった(31)。

## 4.　乗用車生産の強化と部品国産化ネットワークの構築

　これまで、技術導入・市場開放初期における上海自工の技術導入戦略ビジョンの策定過程と認識能力を分析してきた。上海自工は、技術導入・市場開放初期に内外環境要因を調査した上で、乗用車への参入を決定して適切な製品を選択した

---

(30)　『中国汽車工業年鑑1988』18頁及び中国汽車工業史編審委員会（1996）226頁による。
(31)　つまり、技術導入・市場開放初期の段階で上海自工は、速やかに中央政府の政策変動に適応して、早期に国から乗用車製品技術の導入許可を獲得した。この乗用車市場の早期参入は上海自工にとって競争優位の獲得に時間的余裕をもたらした。そのうえ、更に重要なことは、上海自工は先進国企業の製品を調査し、自社の製造能力に合った乗用車製品及びその技術を選定し、次期において乗用車生産を拡大する基盤を作っていったことである。但し、この時期における上海自工は長期の市場変動（乗用車ニーズの急成長）に対しては、あまり予測していなかったため、大量生産の準備もなかった。従って、後の環境変化に伴い、当初の計画は変更を余儀なくされることになった。

が、策定された戦略ビジョンはあくまでも初歩的なもので、後の環境変化に伴って変更を余儀なくされることになった。この節では、資源投入能力の観点から、VW 社と契約を結んだ後、上海自工は乗用車ニーズの予想を上回る急成長に対応するために、どのように迅速な戦略調整を行ったのか、また、どのように積極的に組織を再編し、乗用車生産に力を集中していったかを考察することにする。その中で、特に乗用車ニーズ成長期における資金調達方法の転換、生産体制の調整、乗用車生産への集中投資、部品供給体制の構築や販売体制の整備など、資源投入能力の評価項目について重点的に観察していきたい。

## 4.1 技術導入の実現と上海 VW の組織構造

84 年 6 月に、上海自工と VW は『実行可行審査報告』及び『合弁契約』『合弁会社規則』『技術移転協定』などの文書をまとめた。84 年 7 月 25 日に上海市政府は、その『実行可行審査報告』を認可し、国家計画委員会を通じて中央政府に提出したが、84 年 9 月 22 日に国務院に許可された。こうして、上海乗用車プロジェクトは国家の重点改造プロジェクトとして、第 7 次 5 年計画 (86-90 年) の期間で唯一の技術導入の乗用車生産基地となった。84 年 10 月 10 日に、北京の人民大会堂で中国側と VW 社が正式に調印し、「上海大衆汽車公司」 (上海 VW) が生まれた。この調印式には、中国政府の趙紫陽総理とドイツのコール (Kohl) 首相が参加した[32]。85 年 3 月 21 日に上海 VW は正式に設立し、85 年 9 月 1 日から生産を始めた。上海 VW の製造能力は、契約調印の時点では当初計画のサンタナ乗用車 2 万台から、乗用車 3 万台とエンジン 10 万台に拡大されていた[33]。

上海 VW の資本構成については、85 年にスタートした時点で総投資額は 3.87

(32) 84 年 10 月 12 日に「上海汽車製造廠」で上海 VW のくわ入れ式が行われ、コール首相と李鵬副総理が参列した。

(33) 中国汽車工業史編審委員会 (1996) 226 頁による。このように、上海 VW のプロジェクトは初期協議から調印までかなり時間がかかったが、中央政府から乗用車技術導入の創業者特権 (pioneer status) を手に入れることが出来た。この創業者特権と生産の先発は後に上海自工の発展と競争の優位に大きな影響を与えることになった。創業者特権とは政府は一定の条件を満たす企業に対して、一定期間税制面の優遇などを含む種々の保護育成政策を実施することである (詳しくは、足立文彦・小野桂之介・尾高煌之助 (1980) を参照されたい)。

第4章　上海自工におけるコア能力の集中強化戦略　**85**

表4-2　上海ＶＷの資本構成（1985年スタートの時）

| | | | | |
|---|---|---|---|---|
| 1. ドイツＶＷ社 | | | | 50％ |
| 　実物 | ＲＭＢ | 270万 | | |
| 　現金 | ＲＭＢ | 7730万（ＤＭ→） | | |
| | ＲＭＢ | | 8000万 | |
| 2. 上海トラクター汽車公司（上海自工） | | | | 25％ |
| 　実物 | ＲＭＢ | 2050万 | | |
| 　現金 | ＲＭＢ | 1950万 | | |
| | | | 4000万 | |
| 3. 中国銀行上海信託投資公司 | | | | 15％ |
| 　現金 | ＲＭＢ（ＵＳＤ→） | | 2400万 | |
| 4. 中国汽車工業公司（中国自工） | | | | 10％ |
| 　現金 | ＲＭＢ | | 1600万 | |
| 総資本金 | ＲＭＢ | | 16000万 | 100％ |

出所：陳正澄（1994）による。

億人民元（当時の5億独マルクに相当する）で、資本金は1.6億人民元であった。資本金の出資については、表4-2に示したように、ドイツVW社50％[34]、中国側50％の対等出資であった。中国側の50％は3つの会社が出資した。上海自工（当時上海トラクター汽車公司）が25％、中国上海信託投資公司が15％、中国汽車工業公司が10％であった[35]。この出資比率を見ると、外資が半分を占めていて、表3-5に示したように、中国で技術導入している乗用車メーカーの中では外資率が最も高いプロジェクトとなった。しかも、外資が1つのメーカーに集中していたのに対し、中国側は3社に分散し、中国側メーカー（上海自工）25％だけという独特のケースになった。この出資比率は当然、直接に後の経営活動に影響することになった。このような結果になったのは、開放初期の中国では外貨が欠乏し、特に企業が資金も外貨も持っていなかったこともあるが、積極的に協力パートナーから製造技術と管理ノウハウを導入したいという、中国政府と上海自工の当

---

(34)　ドイツVW社は8,000万人民元のうち、実物投資として270万人民元、残り7,730万人民元に等しい独マルクを現金投資した。

(35)　上海自工は実物投資と現金投資で4,000万人民元を投資したが、中国上海信託投資公司は2,400万人民元に等しいUSドルの現金投資をした。「中国汽車工業公司」は1,600万人民元を現金投資した。

第4章 上海自工におけるコア能力の集中強化戦略

表4-3 上海ＶＷの董事（取締役）分配

| | | | 董事 |
|---|---|---|---|
| 1名 | 董事長 | 上海トラクター汽車公司（上海自工） | 1 |
| 2名 | 副董事長 | | |
| | 第一副董事長 | ＶＷ社 | 1 |
| | 第二副董事長 | 中国銀行上海信託投資公司 | 1 |
| 7名 | 董事 | | |
| | | ＶＷ社 | 4 |
| | | 上海トラクター汽車公司（上海自工） | 2 |
| | | 中国汽車工業公司（中国自工） | 1 |
| | | | 10 |

出所：陳正澄（1994）による。

時の戦略意図にも関係があった。

　上海ＶＷの管理組織について、陳正澄は次のように書いている。「上海ＶＷの董事会（取締役会）は10名から構成される（表4-3）。董事長（取締役会長）は上海トラクター汽車公司を代表した董事が就任した。副董事長（取締役副会長）は2名で、第一副董事長はＶＷを代表した董事が就き、第二副董事長は中国上海信託投資公司を代表した董事が就任した。残りの董事はＶＷが4名、上海トラクター汽車公司が2名及び中国汽車工業公司が1名であった。董事会は会社の最高決定機関であり、経営方針を定め、会社経営を監督し、会社の予算を認可し、決算及び利潤分配そのほかの重要事項を決定した。年に2回董事会会議を行う。」

　「上海ＶＷの董事会は実際の管理にはたずさわらず、執管会（経営委員会）が董事会で決められた決定方針を執行し、実際の管理を行い、董事会に対して責任を負う。執管会は4名の執行経理から構成されている。それは総経理(執行経理を兼ねる)、副総経理兼商務執行経理、技術執行経理及び人事行政執行経理である。総経理は中国人が担当し、管轄は秘書及び法律事務、ＰＲ関係、社内会計監査及び政策研究である。副総経理兼商務執行経理はドイツ人が担当し、営業、販売、アフター・サービス、財務（ドイツ人）及びサプライ（ドイツ人）の部門を管理する。技術執行経理はドイツ人が担当し、プロジェクト・コーディネーション、プロダクト・エンジニヤリング（ドイツ人）、生産計画（ドイツ人）、品質保証（ドイツ人）、自動車工場（ドイツ人と中国人2名）及びエンジン工場（ドイツ人）の6部門を管

理する。人事行政執行経理は中国人が担当し、人事（中国人）、組織とシステム、OJT（教育養成）及び福利厚生の4部門を管轄する。以上説明された管理体制組織から判明することは、執行会そのものが全社の最高執行機構であり、総経理一人が代表するわけではない。一般の場合の総経理が最高執行責任者の体制とは異なる[36]。」

要するに、上海VWの取締役会も執行管理会も中国人とドイツ人が定員の各半分を占めていた。中国側の中国人社長（総経理）は経営の主導権を持たなかった。企業の研究開発、生産企画管理、品質保証などの生産技術部門及び営業、販売、財務などの重要な経営活動については、ドイツ人の取締役と部長クラスの中間管理層が実際の権限を持っていた。したがって、資本金50%をもったドイツVWが、上海VWの経営組織の主導権を押さえていたといえる。

## 4.2　戦略調整と乗用車生産能力の強化

VW社との合弁契約に調印したばかりの1985年1月、乗用車ニーズの急成長に対して、上海自工は上海市政府の支持を受けて乗用車生産を30万台に拡大する長期計画を策定しはじめ、5月から「中国汽車工業公司」及びVW社と共同で長期的な市場ニーズについて調査を進めた。同年、第一自動車に勤めていた江沢民氏[37]が上海市の市長に就任し、乗用車産業を上海市の「第一基幹産業」とする市政府の姿勢を明確に示した。上海自工は100名余りの専門家と教授を集めて、上海乗用車産業を30万台規模に発展させることの可能性についての報告を10カ月かけてまとめ、87年7月21日に公表した。さらに、『人民日報』（7月25日付）の第一面トップニュースとして、江沢民市長が上海の乗用車産業の発展計画について記者のインタビューに答えた記事を載せた。その中で、江沢民は次のように述べている。

「上海を乗用車の生産基地の一つに建設していく決心は過去、現在、将来とも

---

(36)　陳正澄（1994）137,138頁による。
(37)　江沢民は上海市市長と党委書記を務めてから、1989年以後共産党総書記と国家主席に昇任した。

に決して動かない。必要な資金は主に自己蓄積や自己拡大により得て、国家の支持を勝ち取るのだ。上海の乗用車産業を発展させる機はもう熟した。上海は長い乗用車生産の経験を持っている。サンタナ乗用車の国産化に伴い、上海の乗用車産業は50年代の遅れたレベルから次第に80年代の国際先進レベルへと向上している[38]。」

　この一連の動きに関連し、8月12日から中央政府は北戴河会議を開いた。それまでの第一自動車と東風自動車だけに頼る議論を一変させて、上海も含めた「三大」の乗用車生産基地を建設する方針とした。ただ、その代価として、第一自動車や東風のように全ての投資を国が行うのではなく、上海自工は「必要な資金の自己蓄積と自己拡大」と「サンタナ乗用車の国産化」という道を辿ることになった。

　乗用車産業を上海市の「第一基幹産業」とするために、87年に上海市政府は「上海VW建設支持指導グループ」を設置して市長がその指揮を執り、乗用車産業発展について重大な政策を決定することにした。また、上海市政府は紡績会社技師出身の同市政府経済委員会副主任の陸吉安を上海自工総公司の社長として派遣し、しかも同時にこの陸氏に上海VW社の董事長（取締役会長）を兼任させた。このように市政府は、能力ある幹部を選抜して自動車産業を充実させた。江沢民市長は、第一自動車や東風自動車などの大企業から自動車の専門家や人材が上海を支援するよう、自ら中央政府に求めた。例えば、東風自動車から上海自工に転勤してきて、87年3月に上海VW社の二代目の社長に就任した王栄鈞氏は、第一自動車と東風自動車両社で勤めた経験を持つベテランであった[39]。

---

(38) 『人民日報』1987年7月25日第一面、人民日報記者の林鋼が江沢民市長に対して行ったインタビュー記事による。

(39) 『上海汽車報』1994年1月23日の第6面によると、江沢民の関与で上海自工は第一自動車と東風自動車から4名の自動車専門家と人材を導入した。1994年9月12日に、文部省助成プロジェクト「現代日本の商用車ディーゼル・エンジン技術の対中国移転戦略」訪中団のメンバーとして、筆者は王栄鈞に対してインタビューを行った。王氏は90年12月社長のポストを退任してから、「サンタナ国産化共同体」の理事長になった。また、88年末に上海VWエンジン工場の工場長に就任した顧永生は、元は東風自動車の副総技師長であった。

87年から、上海市政府は乗用車産業に対して「放水養魚」（増水して魚を養う）の政策、即ち財政面で利潤と税金請負の優遇制度を実施した。具体的には、各工場から市政府の財政部門に利潤と税金を分けて上納する請負制度から、上海自工公司へ「一頭承包」（一極に集中請負）という制度に変えた。しかも、初期の請負額は非常に低くし、例えば87年から91年にかけて上海自工は、年平均利潤総額の5億元[40]から市政府財政部門に1.5億元を納入すればよかったのである[41]。

　以上の政策を受けて、上海自工は各所属工場に対して利潤請負制を導入して採算を強化する一方、残された利潤と貸付金を集中的に乗用車生産に再投資した。こうして、第7次5カ年計画（85-90年）の間だけで外貨を含めて固定資産に22.3億元相当の金額を投入し、その90％の20億元をサンタナ乗用車の国産化に関連するプロジェクトに投資した。第8次5カ年計画（91-95年）では、上海自工はさらに固定資産に81億元を投入し、その90％以上を乗用車産業に投資した[42]。それと同時に、ドイツVWも上海VWの生産規模を拡大するという基本戦略に沿って、中国側と足並を合わせて、上海VWで得た利潤を91年と95年の2回、上海VWに追加投資した。

　一方、同時期に乗用車の生産量を速やかに拡大するために、上海自工は生産組織（図4-1参照）を再編しながらも[43]、図4-2に示したように、絶えず完成車の生産能力を乗用車生産、特にサンタナ乗用車の生産に集中していった。1979年

---

(40)　上海汽車工業史編委会（1992）159頁による。
(41)　上海汽車工業史編委会（1992）252, 294, 295頁による。
(42)　扈凡（1994）による。
(43)　80年代の前半まで、上海自工の管理組織は2層体制であった。即ち、総公司は60ほどの工場を直接管理していたのである。その60の工場の中には同じ部品を作っていた工場もあれば、大きなユニット部品を生産していた工場とそれに小さい部品を供給するサプライヤーとが散在していた。80年代の後半から、上海自工は分散していた同じ部品を生産していた小さい工場に合併させた上、同じユニット部品に供給している部品工場をまとめて、二級公司あるいは総工場を設立した。こうして、上海自工は元の2階層管理体制から3階層管理体制に変わっていったのである。第1階層は意思決定とコントロールの中心となる上海自工総公司の本社である。第2階層は以上述べた「直属企業」の二級公司や総工場及び販売公司などの「専業性公司」（専門会社）や合弁会社で、独立経営部門とプロフィットセンターとして位置づけられていた。第3階層は生産とコストセンターであり、生産工場が含まれた。

図4-1　上海汽車工業

**上海汽車工業總公司組織一覧表**
Organization of SAIC

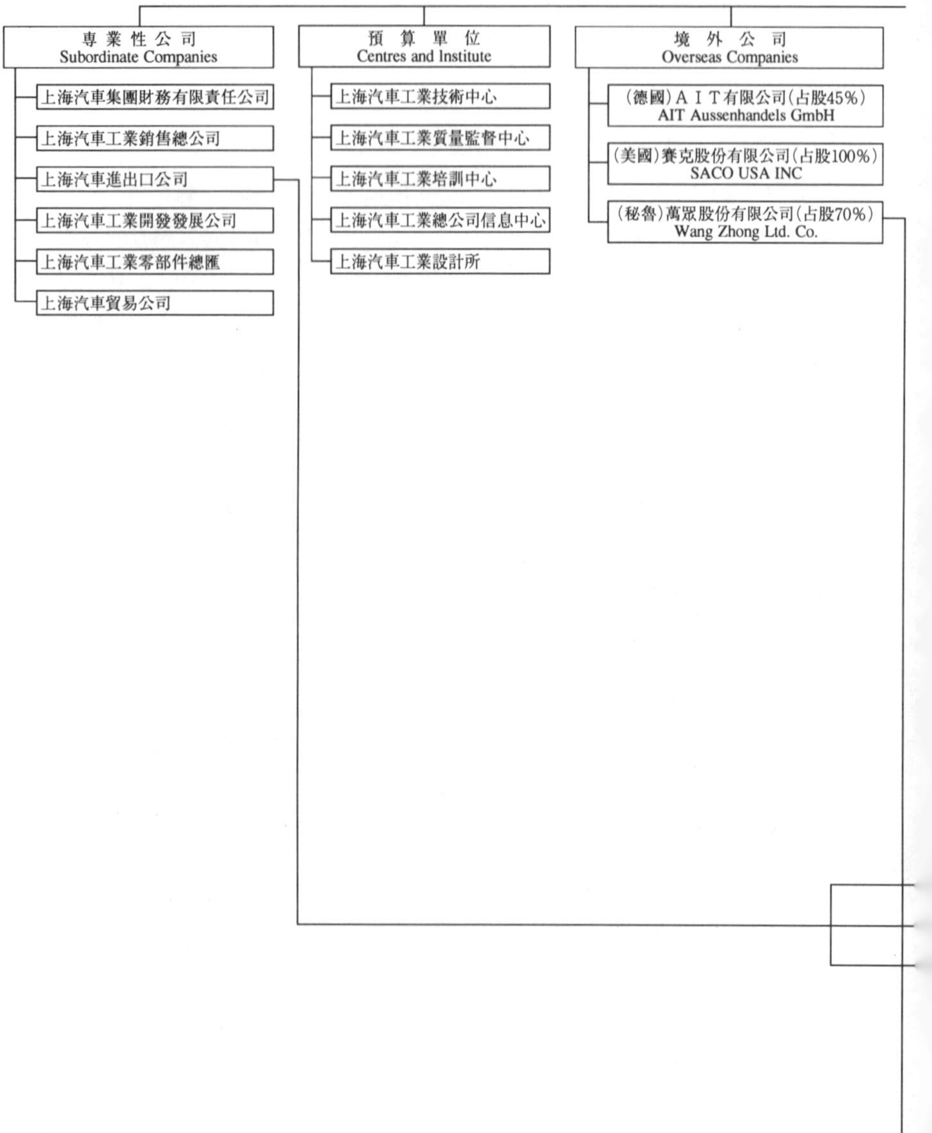

```
┌─────────────────────┐  ┌─────────────────────┐  ┌─────────────────────────────┐
│   專 業 性 公 司     │  │   預 算 單 位       │  │      境 外 公 司            │
│ Subordinate Companies│  │ Centres and Institute│  │    Overseas Companies       │
└─────────────────────┘  └─────────────────────┘  └─────────────────────────────┘
```

専業性公司 Subordinate Companies:
- 上海汽車集團財務有限責任公司
- 上海汽車工業銷售總公司
- 上海汽車進出口公司
- 上海汽車工業開發發展公司
- 上海汽車工業零部件總匯
- 上海汽車貿易公司

預算單位 Centres and Institute:
- 上海汽車工業技術中心
- 上海汽車工業質量監督中心
- 上海汽車工業培訓中心
- 上海汽車工業總公司信息中心
- 上海汽車工業設計所

境外公司 Overseas Companies:
- (德國) ＡＩＴ有限公司 (占股45%)　AIT Aussenhandels GmbH
- (美國) 賽克股份有限公司 (占股100%)　SACO USA INC
- (秘魯) 萬眾股份有限公司 (占股70%)　Wang Zhong Ltd. Co.

出所：『上海汽車工業総公司1994年報』10-11頁による。

## 総公司の組織図

**上海汽車工業總公司**
Shanghai Automotive Industry Corporation

### 中外合資、控（參）股企業 / Sino-Foreign Joint Ventures Equity Companies

- 上海大眾汽車有限公司（占股25%）
- 上海易初摩托車有限公司（占股50%）
- 上海實業交通電器有限公司（占股70%）
- 上海易初通用機器有限公司（占股40%）
- 上海納鐵福傳動軸有限公司（占股35%）
- 上海小糸車燈有限公司（占股50%）
- 上海乾通汽車附件有限公司（占股60%）
- 上海延鋒汽車飾件有限公司（占股49%）
- 上海采埃孚轉向機有限公司（占股49%）
- 上海法雷奧汽車電器系統有限公司（占股40%）
- 上海汽車制動系統有限公司（占股60%）
- 上海聯誼汽車拖拉機工貿有限公司（占股58%）
- 上海吉翔車頂飾件有限責任公司（占股50%）
- 上海飛翼汽車制造有限責任公司（占股55%）
- 揚州汽車塑料件制造有限公司（占股25%）
- 江鈴汽車股份有限公司（占股5%）
- 上海賽克ում下汽車裝備工程有限公司（占股50%）
- 上海金合利鋁輪轂制造有限公司（占股20%）
- 上海愛德夏機械有限公司（占股50%）
- 上海新紀元發展有限公司（占股25%）
- 上海賽科汽車有限公司（占股100%）
- 上海奔馳有限公司（占股45%）
- 上海中星汽車懸架有限公司（占股75%）
- 上海中威彈簧有限公司（占股70%）
- 上海臺厚汽車配件有限公司（占股50%）
- 上海高華汽車電器有限公司（占股60%）

### 直屬企業 / Direct Affiliates

- 上海汽車有色鑄造總廠
  - 壓鑄分廠
- 上海汽車鍛造總廠
  - 鋼板彈簧分廠
  - 鋼圈制造廠
- 中國彈簧廠
  - 寶山彈簧廠
  - 羅店彈簧廠
- 上海離合器總廠
  - 內燃機配件分廠
  - 鏈條分廠
  - 電鍍塑料分廠
- 上海汽車電器總廠
  - 電機廠
  - 電機二廠
  - 電器廠
  - 汽油機廠
- 上海活塞廠
  - 青浦分廠
- 上海拖拉機內燃機公司
  - 油嘴油泵廠
  - 鑄造廠
  - 飛羚輕型客車廠

- 上海汽車齒輪總廠
  - 一分廠
  - 二分廠
  - 三分廠
  - 四分廠
  - 拖拉機齒輪廠
- 上海匯眾汽車制造公司
  - 重型汽車廠
  - 汽車底盤廠
  - 輕型客車底盤廠
  - 熱處理廠
  - 嚴橋車橋廠
  - 拖拉機底盤廠
- 上海汽車鑄造總廠
  - 球墨鑄造分廠
  - 申光鑄造廠
- 上海合眾汽車零部件公司
  - 軸瓦廠
  - 粉末冶金廠
  - 汽車配件廠
  - 內燃機缸墊廠
  - 內燃機配件廠
- 上海汽車制動器公司
  - 麗園工廠
  - 建國工廠
  - 麗蒙工廠

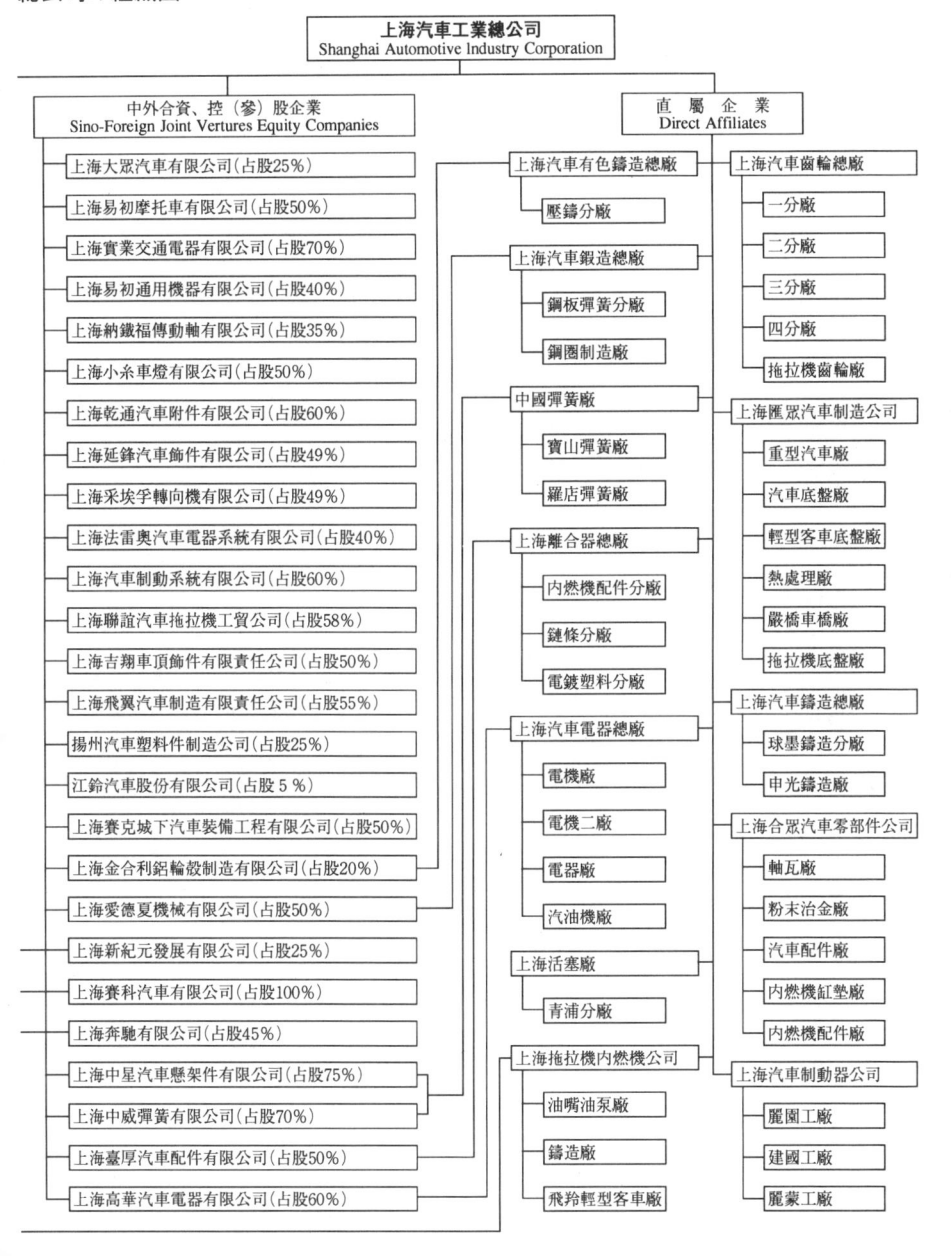

第4章 上海自工におけるコア能力の集中強化戦略

図4-2 1979年と1995年の上海自工における主要各車種の生産量比較

単位：台

| | 1979年 | 1995年 |
|---|---|---|
| サンタナ乗用車 | | 160,070 |
| 上海号乗用車 | 4,015 | |
| 救急車 | 340 | |
| 2トントラック | 3,302 | |
| 4トントラック | 2,201 | |
| 15トントラック | 671 | 720 |
| 32トントラック | 33 | |
| 他のトラック | | 65 |
| 自動車シャーシー | | 282 |

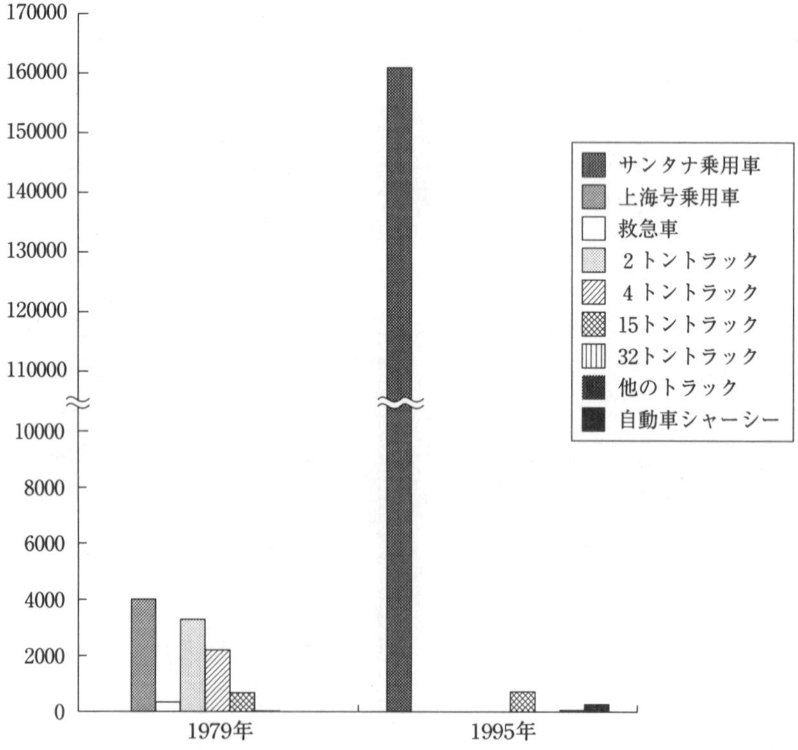

出所：上海汽車工業史編委会（1992）299-303頁と『中国汽車工業年鑑』1996年版123頁より、筆者作成。

には6種だった自動車製品のうち、80年に32トンの大型トラック、82年に2トンの小型トラック、89年0.5トンの軽トラック、91年に4トンの中型トラックの生産を相次いで中止した。これによって、乗用車生産が自動車総生産量の中に占めるシェアは、80年の37％から85年の76％、90年の90％、95年には99％以上に上がっていった[44]。 特に92年1月、サンタナ乗用車の生産規模を早く達成するために、30年間生産し続けてきて、当時の市場でもよく売れていた上海号乗用車の生産も思い切って中止した。そして、「上海汽車廠」の広い工場敷地と建物を、上海自工の現物出資として上海VW社に増資された。従業員は全員、上海VWに採用された[45]。

## 4.3　部品供給ネットワークの構築

　1985年、上海VWがサンタナ車の生産を開始してからの2、3年間は、部品の国産化がなかなか進まなかった。国産化率は85年末に2.7％であったが、87年末でも5.7％にしか上がらなかった[46]。これは主に、上海自工だけでなく中国全般の部品メーカーの技術レベルが当時まだ低かったこと、技術改善と資金調達の能力もなかったことによる。CKDの生産方式は大量の外貨が必要だった。当時、中国で外貨はかなり貴重なもので、したがって国産化率を高めなければ、上海VWの生産拡大に直接の影響を与えた[47]。

---

(44)　以上のデータの出所は、上海汽車工業史編委会（1992）299-303頁及び1995、『中国汽車工業年鑑』1996年版123頁による。また、自動車製品のほかに、上海自工は90年代半ばにトラクターを年間1万台とオートバイを年間30万台程度生産している。
(45)　中国で作った最初のサンタナ乗用車は83年4月11日に「上海汽車廠」で組立に成功した。その後、85年9月に上海VWの営業が開始するまで、この工場はサンタナ車を2,517台組み立てた。上海VWが営業し始めると、契約通りにこの「上海汽車廠」の元の敷地、建物、設備の全部及び一部従業員を上海VW所属とした。上海VWは生産しながら、量産のための新しい組立ラインの設置に着手した。88年10月に新しいラインが完成するまで、上海VWは「上海汽車廠」の設備と従業員を利用して、3万台余りのサンタナ車を組み立てた。一方、その「上海汽車廠」は、84年12月8日に工場所在地の嘉定県の地方政府と合弁で新しい工場を建設し、一年足らずで、再び上海乗用車の生産を回復させた。しかもその後、この上海乗用車は一部国産化されたサンタナの技術を取り入れはじめ、改善をはかった。
(46)　上海大衆汽車有限公司編（1995）32頁による。
(47)　図1-2に示したように、87年までの3年間で上海自工は3万台の乗用車を生産した

## 94 第4章 上海自工におけるコア能力の集中強化戦略

以上の状況に対して中央政府は、87年6月中旬に当時国家経済委員会副主任であった朱熔基氏をはじめとするサンタナ乗用車国産化問題調査グループを上海に派遣し、上海市政府及び上海自工に乗用車の国産化を促進するという中央政府の意向を伝えた(48)。同年7月25日に、上海市政府は「上海VW建設支援指導グループ」に直轄の「サンタナ国産化協調オフィス」を設け、上海自工の総経理（社長）と上海VWの董事長（取締役会長）に新しく就任した前市政府経済委員会副主任の陸吉安に、そのオフィスの主任を兼任させ、自動車メーカーと部品メーカーに対して経営全般にわたる指導を行い、関連政策のみならず、特に資金調達と資材調達などの面においてもリーダーシップをとらせた。

87年12月、中国汽車工業連合会(49)（「中国汽車工業公司」）と上海市政府は、上海で「サンタナ乗用車部品国産化工作会議」を召集した(50)。この会議上で、中央政府と上海市政府の責任者たちは上海自工、上海VW及びその部品供給メーカーの意見を聞き、サンタナ乗用車に供給する部品メーカーに対して、政策及び資金などの面から強力に支持することを決定した(51)。これによって、中央政府はサンタナ乗用車部品の国産化技術改造に対して投資を行い(52)、上海市政府もサンタナ

---

が、上海号乗用車の1万台を除くと、上海VWのサンタナ車は2万台しか生産されなかった。

(48) 『人民日報』1987年7月25日第一面の記事による。

(49) 中国汽車工業公司は1987年6月から中国汽車工業連合会へ改名した。

(50) 国務院の副総理・国家汽車（自動車）振興協調グループ・リーダーの姚依林をはじめ、上海市市長の江沢民、国家計画委員会の顧問・機械工業部前部長の周子健、国家経済委員会副主任の朱熔基と中国汽車工業連合会理事長の陳祖涛など中央政府自動車関係の責任者と上海市政府の責任者及び100社ほどの部品メーカーの代表がそろってこの会議に出席した。

(51) 上海汽車工業史編委会（1992）251-252頁と中国汽車技術研究中心情報所編（1996）5頁による。

(52) 国家計画委員会と中国人民銀行（中央銀行）は毎年1.3億元の貸付金を出して、上海サンタナ乗用車部品メーカーの国産化技術改造を支持した。中央政府の技術導入オフィスは、サンタナ乗用車の国産化のために技術指導にやってくるドイツの専門家の費用を重点的に保証した。88年「中国汽車工業公司」の乗用車部品の国産化のための投資計画のうち、国家重点プロジェクトである上海サンタナ国産化に対する上海VWの部品メーカーへの投資は、全国の18.8億元人民元の総投資額の7.8億元（そのうち上海市内のサンタナ部品メーカーに3.9億元）、すなわちほぼ半分を占めた。さらに、86-90年の第7次五ヵ年計画の間に、「中国汽車工業公司」は全国188の乗用車国産化プロジェクト企画の中に、

部品メーカーに対して優遇政策や資金支援を実施しはじめた[53]。

部品の国産化を推進するために、上海自工自身も積極的に所属する部品メーカーに投資を行った。前述の第7次5カ年計画(86-90年)の間に、上海自工が乗用車産業の固定資産に投下した20億元の中の半分は、部品メーカーに投入したものだった。さらに、第8次5カ年計画(91-95年)の間の総投資額の81億元のうち、上海VWには約25億元の投資だったが、部品メーカーへの投資は50億元を超えた[54]。

また、ドイツVWも積極的に上海サンタナ車の国産化に協力してきた[55]。「中国プロジェクト国産化協調グループ」を設け、上海VWの国産化の仕事に協調してきたのである。一方、上海VW社のドイツ人の管理者や専門家20名は「サンタナ国産化促進者(Promoter)」組織を設立し、一人ずついくつかの部品の国産化推進に関する仕事を分担し、部品メーカーの具体的な技術問題の解決に協力した。そして、91年までドイツ側は、中国側が海外に派遣した合計3,000人以上の部品

---

サンタナ乗用車に供給するプロジェクト127を配置し、全プロジェクトの67.6％を占めた。金額から見ると、第7次五カ年計画の時期に、中国政府は自動車部品産業全体にはわずか20億元人民元しか投資しなかったが、上海サンタナ国産化のために使われた金額は10億元であり、全国投資金額の50％を占めた。

(53) 薛軍(1994)28, 29, 35頁によれば、上海市政府は部品メーカーを支持するために、次のような5つの優遇政策を考え出した。1) 供給される部品について、期間を限定して、物品税と付加価値税を免ずる。2) 部品企業の新たな利潤については、銀行借金を先に返済した後、課税金額を算出することができる。3) 部品企業の福利基金と奨励基金の支出を認める。4) 自己資金と貸付金との間の比率を可変とする。5) 輸入機械及び材料に対しての減税と免税を認める。また、資金支持の面から見ると、88年に、サンタナ国産化を促進するために上海市政府はサンタナ車一台あたりの市場価格のうち、2.8万元(全車価格の約16％)を「上海サンタナ乗用車国産化専項基金」の積立に充てて、「協力メーカー育成費」として上海地域の部品メーカーに特別低利融資を行った。同時に、上海市政府は国産化によって節約された外貨から30％を主要原材料と器材の輸入にまわすことを許可した。

(54) 扈凡(1994)による。

(55) 陸幸生(1995)による。VW社会長のハーン博士は「中国の乗用車が世界へ入る第一歩は高いレベルの国産化でなければ行けない」と記者の質問に答えた。上海VW社初代技術担当したドイツ人取締役のH. J. ポール(H. J. Paul)は次のようにもっとはっきり述べた。「サンタナ車国産化のスピードを上げることは我々の共同の利益であり、中国の利益に合うだけではなく、ドイツVW社の利益にも合う。VW社は中国のプロジェクトを未来の投資として、上海VWの長期的、継続的な発展を更に重視する。国産化を実現すれば、コストが大幅に下がり、サンタナ車は史に競争力を備えてくる。」

メーカーの管理者幹部、技術者及び現場労働者をトレーニングした[56]。

サンタナ乗用車の国産化を早期に実現するために、88年7月着任した上海市市長の朱鎔基[57]の提議によって、納入部品メーカー、銀行、大学、研究所などを網羅した「上海サンタナ乗用車国産化共同体」ができ、上海自工の主導のもとで全国的なサプライヤー・ネットワークを形成し始めていた。88年当初、加盟部品企業数は100社ほどしかなかったが、95年前半までに281社に発展した。この281社のなかで、28社の上海自工の直属部品メーカーを含む167社は上海市にあったが、他の114社は江蘇、浙江、山東、貴州、湖北、北京、広東、天津、吉林、安徽など20の省市にわたっていた[58]。これは上海VWの生産量拡大のための基盤となっただけでなく、中国乗用車産業全体の発展に影響をもたらした[59]。

こうして、上海VWは部品供給ネットワークを構築してきた。上海VWは完成車とエンジンの組立メーカーであり、部品の内製率が低く、部品の調達は主に外注に依存していた。例えば95年前半の時点で、サンタナ車の国産化率は87%を超え（表3-3参照）、上海VWの内製率及び外製率は、87%の国産化率のうち内

---

(56) 薛軍（1994）30頁によれば、中国側は技術分野別に定年退職したドイツ人専門技術者を一定期間招聘し、サプライヤーに対して技術指導を行った。招聘された専門技術者はエンジニアからVW社の元工場長まで幅広かった。また、中国側はVW社から割合安い価格で、一部の古い設備を購入することもできた。これらの設備は主にクラッチ、シャーシ、鋳造などの生産に投入され、その国産化過程で、重要な役割を演じた。さらに、中国側の部品メーカーに同じグループの企業を紹介し、技術導入を進めさせた。

(57) 朱鎔基氏は清華大学を卒業してから国家計画委員会に入ったが、57年に右派として左遷された。文革後復活し、社会科学院工業経済研究所の研究員、国家経済委員会の副主任を経て、88年に上海市市長に就任し、その後93年に中央政府の第一副総理、98年に総理（首相）に昇任した。朱氏は上海市市長に就任前後積極的にサンタナ車の国産化を推進していった。

(58) 中国汽車技術研究中心情報所編輯（1996）4頁による。また、88年より上海市政府と中央政府関連省庁との合意により、サンタナの国産化予定部品の3分の1に相当する部品の生産と販売の権限が中国自動車部品公司、航空航天部、兵器部などに移管された。これはいわゆる「サンタナを上海ブランドにするべきではなく、中華ブランドにするべきである」（すなわち、部品調達を上海市に限定するのではなく、全国に広げるべきだ）という上海市の政策である。

(59) 例えば、『上海汽車報』、1996年12月8日第4面の記事より、今まで第一自動車が国産化した70%以上のジェッタ乗用車部品のうち、半分が中国のサンタナとアウディ乗用車の部品生産メーカーに供給されている。

製率20％、外製率80％になった。上海VWの部品供給体制は、上海自工の立場から見ると次の3つの層に分けられる。第1層の部品協力メーカー28社は、納入先の完成車メーカーである上海VWとともに上海自工に所属し、総国産化率の約35％を占めている[60]。第2層での企業は、上海市内における上海自工以外の部品メーカーであり、総国産化率の15％を占めている[61]。これらの部品メーカーは、上海自工に所属しているのではないが、第1層の部品協力メーカーとともに、上海市政府の国産化協調オフィスの管轄下にある。第3層の部品メーカーは、貴州、江蘇、浙江など中国汽車部品公司や軍需部門に所属している上海市以外の企業であり、総国産化率の約30％を占めている[62]。これらの部品協力メーカーは、上海自工にも上海市政府の国産化協調オフィスにも所属していないが、上海サンタナ乗用車国産化共同体のメンバーである。近年、サンタナ車生産量の拡大に伴い、この第3層の部品メーカーの生産工場が上海地域に移転し始めている。以上の3つの層の部品メーカーは、いずれも上海VWに直接納入しているので、上海VWの一次部品協力メーカーと見てよい[63]。

## 4.4 販売体制整備と市場拡張

　上海自工の販売システムは、中国の市場体制への移行に伴って形成されていった。80年代前半まで、上海自工の乗用車製品は全量を中央の物資部に納めていたが、80年代の半ばから変化が起こり始めた。1985年、上海VWはサンタナ1733台を生産したが、中央に納めたのは1,691台であった。1986年には8,900台を生産したが、8,374台しか納めなかった[64]。その後、中央の物資部に納める製品は

---

(60) 第1層はトランスミッション、クラッチ、サスペンション・スプリング、ドライブシャフトキャブレター、スケール車輪などの乗用車にとって最も重要なユニットを生産する役割を担当している。
(61) 第2層はフィルター、計器、ワイヤーハーネス（Wire Harnesses）などの重要な部品を生産している。
(62) 第3層は上海市における部品メーカーの技術を補完し、シリンダー、発電機、ラジエータ、マフラー、ロック、シート、プラスチック・パーツなどの一部機関部品、電装部品と一般的な汎用部品を生産している。
(63) 同上注及び李春利（1993）73,79頁と薛軍（1994）40,41,42頁による。
(64) 張茂龍（1995）による。

## 表4-4　上海自工緊密型販売公司表（1994年）

| 序 | 各地分公司 |
|---|---|
| 1 | 湖南申湘實業股份有限公司(湖南省長沙市) |
| 2 | 上海汽車工業供銷公司遼寧公司(遼寧省沈陽市) |
| 3 | 上海汽車工業南京供銷公司(江蘇省南京市) |
| 4 | 上海汽車工業武漢聯營公司(湖北省武漢市) |
| 5 | 浙江申浙汽車股份有限公司(浙江省杭州市) |
| 6 | 上海汽車工業供銷公司安徽聯營公司(安徽省合肥市) |
| 7 | 上海汽車西安聯營銷售公司(陝西省西安市) |
| 8 | 上海汽車工業供銷公司廣東聯營公司(廣東省廣州市) |
| 9 | 北京市上海汽車聯營銷售公司（北京市） |
| 10 | 四川上海汽車工業供銷聯營公司(四川省成都市) |
| 11 | 海南滬瓊汽車聯合有限公司(海南省海口市) |
| 12 | 上海汽車工業河南聯營公司(河南省鄭州市) |
| 13 | 河北上海汽車聯營銷售公司(河北省石家莊市) |
| 14 | 山東上海汽車銷售股份有限公司(山東省濟南市) |
| 15 | 上海汽車工業內蒙古銷售公司(內蒙古自治區呼和浩特市) |
| 16 | 上海汽車工業供銷廈門聯營公司(福建省廈門市) |
| 17 | 雲南上海汽車工業供銷聯營公司(雲南省昆明市) |
| 18 | 中南上海汽車銷售聯營公司(湖北省武漢市) |
| 19 | 上海汽車工業東北聯營公司(遼寧省沈陽市) |
| 20 | 上海汽車工業廣東肇慶聯營公司(廣東省肇慶市) |
| 21 | 上海汽車工業廣西銷售公司(廣西自治區南寧市) |
| 22 | 上海汽車工業西藏銷售公司(西藏自治區拉薩市) |
| 23 | 上海汽車工業黑龍江銷售有限責任公司(黒龍江省哈爾濱市) |
| 24 | 上海汽車工業貴州銷售有限責任公司(貴州省貴陽市) |
| 25 | 上海汽車工業山西銷售有限責任公司(山西省太原市) |
| 26 | 上海汽車工業寧夏銷售公司(寧夏自治區銀川市) |
| 27 | 上海汽車工業供銷新疆分公司(新疆自治區烏魯木齊市) |
| 28 | 上海汽車工業深圳銷售公司(廣東省深圳市) |

| | Cross-China Subsidiaries of Shanghai Automotive Industry Sales Company |
|---|---|
| 1 | Hunan Sheng Xiang Industry and Commerce Share-holding Co. Ltd. (Changsha, Hunan) |
| 2 | Liaoning subsidiary (Shenyang, Liaoning) |
| 3 | Nanjing Supply & Sales subsidiary (nanjing, Jiangsu) |
| 4 | Wuhan Union Subsidiary (Wuhan, Hubei) |
| 5 | Zhejiang Shen Zhe Automotive Share-holding Co. Ltd. (Hangzhou, Zhejiang) |
| 6 | Auhui Union Subsidiary (Hefei, Anhui) |
| 7 | Xi'an Union Supply & Sales Subsidiary (Xi'an, Shanxi) |
| 8 | Guangdong Union Subsidiary (Guangzhou, Guangdong) |
| 9 | Beijing Union Supply & Sales Subsidiary (Beijing) |
| 10 | Sichuan Supply & Sales Union Subsidiary (Chengdu, Sichuan) |
| 11 | Hainan Hu Qiong Automotive Union Co. Ltd. (Haikou, Hainan) |
| 12 | Henan Union Subsidiary (Zhengzhou, Henan) |
| 13 | Hebei Union Supply & Sales Subsidiary (Shijiazhuang, Hebei) |
| 14 | Shandong Sales Share-holding Co. Ltd. (Jinan, Shandong) |
| 15 | Inner mongolia Sales Subsidiary (Huhehot, Inner Mongolia) |
| 16 | Xiamen Union Subsidiary (Xiamen, Fujian) |
| 17 | Yunnan Supply & Sales Union Subsidiary (Kunming, Yunnan) |
| 18 | Zhongnan Sales Union Subsidiary (Wuhan, Hubei) |
| 19 | North-East Union Subsidiary (Shenyang, Liaoning) |
| 20 | Guangdong Zhaoqing Uion Subsidiary (Zhaoqing, Guangdong) |
| 21 | Guangxi Sales Subsidiary (nanning, Guangxi) |
| 22 | Tibet Sales Subsidiary (Lasa, Tibet) |
| 23 | Heilongjiang Sales Co. Ltd. (Haerbin, Heilongjiang) |
| 24 | Guizhou Sales Co. Ltd. (Guiyang, Guizhou) |
| 25 | Shanxi Sales Co. Ltd. (Taiyuan, Shanxi) |
| 26 | Ningxia Sales Subsidiary (Yinchuan, Ningxia) |
| 27 | Xinjiang Subsidiary (Urumuchi, Sinjiang) |
| 28 | Shenzhen Sales Subsidiary (Shenzhen, Guangdong) |

出所：『上海汽車工業総公司1994年報』42頁による。

年々減少し、自社に残る分が増えていった。この状況に鑑み、上海自工はまず、1985年11月に上海市内に「上海汽車貿易公司」を設け、直属のディーラーとして乗用車をはじめとする自社製品の販売を始めた。さらに、1986年5月に、自社内で元々は国家計画によって部品調達と製品納めをしていた部門である供給販売課を「上海汽車トラクター販売公司」に再編した。1988年には、上海郊外に販売用サンタナ完成車を2,500台保管できる倉庫を建てた。1989年以降、中央への納入比率は20％に減少し、上海自工の自己販売比率が80％に上昇した。

販売能力を増強するために、1990年1月に上海自工は「上海汽車トラクター販売公司」を、中央政府物資部から鉄鋼など原材料を調達していた「上海汽車トラクター物資公司」と合併させ、「上海汽車工業銷售（販売）総公司」（以下略称：上海自販）とし、上海VWのサンタナを含む自社の全生産量のほとんどを一括販売させはじめた。1991年から上海自販は、全国で合弁あるいは独自出資で販売公司を作りはじめ、表4-4に示したように、1994年の時点で上海自工は全国で資本関係を持った緊密型の販売公司を28社作り上げた。同時に、これらの販売公司の下に、上海自工から少量の資金援助を受けて直接に製品を供給する半緊密型の卸売販売拠点を各地に400余り作り上げた。さらに、小さな県レベルの販売拠点にも製品を供給し、緩やかな関係を活用して、販売ネットワークを拡大した。1992年から、上海自販は緊密型の販売公司と半緊密型の販売拠点に完成車販売、部品供給、修理サービスと情報フィードバックという「四位一体」のサービス体制を構築しはじめた。また、上海自工は1993年にサンタナ部品を集中供給する会社「上海汽車工業部品総匯」を設立し、全国にサンタナ部品の販売を始めた。この「上海汽車工業部品総匯」も各地に積み替え倉庫を作り、専用列車やトラックを通じて完成車や部品を各地に届ける作業を行った。

上海VW設立当初の生産能力は、たった3万台であったが、生産を開始するとともに拡大していった。1990年に上海VWの第1期工事が完成し、生産能力は6万台となった。1992年に元「上海汽車廠」を合併して6.5万台を生産し、1993年には10万台を生産した。1994年に、上海市政府が「上海市工業第一号工程」と命名した上海VWの第2期工事を完成させ、生産能力は20万台に上昇した。95年には16万台、1996年に20万台を生産すると同時に、30万台の生産能力を達成

した。生産の拡大に伴い、上海自工全社の売上額、利潤額と労働生産性も上がり、90年代の初めには中国業界のナンバーワンになった。さらに、最も重要なことは、80年代初めには地方に所属していた単なる中小型企業だったのに、今や中国でトップの巨大な乗用車生産企業に発展し、上海市政府とはもちろん[65]、中央政府とも強いきずなを結んできたことである[66]。

## 4.5 小括：乗用車ニーズ成長期における資源投入能力

　ここで、本論文の分析枠組にしたがって資源投入能力の観点から、80年代の半ばから90年代の半ばまで、乗用車ニーズの成長期における上海自工の戦略実行過程をまとめる。VW社との合弁契約に調印した直後、乗用車市場ニーズの急成長する動きに直面した上海自工は、長期的な市場ニーズの調査を行い、乗用車の生産を拡大する計画を策定した。その後、上海自工は中央政府と地方政府の支持と外国企業の協力を得て、乗用車生産へ「一点集中」的な組織再編や資金の重点投入を行い、市場ニーズの成長に応じて、速やかに乗用車と部品の生産規模を拡大した。その上、上海自工は市場ニーズに適応した販売体制を作って、乗用車市場シェアの拡張に努めていった。要するに、この時期に上海自工は資金、設備、人員などを効率的、重点的に投入し、早期に乗用車の生産規模を拡大させていったのである[67]。

---

(65) 例えば、元上海市政府経済委員会副主任の陸吉安氏は87年上海自工の社長に転任し、その前の社長の陳祥麟は上海市政府の副秘書長に就任した。95年10月に陸氏が定年になると、陳氏は上海自工の社長に再就任した。80年代半ばに上海自工の取締役会長を務めた蔣涛氏は、90年から上海市政府計画委員会の副主任に昇任、同副会長の蔣以任氏は上海市政府の経済委員会の主任を経て、90年代から上海市副市長になった。90年代初めに上海自工の副会長・共産党書記の孟慶令は93年に上海市工業部門担当の副市長に昇任した。

(66) 例えば、上海市市長をつとめた後、中央政府に昇任した国家主席の江沢民、国務院総理の朱熔基、現在、全国自動車産業の最高責任者の副総理の呉邦国などの重要人物がいる。

(67) つまり上海自工は、乗用車技術を導入した後、市場の乗用車ニーズの急成長に対応して、企業発展の重点を早期に乗用車生産に移し、比較的早い時期に乗用車事業を強化しはじめた。また、この時期に中央政府や地方政府と外資系企業の支持も得られ、同社の資金、設備、人員などを乗用車及びその部品生産に重点的に投入することができた結果、90年代の半ばに上海自工は、中国の乗用車生産のトップメーカーに成長していったのである。

## 5. 技術吸収と資源能力蓄積のプロセス

　前の節では、乗用車ニーズ成長期における上海自工の乗用車の量的拡大の戦略実行過程と、資源投入能力を分析してきた。この節では競争力構築能力の視点から、上海自工がサンタナ車の生産技術を導入した後、VWの援助を受けながら積極的に生産管理や品質管理など、現代企業として管理制度を導入してきた過程を見ていくことにする。その中で、特に乗用車の製造技術を導入してから、90年代の半ばまでにおける完成車メーカーとしての品質管理、部品メーカーの品質管理、コストと生産性の管理、リーン生産方式の推進、製品開発能力の強化など、競争力構築能力の評価項目について重点的に観察していきたい。

### 5.1　経営者の理念と企業の基本精神

　合弁会社を設立したことの重要な目標の1つは、技術導入を通じて世界の先進レベルに追いつき、自身の能力を向上させることであった。これは、後ほど部品国産化の過程において、いろいろな挑戦を受けることになったが、上海自工はあくまでこれを堅持した。上海VWを成立した時の上海自工の社長で、上海VW取締役会（董事会）の初代会長の仇克は、後に次のように述べている。

　「製品品質の高いレベルを堅持することは合弁会社をうまくやる基本原則である。上海VWが導入したサンタナ車は80年代の国際先進レベルの製品であった。その先進性は具体的には、主にあらゆる部品が相当高い技術標準を持っていたことからわかる。我々が従来生産してきた製品（上海号）はサンタナ車の技術レベルに比べると、2、30年遅れていた。だから、サンタナ国産化過程の初期段階において、多くの部品サプライヤーが多くの困難に出会った。特に、国産化の進度が思い通りに進まず、強い圧力を受けたとき、導入した品質標準を堅持するかどうかについて様々な意見が出た。国産化の進度を加速させるために、まず過渡的な標準を決め、国産化を達成してからその標準を国際標準に高めるという提案があった。また、重要な部品を国際標準にして、普通部品の標準を下げるという意見もあった。国産化の進度を加速させるという点から見

れば、これらの意見はある程度筋が通っているが、全体を見ると、大変危険なものだった。品質標準を下げることは製品の性能と技術レベルを下げることを意味したからである。これは国家の「品質第一」と「高起点」の方針に違反するだけでなく、技術導入の本来の意味も失うことである。ユーザーと社会に大きな損害をもたらし、企業の生存と発展にも陰をさすことにもなる。我々はこの重大な利害関係を認識した上で、品質の高い標準を堅持してきた[68]。」

一方、上海自工の直接の監督官庁である上海市政府は、上海市の「第1の支柱産業」(Leading industry) を育成するために、1987年の末からサンタナ国産化での品質管理を積極的に支持した。特に1988年に市長に就任した朱熔基は、初めからサンタナ部品の国産化では品質管理を厳しくすることを強調した。88年7月に「上海サンタナ乗用車国産化共同体」の設立大会で朱氏は重点的にドイツVWの高標準、高品質を堅持することを表明した。また、サンタナ車の部品サプライヤーの工場長たちに、是非ともドイツVWの品質標準を堅持し、絶対に「瓜菜代（標準を下げる代替品）」(Inferior Substitutes) を許さないという態度をくり返して示した。

90年代にはいると、上海自工は企業の基本精神を「精益求精」(いよいよ念を入れ、絶えず進歩を求めること) と概括している。1994年に上海自工の陸吉安会長兼社長は、それまでの活動を振り返り、上海自工の基本方針について次のように語っている。

「国内外のますます激しくなった競争に直面して我々は未だ大きな格差があり、責任の重さを感じている。我々はしっかりチャンスをつかみ、さらに経営規模を拡大して、確実に乗用車とオートバイの経済ロットを形成する。我々は続いて国内外との協力を拡大し、人材養成訓練を強化することにより、従業員の素質を高め、できるだけ速やかに開発能力を形成する。我々はまた全企業の力を動員して、『精益求精』の企業精神を貫徹し、『危機管理』を遂行して、リーン生産方式の実行により『一上一下』（開発能力を上げて、製品コストを下げること）を推進し、上海自動車産業を発展と競争の中でさらに新しい段階に向上さ

---

(68) 仇克 (1990) 4頁による。こうして、上海自工は乗用車製品技術を導入した後、内外の反対意見を抑えて、VWの品質標準を堅持することを明言したのである。

せる$^{(69)}$。」

## 5.2 上海VWの品質管理体制の確立

サンタナ車に対する厳しい管理制度の形成は、上海自工の中核として完成車メーカーとなった上海VWの経営方針、管理組織の構造と直接関係があると思われる。上海VWは、第1期工事が完成した90年の時点で、2600台の先進設備からなる29の生産ラインを導入した。とくにエンジンには、当時VWの最先端の生産技術を採用した。技術導入すると同時に、企業管理にはVWの経験を採用し、一連の科学的な管理システムを形成した。そして製品品質保証システムには、品質目標を生産現場に遂行させることを強調した。「QQM品質保証体制」、即ち生産現場が製品の品質を保証するという前提で、生産量を達成して設備を維持・保全すること、を実行させてきた。上海VWは従業員の養成訓練を非常に重視し、先進的な設備を備えた養成訓練センターを設け、従業員に対して就業前の訓練、在職訓練、職場訓練、国外訓練など10数種類の訓練を行い、従業員の技術レベルを高めた$^{(70)}$。

上海VWの前社長の方宏は、上海VWの経営方針を次のようにまとめている。「品質問題は生産量を高める前提であり、国産化成功と失敗の鍵である。品質は上海VWの生命であり、上海VWの生存の基盤でもある$^{(71)}$。」

上海VWでは、「部品メーカーとの交渉を担当する社内組織各部門の責任者は全てドイツ人である。特に重要なのは上海VWは国産化予定部品品目ごとにドイツ人の技術プロモーターを指定し、(社内の) 国産化オフィスを通じてサプライヤーに派遣して、定期検査及び技術指導を行うのである。各段階において各関連部門の担当者は順番にバトン・タッチするが、この技術プロモーターだけは、サプライヤーの選定からCKD部品の削減まで国産化部品認定の全プロセスを通じて継

---

(69) 『上海汽車工業総公司1994年報』による。「危機管理」、「一上一下」、リーン生産方式の導入については後述する。この中で、陸氏は今後は日本の管理方式を導入し、開発能力を高めつつ製品コストを下げるという上海自工の新しい戦略を強調した。
(70) 仇克 (1991) 1頁による。
(71) 上海VW汽車有限公司1991年報12頁による。

続的に指導を行い、最後の認可報告書にその名前が明記される。この技術プロモーターが当該部品に対して実質的なプロダクト・マネージャの役割を果たしているのである。また、技術プロモーターを派遣する国産化オフィスは、商務担当副社長の管轄下ではなく、技術担当取締役の管轄下にあった。このことは、部品調達について購買部を中心とする調達コスト重視型のアメリカ式の取引慣行ではなく、ドイツや日本のような技術重視の取引慣行であると言える[72]。」

上海VWのサンタナ車部品は、試作の全段階にわたり、テストはいずれもドイツで行われていたが、90年代からは次第に上海に移ってきた。上海VWは、サンタナを組立て始めると同時にVWから品質監査（Audit）という品質管理制度を導入し、実行した。さらに、93年末からISO 9000という世界に通用する品質管理シリーズ標準を導入した。95年11月28日に、ドイツのライン技術顧問会社によって94年版GB/T 19001 ISO 9001標準に基づく検査が行われ、中国の業界で初めて全面的に合格となった[73]。ドイツVWグループの専門家調査チームの報告によると、上海VWが作ったサンタナ車の品質は、世界でサンタナ車を生産していた5つのメーカー（ブラジル、メキシコ、アルゼンチン、ナイジェリア、中国上海）の中でトップになった[74]。

上海VWは、社内品質管理の体制を確立すると同時に、図4-3に示したように、部品供給サプライヤーに対する部品国産化の品質管理プロセスも設けた[75]。

---

(72) 李春利（1993）76頁による。
(73) 顧佩琴（1996）53頁による。
(74) 『中国汽車貿易指南』編委会（1991）149頁により、VWグループの品質検査組の調査によれば、上海VWに生産されたサンタナ乗用車の製品品質は何年間か連続でVWグループの同じ製品を生産しているメーカーの中でずっとトップに立っていた。
(75) 部品の品質を保証するために、上海VWは図4-3に書いたようなサンタナ車国産化プロセスを設定し、ステップ・バイ・ステップに部品の国産化を推進した。そのプロセスは3つの段階に分けられている。第一段階では部品メーカーに作らせた単体試作サンプルを認可する。第2段階では部品メーカーの製造工程と精度を検定する。第3段階では部品メーカーの量産能力と精度を総合検定する。そのテストは初期にはドイツVWで行っていたが、次第に上海VWの品質保証実験室と上海自工の品質監督センターへ移して行った。もちろん、その検査標準は少しも下がることなく、VWの制度を堅持していた。その間も上海VWは常にドイツ人の技術専門家を各部品メーカーに派遣し、品質の向上と安定化を指導していた。

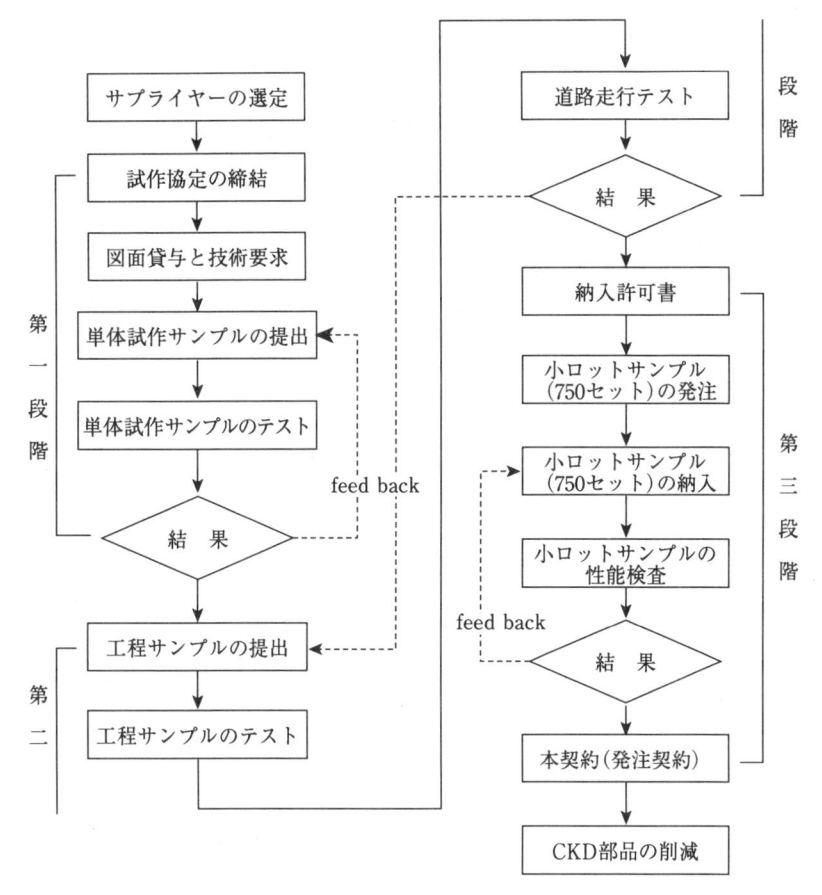

## 図4-3　上海ＶＷサンタナ乗用車国産化のプロセス

```
第一段階:
  サプライヤーの選定
    ↓
  試作協定の締結
    ↓
  図面貸与と技術要求
    ↓
  単体試作サンプルの提出 ←------┐
    ↓                          │
  単体試作サンプルのテスト        │ feed back
    ↓                          │
  結果 ------------------------┘
    ↓
第二段階:
  工程サンプルの提出 ←----------┐
    ↓                          │ feed back
  工程サンプルのテスト           │
    ↓                          │
第三段階:                       │
  道路走行テスト                 │
    ↓                          │
  結果 ------------------------┤
    ↓                          │
  納入許可書                    │
    ↓                          │
  小ロットサンプル(750セット)の発注│
    ↓                          │
  小ロットサンプル(750セット)の納入│
    ↓                          │
  小ロットサンプルの性能検査      │
    ↓                          │
  結果 ------------------------┘
    ↓
  本契約(発注契約)
    ↓
  CKD部品の削減
```

出所：王栄鈞、李新隆「高標準高品質の国産化道路を歩み」『上海汽車』1994年第4期3頁を参照修正。

最初、サンタナ車の部品を調達するために、上海ＶＷは外注する4,100項目の部品を部品の機能により、比較的大きなユニット部品ごとに分類した。例えば、トランスミッション、前後バンパ、エアコン、マフラー、ダッシュ板などで、この大きなユニットごとに１つのメーカーに注文する方針であった。品質保証第１の原則の下で、サプライヤーを選択する重要基準は、部品メーカーのそれまでの生産基盤と技術能力の強さであった。そのために、上海自工と上海ＶＷの技術者は、

中央政府の関係部門と上海市政府の支持の下で、上海に限らず全国の大きな自動車製造企業、軍事産業の企業及び「中国汽車工業公司」グループの部品メーカーから、サンタナ車部品のサプライヤーを選定した。

部品サプライヤーを選定すると、上海VWはそのメーカーに部品の図面（ほとんど貸与図）を提供した。それと同時に、ドイツVWを通じて同グループの部品生産メーカーを紹介したり、中古設備や技術を買ったりした。また、専門家の技術指導も行った。同時に上海自工は、定年退職したドイツ関連工場の技術者を定期的に招聘し、現地で製造技術の指導にあたらせた。上海自工に所属したサンタナ関係の部品工場は、積極的に外国部品メーカーと合弁事業を展開し、上海小糸車灯公司（日本の小糸製作所と合弁）、上海GKN Drive Shaft公司（ドイツのGKNと合弁）、上海延鋒汽車内装品公司（アメリカのFordと合弁）などの合弁企業を相次いで設立させた。94年の時点で、上海自工グループの中で外国メーカーとの合弁による部品サプライヤーは26社になっている。このほかのサンタナ部品サプライヤーも、ほとんどが外国から新しい生産技術や設備を導入している。

一方、サンタナ車の品質を保証するために、上海VWの品質保証部門は、部品サプライヤーの品質保証能力を定期的に評価するという制度を設けた。部品メーカーに対して、毎年審査・認可を行ってきた[76]。

## 5.3 「生産特区」の試行

図1-3に示したように、ドイツVWと合弁契約を締結した1984年には、上海自工の自動車の総生産量は約8,000台という規模だった。しかも大型トラックから中型トラック、救急車、軽自動車、乗用車など5, 6種類もの製品を扱っていた[77]。その部品メーカーは、ほとんど手作業方式で少量生産しており、部品メーカーの設備、従業員の技術レベル及び管理方法が、ともに後れていた。この状況から、一気に大量生産の国際品質標準に到達するのは不可能であった[78]。政府

---

(76) 王栄鈞、李新隆（1994）3頁及び『上海桑塔納轎車国産化共同体第七次全体成員大会文集』（1994年11月）13頁による。

(77) 上海汽車工業史編委会（1992）300-303頁による。

(78) 例えば、85年にサンタナ車の技術導入をしてから87年末まで、その部品の国産化率はたった5.7％しか達成できなかった。

の乗用車政策の転換によって「3大」乗用車生産基地の一つに選ばれると同時に、上海自工はサンタナ乗用車関係の部品メーカーに対する品質管理を強化する必要性を痛感した。そこで、88年からサンタナ車の部品国産化を促進するきっかけとして、サプライヤーのなかに品質管理の「生産特区」制度を設けた。

「生産特区」とは、先進技術や設備の導入に伴い、その生産現場における従業員、設備、原材料、工程方式、環境などに対して、先進的な管理方法を実験的に行うことで、まず導入された先進的な生産ラインによって、手作業生産方式を代替することから着手する。そして、生産現場の物流ルートの整理や生産現場の定位置管理（工具の定置集配、部品置き場所の確定）及び色標識管理（各種部品の分類表示、色による管理）、従業員の養成訓練や工程の検査を通じて、生産環境の改善や製品品質の安定という目的を達成する。その最終目的は、技術進歩を先導して、管理レベルの向上を通じて国内の一流品質レベルに到達しようというものである。「生産特区」には以下のような5つの特徴があった。

1) 特区の従業員は特別な選抜と厳しい訓練を受けて、「三定」（作業員、機械とポストを定める）を前提とした作業免許を持って職場で操作する。
2) 定位置管理や色標管理を行い、定位置率は90％以上を達成する。
3) 設備を完全に保ち、精度も標準を達成する。
4) 生産現場では「6無1通」（たまったちりがなく、ごみもなく、油汚れもなく、掛けた衣類もなく、車輛が乱れて置いてなく、通路が広く通りやすいこと）を実現する。
5) 特区に入る原材料と部品は厳しい検査を受ける。

88年に上海自工は、まず所属する7つのメーカーの中から、それぞれ一つずつサンタナ部品の生産職場を選んで、「特区」としての試行を始めた。「特区」は、それぞれの工場長の指導の下で、独立採算制度を取っていて、従業員に対してある程度の奨励優遇制度を持っていた。「特区」の中では、厳しい品質コントロール制度が導入され、管理方法は国外先進メーカーを模倣して実行されていた。例えば、「上海汽車歯輪（ギヤ）総廠」は主にサンタナ車のトランスミッションを生産していたが、技術輸入元のドイツのトランスミッションメーカーを目標として、具体的にその生産能力、品質標準、生産コストなどについて段階ごとに「生産特

区」の指標を定め、従業員一人一人に実行させた。4年間の努力の結果、全工場の6つの職場が全部「生産特区」になった。その製品品質もかなり高くなり、同じ製品を生産していたブラジルの工場を超え、ドイツメーカーに接近した[79]。

次に、サンタナ車のサン・バイザーを生産していた上海延鋒汽車内装廠の第4職場が「生産特区」として、統計的品質管理（SQC）を導入した例を見る。この職場は、実験的な「生産特区」に選ばれて、従業員に対して養成訓練を行った。技術規則や作業員の「三自一控」（自主検査、自己採点、自分で品質追跡カードに記入すること、セルフ・コントロール）及び品質検査制度を強化すると同時に、統計的に品質管理を導入し始めた。まず、重要な工程に品質コントロール・ポイントを設けて、検査結果を定期的に記録した。続いて、記録にもとづいて工程ごとに、品質欠陥について統計的に分析した。さらに、各工程の品質欠陥の確率に関してコンピューターによる分析図を描き、職場でその主要な品質問題点、原因と解決方法を研究した。この統計的品質管理のサイクルを通じて、当該職場製品の不良率は大幅に下がった[80]。

上海自工は、定期的に「生産特区」に対して審査を行っていた。審査は指導組織、製品品質、品質テスト、生産環境、作業台道具、工程設備、工程規律と従業員素質など8つの方面、30の検査要点と68の検査項目から行われた。その中で製品の品質は検査の中心であり、他で代替できない最重要の項目であった。品質テストの基準については、中国『機械工業企業品質管理条件検査細則』『品質管理と要素ガイド』及びドイツ自動車製造工場と部品サプライヤー工程審査などの標準と細則を参考して、『上海汽車工業総公司企業管理と品質保証条件審査方法』（略称:「四合一」（四つを一つにした）審査方法）を定めた。この方法では、主にサンタナ車の部品の品質を保証するため、「特区」製品の品質に対する評価標準は上海VWと同じABCの3級に分けられた。

「生産特区」制度は、90年からサンタナ部品の国産化率の向上に伴い、次第に上海自工の中で推進されていった。認可された「特区」の数は、90年の18カ所から91年の36カ所、92年の75カ所、94年の135カ所、95年の152カ所と増え

---

(79) 荘明恵（1996）による。
(80) 上海延鋒内装件廠（1992）による。

た。96年初めには、上海自工の全生産職場の65％、サンタナ車の部品を生産する職場の80％が「生産特区」になった。その範囲も、サンタナ車の部品職場から他の製品の職場にまで拡大した。「生産特区」活動を通じて、上海自工に所属する部品工場の部品品質は全般的に高くなった。例えば、90年代初めに上海VWがA級と認定したサプライヤーのほとんどが上海自工に所属する部品工場であった[81]。これらの工場が生産した部品は上海VWにばかりでなく、全国の乗用車メーカーにも供給された。

## 5.4　リーン生産方式の導入と普及

　大量生産方式と品質管理方法を、上海自工に持ち込んだのがドイツVWであるならば、リーン生産方式[82]を本格的に上海自工に持ち込んだのは、日本の小糸製作所であると言える。もちろん、上海VWはVW流のリーン生産方式である「KVP2」の影響を強く受けているが[83]、上海自工本体においては日本の生産方式が全社に紹介された。小糸製作所を通じて日本の管理方式を見学し、本場のリーン生産方式を学習して普及させたのである。

---

(81) 李（1993）によれば、その評価基準はドイツVWの基準と同様、ABCという3段階評価方式である。その意味は、次の通りである。A級メーカーは品質保証能力がある。B級メーカーは品質保証能力は不十分だが、要求水準に到達できる素質を持っている。C級メーカーは品質保証能力がない。また、王栄鈞、李新隆（1994）3頁及び『上海桑塔納轎車国産化共同体第七次全体成員大会文集』、1994年11月13頁によると、94年9月の時点で、全部で149社のサプライヤーのうち、A級は5社、B級は114社、C級は30社で、各3.4％、76.5％、20.1％を占めている。A級については上海自工のメーカーが独占した。その他の上海自工のメーカーのほとんどはB級だった。それにしても、品質管理強化の道はまだ長いと上海自工の上層部は認識していた。95年から上海自工の各メーカーは毎月一回国旗、会社旗と製品品質旗を同時に上げるという制度を実施し、品質重視の姿勢をさらに強調した。

(82) 「リーン（lean）生産方式」という概念は一般に日本自動車産業の生産方式、特にトヨタ生産方式を念頭においた生産システムの概念であり、1990年、米国MITの国際自動車プログラム（IMVP）により提起された。この概念は日本車の国際競争力の源泉を個々のテクニックや技術ではなく、その総体としての開発・生産システムの強さに求める見解である（詳しくはWomack, et al.［1990］を参照されたい）。

(83) KVP2はドイツVW流のリーン生産方式で、元々ヨーロッパのKVP（絶えざる改善のプログラム）から変化したものであり、日本のリーン生産方式に対抗するためにその改善のスピードをもっと速めるという意味である。

小糸製作所は、上海自工と合弁で「上海小糸車灯有限公司」(以下略称：上海小糸)を設立し、日本式管理を実行していた[84]。上海小糸は早くから現場管理を重視し、先進設備を導入すると同時に日本式生産方式を従業員一人一人に実行させた[85]。これについて、上海小糸の日本側初代副社長の田村幸一は、1992年に次のように述べている。

「上海小糸は、89年設立から3年を経過しているが、最初に実施したのは6S(整理、整頓、清潔、清掃、習慣、修養)と称する社内の環境整備であった。続いて提案制度を導入し、次に目標管理制度を導入し、現在QC活動に取り組んでいる。実施したものは、いずれもまだ小学生から中学生になりかけたレベルであるが、1年1年向上しているので、やがて高いレベルに近付くと思っている[86]。」

上海小糸の従業員は1995年末の時点で563名で、1989年の設立以来6年間に

表4-5　上海小糸経営実績 (1989-1995年)

|  | 単位 | 1989年 | 1990年 | 1991年 | 1992年 | 1993年 | 1995年 |
|---|---|---|---|---|---|---|---|
| 製品売上げ額 | 千元 | 18,491 | 28,649 | 40,072 | 92,638 | 155,065 | 359,100 |
| ランプ生産量 | セット | 660,800 | 734,100 | 882,100 | 1,047,200 | 1,520,500 | n.a. |
| ランプ販売量 | セット | 593,000 | 663,000 | 896,000 | 1,060,000 | 1,458,000 | n.a. |
| 従業員数(年末) | 人 | 563 | 563 | 563 | 563 | 563 | 563 |
| 納税後利潤 | 千元 | 333 | 1,828 | 4,170 | 18,543 | 22,032 | 36,680 |
| 登録資本金 | 千元 | 1,000,000 | 1,000,000 | 1,000,000 | 1,000,000 | 1,000,000 | n.a. |

出所：1989-1993年のデータは『上海小糸車燈明有限公司1993年報』1頁により、1995年のデータは上海自工内部資料『精益生産実践38例』28頁による。1994年のデータはなかった。

---

(84) 文部省助成プロジェクト「現代日本の商用車ディーゼル・エンジン技術の対中国移転戦略」に関する中国現地調査研究報告書(平成6年度)11頁による。上海小糸の前身は上海車灯廠で、1982年から小糸の技術指導を受け、89年2月28日に合弁企業となった。出資比率は、上海自工が50%、株式会社小糸製作所が45%、豊田通商株式会社が5%であった。上海小糸の製品は70%が上海VWで生産しているサンタナ車向けで、その他は第一自動車アウディ、第一自動車VWジェッタ、天津自工シャレード、南京自動車IVECO、江西いすゞ、済南自動車シュタイヤーなどにも供給されていた。
(85) 上海小糸の技術導入と生産管理について Oshima Taku (1995) を参照されたい。
(86) 田村幸一 (1992) による。

1人も増加していないが、表4-5に示したように、95年の売り上げは合弁前の88年の19.8倍、利益は13.8倍に増加した[87]。これは、さまざまな工夫と改善（図4-4の事例[88]参照）によるものといわれる。

　上海自工が、全面的にリーン生産方式に接したのは90年代初め頃のことであった。当時、中国ではアメリカMITの国際自動車研究プログラム（IMVP）グループが書いた『The Machine that Changed the World』が翻訳され、自動車産業界に紹介されていた。その時から上海自工は、この本を含む関係資料を各工場に配り、VWを通じてドイツ人の教授を招待し、リーン生産方式の講座を行ってきた。しかし、これはあくまで第三者を通じたもので、日本企業のシステムに直接触れたわけではなかった。92年10月、上海自工は小糸製作所の招待を受けて、所属する16メーカーのトップ経営者からなる大規模な海外視察団を日本に派遣した。彼らは、10月1日から10月31日まで丸1カ月をかけて本格的に勉強した。在日中は主に小糸の工場を見学し、日本的生産方式について認識を深めた。代表団のメンバーの一人だった「上海汽車電器総廠」の工場長は後に次のように書いている。

　「私は何回も『The Machine that Changed the World』という本を読んだ。その中から『リーン生産方式』を理解しようとしたが、結局はっきりわからなかった。今度、日本に行って、1ヶ月勉強し、10日間講座を聞き、25の工場を見学して、ようやく『リーン生産方式』の真髄を理解した。要するに、『リーン生産

---

(87) 上海自工の社内広報資料による。また、上海小糸は従業員を日本に派遣し研修させる制度がある。毎回20名を派遣し、主に生産現場の研修（1回の研修期間は3カ月から4カ月）を実施している。94年9月まで7回にわたり日本での研修を行った。

(88) 上海汽車工業（集団）総公司計画部、宣伝部、培訓中心編（1996）30-31頁による。これは1つのランプ組立ラインに対して上海小糸が実行した改善の実例である。このラインは日本小糸から導入されたもので、取り付けから1回で試行生産が上海VWのA級部品として認可された。その後、上海小糸はこのラインに対して3回の改善を行った。1回目はそのラインに2台の専用機を増加し、生産量を65,000セットから10万セットに上げた。2回目はラインに自動検査装置を取り付け、品質欠陥の可能性を取り除いた。図4-4に描いたのは第3回目の改善である。この改善を通じて、従業員はそれまでの6人から5人となったが、生産量は一日1,200セットから1,400セットに増えた。しかも、従業員の無駄な移動と生産用地がかなり減少した。

図4-4　上海小糸職場レイアウト改善の実例

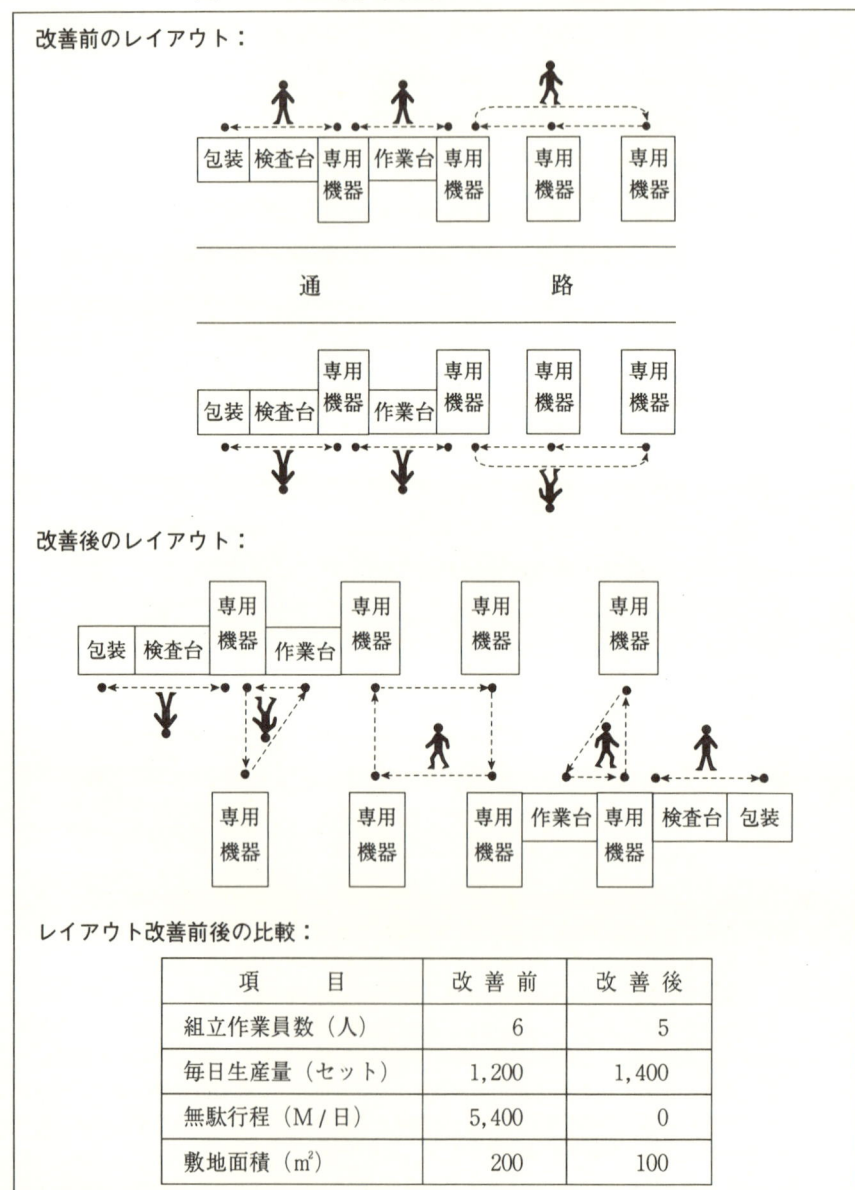

改善前のレイアウト：

（包装―検査台―専用機器―作業台―専用機器―専用機器―専用機器）

通　　路

（包装―検査台―専用機器―作業台―専用機器―専用機器―専用機器）

改善後のレイアウト：

レイアウト改善前後の比較：

| 項　　目 | 改善前 | 改善後 |
|---|---|---|
| 組立作業員数（人） | 6 | 5 |
| 毎日生産量（セット） | 1,200 | 1,400 |
| 無駄行程（M／日） | 5,400 | 0 |
| 敷地面積（㎡） | 200 | 100 |

出所：上汽内部資料『精益生産実践38例』30-31頁による。

方式』は最小の投入で最高の産出をし、最優良の品質により最大の利益を獲得し、しかもその追求はいつまでも止まることがないのである。我々に教えた先生たちは誰も『リーン生産方式』という言葉を使わなかったが、毎回の講座、毎回の見学がみな実際の『リーン生産方式』の教育であった。1つの大きな企業の管理者として、私は時々一種の圧力と不安を感じていた。今回の視察により私は恥を知り、奮発する動力を得た[89]。」

代表団のもう1人のメンバーであった上海汽車輸出入公司の社長は、次のような感想を語った。

「視察を通じて、日本的な管理方式に対する深い印象が残った。現代の企業管理で最も重要なのは『人間』である。『人間』を最も重要な財産と見なすべきで、最大限度まで従業員の潜在能力を呼び起こすべきである。日本の企業は従業員の潜在能力を非常に重視し、人間の役割を最良状態に発揮させて、各方面の管理業務を推進してきた[90]。」

代表団の帰国後、上海自工は93年から全面的に「リーン生産方式」の教育活動を推進し始めた。日本から講師を招聘し、社長クラスから普通の従業員に至るまで各レベルの講座を定期的に行い、2年間にわたって社員全員に対するリーン生産方式の教育を行った。上海自工の会長兼社長の陸吉安氏が自ら講壇に登って、リーン生産方式学習の体験を語った[91]。それと同時に、上海自工は将来の中国のWTO加入に備えて、93年に「危機管理二十カ条」を定め、全社の経営幹部の危機意識を強化し始めた[92]。

---

(89) 熊伝林（1993）による。
(90) 李振民（1993）による。
(91) 上海汽車総公司1994年報38頁による。
(92) 銭銘根、陸文躍（1995）7-8頁による。その中では内外の危機に直面していることを指摘していた。国内で乗用車の生産量と国産化率が他のメーカーより一歩リードしているといっても、他のメーカー、特に中央政府に所属する巨大な自動車集団は、積極的に外国から技術や設備を導入して、追いついてきていた。海外では世界中の自動車生産の強豪たちがみな虎視眈々と中国市場への参入機会を窺っていた。中国は近いうちにWTO（世界貿易機関）に加入する可能性が極めて高く、世界競争に直面することをいまからはっき

また94年から、上海自工は「上海汽車歯輪総廠」など5つのメーカーを選んで、「team工作法」(チーム活動)、「準時化生産」(ジャスト・イン・タイム生産)、部品の「適時供給」(完成車メーカーが要求した時間通りに小ロットで供給する)と「系統供給」(一次メーカーで大きなユニットにして供給)を突破口として試行させた。1年の試行を経て、それは顕著な効果を収めた。例えば「上海汽車歯輪総廠」では、半製品の回転が82日から42日にまで低下し、流動資金を31%下げた。生産平準化を旬単位から日単位に改め、多能工育成によって労働力を20%節約した。「上海匯衆汽車製造公司」は「ゼロ欠陥」(Zero Defect)という品質改善の方法で200近くのプロジェクトを実践し、140万元の利益を獲得した[93]。

中国のWTO加入に備えて、95年初めに上海自工は、95年からの5、6年で「一上一下」(開発能力を上げ、コストを下げる)という「新戦略目標」を打ち出した[94]。コスト削減の目標を達成するために、上海自工本社は多くの日本企業のチーム活動や改善の方法と実例を詳しく紹介した『精益生産概念与方法』(リーン生産の概念と方法)と『team工作法』というハンドブックを作成し、所属の各メーカーに配布してリーン生産方式を全面的に推進した。次に具体的実例を二つ上げて考察する。

まず、「上海汽車鍛造総廠鋼圏廠」サンタナ車鋼圏(ビード・リング)職場が

---

り覚悟しなければならなかった。上海自工はこの数年間「生産特区」の管理制度と「四合一」の品質管理制度を導入し、ある程度の現場管理や品質管理の基盤はできたが、技術レベル、特に管理レベルでは世界先進国との差がまだ大きかった。低い賃金と大量生産によって競争力を維持するのは一時的なことで、長く続けてはいけない道である。そこで積極的にリーン生産方式を導入し、絶えず改善によって能力と品質を高め、コストを下げることは格差を縮小する一番有効な方法であると認識していたのである。

(93) 上海汽車工業(集団)総公司計画部、宣伝部、培訓中心編『精益生産実践38例』(1996)による。ちなみに、『精益生産実践38例』は上海自工が当時自社のリーン生産方式の試行情況をまとめた未公開文書である。

(94) 『上海桑塔納轎車国産化共同体第七次全体成員大会文集』、1994年11月3頁による。上海自工の陸社長は94年の末にこのように語った。「これから、(我々の)コストをさらに下げる必要がある。現在我々の価格は保護されているが、国際価格よりだいたい20%から30%も高い。国家保護の下ではまあやっていけるが、市場が開放されたとき、我々はどうしたらよいのか。」また、『上海汽車報』、1995年1月15日によれば、陸社長は「サンタナ乗用車のコストはこれからの3年間で(94年末の時点の9万元から)15%下げなければならない。」も語った。

「一個流し」生産方式を導入したステップとその成果は以下の通りである。
1) 職場の工程のレイアウトを再設計し、逆流やボトルネックを是正して、「一個流し」導入の条件を作り出した。
2) 従来、各工程の間に置いていた20カ所の半製品置き場を廃止し、生産過程を滞留のない流れに変えて、最後の工程に限られた量のバッファーを1つだけ残した。
3) 日単位で平準化生産を実施し、毎日の生産量を2直で従来の1,500から2,400に高め、製品の平均在庫量を従来の半カ月分から2～2.5日分に減らした。
4) 作業員の22%を多能工とし、職場の従業員を従来の180人から152人へと20%近く削減した。
5) 設備の故障に速やかに対処するため、現場の技術者と作業員からなるメンテナンスグループや設備保全制度を設けた。
6) チーム活動を活発に行い、改善によって無駄を減少させ、品質を高めた。この結果、「上海汽車鍛造総廠」は上海VWからA級部品供給メーカーとして認定された。

一方、「上海合衆汽車零部件（部品）公司汽配廠」のアルミニウム・ラジエータ職場は、次のようにチーム活動を推進した。
1) 現場の定位置・色標記管理を強化した上で、カンバン方式を導入、生産の標準化と平準化を実現し、生産サイクルを94年の2カ月から95年の1カ月に短縮した。
2) 品質検査の専門人員を設けず、全製品に対して作業員が自ら検査を行うこととし、さらに物流追従制御カードや統計的品質管理方法を導入して、品質欠陥率を95年1年間で0.96%から0.16%へと低めた。この結果、企業全体の品質レベルは上海VWからA級と認定された。
3) 多能工養成や改善といった方法により生産性を高めた。従業員は94年の37人から95年の46人へと増加したが、同時期に生産量は69,134セットから136,800セットに増えたため、1人あたり平均生産量は1,868セットから2,974セットへと59%増加した。

表4-6　上海自工所属メーカーの

| メーカー・部門・職場 | 準時化生産 | TEAM工作法 | 看板管理 | 適時供給 | 系統供給 | 「ゼロ在庫」 | 「ゼロ欠陥」 |
|---|---|---|---|---|---|---|---|
| 上海延鋒・儀表板職場 | | ● | | | | | |
| 上海拖内公司・拖制部 | | ● | | | | | |
| 上海汽車鍛造・鋼圏廠 | | ● | | | | ● | ● |
| 汽車有色鋳造缸蓋職場 | | ● | | | | | |
| 上海離合器・摩配廠 | | | ● | ● | | | |
| 実業交通電器・電機廠 | ● | ● | | | | | |
| 中国弾簧・汽車弾簧廠 | | ● | ● | | | | |
| 汽車制動器・建国工廠 | ● | | ● | | | ● | |
| 上海小糸車灯・生産部 | | | | | | | ● |
| 上海拖内公司・内制部 | | | ● | ● | | ● | |
| 上海離合器・製造部 | | | | | ● | | |
| 上海匯衆・重型汽車廠 | ● | ● | ● | | | ● | |
| 上海ＶＷ・生産計画部 | ● | ● | | | | | |
| 乾通汽車付件金工職場 | | ● | ● | ● | | | |
| 上海匯衆・汽配廠 | | | | | ● | | |
| 上海汽車電器・動力課 | | ● | | | | | |
| 上海延鋒・鞍座廠 | | ● | | | | | |
| 合衆汽車零部件軸瓦廠 | | ● | | ● | | | |
| 納鉄福伝道軸模具職場 | | ● | | | | | |
| 上海匯衆・車橋廠 | | ● | | | | | |
| 上海汽車歯輪・三職場 | | ● | | | | | |
| 汽車鋳造・曲軸職場 | | ● | | | | | |
| 上海汽車電器・電機廠 | | ● | | | | | |
| 上海匯衆・生産製造部 | | ● | | | | | |
| 易初通用・生産製造部 | | ● | | | | | |
| 汽車有色鋳造圧鋳職場 | | ● | | | | | |
| 納鉄福伝道軸1600Tライン | | ● | | | | | |
| 乾通汽車付件装配職場 | ● | ● | ● | | | | ● |
| 上海汽車歯輪・風険弁 | ● | ● | | ● | | ● | |
| 上海匯衆・汽車底盤廠 | | | ● | | | | |
| 易初摩托車・生産部 | ● | ● | | | | | |
| 合衆汽車零部件汽配廠 | ● | ● | ● | | | | ● |
| 易初通用汽車空調器廠 | | | ● | | | ● | |
| 上海汽車鍛造・商務部 | | | | ● | ● | ● | |
| 上海汽車電器汽油機廠 | | | | ● | | ● | |
| 上海拖内・生産供給部 | | | | | | | |
| 上海匯衆拖拉機底盤廠 | | | | | | | |
| 上海汽車歯輪加工中心 | | ● | | | | | |

出所：上海汽車工業（集団）総公司計画部・宣伝部・養成センター編『精益生産実践38例』
注：ＫＶＰ²はドイツＶＷ流のリーン生産方式で、絶えず改善のスピードをもっと速めると

## リーン生産方式推し広める状況

| 「一個流し」 | 多能工 | 人作業率 | U型ライン | TPM | 標準化作業 | 6S活動 | 目視管理 | 現場管理 | KVP² |
|---|---|---|---|---|---|---|---|---|---|
| ● | ● | ● | ● |  |  |  | ● | ● |  |
| ● | ● | ● |  |  |  |  |  |  |  |
| ● | ● | ● |  | ● |  |  |  | ● |  |
| ● | ● | ● |  |  |  | ● |  | ● |  |
| ● |  |  |  |  |  |  |  |  |  |
| ● | ● |  |  |  |  |  |  |  |  |
|  | ● |  | ● |  |  |  |  |  |  |
| ● |  |  |  |  |  |  |  |  |  |
| ● |  | ● | ● |  | ● |  |  |  |  |
|  |  |  |  |  |  |  |  |  |  |
| ● | ● | ● |  |  |  |  |  | ● |  |
|  |  |  |  |  | ● |  |  |  |  |
|  |  |  |  | ● |  |  | ● |  | ● |
|  |  |  |  |  |  |  |  |  |  |
| ● |  |  |  |  |  |  |  |  |  |
|  |  |  |  | ● |  |  |  |  |  |
|  |  | ● |  |  |  |  |  |  |  |
|  | ● |  |  | ● |  |  | ● | ● |  |
|  |  |  |  |  |  |  |  |  |  |
|  |  |  |  |  |  |  | ● | ● |  |
|  |  |  |  |  |  |  |  |  |  |
|  | ● |  |  |  | ● |  | ● |  |  |
|  |  | ● |  |  |  |  |  |  |  |
|  |  |  |  | ● |  |  |  |  |  |
|  |  | ● |  |  |  |  |  |  |  |
| ● |  |  | ● | ● |  |  |  | ● |  |
|  |  |  |  | ● |  |  |  |  |  |
| ● |  |  |  |  |  |  |  |  |  |
|  | ● |  |  |  | ● |  |  | ● |  |
|  |  | ● |  |  |  |  |  |  |  |
|  |  |  |  |  |  |  |  |  |  |
|  |  |  |  |  | ● |  |  |  |  |
|  |  |  |  | ● |  |  |  | ● |  |

(1996)年3月及び『上海汽車』、『上海汽車報』など公表資料により整理作成。
いう意味である。

4) 現場のチーム活動によって、設備の故障を低減させた。設備の稼働率は94年の78％から95年の83.3％へ高められた[95]。

表4-6は、上海自工所属の一部のメーカーが導入したリーン生産方式の手段及びその効果をまとめたものである[96]。要するに、製品品質の向上と生産コストの削減という目的を達成するために、上海自工はほぼ全面的にリーン生産方式を導入し、概して良好な効果を収めた。その導入の時期は、中国の自動車産業の中では早い方とは言えないが、その普及の速さと広範さにおいては中国業界で目立っていたのである[97]。

---

(95) 上海汽車工業（集団）総公司計画部・宣伝部・養成センター編（1996）による。
(96) 表4-6は上海自工の内部資料と公表資料によって作ったものである。各項目の間には相関関係があり、三つのセクションに分けられる。(1)「生産特区」活動を続けて、作業標準を図表、カード、ハンドブックに明記した標準化作業、定位置、色標記など一目瞭然の「目視管理」（目で見る管理）と「6S」（整理、整頓、清掃、清潔、習慣、素養）など現場の管理者や従業員を中心にする「現場管理」を強化する。(2)原材料、半製品の「ゼロ在庫」（在庫削減）活動を始め、「看板管理」（かんばん方式）を導入し、同期化ラインのもとで製品の「一個流し」（平準化生産）や「準時化生産」を進め、部品の「適時供給」や「系統供給」を推進する。(3)積極的な「TEAM工作法」を採り入れ、現場設備のレイアウトを「U」型ラインに改善し、設備の「TPM」（Total Production Maintenance 全員生産保全）制度を促進、多能工を養成、製品品質を「ゼロ欠陥」に目指して改善し、「人作業率」（生産性）を高める。また、各メーカーのリーン生産方式導入について紹介の内容や角度が異なるので、筆者は大野耐一（1978）及び門田安弘（1991）の概念によって一応整理した。
(97) 上海自工の各メーカーが自ら全面的に積極的にリーン生産方式を推し広めたことは、80年代の後半に第一自動車や東風自動車などの中国巨大中央政府所属企業がトップダウンの形で一度に日本的生産方式をごく限られた一部工場に導入したこととはっきりとした好対照になった。これは主に以下の原因があると考えられる。80年代末から「生産特区」設置の方法で技術導入とともに導入元の標準で作業員を職場に配置した。それをモデルとして少しずつ推し広め、余剰人員を析出した。その上で、表1-1に描いたように、第一自動車や東風自動車の生産拡張が企業連合あるいは企業合併を通じて生産量と従業員数を同時に増やしてしまい、膨大な余剰人員とレイオフでは不可の社会主義国営企業の理念のために生産性の向上が阻害されたのに対して、上海自工は生産量を増加させる一方で、従業員の増加を極力抑え、余剰人員を吸収していた。さらに、上海自工の各メーカーは絶えず上海VWから品質の向上とコストダウンの圧力をかけられ、改善を工夫しなければならなかった。最後に、上海自工は80年代末から「生産特区」の従業員に対して特別奨励金制度を実施し、92年から従来の労働賃金制度を変えて全面的に「全員労働合同制」（全員労働契約制度）、「崗位招聘制」（職場招聘制度）と「崗位工資」（職務賃金）を導入し、インセンティブ・システムを確立した。94年にさらに臨時工を整理し、余剰人員に

## 5.5 開発能力の育成と新合弁事業

　製品開発能力の強化は前述のように、競争力蓄積能力を評価する1つ重要な項目であるので、ここで上海自工の製品開発組織やその活動について観察する。

（1）上海VWの開発組織と活動

　従来、上海自工は乗用車の技術開発について本格的な組織を持っていなかった。50年代に「上海」乗用車を試作したときには、元「上海汽車製造廠」で外車を解体し、部品ごとに各メーカーに協力させ、模倣して作ったのである。この乗用車試作に参加した一部の技術者は、上海VWが成立した時点で上海VWに入社した[98]。

　90年代前期に上海VWは、製品技術開発部門として100人ほどの「産品工程部」（製品工程部）を持ち、ドイツ人の技術執行社長が部長、元「上海汽車廠」の技術担当の副工場長が副部長をつとめている。「産品工程部」はボディ（車身）課、シャーシー（底盤）課、エンジン・ミッション課（電装品を含む）、技術サービス課（図面管理など）、実験課からなる。車の試作は製品工程部には含まれない。技術者の人数が足りないため、一人一人の担当範囲が広い。近年大卒の新人を増やしているが、当面は戦力にならない。90年代の半ばまでに上海VWの開発能力はボディの改変が中心で、シャーシー開発能力はない。

　91年上海VWは、ブラジルのAuto Latina社（VW・フォード合弁会社）が開発し、92年市場に出す予定であった新サンタナ乗用車をモデルにして、サンタナ車のモデルチェンジを行うことを決めた[99]。この新サンタナ車のボディ・スタイルは丸

---

　　再養成訓練をして生産ポストを充用させたり、サービス業など「第三産業」に転職させるなどの措置を取って、労務管理を一層強化していった。

(98)　1986年から「上海汽車製造廠」と「上海発動機廠」は、「上海汽車研究所」（後述）の協力を得て、それぞれサンタナ車の技術を応用して、「上海」車のかじ取り機構、ブレーキ装置、電器システム及びエンジンのガソリン供給措置、電機部品などの設計を改善した。その後、この上海汽車製造廠はその技術人材を含めて、92年1月に上海VWに完全に合併された。

(99)　ブラジル新サンタナモデルは上海VWに生産された旧ンタナモデルからチェンジしたモデルである。上海VWの新モデルはこのブラジル新モデルを参照して基本的に旧モデルボディの外観を変更して、ブラジル新モデルと別に中国市場向けの新モデルを設計したものであり、部品の設計変更もブラジルのモデルに比べて少なかった。

味を帯びたものに大きく変更されたが、シャーシーは旧サンタナと同じで、60％の部品が旧サンタナ車と共用となった。92年3月に上海VWは、元「上海汽車廠」の技術者を中心に10名をブラジルに派遣し、半年から1年間をかけて新モデルの開発活動に参加させた。新モデルである「サンタナ2000」の開発は、ドイツVW主導の下で、上海VWとブラジルのVW（Auto Latina）の共同で行われた。中国のユーザー・ニーズに合わせた電子燃料噴射装置（EFI）の搭載、ブレーキの性能やねじり強さの改善、スタイリング変更、ホイールベースの108mm延長による車内空間の拡大など、ファッション性、快適性の改善に重点が置かれたマイナー・モデルチェンジであった。ホイールベース変更に伴って、トランスミッション、シャーシー、フロントアクスル、ショックアブソーバーなど、各部品の設計も旧サンタナモデルから変更された。

「サンタナ2000」の開発は1991年10月に決定した。92年3月に本格的な動きが始まり、約2年かけてCADを使った設計、マスターモデル制作、ボディ・レイアウト、部品設計、試作、走行実験などの開発過程が完了した。1994年4月に機械部の認可を受け、10月に少量試生産が始まり、95年4月正式に量産に入った。ブラジルのVW（Auto latina）から送られてきたのは、ボディ外観図のCADデータと実物大のパネルのみで、図面一式ではなかった。詳細な部品図とレイアウト図は送られてこなかったのである。ボディパネルは上海VWで再度寸法合わせをして調整し、金型は日本のメーカーに外注した。これに従って、上海VWはレイアウト図を作成したり、これに伴う部品設計を修正したりした。量産開始の時点での「サンタナ2000」部品の国産化率は既に60％を超え、95年末に65.84％に達した[100]。

(2) 上海自工の開発組織と活動

当初、上海自工は乗用車の製造技術を獲得することをVW社との合弁の最も重

---

[100] しかし、エンジンを初めほとんど性能には変化のないマイナー・モデルチェンジだったため、「サンタナ2000」車は市場に出た時点から、第一自動車の「小紅旗」から価格、性能などで強い挑戦を受け、売れ行きがよくなかった。その上、神龍汽車（東風Citroen）が97年6月10日に1.6Lエンジンを乗せたZX乗用車モデルを上海で発売し、「サンタナ2000」と競合することになった。これに対抗して、上海VWは「サンタナ2000」の値段を大幅に値下げした。

要な目的としており、乗用車の技術開発についてはあまり注意を払わなかったようである。しかし、事業の拡大につれて、製品開発の問題がますます重要になってきたため、上海自工は90年代から売上高の約1％をR&Dに投入しすることにした（1992年からは売上高の2％）[101]。しかし、新モデルの開発権は合弁契約によって、基本的にドイツ側にあったため、中国側からの発想に基づく新モデル開発は不可能と考えられた[102]。

　上海自工は、小さいながらも技術研究組織を持っていた。それが、1973年に設立された「上海市汽車トラクター研究室」である。この研究室は80年に「上海汽車研究所」と改名し、82年からCADによるスタイリング・プロセスを導入して、主に自動車とトラクターの情報収集、分析、実験試作及び標準化の業務を展開していた。「上海汽車研究所」は88年には情報標準、検査実験と技術開発の3つのグループに分ける組織変更を行った。職員数は90年に364人で、そのうち技術者が194人であった。しかし、この研究所は乗用車については、あまり実績がなく、サンタナの国産化部品の予備認可テスト、サンタナ7人乗り変形モデルの設計ぐらいしかなかった。その後、90年代に入って、上海自工研究所の3つのグループは、さらに再編を行った。検査実験グループは、91年1月に上海自工計量検測所と合併し、「上海汽車工業品質監督センター」になった。技術開発と情報標準グループは93年12月に上海自工本社の技術部に統合され、浦東開発区にできた新しい「上海汽車技術センター」に移転した[103]。

　上海自工は、92年から「上海汽車技術センター」を建設するために1.3億元を投入し、93年末に同センターを完成させた。製品開発部門と実験基地を合わせて、「センター」の建築面積は10,000平方メートルとなった。また、1,000万米ドルを払ってアメリカ、ドイツ、日本などの国から先進的なテスト設備やコンピューターのハードウェアとソフトウェアを購入した。それらの設備は、完成車とエン

---

(101)　薛軍（1994）24頁による。
(102)　しかし、90年代半ばになると、上海自工の戦略は重要な選択に迫られることになった。すなわち、VWに製品開発の主導権を握られたままでいるのか、自らが開発能力を持つようにするかという問題である。上海自工は敢えて後者を選んだ。
(103)　以上の2つのセンターは他の「上海汽車工業訓練（training）センター」とともに上海自工の新しい「3大センター」になった。

ジンの性能試験のための試験台、排気を測定する試験台、走行分析の試験機械、騒音と振動を分析するシステムなどを含んでいた。

　設備の充実と同時に、技術人材を充実させるために、上海自工は次のような3つの措置を採った。第1に、技術センターの人員のさらなる充実である。上海市、特に浦東開発区の地理的・経済的な優位を利用して、他の自動車企業の技術人材や新規の大卒・修士・博士を採用した。また、現有人材を最大限に活用するために、完成車メーカーである上海VWの開発技術者の一部を技術センターに集中させたのである。技術センターは95年には350人体制になった[104]。第2に、企業外の人材を利用するために6,000万元の基金を設け、上海市政府を通じて、北京の清華大学や上海市の上海交通大学、復旦大学、上海大学、華東理工大学、上海外国語大学、同済大学など7大学と連携して、専門人材の養成やプロジェクト研究などを共同で行った。上海自工の出資により96年には、すでに7大学のなかに、自動車の電光源と照明工程、エア・コン工程、鋳造工程、エンジン工程、ダイス工程、衝突と省エネルギー工程、風洞試験工程など10の研究センターが設立されていた。つまり、上海自工技術センターでできないことは大学に持ち込むという計画であった。第3に、「第二次発展（新合弁事業）のチャンス」[105]を利用して、新しい外国の協力パートナーを探した。VW以外の外国メーカーの資金、経験と技術を借りて、製品開発能力を高めようとしたのである。

　上海自工技術センターでの実際の開発活動は、93年のSH6606小型バスの開発から始まった。小型バス開発の第一段階は、主にCADによりボディのスタイリングを設計することだった。その後、シャーシーの開発に入った。同時に、94年からは「ファミリー・カー」の開発プロジェクトにおけるスタイリング作業も行った。3-4年をかけて、この二つのタイプの車の開発を完成させる予定であった[106]。「ファミリー・カーの開発」とは、現在のサンタナ車のボディやエンジン

---

(104)　陶培泉（1996）28頁による。
(105)　1993年に中国政府は90年代半ばから15万台以上の乗用車生産能力を持つ企業に対して新しい乗用車合弁事業を認める政策を打ち出した。これはこれらの企業にとって「第二次発展のチャンス」とよばれている。
(106)　1998年10月に上海の新聞で上海自工は「長江」号乗用車（サンタナの派生車）の開発を成功した記事が報道された。

などを中国の事情に合わせて改善して、徹底的にコストダウンし[107]、1995年の14—15万元から10万元ぐらいに価格を下げたサンタナの派生車を作ることである[108]。新しいパートナーの協力を受けて、この「ファミリー・カー」の構想を実現していく計画であった。上海自工は94年に3,000万の追加投資を行った。そして、95年には技術センターに対して、さらに1.5億元の第2期投資を行い、実験設備、コンピューター設備及び車試作職場を増強した[109]。他方、これと同時に、上海自工に所属する全ての部品メーカーに技術開発組織を作り、900名余りの技術者をこれに参加させた[110]。

上海自工の技術センターはできたばかりで、90年代の半ばにせいぜい車のスタイリングの設計を行うぐらいで、まともな開発能力はまだ形成されていない。特に、市場調査や設計技能などについてはまだ学習の段階であり、ハードとソフトの両面からの充実が必要である。上海自工は、「一上一下」(開発能力を上げ、コストを下げる)という「新戦略目標」を実現するために、これからは企業発展に最重点を置いて、2000年までに技術開発センターに対して、さらに3〜4億元を投資し、専門家の指導の下での製品開発の実践を通じて、20世紀末に乗用車のボディ、2005年には中型乗用車の完成車を自主的に開発できるようにと計画している。

(3) 新事業と開発能力の育成

上海VWは、前述したようにドイツVW本社に開発権を握られていたため、上海自工の意向による製品政策を決定することができなかった。この制限から逃れるために、上海自工は「第二次発展のチャンス」(VW以外の第二次外国メーカーと合弁する政府からの権利)を利用して、1993年から日、欧、米の乗用車主要メー

---

[107] サンタナ車が30万台の生産規模を達成した後、部品メーカーの投資をほとんど回収できると予想されていた。

[108] 張振華 (1995) 6頁による。ちなみに、張氏は現在上海汽車工業技術センター主任を務めている。

[109] 葉平 (1995) による。ちなみに、葉氏は現在上海自工の副社長を務めている。

[110] サンタナ2000乗用車とSH6606小型バスの関連部品の開発と既存部品のコストダウンなどのプロジェクトを、関係部品メーカーの技術開発センターに分割した。これを下請の重要な審査内容の1つとし、資金の供給を保証している。

カーと頻繁に接触し、新しい合弁パートナーを探し始めた。94年7月にはGMの社長が中国を訪問し、中央政府、上海市政府及び上海自工の責任者らと会談し、上海と協力していくという意思を表明した(111)。GMのほか米フォードやトヨタ自動車も名乗りをあげていたが、1995年秋に上海自工はGMを合弁相手とすることを決定した(112)。

1995年10月31日、中米双方の企業は基本契約に調印し、合弁で上海浦東開発区に年産10万台の組立工場、エンジン工場とトランスミッション工場を建設し、GMが97年に市場に出す予定であったV 6 EFI（V型6気筒電子燃料噴射装置）エンジン（排気量3L）搭載「ビュイック」シリーズの中型車「リーガル」「センチュリー」の生産を1998年末から上海で開始し、2000年には年間10万台（内30%輸出）の生産能力を達成する計画を立てた。正式の契約調印式は1997年3月25日、アメリカのゴア副大統領の訪中の際に、北京の人民大会堂で行われ、ゴア副大統領と中国の李鵬首相が調印式に立ち会った(113)。

上海GM合弁プロジェクトの総投資額は、上海自工とGMの双方折半出資で合計15.2億ドルにのぼり、これまでの中米合弁事業のなかで最大規模になった。GMにとっても、中国で初の完成車工場であり、中国の乗用車市場で先行するド

---

(111) 『上海汽車報』1994年7月10日のトップ記事による。

(112) GMを選定した主な理由はGMが出した3Lエンジンを搭載したモデルが、トヨタの1.6Lやフォードの2.2Lモデルと違って、上海自工が現在生産しているサンタナ(1.8L)のセグメントと重複しないで、製品の多角化を利することがあげられた。また、上海自工は引き続きVWのサンタナ以外の製品を導入しなかった理由は、主にVWがすでに長春の第一VWで排気量3L前後のモデル(2.6L-2.8Lのアウディ車)を生産していたために、さらにVWと同じセグメント乗用車の新合弁事業を結ぶことは、同一外資企業に集中することになり、独占されるおそれがある。そのことが中央政府の複数主要企業の製品技術を導入して競争させるという基本政策に反するのである。この基本政策の主旨は1994年2月に公布された『自動車産業政策』の第6章（外資利用政策）の第29条に「（同一の）外国企業は中国で同一種類の完成車製品を生産する合弁会社を2つ以上設立することができない。」と規定している。この産業政策が公布される前に、VWはすでに上海と長春で2つの乗用車完成車の合弁事業を設立していたために、さらに同じセグメントの製品技術を導入することはあり得ないことである。

(113) 『日本経済新聞』1997年3月25日夕刊による。また、『上海汽車報』1997年6月15日によると「上海GM汽車有限公司」と「泛亜汽車技術中心有限公司」はすでに1997年6月12日に正式に成立していた。

イツ VW を追撃するねらいを持っていた。プロジェクト認可の条件として、中国側の出資は全て上海自工の自己負担となり、中央政府は出資しなかった。GM は、事業許可の見返りに中国で5つの開発センターを新設し、中国人技術者に最先端の教育を施すなど、中国自動車産業の近代化に全面的支援を約束した[114]。95 年に GM は、これから合弁企業に必要な人材を養成するために、清華大学と上海交通大学に二つの「汽車技術研究院」を設立した。

　上海自工と GM の契約の中でもう一つ重要なポイントは、双方が 5000 万ドルを投資して、自動車設計と開発に従事する「泛亜汽車技術中心」を設立したことである。すなわち、「上海汽車技術センター」とは別に、GM との合弁で新しい技術開発センターを作ったのである。これについて、GM 中国の社長は次のように語った。

> 「GM は次のことを承諾した。初めの段階からパートナーである上海自工が独自の乗用車設計開発能力を確立していけるよう援助する。GM 本社はすでに現在イギリス GM にいる有名な自動車設計専門家を中国に派遣し、この仕事を主宰することを決めた。我々はまずボディの設計から手をつける[115]。」

　GM の製品開発データバンクを上海自工と共用させ、さらに、部品の国産化テストを上海で行い、部品の標準化と検査技術についても上海自工に学習させたのである。

　しかし、開発事業を含めて GM との合弁にすること、特に上海 VW にいた中国人開発技術者を、一部本社開発センターに移すという決定は、ドイツ VW を怒らせてしまった。VW は、8 億人民元を 94 年 10 月にできた上海 VW の製品開発センターに投資することを決定し[116]、上海 VW と共同で 98 年に第三代のサンタナ、2000 年に第四代サンタナを開発設計し、GM に対抗する意向を表明した[117]。他

---

(114) 『日本経済新聞』1996 年 6 月 23 日の記事及び 1996 年 8 月 26 日上海自工本社でのインタビューによる。
(115) 『人民日報』1996 年 3 月 30 日による。
(116) 1996 年 8 月 26 日に上海自工の技術開発センターの責任者に対した行ったインタビューによる。
(117) 洪積明（上海 VW 社長）「在桑塔納共同体第 7 次全体会議上的講話」『上海桑塔納轎

*126* 第4章 上海自工におけるコア能力の集中強化戦略

方,「ビュイック」車と競争するために,VWは速やかに中国市場の製品戦略を調整し始め,95年年7月に子会社であるドイツAudi社に,新たなAudi-C3V6型乗用車[118]を第一自動車と合弁で生産するという契約に調印させ,96年からその生産を第一自動車VWの中に移すことを決めた。

こうして2000年までには,上海に3つの自動車開発センター,すなわち上海自工本社のファミリー・カーを開発する「上海汽車技術中心」,上海GMの製品を開発する「泛亜汽車技術中心」,および上海VWの製品を開発する上海VW技術開発センターが,併存することになった[119]。開発資金と人材の分散,及び自社傘下合弁会社間の競争は,今後,上海自工の開発体制における重大な問題になってくると思われる。

## 5.6 小括:市場競争激化期に入る前の競争力蓄積能力

ここで本論文の分析枠組にしたがって,競争力蓄積能力の観点から乗用車製品技術を導入してから,90年代の半ばまでの時期における上海自工の戦略実行過程をまとめる。乗用車の生産技術を導入した後も,上海自工は生産管理については厳しい環境条件に制約されていた。上海自工は,合弁相手(ドイツVW)の厳しい品質要求に応じて,まず上海VWに品質管理制度を定着させ,続いて,自社所属企業に「生産特区」という独特の方式で,先進的な生産管理や品質管理方法を取り入れるようとした。さらに,小糸製作所を通じて,日本的生産方式を導入し,普及させた。このように,環境要因の厳しい制約の中で,上海自工は少しずつ完成車の製造品質レベルを高め,部品生産の能力も高まってきた。上海自工で製造された乗用車は,中国国内で評価されただけではなく[120],VWグループの中でも

---

車国産化共同体第7次全体成員大会文集』(1994.11)7-11頁による。また,90年代半ばに上海VWがVWパサート車の技術を導入する計画があったが,GMビュイック車の導入で中央政府に却下されたという説もある。

(118) VW社は自社の乗用車を大きさによってA,B,C型に分けた。C3V6型乗用車はV型6気筒エンジンを搭載している一番大きいC型車の第3世代を指す。

(119) 林樹楠(1997)による。ちなみに,林氏は現在上海自工の共産党書記を務めている。

(120) 例えば,『北京汽車報』1997年4月18日の報道によれば,杭州市で従来のシャレード乗用車を使ってきたタクシー運転手はこれから更新のモデルとしてほとんど上海自工のサンタナ乗用車を選択し,天津自工のシャレード乗用車を代替していくという。その主

高く評価されたのである[121]。

## 6. ディスカッション

　本章では、上海自工の戦略策定と実行の過程を、VWからのサンタナ車の製品技術・生産技術の導入と、その部品の国産化のプロセスとして捉え直した上で、計画統制から市場競争への移行期における乗用車生産規模の拡大と、企業の質的な製造能力・品質管理能力・製品開発能力の向上という視点から観察した。

　以下、第2章の分析枠組にしたがって、これまでの実証結果をまとめて、上海自工の既存資源や各時期の焦点戦略構築能力が、90年代半ばまで同社の成長スピードと戦略的経路に対して、どのような役割を果たしたかを分析する。

　(1) 既存資源：従来の計画経済統制期（50年代→70年代後半）における上海自工は、地方小企業の管理部門として中央政府とのつながりが弱かった上、主導製品とした乗用車の発展も中央政府の政策によって（贅沢品として）制限されていた。しかし、これらの制約要因は70年代以後の市場経済化や市場ニーズの乗用車への移行に伴い、次第に解消されていった。一方、上海自工は中国で最も強い自動車部品産業の基盤や、長年にわたる乗用車生産の経験を持っていた。しかも、この時期すでに、乗用車の生産能力を強化し、その製造レベルを向上していくという方針を確立していた。これら企業特殊的な既存資源の要素は、後に上海自工の乗用車生産の成長にとって非常に有利な前提条件になった。

　(2) 認識能力：技術導入・市場開放初期（70年代末→80年代前半）における上

---

　　な理由として、サンタナの安全性と動力装置がともにシャレードより優れて、修理期もシャレードより2年遅れ、またサンタナ新車の価格はシャレードの倍近くなるけれど、中古車の価格はシャレードより何倍も高くなることなどが上げられた。また、上海サンタナ乗用車はVWグループの中でも高く評価されたことについて、本章の5.2を参照されたい。

(121)　つまり、乗用車ニーズ成長期における上海自工はドイツVWの厳しい品質要求に応じて、着実に先進国メーカーの製造技術や品質管理方式を模倣し、それをシステムとして定着させた結果、品質管理など企業の競争力も次第に蓄積され、次の時期の品質重視競争に対しても有利な条件を備えることができたのである。その中で、外国メーカー（ドイツVW）と合弁して完成車生産の会社を設立したことが上海自工に組織学習のチャンスを与える重要なきっかけとなった。

海自工は、政府政策研究、外国製品調査や自社能力の考慮など認識能力を発揮して、政府の技術導入・技術格差是正という政策に適応し、いち早く徹底的な外国モデル調査を展開し、乗用車技術導入の戦略ビジョンを策定した。長期の市場変動（乗用車ニーズの急成長）に対しては、あまり正確には予想しなかったにもかかわらず、早期の参入が幸いして、後に戦略調整するための時間を稼いだ。最も重要なのは、この過程上海自工は、長年の乗用車製造で蓄積された経験を活用して、先進国企業の製品に対する調査を行い、市場ニーズや自社の製造能力に合わせた適切な乗用車製品、及びその技術を導入した結果、次期の乗用車生産の拡大に対する基盤を作っていったのである。

(3) 資源投入能力：乗用車ニーズ成長期（80年代半ば→90年代前半）における上海自工は、中央政府と地方政府の支持及び外国企業の協力を得て、乗用車生産に「一点集中」的な組織再編や資金の重点投入を行い、市場ニーズの成長に応じて、タイムリーに乗用車の生産規模を拡大した。すなわち、この時期に同社の資金、設備、人員などを乗用車及びその部品生産に重点的に投入した結果、90年代の半ばには上海自工は中国の乗用車生産のトップメーカーに成長してきたのである。また、この時期の上海自工は乗用車の生産を拡大しながら、内外環境要因の制約の中で品質管理など企業の競争力も次第に蓄積し、次の時期の質重視競争に有利な条件を備えていったのである。

上海自工が、質的能力向上を優先する戦略行動を堅持してきたのは、企業の内外要因の相互作用の結果であった。乗用車試作の段階における品質問題の歴史的な教訓から、手作業方式という既存資源の欠陥を克服したいという強い意欲が、技術導入によって乗用車製造管理レベルを向上させるという政府の政策に合致した結果、この戦略が策定され、外国製品モデルの調査を展開したのである。技術導入後は、乗用車完成車メーカーの主導権を握るVW本社と、輸入車の代替を優先させる中国政府の、両方から高い品質標準が求められた。さらに、90年代にはWTO（世界貿易機関）加入問題に直面し、上海自工が将来の激しい国際競争に備えなければならないという認識が高まった。このような環境の中で、上海自工は市場の乗用車ニーズの急成長に対応した「集中投資」によって生産能力を量的に拡大しながら、品質管理強化のためにVWの管理ノウハウを吸収し、「生産特区」

を試行・推進していった。また、日本的なリーン生産方式を導入し、企業全体にそれを定着させようとした。中国のある有名な自動車関係の記者が、上海自工の戦略成果について次のようにまとめている。「サンタナの成功は予定した計画の実現ではなく、探求過程の勝利である[122]」と。確かに上海自工の戦略は、その実行の過程における内外の環境の制約の中で、さまざまな試行錯誤によって形成されたものといえよう。

---

[122] 上海VW汽車有限公司「1985-1995上海VW・十年鋳輝煌」(1995年)。

## 第5章　天津自工における市場機会の探求適合戦略

### 1. はじめに

　まず分析に先立って、天津自工に関する基本的事実をおさえておこう。単なる一小型企業[1]だった天津自工は、中国の改革開放の初期、他社より先行した市場調査に基づき、外国企業から技術導入した。上海自工や第一自動車と違って、天津自工は軽自動車技術導入前には乗用車の生産経験を全然持たず、自動車生産の規模も小さかった。それにもかかわらず、天津自工は導入した軽自動車や小型乗用車の生産量を急拡大し、ついに中国で第2位の乗用車生産メーカーとなった。商用車を含む自動車総生産台数でも業界の「ビッグ・スリー」に入った。
　1984年に軽自動車の生産技術を導入し、86年に小型乗用車の生産技術を導入、その後、古い車種から新しい車種への発展など、これらはいずれも天津自工が自ら市場調査した上で行ってきた戦略決定である。急速に拡大してきた国内市場において、天津自工は軽自動車と小型乗用車を導入した後、従来の製品構成から速やかに脱皮して成長し、さらに中央政府の承認を得て追加投資を行い、ついには乗用車生産の「四大基地」となったのである。
　以上の基本的事実を踏まえて、本章の問題関心は次のように提起される。すなわち、天津自工は企業として、その戦略策定過程においてどのように市場の変動に対処してきたのか。計画体制から市場体制への移行という環境変化は、天津自工の成長にどのような影響を与えたのか。天津自工の戦略策定と企業行動は、どのような特徴を持っているのか、その規定要因はなにか、などである。以下、このような問題意識にもとづいて、具体的に天津自工における戦略策定と企業拡張

---

（1）　前出した日本総合研究所・中国社会科学院工業経済研究所編（1982）『現代中国経済事典』437頁の生産能力による企業規模区分標準によると、1982年の（図1-3参照）天津自工は年産0.5万台以下の小型企業にすぎなかった。

のプロセスについて分析する。(ただし、天津自工の技術導入についての研究は今まではほとんど公表されておらず、公表できる資料も少ないため実証分析が難しいことを、あらかじめおことわりしておく)。

以下、第2節では初期生産と既存資源、第3節では内外調査と製品選択、第4節では資源投入と乗用車生産の拡大、第5節では競争能力の向上という順で、天津自工の戦略策定・実行のプロセスを観察していくことにする。

## 2. 天津における初期自動車・部品生産の歴史

まず、既存資源の観点から天津地域の自動車産業の発展の歴史を簡単に通観して、初期における天津自工の経営資源とその制約を見ていこう[2]。天津では、自動車の輸入に伴い1920年代から自動車の修理業が現れ、戦時中にはトヨタ自動車によって自動車とその部品生産の基盤が作られた。戦後、その基盤を活用していくつかの自動車が試作され、部品生産も発展した。以下、従来の計画経済統制期における天津自工の生産能力、技術能力、部品産業基盤、乗用車生産経験や対中央政府関係など、企業の特殊的な要素について重点的に観察していきたい。

### 2.1 トヨタによって作られた自動車と部品生産基盤

天津市は初期の工業都市の一つである。天津に最初に自動車が現れたのは上海よりやや遅れ、1910年のことであった。それは外国人が持ち込んだT型フォードであった。その後、外国の商社による輸入車が次第に増え、1925年に天津の自動車保有量は、すでに908台になっている。

輸入の増加によって天津では、20年代から自動車修理業が次第に形成された。まず、自動車を販売していた外国商社が自動車の修理部を設立した。これらの修理部は中国人の労働者を雇って、主に商社が販売した自動車のメンテナンスを行い、結果的に自動車修理の人材を養成した。その後、外国人や中国人の作った自

---

(2) この節の叙述は、主に天津市汽車工業公司弁公室史誌編修組に編集された『天津市汽車工業誌 1910-1990（送審稿）』(1992)による。ちなみに、この『天津市汽車工業誌 1910-1990（送審稿）』は天津自工が90年代の初め、中央政府の要求に応じて、『中国汽車工業史』という全国自動車産業の歴史を編修するために準備資料として作成した未公開文書である。

動車の修理業者が次第に現れはじめた。このような修理業は、ほとんど3～5人の労働者を雇って、故障修理や部品交換などを行っていた。

　20年代の末まで、それらの自動車修理業が使っていた部品はほとんど輸入品であった。30年代に入り、登録された新自動車がさらに増えると同時に、中古自動車が多くなった。中古車の所有者も、金持ちの外国商人や中国官僚から貧しい中国の運輸業者に移り始めた。これらの運輸業者は、よく故障する中古車に対して高価な外国の部品を購入する能力を持っていなかったため、安い部品を供給する部品生産業者が登場してきたのである。

　初期の自動車部品工場はみな小規模で、機械も簡単なものであった。そこでは、万能工である労働者が手作業の方式で、多種類の部品を製造していた。これらの工場は技術が後れていて、部品寸法の精度や品質を保証できなかったが、安い部品を求める中国人の運輸業者を対象にして生産を始めた。30年代の前半からシャーシーやボディの製作、機械組立、板金溶接など大ざっぱな分業があったが、依然として低い技術レベルに止まっていた。

　自動車及び部品の近代的な生産技術を、天津に持ち込んだのはトヨタ自動車であった。日中戦争の勃発後の1937年に、大前嘉幸という日本人が天津の南開三緯路に建てた軍用トラックの修理工場が、1938年にトヨタに移って、「日本豊田自動車工業株式会社天津組立工場」となった。ここで、トヨタは日本から持ってきたエンジンやシャーシーを使ってトラックやバスを生産し始め、同時に自動車の修理や部品の生産も行った。

　トヨタ創立40周年記念社史には、天津工場について次のように書かれている。

「軍部は、占領地域の開発を急ぐため、その足となる自動車を大量に必要としており、国産車の大陸向け輸出を強く要望した。その結果、わが社が華北に対する自動車の供給を行い、日産自動車は満州を受け持つことになった。

　昭和12年の11月から12月にかけて、豊田喜一郎と池永羆（元常務取締役、故人）が華北を視察、翌13年1月、とりあえず既存の建物を利用した天津工場を開いた。次いで、同年4月、1万5,000坪の土地に、工場の建設を開始。組立工場とボデー工場の完成をまって池永羆が支配人に就任した。国内から自動

車部品の供給を受け、これを組み立てることになった。

　中国でのトヨタ車納入先は、主に日本の勢力下にある半官半民の大会社で、輸出車輌の大部分はトラックであった。また、バスを納入する場合でも大陸は道路が悪いため、トラック・シャーシーにバス・ボデーを取り付けていた。

　こうして、天津工場、上海工場の両工場を通じて大陸へ輸出され、現地の開発に当たったトヨタ車は、13年に約230台、14年約800台、15年約1600台となっている。」[3]

　天津自工の社史によると、トヨタは天津工場の接収後、従業員及び設備と工場の建物を拡充した。その結果、工場の敷地面積が5,7436.29平方メートル、2階建建物及び平屋が94室、機械設備が100余台、従業員が300余人となった。当時のトヨタ天津工場は鋳造、機械、鍛造、車体、メッキ、ガス発生炉など6つの分工場からなっていた[4]。

　トヨタ天津工場は、トラックの組立やメンテナンスのために設立したのである。主な製品は自動車の壊れやすい部品やシャーシーなどである。具体的に当時その工場で生産されていた部品を見ると、主にピストン、ピストン・リング、シリンダ・ガスケット、連接棒などで、どれも壊れやすい部品である。また、客車や貨車のシャーシー及びそれに取り付けるバッテリー、ランプ、タイヤなどの部品も製造していた。

　天津自工の社史は、次のようにトヨタ天津工場の歴史的な役割を高く評価している。「この（トヨタ天津）工場は天津で初めて小ロットの自動車部品を製造し、完成車も組み立てられる自動車企業である。天津自動車産業の歴史の上で、重要な地位を占めている。(中略)南開工場（トヨタ天津工場）は比較的完備した機械設備や技術人材を持っていた。よって、自動車製造に携わる技術労働者の最初の世代を育ててきたという点は否定できない。また、天津の自動車産業の発展にある程度の技術基盤を準備してきたともいえる。」[5]

---

（3）　トヨタ自動車工業株式会社（1978）83-84頁による。
（4）　天津市汽車工業公司弁公室史誌編修組（1992）33頁による。
（5）　天津市汽車工業公司弁公室史誌編修組（1992）33-34頁。このトヨタ天津工場は後、

## 2.2　自動車試作の歴史

　戦後、天津での自動車の試作活動は、主に旧トヨタ天津工場の「天津汽車製配廠」を中心にして展開した。その中で、最も中国自動車産業史に名を残したのは、1946年に日本ダイハツの三輪車をモデルに小ロットで試作した「飛鷹号」であった。この「飛鷹号」は半分以上が「客車」であったので、これは旧中国で初めて、しかも唯一の「乗用車」試作経験とも言える。ここで、この「飛鷹号」の試作過程を簡単に振り返ってみたい。

　1945年、日本の敗戦によって、「天津汽車製配廠」は国民党政府に接収され、冶金、機械、電気、板金、木製品、ゴム製品など6つの分工場に再編された。同時に接収された日本の怡豊ゴム、西長ゴムと興業ゴムはゴム分工場に、富士電池、岡崎工業の天津支店は電気分工場に合併された。

　戦争直後に「天津汽車製配廠」で生産された自動車部品の売れ行きが不振になったことをきっかけとして、工場内の若い技師たちは自分で車を作る意欲に燃えていた。ちょうど日本の信益商事の接収によってダイハツ三輪自動車の部品が出てきたり、日本人から残された何台かのダイハツ三輪自動車をもらったりしていた。当時の若い副工場長をはじめ、20数名の技術者は反対意見を抑えてその車を模倣・試作に入った。

　設計段階で、ボディを自分たちで設計したほかには、主に日本人が残した『トヨタ自動車ハンドブック』を参照した。エンジン、ギヤー・ボックス、リヤー・アクスルファウンデーションなどは、ダイハツの部品をそのまま模倣した。その結果、単シリンダ機関、4ストローク、7.5馬力で、トラットは貨物を650キログラム、乗用車は5人（運転手含む）乗りとなった。製造段階に入ると、主に鋳造、熱処理と機械加工の3つの難問に直面した。大型設備もないし、もともと製造の経験もないので、かなり苦労したが、1946年6月にようやく最初の「飛鷹」号三輪車（乗用車）の試作に成功した。その後、ロード・テストや調整を行い、その年の10月までに10台（うち9台乗用車）を試作した。その後、まず300台を量産す

---

　　トヨタから分かれ、「北支自動車工業株式会社」に属した。1944年に再度拡充して「華北自動車工業株式会社」に帰属となり、軍用トラックの部品やガス発生炉を生産するようになった。日本敗戦後、国民党政権に接収され、「天津汽車製配廠」と名を変えた。

る計画を立てたが、資金の制限によって60台を製造後、やむを得ず生産停止した。

「飛鷹」号三輪車は、ほとんど日本ダイハツの製品を模倣したものである。シャーシーには、たくさんのダイハツの部品が組み入れられていた。粗末な作りで、車全体の品質も良くなかった。ただし、そのエンジンとボディは外車を参考して中国人が作ったもので、しかも70台まで製造した。これは、中国人が初めて自動車を量生産した経験とも言える。

共産党の政権になってからの50年代前半も、「天津汽車製配廠」は自動車の試作活動を続けていた。まず、1950年にソ連製の2シリンダ15馬力空冷ガソリン・エンジンを模倣・試作し、続いて1951年に米国フォードの4シリンダ4ストローク15馬力、20馬力、45馬力水冷ガソリン・エンジンの試作に成功し、少量生産に入った。さらに、自社製の45馬力エンジンを利用してフォードのジープを模倣し、2台のジープと1台のミニバンを試作した[6]。そして1959年、すでに中央政府の農業機械化政策にしたがって、トラクターの生産に転換し始めたこの工場は、ソ連のZIM乗用車を真似て2台の「平和」号乗用車を試作した。

また、1958年前後の「大躍進」の最中に、天津における(「天津汽車製配廠」以外の)各工場が小型トラック、ディーゼルエンジントラック、バスなど多種類の自動車を試作したが、いずれも技術性能や部品供給の問題によって量産に至らなかった。

## 2.3 部品生産の不振と再興

50年代の前半に天津において、自動車部品は主に2つの異なるタイプの工場で生産されていた。1つは「天津汽車製配廠」をはじめ、「天津汽車修理廠」(元トヨタ天津工場の一部、天津市内燃機廠の前身)、天津機器廠(天津動力機廠の前身)など、従来の外国商社の自動車修理工場や国民党政府の直系工場である。このよう

---

(6) 2台のジープは新中国の史上初の試作に成功した自動車である。しかし、当時の部品生産能力の制限や第一自動車の建設の決定などの原因で、量産に入らなかった。また、「天津汽車製配廠」は50年代の初期に中央政府の直属企業になり、1956年に中国政府の農業機械化政策にしたがって「天津トラクター製造廠」と名を変え、1958年から天津市政府へ移管され、「鉄牛」という中型トラクターを生産し始めた。この工場は1988年に天津自工に合併され、再び小型や軽トラックを生産し始めた。

な工場は5、6社しかなかった[7]。もう1つは百余りの中小民営工場である。1956年に、天津市政府は「小企業を整理し、大生産を組織する」という政策を打ち出し、自動車部品企業を63社に集中再編した[8]。

　50年代の後半、中央政府の農業機械化政策に従って、天津市政府は多くの自動車部品メーカーを農業機械製品メーカーに転換させた。それによって、50年代の末期から60年代の初期にかけて、自動車保有台数の増加にもかかわらず、部品生産メーカー数は1956年の63社から1961年の18社に減り、同時に生産される部品の種類も291から90に減ってしまった。修理用自動車部品は深刻な供給不足の状態に陥った。重要な部品は、配給証明書によって供給するという制限供給の事態にまで発展した。

　以上の状況を解決するために、天津市政府は1961年から修理用の自動車部品生産に力を入れ始めた。まず、各自動車修理工場に部品の生産能力を高めさせ、修理用部品を修理工場が自分で製造できるようにした。さらに、資金と技術で30余りの農村小型工場を支援して、自動車部品を生産させた。それでも、部品供給不足の問題は根本的には解決できなかった。

　天津の部品産業の再興は1964年以後のことである。1964年に天津市政府は完成車の生産を目的として、自動車部品組織の再編を行った。各行政部門に所属していた部品生産工場のうち28社を統合し、「天津市汽車配件（部品）工業公司」（天津自工の前身）を設けたのである。この公司は設立後、完成車を試作しながら、関連部品の生産を行った。一方、1965年から1980年までの15年間に、いくつかの関連企業が続々と自動車部品生産に参入し、天津地域の部品生産企業の数は拡大した。それによって、天津の部品生産企業は、地域内の完成車組立の需要にほ

---

（7）　その中で、「天津汽車製配廠」は天津自動車産業の中で中核工場の役割を果たしていた。例えば、50年代初期の民営工場規模分類によると、小型企業は4人以下、中型企業は4-22人、大型企業は22人以上であった。当時天津にあった最大の民営自動車部品工場で、ベアリングと軸受けがねを生産していた「民生汽車配件廠」は、従業員27人、敷地面積616平方メートル、機械設備9台であった。これと30年代のトヨタ天津工場の規模とを比べると、「天津汽車製配廠」の天津自動車産業における位置の重要性は一目瞭然であろう。

（8）　ただし、この63社は依然として別々に7つの行政部門に所属したので、統一した産業管理システムは形成されなかった。

とんど応じられるようになっただけでなく、他の地域の完成車組立工場や修理用のニーズに対しても供給出来るようになった(9)。

## 2.4 自動車の少量生産と乗用車試作の挫折

天津では1965年から自動車が少量ながら生産され始めた。天津市汽車配件（部品）工業公司が設立された翌年の1965年、地域内の自動車供給不足の圧力を緩和するために、天津市政府は自動車生産を天津市産業発展の最重要のプロジェクトの一つに定め、天津市汽車配件工業公司（1965年に「天津市汽車トラクター工業公司」と改称）をはじめ、全市の関係部門に対して積極的な協力を要請した。

最初に選んだモデルは「上海汽車製造廠」が1957年に日本のダイハツのSDF-8型をモデルにして試作・生産した「上海58-1」三輪自動車であった(10)。この小型トラックは1965年生産開始から1972年生産中止まで8年間で計1203台生産された。2番目のモデルは、北京自工が1964年に軍隊のためにソ連のGAZ（ГАЗ）69型の軍用ジープを模倣して試作したものである(11)。天津自動車製造廠は、1965年に市政府の支持の下で北京自工からその図面や金型などを譲り受け、「TJ210ジープ」を生産し始め、1965年から72年までの間に合わせて1480台を生産した。1972年に、このジープの車体拡大や2ドアから4ドアへの変更などを行い、79年まで毎年1000台余り生産して生産を中止した。

1972年初めには、天津自動車製造廠は中央政府の第一機械工業部からの乗用車生産の要求を受け、天津市政府のコントロールの下で、1972年6月から本格的に乗用車の試作に着手した。この年、アメリカや日本の国交回復によって、訪中す

---

（9） ただし、次に述べるこの時期天津で生産された車種と数量から見れば、その部品生産のレベルは生産量から見ても品質から見ても、大したことなかったと言わざるを得ない。

（10） 天津市農業機械廠、は東ドイツのIFAトラックのシャーシーを真似て新しいシャーシーを設計し、この三輪車を四輪車に改造して「TJ 120 小四輪小型トラック」という名をつけた。エンジンは「上海汽車製造廠」の2シリンダ・V型エンジンを真似て作ったものである。後に、天津市農業機械廠は1968年8月に次に述べる天津自動車製造廠に合併された。

（11） このBJ 210 C軍用ジープにはGAZ 24「ボルガ」（ВОЛГА）乗用車用M21エンジンが乗せられている。このジープが軍の関係部門に受け入れられなかったため、北京自工は新モデルのBJ 212ジープの試作に切り替えた。

る外国人の増加とともに乗用車のニーズも増えてきたため、第一機械工業部が同社に小型乗用車の生産を求めたのである。天津自動車製造廠は、天津農機研究所、天津自動車発動機製造廠及び「長春汽車研究所」、吉林工業大学、陝西自動車工場などの技術者と一緒に、設計グループを結成した[12]。ここで構想設計された乗用車モデルは「高級の紅旗号」や「中級の上海号」より小さかった。それは外国人や幹部向けというだけでなく、もっと幅広く、一般法人や企業も消費の対象として想定していたからである。天津市農機自動車公司は、広州交易会からトヨタ、フィアットなど8種類の外国モデル車を模倣設計のために購入した。結局、車体はトヨタの全金属製単体構造（モノコック）車体を、シャーシーはクロス・ステアリングと、コイルばね独立懸架を、エンジンはトヨタの485Q型エンジンを採択した。1973年から77年まで、天津市政府が組織した多数の工場で、繰り返し試作や実験が行われた。63台の「TJ 740」という小型乗用車が試作されたが、量産に入る直前の1978年6月、第一機械部の政策変更により、生産中止となった[13]。

このほかに、天津市にあるほかの工場では70年代初期から上海の積載15トンの重型トラック、第一自動車の積載4トンの中型トラック、ロータリエンジン・トラックなどの車種を模倣して少量生産したが、いずれも長く続けられなかった[14]。この中で、80年代まで引き続き生産されてきた製品は、次に述べるTJ 620小型バスとTJ 130小型トラックという2つのモデルだけである。

TJ 620小型バス（10人乗り）の試作は、1964年の中央政府の第一機械工業部の計画により、前述のBJ 210ジープのシャーシーを利用して天津客車廠で行われた[15]。いろいろ部品供給や品質の問題もあったが、1965年から69年までの5年

---

(12) 中国軽型汽車工業史編委会編（1995）81頁による。

(13) 1978年7月機械部汽車局の副局長が、上海に乗用車技術導入について打診したことに関係があると思われる（第4章）。これは天津自工の乗用車試作の歴史的な経験とも言える。

(14) 1971年から上海の積載15トンの重型トラックを模倣・生産をはじめ、1977年の生産中止まで合わせて307台作った。また、1971年から上海や第一自動車の積載4トンのトラックを真似て生産を開始し、1980年生産中止まで10年間で5680台生産した。70年代初期に多額な資金を投入してロータリエンジン・トラックを100台試作したが、品質の問題で量産には入らなかった。

(15) 当時天津客車廠は天津市の公用局に所属し、天津自工に所属してなかった。また、1965

間に33台を試作した[16]。これは1971年に、中央政府第一機械工業部によって重要開発プロジェクトに指定され、72年には国家による投資を受けて、73年に生産工場が拡大建設された。同時に工場は清華大学の自動車専門家を招き、重大な性能問題の解決に協力してもらった[17]。これで、ようやく少量生産が軌道に乗り、1975年には年間832台を生産した[18]。

TJ 130 小型トラックは、「北京市汽車修配廠第二分廠」で1965年に試作されたBJ 130トラックを模倣して作ったものである[19]。地域内のニーズに応えるために、天津の各工場は1970年からこの模倣モデルを少量生産し始めた。しかし、そのほとんどは低品質なものであり、生産も長く続けられなかった[20]。1978年、天津自工[21]は技術者を北京自工へ派遣し、同社の小型トラックに対して全面調査

年の試作段階に、「長春汽車研究所」の技術者がソ連のGAZ 69型軍用ジープ（BJ 210ジープの原型）のシャーシーで試作されたミニバスをモデルとして天津に持ってきた。エンジンとシャーシーはBJ 210ジープのものをそのまま使い、車体はドイツVWやフランスRenaultのバンのボディを参考にして試作した。

(16) 中国軽型汽車工業史編委会編（1995）82頁による。
(17) さらに、1975年にトヨタのバンの車体構造を真似てTJ621の新モデルとした。
(18) 中国汽車工業公司企画司・中国汽車技術研究中心編（1992）『汽車工業規画参考資料1992』118-119頁による。そして、1980年には1542台となった。
(19) BJ 130トラックは、1965年に北京市汽車修配廠第二分廠、すなわち、北京軽型汽車（小型トラック）有限公司の前身が上海自工に試作させたSH 120小型トラック（日本のPRINCE積載1.5トン小型トラックの模倣）とトヨタの積載1.5トンDYNA 1900小型トラックを参考して試作した積載2トンの小型トラックである。そのエンジンはソ連の乗用車GAZ 24「ボルガ」用M 21エンジンで、最初、北京自工が試作した東方紅乗用車に乗せられ、それからB 210、BJ 212ジープ、天津のTJ 620ミニバスに、さらにこのBJ 130小型トラックに乗せられたものである。後に「492 Q」と名を変え、中国全土の小型トラックメーカーに広まっていった。また、中国軽型汽車工業史編委会編（1995）64-65頁によると、北京の工場がこの小型トラックを試作した時、市場の反応はとてもよかったが、工場能力の制限や製品の品質問題などによって70年代の初期までは量産されなかった。
(20) まず、1970年から天津交通局所属のいくつかの小さな自動車修理工場において、一部TJ 210ジープの部品を利用してTJ 130小型トラックを生産し始め、1980年の生産中止までに合わせて1799台を生産した。続いて、天津市農機自動車公司（天津自工の前身、60年代後半天津汽車トラクター工業公司から名称変更）所属の天津面粉機械廠が、1974年からTJ 130小型トラックを生産し始めた。技術能力や品質問題などで1978年の生産中止まで5年間で105台しか生産しなかったが、324万元の赤字が出た。
(21) 中国軽型汽車工業史編委会編（1995）81頁と天津市汽車工業公司弁公室史誌編修組

を行った。そして、トヨタの「ダイナ」小型トラックを参考にし、北京 BJ 130 トラックのいくつかの欠陥を改善して新しいキャブを設計・試作した。また、中核工場の天津自動車製造廠に小型トラックの生産を移転し、フレームやトランスミッションなどの部品については、傘下の各工場で分業し、生産体制を再編して、ようやく小型トラック生産を軌道に乗せた。

　かくして、1980 年代初め以前の天津自工は、全地域内の産業を統合した上海自工や北京自工と対照的に、あくまでも天津市の一部の自動車及びその部品生産工場しか統合していない組織であった。80 年代の初期、天津自工は天津市政府下の第一機械局に所属していた。天津自工のほか「天津市内燃機工業公司」と「天津市トラクター工業公司」も第一機械局に所属していた。しかし、第一機械局以外に交通局の工場や公用局の工場など多数のメーカーも散在していた。地域内の産業組織の分散は、天津の自動車産業の発展にとって大きな制約となった。天津自工はその時期の上海自工と同様に、地域政府の計画の完成と監督を担う行政部門として位置づけられたが、上海自工や北京自工よりかなりレベルが低く、規模も小さい末端の行政公司として存在していたのである。

## 2.5　小括：従来計画経済期における既存資源

　ここで本論文の分析枠組にしたがって、既存資源の観点から 70 年代の末までの従来計画経済統制期における天津自工の生産活動をまとめる。天津自工は天津という産業都市に立地し、戦時中トヨタに建てられた工場も含め、比較的強い部品産業基盤を持っていた。50 年代から、いくつかの他社の自動車モデルを模倣し、少量生産の経験も持っていたが、地方政府に所属した小さい末端の管理部門にすぎず、中央政府とのつながりは非常に弱かった。しかも、70 年代初期に小型乗用車の試作が成功したにもかかわらず、中央政府の政策変動のために量産が実現しなかったという教訓も持っていた。またこの時期、天津自工にとっては如何にして供給不足の天津地域市場に製品を提供していくかが最大の関心事であり、製品の品質についてはあまり配慮していなかった。70 年代末までに、天津自工の既存

---

　　(1992) 127-128 頁により、1978 年から天津農機汽車工業公司は天津市汽車工業公司、天津市トラクター工業公司と天津市内燃機工業公司という 3 つの公司に分けられた。

資源の主な問題点といえば、独自の完成車製品がほとんどなく、生産能力も弱小だったことである(22)。

## 3. 市場機会の探求と乗用車進出計画の策定

以上、従来の計画経済統制期における天津自工の既存資源と、その制約を分析してきた。天津自工はその既存資源の欠陥、すなわち組織分散や独自の製品を持たない問題を克服するために、80年代の初めからの企業改革に伴い、組織を再編し、新製品セグメントに参入しようという指向を強めていた。この節では、認識能力の観点から技術導入・市場開放初期における天津自工の市場調査や新製品導入戦略の策定過程を概観し、天津自工の認識能力の役割を見ていこう。その中で、特に国の政策研究、地方政府政策研究、外国企業・製品調査、市場調査や対自社能力の考慮など認識能力の評価項目について重点的に観察していきたい。

### 3.1 市場調査からの軽自動車進出ビジョン

前述のように、80年代の初期まで天津自工は、他社のモデルをコピーしてようやくTJ620小型バスと、TJ130小型トラックの少量生産をできるようになった(23)

---

(22) つまり、従来の計画経済統制期における天津自工は、地方小企業の管理部門で、中央政府とのつながりは非常に弱く、国のプロジェクトも期待できなかった。その上、小型乗用車の試作が成功したにもかかわらず、中央政府の政策変動のために量産が実現しなかったという教訓もあった。この企業特殊的な経験が後に天津自工の戦略指向(中央政府に頼らない)を形成するうえで重要な前提条件になった。一方、天津自工はある程度の部品産業基盤を持ち、自動車の試作や少量生産の経験も持っていた。これらの要素は後の乗用車生産を発展させるために、ある程度の基盤となった。しかし、天津自工の生産管理や品質管理の知識が不足していたことが、後の質的な競争に対して不利な要素となった。

(23) 1980年末から各地の多数のメーカーの130小型トラック生産への参入、輸入車の増加及び大都市における積載2トン以上トラックの通行制限などが原因で、天津自工のTJ130車は滞貨現象を起こした。同時期に、長春にある小型トラック工場が積載1.5トン、ダブル・キャブの新しい小型トラックを試作したが、まだ市場に投入していないという情報を知り、天津自工は早速山東、江蘇などの小型トラックの主要市場でダブル・キャブ小型トラックについて市場調査を行った。そして、市場ニーズに合わせて短期間でTJ130のシャーシーを利用した積載1.5トンのダブル・キャブ・トラックを設計し、1981年9月に市場に投入した。これによって、その後数年間天津自工の小型トラックの生産は連続して高成長をはたし、軽自動車や小型乗用車の生産基地のための建設資金を蓄積することができた。

が、図1-3に描いたように、生産規模の点でも生産能力の点でも、第一自動車や東風自動車のような大手企業とは比べものにならず、南京自工、北京自工、上海自工などのような中堅企業と比べても大きな格差があった。天津自工が、国内の大中型自動車生産企業と肩を並べるためには、製品開発や工場建設の面において独自の道を拓き、飛躍的な発展をしなければならないことを認識した。

そこで、天津自工は中央政府の「大型や小型トラックが少なく、乗用車がほとんどない」という中型トラック偏重の産業構造を是正する政策に沿って、1980年から積載0.5トンの軽自動車を生産し、当時の中国自動車生産の空白を埋めることを計画した[24]。天津自工の技術を担当していた副社長の紀学潋（1982年から天津自工の社長）をはじめ、天津自動車研究所及び天津自工の各関係工場の60名の技術者が集まり、1981年から日本のスズキ自動車のST 90 K軽自動車を解体して研究し始めた。そして、地方政府を通じて当時「中国汽車工業公司」の「京津冀聯営公司籌備組」（北京、天津、河北企業グループ準備組織）[25]に積載0.5トン軽自動車の選択案と「設計意見書」を提出して、その承認を受けた[26]。

その上、天津自工は技術者を中心とした軽自動車調査グループを設け、1981年の末から1982年初にかけて市場調査を行った。国家物資総局、商業部、郵電（郵便電信）部、衛生部、公安部、国家建設委員会、解放軍総後勤（後方補給）部など中央政府の関係部門と北京、天津、河北省などの地域で14の業界50企業を調査した結果、中国に膨大な軽自動車市場が潜在していることを確認した。

さらに1982年、天津自工は、自社で軽自動車の生産技術は開発不可能であることと、当時中国の国内でどこからもコピーできないことに気付き、政府の技術導

---

(24) 中国で最初に軽自動車が現れたのは70年代末のことであった。当時の軽自動車はほとんど1978年以後日本から輸入したもので、中国国内ではどこにも生産していなかった上、わりに他車種より製造しやすいと思われ、これは当時天津自工が軽自動車の市場に進出するきっかけであった。

(25) 中国自工京津冀聯営公司は、中央政府の「国家機械工業委員会」の意向に従い、北京市、天津市、河北省における自動車関係企業を統合して「中国汽車工業公司」に所属させた。つまり、地域の集団組織である。この組織は1980年から準備され始め、1983年5月14日に正式に成立したが、その後地域経済の独立意識が強まり、1985年5月に「中国汽車工業公司」の改組とともに解散された。

(26) 中国汽車工業史編委会（1996）215頁による。

入の政策にしたがって、「高起点、大ロット、専門化の道を歩み、従来製品のTJ 130小型トラックとT 620小型バスを温存して適当に発展させると同時に、外国の先進技術を借りて、技術導入と技術改造の方式を通じて軽自動車を発展させるという戦略決定を行った」[27]のである。

### 3.2　企業体制の改革とプロジェクトの推進

　80年代、天津市政府は自動車産業を発展するために、地域内の産業組織を再編した。1982年に、市の第一機械工業局に所属していた「天津市内燃機工業公司」と「天津市トラクター工業公司」を解消し、それらの一部の企業を天津自工に合併させた。再編された天津自工に所属する企業数は、それまでの30から57になった[28]。さらに1983年、天津自工は70年代末まで大型・中型・小型トラックを生産していた3つの工場を部品生産工場に転換させ、完成車の生産はTJ 130小型トラックを生産している「天津汽車（自動車）製造廠」とTJ 620小型バスを生産している天津客車廠に集中させた。また、零細部品工場を相互合併させ、あるいはこれらを大きな工場に吸収させた[29]。

　それと同時に、天津自工の企業体制も従来の行政部門から経済実体の会社へ転換し始めた。1983年、天津自工は企業化公司になることを正式に天津市政府から認可され、企業の自主権（後述）を拡大した。同時に、市政府は天津自工に対して経済面から支援する政策を実施した。具体的には、1982年に天津自工が上納した利潤を計算の基数として、82年から5年間毎年利潤の増加部分の半分を政府に上納し、残りの半分を企業内に留保するという、いわゆる「五五分成」による上納利潤の制度を定めたのである。この制度の実施は天津自工の資金調達能力を増強し、後の技術導入に対する資金準備を助けた。

　前述したように、天津自工は1980年から軽自動車への進出計画を立て、いち早

---

(27)　天津市汽車工業公司弁公室史誌編修組（1992）87頁による。
(28)　TJ 620小型バスを生産していた天津客車廠も天津自工に吸収された。ただし、この時天津自工は依然として市の第一機械工業局に所属していた。
(29)　天津市汽車工業公司弁公室史誌編修組（1992）86頁による。なお、天津市地域には天津自工以外に115社の自動車及びその部品関係の企業があり、天津自工に生産された自動車の部品の地域内の調達率は95％に達した。

く地方政府を通じて「中国汽車工業公司」へこの意向を伝えた[30]。「中国汽車工業公司」は1982年8月12日に、天津に全国各地の自動車管理部門の関係者を集め、軽自動車の集中生産の問題を取り上げ[31]、天津自工と航空部ハルビン工場を重点生産メーカーに選定した[32]。これを受けて、軽自動車の発展を通じて関係産業を促進するために、天津市政府は早速、軽自動車を以後10年間における天津市産業発展の重点とした。1983年1月17日には市計画委員会の副主任をリーダー、天津自工の社長を副リーダーとする「天津市軽自動車建設プロジェクト指導グループ」を設け、3月に天津内燃機廠を軽自動車エンジンの生産工場に選定し、全面的にプロジェクトの準備を推進した[33]。また、同年7月13日に天津自工は社長をはじめとする「軽自動車オフィス」を成立させ、具体的な技術導入や工場技術改造の仕事に取りかかった。

　天津市政府は、中国の軽自動車、小型乗用車の生産基地を作り上げるスピードを加速させるため、さらに天津自工の企業権限を強化した。1984年1月1日、天津自工は天津市第一機械工業局から独立し、各工業局のレベルと同じく、市政府

---

(30) 中国汽車工業史編委会（1996）214-215頁による。1981年4月に「中国汽車工業公司」京津冀聯営公司籌備組は、天津自工が今後軽自動車へ進出し、年産軽自動車2万台、軽自動車エンジン4万台の生産基地を建設するという企画を定めた。

(31) 天津市汽車工業公司弁公室史誌編修組（1992）86頁による。80年代の初期から、市場のニーズが急拡大したため、国内各地のメーカーは相次いで軽自動車生産に参入した。1982年末までに、試作もしくは生産するようになったメーカーはすでに21社で、そのうち軽自動車エンジンのメーカーは5社となっていた。1983年4月1日に、国家計画委員会は正式に『軽自動車生産メーカーの配置・企画に関する通知』を発布した。そこでは、天津を軽自動車大量生産の基地に、柳州、ハルビン、吉林の3つの工場を軽自動車の生産メーカーに指定すると同時に、それ以外の工場での軽自動車生産を中止することを明確に要求した。ただし、この通知が発布されてからも、軽型生産メーカーの乱立状態は是正できなかった。中国国内では10数社の軽型車生産体制が今まで続いていた。

(32) 天津自工が「中国汽車工業公司」から軽自動車の重点生産メーカーとして選ばれた理由は、天津自工が他社よりいち早く軽自動車生産へ進出する計画を「中国汽車工業公司」に打ち出した上、天津の自動車生産基盤が他の軽自動車試作地域よりはるかに強かった、などの要因が考えられる。

(33) 1983年7月5日、国家計画委員会と国家経済委員会は、天津自工の技術導入プロジェクトを正式に認可すると同時に、国の機械産業重点技術改造プロジェクトに入れた。ただ、後述するように天津自工は、この技術導入のプロジェクトで国から資金援助を一切受けず、すべて自分で資金を調達して技術導入、工場改造を実現した。

に直属の企業になった。それと同時に、生産計画、経営、貿易、組織調整などの自主権が拡大された。これによって、天津自工は天津市自動車産業の発展企画、生産経営、技術改造、利潤配分、市場販売、対外交渉、組織再編などに対して統合管理ができるようになり、戦略行動の実行を加速した。

### 3.3　日本への視察と軽自動車の技術導入

　1982年8月に軽自動車の重点生産メーカーに指定されると、天津自工は技術導入のためにさっそく外国メーカーと接触し始めた。1982年9月と11月に、それぞれ日本からスズキとダイハツの代表団を招聘し、軽自動車の技術導入の意向を伝え、情報を交換した。

　1983年1月20日から2月8日まで、天津自工の紀学激社長をはじめとする3人の技術者からなる技術視察団が日本を訪問し、各軽自動車メーカーのモデル、生産技術や生産管理などについて詳しく調査した。彼らは、ダイハツのS70T＝ハイゼット850シリーズ軽自動車が中国の事情に合っており、技術導入する基本モデルにふさわしい車種であるという意見を天津市政府に出した。その意見の背景には、S70T軽自動車とシャレード小型乗用車が同じシリーズのエンジンを使っていたこと、しかも、共通部品も多かったことがあげられる。天津自工の社長は、ダイハツの軽自動車を導入することが、いずれは天津自工の乗用車分野への進出につながると認識したのである[34]。

　そこで、1983年末に天津自工は「中国汽車工業公司」の部門と技術導入先との

---

(34)　中国汽車汽油機工業史と中国汽車柴油機工業史編委会編（1996）170頁による。さらに、1983年5月20日から6月8日まで「天津市軽自動車建設プロジェクト指導グループ」のメンバー及び技術者の一行15人が日本を訪れた。彼らは、ダイハツのS70TとスズキのST90Kの2つのモデルの軽自動車を技術導入の目標に絞っていた。帰国後、100名以上の技術者を組織して、この2つのモデルの図面、製品構造、部品製造の難易度などを中心に分析、研究、比較した。結局、「指導グループ」は前述の天津自工視察団の意見と一致し、ダイハツを軽自動車の技術導入先として選んだ。ダイハツを選択した理由は次の3点があげられた。ダイハツの製品シリーズには変形車種が多くて、当時、中国市場の軽自動車に対する多品種少量のニーズに適合すること、ダイハツの機械加工や鋳造工程の技術レベルはスズキよりやや後れていたが、わりに天津自工の製造レベルと合い、技術をものにしやすいこと、そしてダイハツの技術提携条件が比較的によく、価格も安いことである。

交渉結果をまとめ、技術提携の形で、ダイハツから技術を導入し、第一歩として、軽自動車年産2万台、軽自動車用エンジン4万台という規模で工場を改造・建設するというプランを策定した[35]。

　天津自工とダイハツは交渉を始めてから1年4カ月を経て、1984年2月25日に『軽自動車技術提携契約』[36]、『1984年600台軽自動車CKD部品輸入契約』と『CKD完成車組立に必要な設備と工具に関する契約』という3つの契約に仮調印した[37]。天津自工に導入されたハイゼット850シリーズ軽自動車は、80年代初期にダイハツで開発された旧いモデルである。モデルチェンジは1986年まで待たなければならなかったので、市場に早く進出するために、天津自工はこの旧いモデルを選んだのである[38]。

　当時ダイハツの技術開発部門にいて、天津自工との交渉の責任者であり、後に徳島大学の助教授になった高井和夫は、その交渉の最終段階と契約締結の意義に

---

[35]　中国汽車工業史編委会（1996）214-215頁による。1983年末にダイハツから軽自動車の生産技術を導入する行動プランを策定してからも、天津自工は引き続きダイハツ及びスズキと同時交渉を行っていた。天津自工のほかに、対外貿易担当の「中国汽車工業公司」の進出口（輸入輸出）公司、工場設計担当の「中国汽車工業公司」の設計研究院及び当時天津自工の直接業界管理部門の「中国汽車工業公司」京津冀聯営公司の関係者もこの交渉に参加した。時間を節約するために、彼らは商務、設計、工程、工場設計とCKD部品によって完成車組立を5つのグループに分け、各分野の交渉を同時に行ったが、天津自工はシャレードの生産技術の補充導入について、ダイハツと具体的に交渉した。1982年11月から、ダイハツと9回、スズキと6回の交渉を行った。交渉に参加した関係者は1カ月間休まず、春節を迎えても交渉を続けた。

[36]　天津自工が、ダイハツと調印した契約の有効期間は7年であった。契約によると、ダイハツはハイゼット850シリーズの17モデル軽自動車の技術資料の全部。並びに7年の契約期間内にダイハツが開発するハイゼット850シリーズの派生車や、変形車の全ての技術資料を天津自工に提供すること、同時に、天津自工が予定通り合格の製品が生産できるように、ダイハツは天津自工の製品開発技術者、工程技術者、管理者や技術労働者を500人月受け入れて養成し、ダイハツの技術者を180人月派遣して援助することとなっていた。

[37]　1984年3月3日に北京の人民大会堂で正式な調印式が行われ、当時、駐中大使だった鹿取泰衛、「中国汽車工業公司」会長の饒斌、天津市の副市長の李嵐清（現国務院副総理）などが出席した。

[38]　『中国汽車発動機工業史』編委会（1996）、169頁による。実際には、天井の高いミニバン、普通タイプのミニバンとミニトラックの3つの車種を生産した。エンジンはダイハツが1980年に開発した600$^{cc}$、41馬力のCD-20型エンジンを改造して843$^{cc}$に引き上げたものを使った。

ついて次のように語った。

> 「中国訪問は1984年1月、北京での最終交渉の場であった。期日がきてもなかなか交渉がまとまらず、春節（中国の旧正月）を越えてやっとまとまったのが2月中旬、3月には人民大会堂で調印式といったあわただしいスケジュールとなった。（中略）我々は軽トラック、バン（中国では微型車）の契約交渉で訪中していたが、当時進行していた外国からの導入計画は、AMCチェロキーと北京、VWサンタナと上海のみで、まだ生産は皆無であった。（中略）このような状況下で天津との軽自動車の契約締結は、日本メーカーの中国一番乗りであり、大きな意義あるものと意気込んでいたのを思い出す。その年の9月CKD生産が始まり、国慶節（10月1日）には第一号がラインオフ、引き続き1986年に小型乗用車（1000$^{cc}$クラス）の契約も締結された。その後10年、天津は中国自動車生産基地として国家プロジェクトの一翼を担って発展を続けてきている。」[39]

1984年6月12日、天津自工は（元15トン鉱山用トラックを生産していた）天津自動車製造廠「南工場」で軽自動車を生産するために、溶接、塗装や組立ラインの改造及び設備の取り付けを行った[40]。この「南工場」はすなわち、現在シャレードを生産している「天津市微型汽車廠」の前身である。他方、エンジン生産は農業機械のエンジンを生産してきた「天津市内燃機廠」で行われ、後のシャレードのエンジンも同工場で生産された。

### 3.4　内外調査と乗用車進出計画の策定

前述したように、1983年初めに日本を視察したとき、天津自工の社長はダイハツのハイゼット850軽自動車とシャレードが同一シリーズのエンジンを使い、二つ車種の部品には共適性も高いことに気づき、軽自動車ハイゼットを導入すれば乗用車シャレードの導入につながると認識した。その認識は、1983年に天津自工

---

(39) 高井和夫 (1995) 7-8頁による。
(40) 日本から輸入してきたCKD部品で第一号「天津大発」（ハイゼット850）車を9月25日に完成させ、年末までに500台を組み立てた。これにより、「当年契約調印、当年技術導入、当年完成車組立、当年市場に投入」ということで、当時中国で一番速いスピードで目標を達成した。

から中央政府へ出された『軽自動車の設計製造技術及び生産ラインの重要設備技術の技術導入プロジェクトの建議書』にはっきり現れている。この建議書において、天津自工はいま導入された軽自動車のエンジンを少し加工すれば、シャレード乗用車に乗せられることを中央政府に説明していた。S70T＝ハイゼット850シリーズ軽型車を導入すると同時に、シャレード乗用車のモデル車も導入することを建議していた[41]。

　さらに、この構想にもとづいて、天津自工は「1984年のダイハツ軽自動車導入の交渉、契約調印及び軽自動車の技術改造方案制定というプロセスの中で、すでに乗用車シャレードの導入計画を天津の軽自動車発展戦略の中に混入させていた」[42]のである。これによって、天津自工はダイハツと軽自動車の技術導入に関する交渉を通じて、シャレード乗用車の生産技術の補充導入についての方法をも、ほとんど完全に具体化させていた。また、軽自動車の第1期の技術改造工事は、溶接ラインを除いて、エンジン、シャーシー、塗装と組立ラインは全て年産3万台の規模で設計されたものであり、軽自動車と後で導入する小型乗用車との共用を考えて準備されていた。すなわち、天津自工は軽自動車の生産技術を導入すると同時に、乗用車生産の場所と設備をも準備していたのである。

　1984年末、天津自工は天津市政府に働きかけて、日本から300台のシャレード乗用車を輸入し、天津市のタクシー会社、政府機関及び大型企業に配分して、シャレードを使用した際の性能、品質、経済性、市場ニーズなどについて追跡調査を行った。調査の結果、シャレードの燃費、性能、品質、価格などについてユーザーからは高い評価が得られた。特に、タクシー運転手の反応はとても良く、シャレードがこれから国内のタクシー会社や運転手にとって、最も人気のある製品になることが予測された。

　以上の調査結果を受けて、天津自工は技術者の一部にシャレードの技術性能や経済性などについて集中的に分析させ、国家第7次5カ年（1986-1990年）計画の期間に小型乗用車に進出するための経営方針を策定し始めた。ただし、この時期の天津自工は新型乗用車での市場参入を考えていただけで、導入する乗用車モデ

---

(41) 中国汽車工業史編委会（1996）227頁による。
(42) 天津市汽車工業公司弁公室史誌編修組（1992）98頁による。

ルの製造の難しさは、あまり気にとめていなかったようである。実際、1984年に導入された古いモデルのハイゼット軽型車は、自動車の量産経験のあまりなかった天津自工の製造能力からすれば難しかったが、次に導入しようとしたシャレード乗用車のほうが、もっと能力ギャップが大きかったのである。

### 3.5 小括：技術導入・市場開放初期における認識能力

　ここで本書の分析枠組にしたがって、天津自工の認識能力の観点から、70年代の末から80年代の半ばまでの技術導入、市場開放初期における天津自工の戦略ビジョンの策定過程をまとめる。天津自工は独自の完成車製品もなく、生産能力も弱小という状態からスタートして、政府の車種調整政策に適応しつつ積極的に内外の市場調査を行い、まず軽自動車、次に乗用車市場へ進出する戦略ビジョンを策定していった。その中で、天津自工は市場のニーズおよびそれに適応する導入製品については比較的深く調べたが、自社の技術能力に対する考慮は不足していた。導入しようとした乗用車の技術水準と、天津自工の技術レベルの格差は大きかった[43]。

### 4. 乗用車技術導入と市場ニーズとの適合

　これまで、技術導入・市場開放初期における天津自工の導入戦略の策定過程と、認識能力を分析してきた。天津自工は、技術導入・市場開放初期に、つねに積極的に環境条件の調査を行い、乗用車への参入を考慮に入れた成長戦略を練ってきたのである。この節では、資源投入能力の観点から、天津自工が乗用車の技術を導入した後、それまで生産してきた車種によって得た利潤を小型乗用車の発展に投入し、ステップ・バイ・ステップで成長していく過程を見ていこう。その中で、

---

(43) つまり、技術導入・市場開放初期における天津自工は、積極的に市場調査を行い、早期に市場ニーズの変化を察知し、乗用車市場へ進出する戦略ビジョンを策定していった。その中で、天津自工は市場のニーズおよびそれに適応する導入製品について他社よりも大規模な調査を行い、それに応じた製品を選定した結果、次期に乗用車生産の量的拡大に有利な条件を整えることができたのである。ただし、天津自工は自社の製造能力に対する考慮が不足していたため、選択した乗用車技術と自社の製造能力とのギャップを如何に埋めていくかが重大の問題として残されていた。

特に乗用車ニーズが高まった時期における資金調達の方法の転換、生産体制の調整、乗用車生産へ集中投資、部品供給体制の構築や販売体制の整備など、資源投入能力の評価について重点的に観察していきたい。

### 4.1 市場変化の活用と乗用車技術導入の実現

　80年代の半ば、中国では乗用車の輸入が急速に増えてきた。当時、中国国内では上海自工が少量の乗用車を生産していただけで、市場のニーズには遥かに及ばなかった。したがって、国内の乗用車生産の能力を強化し、輸入車を阻止しようという世論が高まり、中国政府も乗用車量産の技術導入の政策について真剣に検討しはじめた。

　この機会を利用して、天津自工は1985年末に、天津市政府を通じて「中国汽車工業公司」に『小型乗用車技術導入と補充生産のスタートに必要な装備及び設備に関する建議書』を提出した。その中で天津自工は、1986年から1990年にかけて年産2万台の軽自動車の生産能力を形成すると同時に、3万台の小型乗用車の生産能力を達成するという計画を打ち出した。

　これに対して、1986年3月1日に「中国汽車工業公司」は次のような意見を出して、天津自工の「建議書」を一応認可した。

　　「第七次五カ年計画（1986-1990年）の期間に2万台の軽自動車を生産すると同時に、3万台の小型乗用車を生産するという天津市のプロジェクトは、重大プロジェクトである。このような重大プロジェクトは、充分な調査研究にもとづいて可能性を論証した後、優れたメーカーを選び、集中的に建設すべきである。しかも、上級に報告して国の認可が必要である。ただし、従来の製品の上に派生する乗用車は別である。それ故、すでに導入したダイハツの軽商用車の製品と製造技術に基づいて、乗用車シャレードの製品と製造技術を補充導入したり一部の装備や設備を導入したりすることには同意する。」[44]

　1986年3月14日、天津市政府は小型乗用車を補充導入するというプロジェク

---

(44) 中国汽車工業史編委会（1996）228頁による。

トの研究報告を認可した。さっそく、天津自工は同3月18日に2290万元を支払って、ダイハツと『シャレード乗用車技術導入契約』に調印し[45]、同年、ハイゼット軽型車の生産ラインで輸入したCKD部品でシャレード乗用車を60台組み立てた。導入したシャレードは、ダイハツが1987年2月にモデルチェンジしたばかりの最新モデルであった。そのエンジンはG100系、排気量993cc、51.7馬力のCB-23型エンジンである。しかしながら、前述したように、天津自工は最新モデルでの乗用車市場への参入を考えただけで、80年代末に開発された最新モデルの製造の難しさは、あまり気にとめていなかったようである。

一方、当時ダイハツが天津自工と小型乗用車の技術提携をした背景について、岩原拓は次のように述べている。

「中国は、『技貿結合』(技術導入と完成車輸入を結びつける) 政策[46]の推進並びに第七次五カ年計画の策定段階において、乗用車生産体制の拡充を目指して、日本メーカーに乗用車生産に関する協力要請を頻繁に打診した事実がある。この時期にそれに応えたのがダイハツ工業ただ一社。軽商用車技術援助の延長として『シャレード』の生産技術供与を追加した。ダイハツが中国での乗用車生産に踏み出したのには理由がある。当時は、日本の乗用車メーカー各社はこぞってアメリカへの工場推進、ヨーロッパでの現地生産にも手を着けはじめていた時期である。しかし、ダイハツだけはアメリカでの現地生産を見送らざるを得ず、第三市場への展開を目指した。結果的に実現しなかったが、ポーランドでの国民車生産プロジェクトへの参画を検討したのもその一例であり、中国での提携拡大は当時のダイハツにとっては海外市場進出において『次善の策』でもあった。」[47]

---

(45) その契約の内容はハイゼットの契約と似ていた。契約期間は同じ7年間であったが、技術者の交流は少し減らされた。ダイハツは天津自工の製品開発技術者、工程技術者、管理者や技術労働者を250人月受け入れて養成し、ダイハツの技術者を天津に100人月派遣して援助することになっていた。

(46) 「技貿結合」政策は中国政府が80年代半ばに主に日本のメーカーからトラックの生産技術を導入するために、一定の量の完成車を輸入することを条件に比較的安価な技術供与ロイヤリティを払うという、いわゆる技術導入と完成車輸入を結びつける政策である。

(47) 岩原拓 (1995) 75頁による。

第5章　天津自工における市場機会の探求適合戦略　**153**

　天津自工が組み立てたダイハツのシャレードは、初めからすでに「夏利」という中国のブランドであった。これは当時、天津市市長の李瑞環（現在全国政治協商会議主席、中央指導部のナンバー4）が、1986年1月14日に天津自工の乗用車技術導入会議中にシャレードの中国語訳の発音から作ったもので、「華夏（中国の別称）に利をもたらす」という意味である。これに関連して、すでに導入されていたハイゼット・ミニバンのブランドも、後ほど「天津大発」から「華利」と改名した。

　この一連の事実から、国務院は1987年8月に天津自工を「3大3小」乗用車生産基地の小基地の一つとして位置づけた。しかも、天津自工は「3大3小」のなかで唯一外国メーカーと合弁せずに、民族系資本の乗用車生産メーカーとして存在することになった。

## 4.2　「以老養新」の成長パターン

　乗用車シャレードの生産技術を導入した前後、すなわち1983年から86年までの間、天津自工の内部では如何に乗用車を中心とする軽自動車を発展させていくかについて意見が2つに分かれていた。1つは、上海自工のように導入された新製品に集中し、それまで生産していた車種の生産量を次第に減らして、最後には廃止するという意見である。もう1つは、それまで生産していた製品をできるだけ増産し、その利益によって乗用車と軽自動車生産の開始と発展を支え、乗用車と軽自動車を十分に発展させてから、従来の車種の改造を促進するという意見である。結局、天津自工は政府の投資や外資の協力が得られない現実から出発し、後者の「以老養新、以新促老」（古製品を以て新製品を養い、新製品を以て古製品を促進する[48]）という道を歩んだ。

---

(48)　天津自工は、日本とイギリスのメーカーから設計図や金型を80年代後半以降購入して、それまで生産していた小型トラックとミニバスのモデルチェンジを行った。しかし、天津自工の小型トラックとミニバスのモデルチェンジは単なるボディのチェンジに止まり、シャーシーは変わらなかった。90年代に入ると、南京自工（IVECO）、「慶鈴」（重慶いすゞ）や「江鈴」（江西いすゞ）など、新しい技術を導入してきた小型車メーカーが参入し、さらに第一自動車や東風自動車のような大型企業に開発された新型車も市場に投入されるようになり、小型車市場の競争はますます激しくなった。そのため、天津自工は従来の製品が思う通りに伸びず、販売不振に陥ってしまった。「以新促老」を、如何に行うかという課題は未だに天津自工に残されている。また、『中国汽車報』1997年5月19日

当時、中国の小型トラックと小型バスはまだ供給不足であり、生産メーカーが乱立していた時期であった。一方、図5-1で示したように、軽自動車を導入した1984年、天津自工はTJ 130小型トラックとTJ 620小型バスの生産量は1万台近くに達し、部品を含めて年間の利潤額は5439万元であった。さらに、シャレードの生産がスタートしたばかりの1988年の時点で、従来の2車種の生産量はすでに3万台を超えていた。特にTJ 130小型トラックの生産量は、それまで130小型トラックを生産してきた北京第二自動車製造廠よりも多く[49]、「以老養新」の役割を果たしていた[50]。

一方、1986年に導入された小型乗用車は、87年から「天津市微型汽車廠」の軽自動車生産ラインに混じって組み立てられはじめた[51]。88年末には「天津市微型汽車廠」の軽自動車第1期工場改造工事[52]が完成した。これによって、乗用車の溶接ラインを除いて、エンジン、シャーシー、塗装と組立ラインは、全てハイゼット軽自動車とシャレード乗用車の混合ラインとなり、あわせて年産3万台の生産能力を達成した。続いて88年8月から実施されていた第1期工場改造工事の

---

によると、1997年以来、「農用車」のニーズが（農用車より）高性能の小型トラックへ移りはじめ、天津自工の小型トラックは価格の安さを利用して、一時的に販売が回復していたこともある。農用車の価格が1.5-2.5万元であるのに対して、天津自工の小型トラックは3万元、第一自動車の「小解放」は5万元程度であった。また、外国ディーゼルエンジンを搭載したものは8万元程度、輸入小型トラックは10-12万元であった。天津自工の製品が、低収入の農民消費者に対して価格面の優勢を持っているのである。

(49) 中国の小型トラックの生産状況について田島俊雄（1996）を参照されたい。

(50) 1988年、天津自工の小型トラックと小型バスの市場利潤が年間1.6億元以上に達成し、前述のシャレード乗用車の2290万元の導入費用や後述の1989-91年の9年間分の5.6億元の対軽自動車と乗用車の投資を考えると、当社の小型トラックと小型バスの利益率で新車種の発展への貢献が大きかったと言わざるを得ない。

(51) 1988年1月1日に天津市自動車製造廠の「南工場」は、「天津市微型汽車廠」として独立し、軽自動車と小型乗用車の生産に専念することになった。

(52) 天津市汽車工業公司弁公室史誌編修組（1992）91頁による。第一期工場改造工程は1985年1月から1988年年末まで4年間をかけて、2.567億人民元（そのうち2774万米ドルは外貨）を投下して、天津自動車製造廠「南工場」と天津市内燃機廠を中心とする技術改造工程である。その資金のほとんどは天津自工自身の留保利潤から捻出されたものであった。

第5章　天津自工における市場機会の探求適合戦略　**155**

図5-1　天津自工における各車種生産量の推移（1983-1994年）

単位：台

| | TJ130小型トラック | TJ620小型バス | ハイゼット軽型車 | シャレード乗用車 | 合計 |
|---|---|---|---|---|---|
| 1983 | 6,252 | 867 | 0 | 0 | 7,119 |
| 1984 | 8,510 | 1,085 | 500 | 0 | 10,095 |
| 1985 | 13,558 | 2,229 | 5,000 | 0 | 20,787 |
| 1986 | 17,020 | 2,506 | 1,956 | 60 | 21,542 |
| 1987 | 23,500 | 3,066 | 3,500 | 100 | 30,166 |
| 1988 | 27,953 | 5,106 | 9,329 | 2,873 | 45,262 |
| 1989 | 21,523 | 2,408 | 14,031 | 1,274 | 39,236 |
| 1990 | 10,170 | 4,473 | 9,400 | 2,920 | 26,963 |
| 1991 | 13,159 | 9,833 | 10,441 | 11,261 | 44,694 |
| 1992 | 17,477 | 14,668 | 13,420 | 30,150 | 75,715 |
| 1993 | 17,713 | 11,751 | 30,738 | 47,850 | 108,052 |
| 1994 | 12,027 | 7,666 | 44,297 | 58,500 | 122,490 |

凡例：TJ130小型トラック／TJ620小型バス／ハイゼット軽型車／シャレード乗用車

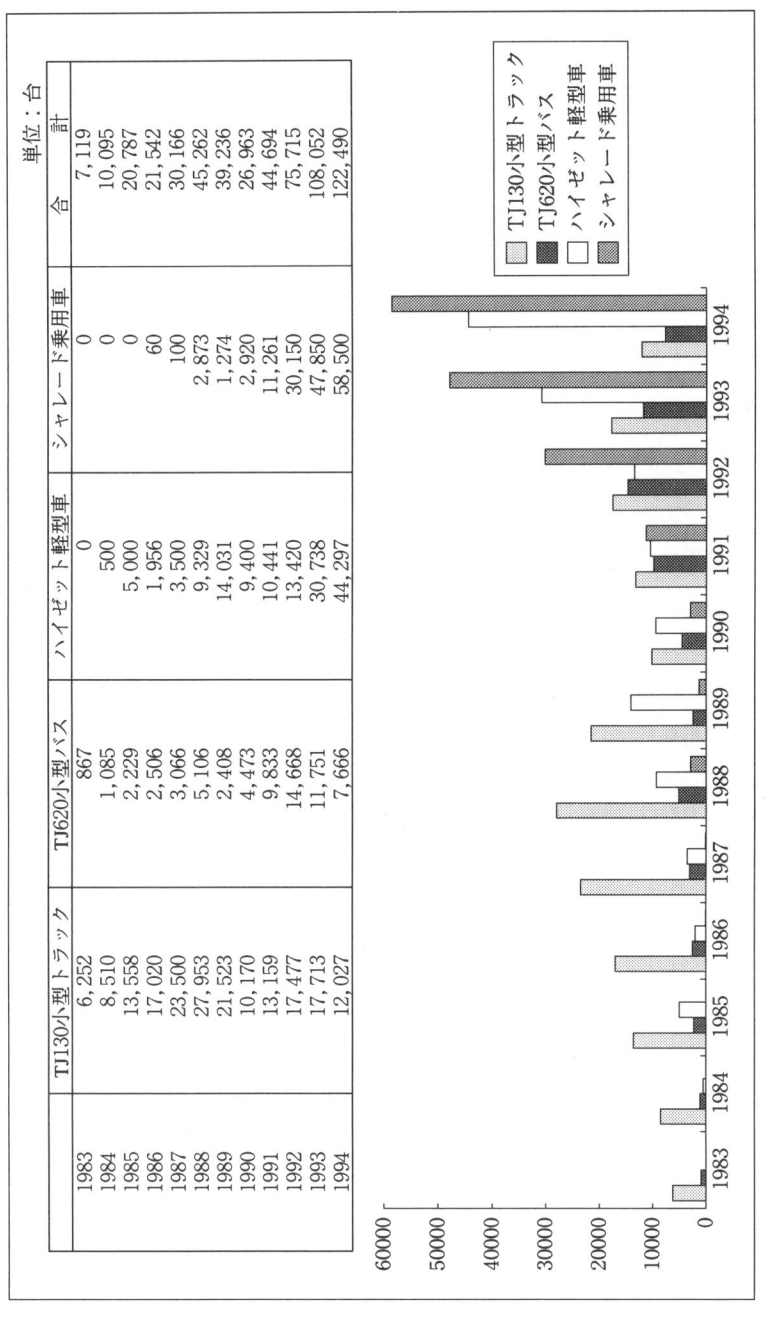

出所：汪声鑾（天津自工の元副社長、総技師）『天津汽車工業発展的十年回顧与展望』、『天津汽車』1993年第2期5頁と1993、1994年天津自工広報資料による筆者作成。

注：ここに出た数字は各年度の『中国汽車年鑑』のデータと若干合わないところがある。

補充工事[53]も、89年8月までの1年間で完成した。この工事で、上述の混合ラインに年産3万台の乗用車ボディの溶接ラインを新設し、天津自工は実際にはこの時点で、すでに年間3万台の小型乗用車の生産能力を確立していた。

更に、1990年から92年の年末にかけて、総投資23,695万元の軽自動車第2期工場の改造工事が、ほぼ全面的に完成した。これより、「微型汽車廠」は年間ハイゼット軽自動車2万台と、シャレード3万台の生産能力を持つようになった。天津自工は、1992年7月に「天津市汽車廠」にハイゼット軽自動車を移転させた[54]。そこで、「天津市微型汽車廠」は、1987年から5年間に及んだ軽自動車と小型乗用車の混合生産に終止符を打ち、その第1期と第2期技術改造工事で作ってきた年間5万台の生産能力を、シャレード乗用車生産に集中させた[55]。

1983年から92年にかけての10年間、天津自工の技術改造と固定資産投資額は合計9.1億元であった。そのうち、1983-91年の9年間分の5.6億元は、軽自動車と小型乗用車を生産してきた「天津市微型汽車廠」と、そのエンジンを生産していた「天津市内燃機廠」の技術改造に使われ、1億元は天津自動車製造工場の3万台小型トラック（後に軽自動車の生産に切り替え）生産ラインの建設に、0.4億元はTJ 620ミニバスの生産工場「天津市客車廠」の技術改造に、2億元ほどは部品工場の技術改造に投資された[56]。この間、天津自工は市場の変動に応じて、生産体制を一歩一歩調整していったが、結局、その投資は軽自動車と小型乗用車

---

(53) 楊桂栄（1993）10頁による。第一期工場改造工程の補充工程は実際に10,836万元が投入されたが、その資金の出所は天津自工の留保利潤と銀行の貸付金から捻出されたものであった。

(54) その工場では、1991年末は出来上がった年産3万台小型トラックの新しい溶接、塗装と組立ラインを利用しており、ハイゼットの生産にその後切り替えた。この「天津市汽車製造廠」は1995年4月にマレーシア資本（ライオン集団）と合弁し、「天津華利汽車有限公司」と改名した。マレーシア側の出資率は50％で、副総経理（副社長）が一人マレーシア側から来ているだけである。生産や技術の管理は依然として中国側がやっている。

(55) 楊桂栄（1993）10頁。さらに、1992年8月に国務院の許可を受けて、1993年から72,786万元を投下し、10万台のシャレード乗用車用エンジンの生産能力を達成するために、天津内燃機廠、発動機廠と汽車鍛造廠で新しい拡充工程に着手した。

(56) 汪声鑾（天津自工の元副社長、総技師）（1993）と天津市汽車工業公司弁公室史誌編修組（1992）109,112,117頁による。ただ、完成車とエンジン工場に投下した5.6億元は1983年から1991年まで9年間の数字である。ほかは10年間の合計である。

の完成車とエンジンに集中し、特に乗用車生産がその重点中の重点となった。

　1993年6月、天津市政府は自動車産業を天津市の「支柱（基幹）産業」にすることを決定した[57]。天津自工に、3年間で20億元以上の追加投資を行い、天津市技術改造[58]の「第1号工程」として「微型汽車廠」「内燃機廠」（エンジン）「汽車歯輪廠」（トランスミッション）「汽車橋廠」（アクスル）と「盤式制動器廠」（ディスク・ブレーキ）の5つの工場を拡充して、1995年末までに小型乗用車15万台の生産能力にする計画を立てた[59]。その後、天津自工は、この計画を「第3期工場改造工程」計画として、天津市政府を通じて中央政府に報告した。このプロジェクトは、1994年初めに国務院から正式に認可を受け、総投資22.13億元で94年4月から工事に着手し、95年末までにほぼ完成した[60]。

　こうして天津自工は、中央政府が1994年の自動車新産業政策で要求した大型乗用車生産基地の基準、すなわち95年までに15万台の乗用車生産能力を持つという基準を達成し、従来の中国乗用車生産の「3小」基地の1つから、第一自動車・東風自動車・上海自工の「三大基地」に並ぶ「4大基地」の1つに昇格した[61]。

---

(57)　ただし、天津市政府は初めから自動車産業に対しては財政収入や雇用確保の面をより重視し、産業育成政策でもり立てているが、自動車産業を「第一支柱（基幹）産業」とした上海市政府ほど積極的に人材面での支援をしなかった。したがって、天津市政府は上海を模倣して「自動車産業指導グループ」を設けたが、あまり積極的な活動は見られなかった。その上に、天津自工は上海自工のような市政府との人材交流もほとんど行っていなかった。

(58)　1993年、天津市の産業構造改革するために、天津市政府は市内のすべての産業に対して調査し、市全体の産業と企業の技術改造の企画を定めた。

(59)　『1994中国汽車年鑑』19頁による。

(60)　1996年5月に筆者の天津自工社内調査による。その投資の内訳は、中央政府18億元、地方政府2億元、天津自工自社調達2億元であった。

(61)　例えば、機械工業部部長の何光遠は、1994年9月20日の機械部の自動車産業政策貫徹の座談会での談話において、公式に第一自動車、東風、上海自工と一緒に天津自工を「乗用車生産の四大企業」と称した。ただし、中央政府はあくまでも天津自工を1つの軽型車（中国語で「微型車」）生産メーカーとして扱い、自動車生産のフルライン化を認めはしない。また、この10年間天津自工の生産は急速に成長してきたが、中央政府につながる人脈は余りできていない。元市長の李瑞環（現任全国政治協商会議主席）と元副市長の李嵐清（現任副総理）との間接関係しか持ってない。この2人もいまは自動車政策の制定に対してあまり関与できない状態である。

## 4.3 部品調達先の転換と部品生産投資不足

軽自動車を導入した後、資金能力、特に外貨調達能力の限界により、天津自工は部品の国産化を早く実現しようとした。1984年に導入した軽自動車の部品についての技術分析、製品試験、工程試験、材料試験や技術標準の転化などについては、契約調印の前にすでに着手していた。比較的製造しやすい部品、例えばバッテリー、タイヤ、ジャッキ、シートなどの国産化は技術導入した1984年にすでに完成し、その年の国産化率は8.8%であった。

軽自動車部品の生産メーカーの選択についても、完成車とエンジン工場の技術改造工事に着手するより1年早く行った。部品メーカーの選択について、天津自工は「先内後外、先近後遠」(先に企業内部のメーカー、その後に企業外のメーカーを、先に完成車工場に近いメーカー、その後に遠いメーカーを選ぶ)という原則を定めた。導入されたハイゼット軽自動車のCKD部品の種類は1,070種であったが、完成車とエンジン工場に158種、天津自工内部の部品工場に234種、外部の工場に656種、天津自工の内部と外部の部品工場に同時に22種というように配置した[62]。天津自工が、外部の部品メーカーに発注した656種の部品について、天津地域の内外の配置比率は公表されなかったが、地域内の工場で製造されていない一部の品目は「中国汽車工業公司」を通じて「中国汽車工業公司」の部品メーカー及び従来の軍事品生産工場に発注された。天津自工の直接の監督機関であり、投資主体でもある天津市政府の、地域内の財政収入や雇用確保を重視する立場から考えれば、天津市地域にある115社の自動車・同部品企業に、優先発注したのはほぼ間違いない。

一方、資金を節約するために、天津自工は自社傘下の40余りの部品生産メーカー(表5-2参照)を、できるだけ活用した。天津自工は25,670万元の投資を、「微型汽車廠」(完成車の溶接、塗装、組立)と「内燃機廠」(エンジン)を中心とした軽自動車第1期工場技術改造工事(1985-1988年)に行うと同時に、軽自動車の部品を供給するために、傘下の32の部品工場に4,184万元を投下し、35の技術改造のプロジェクトを進めた[63]。その後、第2期工場改造工事(1987-1992年)で

---

(62) 天津市汽車工業公司弁公室史誌編修組(1992)95-96頁による。
(63) 天津市汽車工業公司弁公室史誌編修組(1992)96頁による。

も天津自工は、部品メーカーに合計2億元ほどの資金を追加投入した。それは、その時期に完成車工場とエンジン工場の技術改造に投資した額のおよそ4分の1ほどを占めていた[64]。

他方、CKD部品導入の外貨不足などが原因で、表3-4にあるように、ハイゼット軽自動車の国産化率は、1984年の技術導入以来急速に上昇し、80年代末にはすでに90％に近づいた。それは、同じ時期に導入された上海VWのサンタナの国産化の後れとは明らかに対照的であり、政府部門やマスコミに一時は高く評価された。

しかしながら、そうした急速な国産化の裏では、完成車生産量の急増に国産化部品の一部が追い付かず、完成車の組立ラインが止まったり、製品の品質が落ちることがあった。90年代に入ると、国内の世論も国産化の速さに対する評価から、その品質の悪さに対する批判へと転換した。こうしたことから天津自工は、シャレード乗用車の部品国産化についてハイゼット軽自動車より慎重になった。表3-4にあるように、1989年から92年までの3年間で、シャレードの国産化率を7％しか増やさなかった。一方、品質を保証するために、天津自工はシャレード乗用車の部品生産を社外、さらには天津地域外に拡散せざるを得なかった。この結果、1994年には自社以外の部品のサプライヤーに供給された部品が、国産化部品の43.7％を占めた[65]。そのうち、天津自工以外の天津地域内の部品メーカーからの供給は6-7％に過ぎなかった。これは、サンタナ部品に供給している上海自工以外の上海地域のメーカーの15％より少なかった。その原因は、天津市政府が上海市政府のように積極的に、地域内の部品産業に投資しなかったことにある。

天津自工傘下の部品工場及び天津地域の部品メーカーの品質不良の原因の一つは、完成車工場に比べた投資が少ないことにあった。公表された数字によると、第7次5カ年計画（1986-90年）の5年間、天津自工は技術改造と固定資産に5.9億元を投入したが、80年代の10年間における部品メーカーへの投資は1.3億元

---

(64) 同時期に上海自工は部品工場に投下した資金が完成車工場への投資より多かった。
(65) 中国汽車技術研究中心情報所編輯（1996）16-17頁による。1994年には自社以外の部品のサプライヤーが120余社に上り、そのうち地域外のメーカーは80余社があった。

表5−1 天津自工の工場体系

| | 工場名 | 主要製品 | 技術導入先と方式 |
|---|---|---|---|
| 組立工場 | (1) 微型汽車廠 | シャレード乗用車 | |
| | (2) 華利汽車公司 | 軽自動車と小型トラックなど | (日)ダイハツから技術提携 古河電工とブレーカーを合弁生産 (マレーシア)プロトンと資本合弁 住友電装とワイヤーハーネス合弁生産 |
| | (3) 三峰客車有限公司 | TJ620小型バス | |
| | (4) 拖拉機廠 | 大型と中型トラクターと小型トラック | |
| エンジン工場 | (5) 内燃機廠 | 軽自動車と小型乗用車用エンジン | (日)ダイハツから技術提携 |
| | (6) 天津豊田発動機 | 乗用車用エンジン | (日)トヨタと合弁 |
| | (7) 汽車発動機廠 | 小型商用車用エンジン | |
| 部品工場 | (8) 汽車歯輪廠 | トランスミッション | |
| | (9) 汽車橋廠 | 小型トラックのアクスル | |
| | (10) 客車橋廠 | シート、ばねなど | |
| | (11) 暖風機公司 | 小型バスのアクスルなど | (日)アラコと合弁 |
| | (12) 連桿廠 | 小型トラックとシャレードのヒータ | |
| | (13) 汽車配件5廠 | 小型トラックエンジンの連接棒 | |
| | (14) 汽車水泵廠 | 小型トラックのbrake master cylinder | |
| | (15) 化油器廠 | 自動車の水ポンプ | |
| | (16) 汽車電器廠 | 気化器のユニット | (日)日本愛三工業と合併 |
| | (17) 散熱器廠 | レギュレータ、ディストリビュータ | |
| | (18) 活塞環廠 | ラジエータ | |
| | (19) 空気濾清器廠 | ピストン・リング | |
| | (20) 汽車配件配件廠 | ガソリン・フィルタ、空気清浄器 | |
| | (21) 発電機総廠 | 発電機、スタータ | |
| | (22) 汽車儀表総廠 | ダッシュ板 | |
| | (23) 汽車配件6廠 | 自動車用ネジ、オイル・ポンプ | |
| | (24) 弾簧廠 | ばね | |
| | (25) 内燃機磁電機廠 | 磁石発電機 | (日)日本電装と合併 |
| | (26) 汽車精密鋳件廠 | 鋼鋳物 | (日)トヨタ自動車と合併 |
| | (27) 汽車鍛件廠 | 鍛造部品 | (日)トヨタ通商と合併 |

第5章　天津自工における市場機会の探求適合戦略　**161**

| | | | |
|---|---|---|---|
| ㉘ | 維克斯徳滤清器有限公司 | オイル・クリーナ | (米)Dana Corporation と合弁 |
| ㉙ | 光盈汽車鏡有限公司 | バック・ミラー | (香港)Yin Shau Limited と合弁 |
| ㉚ | 津福塑料件部品公司 | ハンドホイール、プラスチック部品 | (香港)FOOK ka shuk Trading Co. と合弁 |
| ㉛ | 津邦汽車車身附件有限公司 | ドア・ロック | (香港)China Bond Services LTD. と合弁 |
| ㉜ | 専用汽車廠 | 小型トラックの特装車 | |
| ㉝ | 汽車底盤部件総廠 | かじ取り機構 | (日)トヨタ自動車と合弁 |
| ㉞ | 汽車車輪廠 | 小型トラック、バス、乗用車のホイール | |
| ㉟ | 汽車減震器廠 | 小型トラック、バスの緩衝器 | |
| ㊱ | 汽車燈廠 | ランプ | (日)関西ペイントと合弁 |
| ㊲ | 汽車刮水器廠 | ワイパ | (日)アスモと合弁 |
| ㊳ | 交通器材廠 | エレクトリック・ホーン、継電器 | (日)富士通テンと合弁 |
| ㊴ | 活塞廠 | ピストン、ホイール・アーチ | |
| ㊵ | 汽車刹車廠 | ブレーキ・ホース | (日)豊田合成と合弁 |
| ㊶ | 汽車軟軸廠 | フレキシブル・シャフト、ボーデン・ケーブル | (台湾)Variform Industry LTD. と合弁 |
| ㊷ | 汽油泵廠 | ガソリン・ポンプ | |
| ㊸ | 汽車制動器廠 | 乗用車リヤー・ブレーキ | |
| ㊹ | 汽車配件1廠 | 小型トラックと乗用車のクラッチ | |
| ㊺ | 汽車配件2廠 | 手ブレーキ | |
| ㊻ | 汽車配件7廠 | ステー | |
| ㊼ | 汽車変速箱配件廠 | ミッション・ケース、ギヤー・ボックス・カバー | |
| ㊽ | 変形散熱器廠 | ラジエータ | |
| ㊾ | 内燃機証墊廠 | シリンダ・ガスケット | |
| ㊿ | 汽車歯輪配件廠 | ギヤ部品 | |
| 51 | 汽車工業進出口公司 | ウエザーストリップ | (日)鬼怒川ゴム工業、(香港)Star Light Rubber & Plastic |

出所：天津自工の広報資料と筆者の現地調査によって、筆者作成。

に過ぎなかった[66]。同第8次5カ年計画（1991-95年）では、48.5億元の総投資のうち、乗用車の完成車とエンジン工場に36.94億元を投下したのに対して、部品工場には6.01億元しか投下しなかった[67]。こうした資金不足に対して、天津自工は1994年から、傘下の部品メーカー全体に対して技術改造という従来の方針から、限られた資金を一部メーカーに絞って重点的に投資するという新しい方針へと転換した[68]。さらに、天津自工は第9次5カ年計画（1996-2000年）では、完成車メーカーの投資額に対する傘下部品メーカーへの投資額比率を、第7次5カ年計画中（1986-1990年）に上海自工が実現した1対1に引き上げ、部品生産能力を増強させるという計画を立てた[69]。

## 4.4 販売システムの構築と代理店の試行

部品生産における地域内調達志向とは対照的に、天津自工の完成車の販売は全国的な規模で強化されていった。

1996年時点における天津自工の販売システムは、天津自工の「銷售総公司」（販売会社）を中心に、以下の4層の販売組織から成り立っていた。すなわち、天津自工が100％を出資する「銷售分公司」（販売支店）、天津自工が55％を出資する省レベル以上の地元企業との合弁（A級）販売代理会社、天津自工が20％を出資している地区・市レベルのB級契約販売代理店、及び天津自工が出資していない、A・B級代理店の下にあるC級代理店である。

天津自工が100％出資している販売支店は、1996年12月現在で広州、上海、北京に3社あり、また海南支店が計画中であった。販売支店は独立法人であり、所在地の大都市周辺のいくつかの省の販売業務も扱っていた。完成車の販売のほかに、支店には補修部品倉庫や、いくつかのメンテナンス・センターも備えられて

---

(66) 天津市汽車工業公司弁公室史誌編修組（1992）116頁による。
(67) 『天津汽車報』1995.11.1の記事「狠抓重点産品　加速技術改造」による。
(68) 1994年に中央政府の認可を受けて、天津市政府と天津自工は4.9億元を投下し、天津自工傘下の底盤部件（シャーシー部品）総廠、装飾（内装）公司、彈簧（スプリング）廠、暖風器（ヒータ）公司、電器廠、車燈（ランプ）廠、減震器（ショック・アブソーバ）廠や車輪廠など8つの部品生産企業に対して重点的に技術改造を行った。
(69) 李殿林・張中傑（1996）による。

第5章　天津自工における市場機会の探求適合戦略　**163**

いた。

　天津自工のA級販売代理会社は「中国汽車貿易総公司」、「中国汽車工業銷售総公司」及び大型生産財販売会社のように、従来天津自工の製品を扱ってきた実力ある会社の地方支店をパートナーとして選択し、省もしくはより大きな地域、例えば華北地区や東北地区に合弁で販売会社を設立し、天津自工の製品を専売している。1996年12月現在、そのようなA級販売会社は23社で、試行中のところを含めると30社余りになっていた。

　一方、省以下の地区や市レベルのB級契約代理店は50-70ヵ所を目指して、1996年末現在で40余ヵ所が試行中であった。また、C級代理店は、A級やB級の代理店によって選択され、彼らの二級代理店として存在している(70)。

　天津自工が日本、特にトヨタ自動車の販売方式を真似て代理店制度を試行したことは中国における自動車販売の新しい試みである。その中で、A級の販売代理会社は、それまでの店頭販売という範囲を大幅に超えて、さまざまな新しい業務を取り入れた。例えば「華北銷售有限公司」は完成車販売、補修部品供給、修理サービス、情報フィードバックという「四位一体」のサービスを提供すると同時に、販売前に53項目の品質検査を行い、出荷製品の品質に対して全面的な再チェックを行っている。また販売のほかに、顧客に代わって車の保険、工商証明書、ライセンス・プレート、道路使用料上納などの手続きを進めている。さらに、中古車の回収、新車への交換、新車レンタカーなどの業務もやり始めた。また、従来の販売ネットワークを積極的に活用してC級代理店を増設したり、完成車生産工場のサービス部門と連携して、顧客の要求に応じて工場から直接納車するなど、さまざまな販売手段を工夫した(71)。こうした販売体制の整備につれて、天津

---

(70) 『中国汽車報』1996年12月5日の特定テーマ報道「構造営銷体系中多層次框架－天津汽車工業銷售総公司試行代理制作法介紹」による。

(71) 『朝日新聞』1995年12月1日の記事によれば、90年代前半、シャレードの半分強はタクシー向けで、四割弱が公用車や法人需要で、個人向けは一割に満たさなかった。増販の成否はマイカー需要の掘り起こしにかかっているとみて、天津自工は1995年から黄と赤の二色しかなかったボディーカラーに、ブルー、黒、金色などを追加した。高級なシート地を使い、装備の充実した「豪華車」の受注も始めている。さらに、宣伝にも力を入れ始めた。天津自工は1994年、年間1,000万元（約1億2,000万円）を広告宣伝費に投入した。テレビコマーシャルに400万元、天津市内の広告塔の新設に300万元をかけ、その

自工自体も順調に成長し、総販売台数は1995年の第5位から96年には一気に第3位になった。また、シャレードは、1994年には全国のタクシーの60%のシェアを占めるようになった[72]。

## 4.5　小括：乗用車ニーズ成長期における資源投入能力

　ここで本論文の分析枠組にしたがって、資源投入能力の観点から、80年代の半ばから90年代半ばまでの乗用車ニーズが成長した時期、天津自工がとった戦略の実行過程をまとめる。小型乗用車の技術導入の計画を果たした後、政府や外資の投資に大きく期待できない天津自工は、従来から生産していた車種を温存し、得られた利潤を乗用車の工場建設に重点的に投入して、次第に乗用車生産を拡大するという「以老養新」方針を採用した。しかしこの過程で、資金の制約および品質軽視の傾向のために、投資が完成車に偏り、部品への資金投入が不足した。要するに、この時期に天津自工は資金、設備、人員などを乗用車生産に重点的に配分し、乗用車の生産規模を早期に拡大させていったが、部品生産の拡大では後れを取った[73]。

---

　　　後、さらに増額した。
(72)　『中国汽車年鑑』(1995年版) 49頁。ただし、これからの天津自工の道はそれほど平坦ではないであろう。1996年初めから上海や北京など大都市がエンジン排気量の1L以下の自動車に対する制限政策を相次いで出したため、天津自工の軽自動車と小型乗用車の販売は制限されてしまった。例えば、上海市政府が1996年1月にこれ以降1L以下のタクシーは更新登録できないという通告を出したり、同3月に北京市政府がこれ以降1L以下の車を二日間で一日しか運転させないという交通制限を公布した。これに対して、中央政府は1996年8月29日に各地方の軽自動車に対する閉鎖政策を廃止する通告を全国に通達したが、その効果はあまり見えていない。これに対して、天津自工は1.3Lの乗用車を開発して大都市に供給したり、従来の1.0L乗用車を中小都市に移転したりして販売方針を転換しはじめた。
(73)　つまり、乗用車ニーズ成長期における天津自工は、上海自工のように中央政府の投資や外国メーカーからの資金協力はあまり受けられなかった。そこで、天津自工は乗用車を発展させるために、地方政府の政策支持（たとえば、利潤請負制度など）を得て、当時自社の既存製品の売り手市場にあるという有利な条件を利用して、従来生産していた車種を温存し、得られた利潤を重点的に乗用車の工場建設に投入した。この資源投入で、天津自工は次第に乗用車生産を拡大し、乗用車生産の「トップ2」メーカーにまで成長したのである。

## 5. 技術吸収と資源能力蓄積のプロセス

　前の節では、乗用車ニーズの成長期における天津自工の乗用車の量的獲得の戦略と資源投入能力を分析してきた。その中で、天津自工は選択した乗用車技術と自社の製造能力とのギャップを、如何に埋めていくかについての検討を怠った。この節では競争力構築能力の観点から、天津自工が生産管理や品質管理など、ソフトウェアの導入については消極的で、数量重視と品質軽視の傾向が定着してしまった事実を見ておこう。その中で、特に乗用車の製品技術を導入してから、90年代の半ばまでにおける完成車メーカーとしての品質管理、部品メーカーの品質管理、コストと生産性の管理、リーン生産方式の推進、製品開発能力の強化など、競争力構築能力の評価項目について重点的に観察していきたい。

### 5.1　経営者の理念と経営指導思想

　前述のように、天津自工の技術導入戦略の出発点は市場調査であった。それは、市場の空白を埋めることを目的としていた。また、その成長に必要な資金は全て天津自工自身の蓄積利潤、もしくは銀行からの貸付金であり、いずれも市場での製品販売から得られる利潤で補填しなければならないものであった。つまり、如何にして市場のニーズを絶えずつかみ、利潤を拡大していくかが天津自工の社運を左右することになる。シャレード乗用車の生産技術を導入したばかりの1987年、天津自工の紀学漱社長は将来の企業体制改革について、次のような意見を述べた。

　　「企業体制を改革するには、市場のニーズのあるよく売れる製品の生産を組織し、目で市場を見据え、頭で利益を考えなければならない。絶えず変化する市場の要求に適応するために、企業の経営管理は応変能力と適応能力を高めなければならない。」[74]

　また、1990年に天津自工を調査した際、天津自工の企業管理部門の責任者である陳家礼企業管理弁公室主任は、天津自工の経営目標とその達成手段について、

---

(74)　紀学漱（1988）による。

次のように述べた。

> 「我々企業の最終目標は利潤である。それを達成するためにはいろいろな手段があるけれども、我々は国家の企業製品構成を調整するという政策[75]に沿って、まず、市場を正確に狙い、自分の製品が市場に合うかどうか確認する。もちろん、品質がよくなければ駄目だが、企業としてはやはり市場を正確に狙い、ニーズに合った生産に努めるべきである。現在、計画経済と市場経済を結びつけると言っているが、計画経済の中には多くの行政管理や人脈関係が絡んでいて、ときどき平等な競争や企業発展の邪魔となる。」[76]

90年代にはいると、さらに天津自工は経営方針である「圍着市場轉、睨着市場幹、隨着市場変」（市場を囲んでまわり、市場を見据え、市場に従って変化すること）を、企業の「経営指導思想」として生産と経営の活動の中に貫徹させようにした[77]。

この「経営指導思想」の意図について、1995年現在の天津自工の会長の紀学激（元社長）は、以下のように述べている。

> 「一つの企業として、社会に立脚できるかどうか、生存できるかどうか、発展できるかどうか、その鍵はどこにあるか？その鍵は経済利益にある。これが企業経営の根本である。
>
> 努めて企業利益を増やすことは、我々天津自工にとって、もっとも現実的且つ切実な意味がある。我々の産業は重点発展産業である。我々は毎年度それまでの生産循環、すなわち単純再生産を維持するほかに、絶えず生産拡大し、段階的に新しい生産能力を早めに形成しなければならない。これには資金の蓄積と投入が必要である。これからの数年間、経済利益の年をおって増加しなければ、次のような結果となるだろう。正常な生産・経営が維持されない；建設と技術改造のための自己調達資金の出所がなくなる；すでに背負った債務を契約

---

(75) 中央政府の「大型や小型トラックが少なく、乗用車がほとんどない」という中型トラック偏重の産業構造を是正する政策を指す。
(76) 1990年7月6日天津自工で行ったインタビューの記録による。
(77) 『天津汽車報』1994年3月1日の記事による。

通りに利息をつけて返済することができなくなる；国家財政に対する上納が減る；従業員の収入も減る；企業は生存の危機に直面する。要するに、その結果はかなり重大である。それ故に、我々はこれから企業の経済活動を組織するときに、経済利益、その中心をしっかりつかまなければならない。最大限度経済利益を増加させることが、我々企業すべての活動の出発点、立脚点であり、最終目的でもある。」[78]

## 5.2 ハードウェア導入の過剰とソフトウェア導入の不足

天津自工は、軽自動車の第1期工場技術改造工事（1985-1988年）で、3万台の生産能力を達成するために2.567億元をかけて[79]、主に完成車工場の「汽車製造廠」とエンジン工場の内燃機廠に対して重点的に投資した[80]。その投資額の中で、設備や技術の導入に投下された費用は1.95億元で、全投資の76％を占めていた。73項目の新技術や新工程と14種類の新材料を採用し、130台の新設備を導入して、63本の新生産ラインを建設したのである。

続いて、1989年まで10,836万元を投入して、設備増強の工事を行った。その結果、310セットのシャレードのボディ用プレス金型、164台の溶接設備や取り付け具などが導入された。さらに、天津自工は第2期工事、第3期工事も第1期工事と同様の方針で、政府の認可のチャンスを活用する「先行投資」を行った。すなわち、後の発展のために、できるだけ多めに予算を見積もって、最新設備を購入し[81]、生産能力も多めに作ったのである。

---

(78) 紀学潊（1995）による。ここで彼は天津自工は生産規模の拡大につれて必要な資金は益々増大していったが、その資金は政府から獲得することは期待できないことから、市場利益の回収によって捻出すべきであると強調した。

(79) 主に「汽車製造廠南廠」（後の微型汽車廠）、「内燃機廠」、「汽車橋（アクスル）廠」、「汽車鍛造廠」と「汽車発動機廠」の5つの工場を重点的に行われた。その中で、汽車製造廠南廠は車体のプレス、溶接、塗装、組立の工程を、内燃機廠はエンジン組立及びシャーシー用部品の鋳造工程を、汽車橋廠は前後アクスル、ナックルとブレーキの製造工程を、汽車鍛造廠は鍛造部品の生産工程を、汽車発動機廠は非鉄金属の鋳造工程をそれぞれ引き受けた。

(80) 両工場に投下された金額は2.18億元で、全投資の85％を占めていた。

(81) 乗用車プロジェクトに対する国家の審査が厳しく、設備の輸入には政府の監視の目が

これについて、当時ダイハツの中国窓口であった伊藤常寿・海外生産管理室主査は、1992年に次のように語っている。

> 「設備に無駄な資金をかけすぎる。東南アジア各国・地域との合弁、提携工場でこんな豪華な設備はない。日本でもこれほどの設備は必要ない。シャレードを組み立てるだけだったら、もっと安い設備で済む。(中略)(天津自工)公司は今また第二期の設備投資を計画中だ。結構なことだが、既存の設備に手を入れるだけで、シャレードの生産が現状の年三万台から五万台まで引き上げれるのに……」(82)

さらに、伊藤氏は天津自工の労働生産性の悪さについても指摘していた。1992年の時点で、シャレードを生産する「微型汽車廠」には2800人の従業員がいた。「人が多すぎて各自が責任意識に乏しく、中間管理職が自発的に動かない。労務、品質管理も徹底しにくい。工場の生産規模から見て500人前後が適正規模だ」と。

実際に、2800名従業員の中の半数近くは、80年代末に軽自動車の新生産ラインができた時に入社した新人である。特に、1989年1年間に入社した1000人ほどの新しい労働者は、ほとんどが「待業青年」(元失業者)で、自動車生産の経験を全然持たない素人であった。彼らは、天津自工入社後に3カ月間の養成訓練を受けて、すぐに生産現場に配置されていた(83)。大量生産の経験を持っていなかった微型自動車工場にとって、これらの新人を品質を重視する労働者を、いかに養成するかが重大な課題となっていた。

したがって、ダイハツから生産管理の方法をいかに学ぶかが重要なポイントになった。しかし天津自工は、この学習のチャンスをうまく活用できなかった。例えば、ダイハツとの2回(軽自動車と小型乗用車)の技術導入契約で、天津自工は無料で750人・月分の製品開発技術者、工程技術者、管理者、技術労働者をダイハツへ派遣出来たのに、9年の契約期間(ハイゼット軽自動車は1984-1990年の7年

---

光っていた。先端技術や施設でなければ、官僚層からの輸入許可は得られにくく、結果として天津自工は高い最新設備を購入することになってしまったこともある。
(82) 『日経産業新聞』、1992年6月25日。
(83) 1990年5月と1996年5月の現地インタビューによる。

間、シャレード乗用車は 1986-1992 年の 7 年間、両者重ねて延べ 9 年間）に派遣したのは 150 人・月のみで、契約の 20％しか達成しなかった。また、ハイゼット軽自動車の契約により、天津自工はダイハツから 180 人・月の技術者を天津へ技術援助のために招へい出来たが、実際にはたったの 16.6 人・月を招聘しただけで、契約の 9.2％しか利用しなかった。しかも、ダイハツから派遣されてきた技術者の意見を天津自工の従業員はあまり聞かず、しっかり生産体制の中に取り入れなかった。

こうして、ダイハツから生産技術や設備などハードウェアを導入したにもかかわらず、その生産管理や品質管理などのソフトウェアを十分に導入しなかった結果、りっぱな設備を持っていたにもかかわらず、企業管理はなお低いレベルに止まってしまった。これについて、天津自工の前総技師の汪声鑾は次のように述べている。

「特に、技術管理、工程規律、現場管理に現れた格差が最も大きい。生産管理、品質管理、外部供給部品の管理、物質管理、設備管理などの方面でも多くが生産規模の日増しに拡大する要求に相応していない。社外の人達は我々の工場を『拡大された手作業の作業場みたいだ』、『近代的大量生産の管理レベルとの格差が大きすぎる』と批判している。」[84]


## 5.3 部品メーカーの技術導入と外注取引の管理

80 年代半ばまで、天津自工傘下の部品メーカーが生産した部品は、その一部、例えばビード・リング、エア・クリーナ、水ポンプなどが、上海に並べて国内他社よりある程度の優勢を持っていたほかは、大部分が技術面・設備面で上海の部品メーカーに比べて低いレベルだった[85]。ハイゼット軽自動車の部品の国産化

---

(84) 汪声鑾（1993）10 頁。ただし、90 年代の半ばに入って、乗用車市場の競争激化にしたがって、天津自工はようやく頻繁にダイハツへ品質管理の考察団を派遣し、従来のハード技術のみの重視姿勢から品質管理などソフト・ノウハウ面も重視する姿勢に変化しはじめた。天津自工の品質管理への姿勢転換について、肖威（1997）を参照されたい。
(85) 楊桂栄・劉霞（1994）13-14 頁による。当時、公司内の部品生産企業の組織は分散または重複していて、同じ一つの部品、例えばアクセス、クラッチ板、マスタ・シリンダ、

は、このような天津自工傘下の部品メーカーを中心に展開されたのである。

　一方、導入された製品の国産化部品の品質管理について、天津自工はダイハツの意見を完全に封じ込めてしまった。契約によると、部品の試作、鑑定、量産の認可は、すべて中国側が責任を持ち、日本側は関与しない。しかも、ダイハツの技術提携の対価は、製品の販売額から一定の割合で支払うという。すなわち、中国側の国産化の水準はダイハツと関係ないばかりか、販売が多ければ多いほど、ダイハツに対する対価の返済は速くなるという結果をもたらしたのであった[86]。

　しかしながら80年代の後半、ハイゼット軽自動車の部品の急速な国産化によって、製品の品質問題が頻繁に起こるようになった。そのような状況から、シャレードについて、天津自工は上海VWを模倣して、次のような部品の国産化プロセスを設定した。それは、消化吸収段階、生産メーカー選択段階、サンプル試作段階、小ロット試作段階、そして輸入逓減による国内供給逓増段階である。各段階に品質に関する検査制度を定め、重要なユニット部品に対しては道路テストを行うこととした。例えば、シャレード乗用車の376Qエンジンの国産化部品については、2回以上の200h強化台上試験を通過しなければならないという基準を設けたのである。

　しかしながら、天津自工の部品に対する検査能力によって部品の品質が保証されたかどうかについては、なお疑問が残されていた。シャレードが技術導入された際、当時の天津自工総工程師（技師長）の汪声鑾は、国産化された部品に対する検査手段について、次のように語った。

　　「ハイゼットとシャレードの部品の国産化の過程で技術面のソフトウェアを導入してこなかった部品については、みな実物を測図して模倣する段階に止まっている。我々のテスト設備もはなはだ不足し、多くの部品のテストは外の部門に頼らざるを得ない。一部の部品についてはテスト方法や技術条件が十分ではないので、依然として道路テストが主で、サイクルが長いし、効率も低

---

　　車輪シリンダ、手ブレーキなどが、公司内のいくつかの部品工場に分けて同時に生産されていて、規模の効果が実現されていなかった。
　(86)　天津市汽車工業公司弁公室史誌編修組（1992）94-95頁による。

第5章　天津自工における市場機会の探求適合戦略　**171**

い。」(87)

　また、天津自工傘下の各部品メーカーが各自で供給している外部の400社2次部品サプライヤーに対する外注取引管理には、次のような問題があると指摘されていた。部品の品質やコストではなく、人脈関係によって部品サプライヤーを選択したり、部品の国産化プロセスを設定しても、そのプロセスを守らないこと、また問題が起きても速やかにフィードバックができないこと、そして一部サプライヤーが技術導入の初期に選定されたメーカーで、生産能力や品質管理などが完成車の生産拡張に対応できていないことなどである(88)。

　「完成車の発展と部品の発展の関係については、いろいろな原因で、この何年間ずっとアンバランスな状態が続いてきた。(天津自工)公司内の自動車部品の生産高は十年間(1983-1992年)で5.4倍も増え、平均年間18.5％増しとなった。公司の総生産高も同じ十年間で14.66倍も増え、年平均年間31％増となった。これに比べれば、部品発展のスピードは遅すぎたといえる。天津の部品産業のレベルを上海に比べた場合、その格差は十年前より更に大きくなった。」(89)

　以上の情況を考えて、天津自工は表5-2に示すように、90年代半ばから外国企業との、特にトヨタ系企業との部品合弁事業を増加させてきた。1996年末までに、外国のメーカーと20の合弁事業を結び、その他9社との合弁事業が交渉中であった(90)。 1995～1996年の間に、トヨタとのエンジン生産工場の合弁事業をはじめ、日本側が40％～90％の出資比率で、トヨタグループの日本電装(オルタネータ、スターター)、アラコ(シート、スプリング、インテリア)、豊田合成(ブレーキホース)、トヨタ自工(A系エンジン、491Qエンジン、鋳物部品)、東海ゴム(防振ゴム)、愛三(キャブレター)、アスモ(モーター)、ヤザキ(等速ジョイント)など8社と、合弁企業を設立した(91)。また97年には、トヨタが100％出資する「天津

---

(87)　汪声鑾(1993) 9頁。
(88)　『天津汽車報』1995年11月11日第一面の特約評論員文章による。
(89)　汪声鑾(1993) 10頁。
(90)　『天津汽車報』1996、3.11と『中国汽車報』1996、12.3の記事による。
(91)　1996年8月12日にトヨタ中国技術中心(天津)での現地インタビュー、「現代日本

豊田鍛造部品有限公司」が設立した⁽⁹²⁾。このように、部品メーカーは日本など外国技術への依存の方向に向かったが、親企業自身の技術力が低いため十分な指導ができず、製品品質についての判断基準も甘いなどの問題が、なお残されている。

## 5.4 数量重視と品質軽視の市場利益追求方式

　天津自工が生産するシャレード乗用車は、90年代の半ばまで中国で最も売れた車種であった。この車は燃費がよく、価格的にも表3-5に示すように、上海自工で生産されるサンタナ車や第一自動車のジェッタ車の約半値でしかない。中国の低収入層のニーズ、例えば個人タクシー、中小企業用車、家庭用車などの用途に適合していた。特に、個人タクシー業者にとって、シャレードはガソリン代が節約でき、比較的短期間で投資が回収できるというメリットがあって、人気が高かった⁽⁹³⁾。1992年に、シャレード車の注文は5万台以上であったが、実際の生産量は3万台にとどまった。93年の注文は7.5万台以上であったが、生産量は5万台未満であった。このような供給不足のため、市場での取引価格は長い間メーカーが定めた販売価格より高めで推移した⁽⁹⁴⁾。

　それに対して、政府の許可や資金を獲得し、生産規模を拡大して供給不足を解消するために、天津自工はさまざまな工夫をしてきた。例えば、1985年から88年にかけて、軽自動車第1期工場改造工事にかけた2.5億元の投資について、当初、天津自工は天津市政府から支持を得た。しかし、84年当時、企業技術改造資金の投資額について天津市政府が持っていた許可権限は最高1億元であり、1億元を超えると中央政府の認可が必要であった。しかも、自動車の技術導入プロジェクトに対する中央政府の審査は厳しく、長い時間がかかった。そこで、天津自工は84年末にまず9,918万元の予算計画を出して、天津市政府の認可を得て中

---

　　の商用車用ディーゼル・エンジン技術の対中国移転戦略」に関する中国現地調査研究報告
　　書（平成8年度）による。
(92)　『北京汽車報』1997、3.21による。
(93)　この時期に中国国内でファミリー・カー（排気量1L前後の乗用車）を発展すべきだ
　　という世論が高まった。例えば、その前後に中央政府の関係部門に進んでいた『中国家用
　　轎車（ファミリー・カー）発展戦略研究』課題組（1994）を参照されたい。
(94)　汪声鑾（1993）6頁。

央政府に報告した。この予算が中央政府に承認されるとすぐ、天津自工は14,321万元の補正予算案を天津市政府に提出し、認可を受けた。さらに、86年初め、物価上昇や為替変動を理由に21,764万元に修正し、88年に工事が完成した時点では25,670万元となった。天津自工は、後にこの経験を「予算は1億元以内に縮小しないと認可されないが、実際には2.5億元を投入しないと完成できなかった。」とまとめている[95]。

こうして、天津自工は積極的に乗用車の完成車生産やエンジン生産を中心に、ステップ・バイ・ステップで自社の留保利潤や銀行貸付金を投入して生産能力を拡張してきた。

他方、天津自工が導入した製品の市場での供給不足によって、天津自工内部の生産管理に深刻な影響がもたらされた。

「長い間続いていた売り手市場、あるいは裏口取引で自動車を買うという現象は、我々経営者と従業員に、『生産量を重視し品質を軽視する』という思想を助長させた。その思想の根拠は『製品の品質が少し劣っても、みんな引く手あまたの売れっ子だ。生産量の影響は、総生産高、販売収入と経済利益に及ぶ』という考えである。そこで、実際の仕事の中で、『品質第一』を『数量第一』に変えて、『製品品質は企業の生命』という警句をすっかり放棄してしまった。結果として、一部の管理者と従業員の思想と行動のなかに、粗製濫造という悪い気風が身についてしまった。他方、品質第一の考え方を堅持し、心を込めて操作し、善美を尽くし、まじめな検査を通じて製品の品質を保証していた人々は、かえって、多方面から圧力と攻撃をうけて、大きく傷いてしまった。」[96]

しかし、90年代に入って天津自工は、その膨大な建設資金のほとんどを銀行の貸付金に頼るようになったので、債務返還の圧力がますます大きくなった[97]。そこで、さらに発展するために、株の海外上場によって資金調達するほかに、積極

---

(95) 汪声鑾（1993）8頁。
(96) 汪声鑾（1990）による。
(97) 1996年5月8日に天津自工で行った現地調査によると、1996年現在、債務対総資産の比率が七割に達していて、年間予測16億元の利潤のうち、13億元が貸付金の本金と利息として銀行に返済しなければならないという。

的に企業内部の潜在力を掘り起こし、節約によって利益を高めるという活動を推進した。

この「潜在力を掘り起こす活動」とは、具体的には次のようなことである。まず、原材料や部品の調達における中間段階を減らし、1回の調達量を削減し、調達の頻度を増やして在庫を削減し、流動資金の回転を速めたのである。続いて生産段階では、従来の生産量の増加だけを重視する計画管理方式から市場の変動によって生産を調整する方式に変え、原材料やエネルギーの無駄使いと不合格品率を低め、各段階に平準化や「準時化生産」(ジャスト・イン・タイム)方式を導入した。さらに販売段階では、傘下の各部品企業が天津自工内部の供給以外に外部の市場を開拓し、販売を促進する。以上の活動は、毎年その前年の数量を参考に具体的な目標を定め、現場労働者への奨励金と連動させることで、ある程度の効果を収めた。90年代半ばの『中国汽車年鑑』によれば、中国の各大型企業グループの中で、天津自工の利潤額は上海自工についで第2位になったという。

また、企業合併によって、必要以上に企業規模を拡大することはやめた。新設の生産ラインに労働力を充足しなければならない場合を除いて、天津自工はできるだけ新規雇用を押さえた。さらに、関連する「第三産業」、すなわち自動車修理などサービス業に進出し、過剰従業員を社外へ分散させた。この一連の措置は、天津自工の1人あたりの平均生産性を高める要因になったと考えられる。例えば、シャレードを生産する天津微型汽車廠は1992年には従業員数2,800人で、年産乗用車3万台だったが、96年には従業員数3,100人で年産9万台近くになった。すなわち、従業員数の1割増に対して生産量は3倍近くの増加となったのである[98]。

## 5.5 製品開発の実態と新合弁事業

製品開発能力の強化は、前述のように競争力蓄積能力を評価する1つの重要な項目となるので、ここで天津自工の製品開発組織や、その活動について観察する。

---

(98) もちろん、日本の企業に比べて、天津自工の生産性はまだ低い。例えば、1992年の時点でダイハツの伊藤氏は天津微型汽車廠が当時の2,800人から500人前後までに削減されるべきだと考えていた。1996年の時点でトヨタ中国技術中心の責任者たちは生産規模から見ると天津自工には日本の3倍ほどの人間がいると考えていた。

## (1) ボディーの改造と委託設計

80年代以前、天津自工の小型トラックとミニバスの製品開発は、主に生産工場を中心に行われていた。例えば、1978年と81年に北京からコピーしてきた130小型トラックのキャブ改造とダブル・キャブの設計は、主に天津自動車製造廠設計科の技術者を中心にして行われた。60年代末のTJ 620ミニバスのボディーの設計も、主に天津客車廠の技術者や熟練労働者によってなされたが、品質の問題をいくつか起こし、70年代半ばには清華大学の専門家や「長春汽車研究所」の技術者を招いて、これを解決した。1972年から試作していたTJ 740小型乗用車は、はじめから天津自動車製造廠と天津自動車発動機廠の技術者のほかに、機械部に派遣されていた長春汽車研究所、吉林工業大学、陝西自動車工場などの技術者を加えて、共同で設計されたものである。

しかし、80年代に入ると、対外開放に伴い各社の競争も激しくなってきたので、モデルチェンジについて従来のような国内の関係部門からの協力が得難くなった。そこで、天津自工は車の設計や金型の制作を外国のメーカーに頼るという方向へ転換し始めた。例えば、1986年から始まったTJ 620ミニバスボディーは、設計はイギリスのIAD社、金型の制作は日本の荻原鉄工所によるものであった。一方、1988年から始まったTJ 130小型トラックのキャブは、設計はイギリスのMGA社、金型は日本の宮津鉄工所によるものであった。

さらに、1991年に実行したシャレードのツー・ボックスからスリー・ボックスへのミニチェンジの場合、当初は自社の汽車研究所が図面を作成したが、天津自工はこれを採用せず、結局、その設計と金型の制作は、すべてダイハツから導入したものになった。

## (2) 開発組織とその活動

「天津汽車研究所」は、元々は天津市農業機械研究所の自動車研究室で、1978年に天津市農業機械研究所から分離独立した。当時、この研究所の30〜40名程の技術者は天津機械局に所属しながら、天津自工各工場の製品モデルチェンジや製品開発（小型トラックと小型バスのモデルチェンジなど）に参加していた。1984年、天津自工が天津市機械局から独立したことをきっかけにして、85年に「天津汽車研究所」も市機械局から独立し、天津自工の製品設計処と合併して、天津自工の

製品研究及び開発の部門になった。1990年の時点で330人が所属し、うち技術者は277人であった。レイアウト、ボディ、シャーシー、エンジン、部品、デザイン、コンピュータなどの16の課と自動車（道路）、エンジン、シャーシー、電気部品4つの実験室からなっている。主に導入した軽自動車、小型乗用車と従来の小型トラックなどの技術の吸収、部品設計、市場調査が仕事だが、この研究所の330人にはまとまった仕事場がなく、何カ所かに分散して仕事をしていた。

1989年7月に天津自工は、新しい製品研究センター建設に関する天津市政府の認可を得て、1992年11月から着工した。94年5月に、総建設面積10,566平方メートルの新しい研究センターが完成し、研究開発部門をこの一カ所にまとめた。続いて、400万ドルを投入して、外国から先進的な実験設備を導入し、完成車の性能と排気量の試験室、ボディー造形室、シャーシー強度試験室、電器及び部品試験室、8つのCADワークステーション、完成車試作室などの部門を整備した[99]。

それまで「天津汽車研究所」におけるシャレードの開発活動は、小さな改善や附加部品の追加に止まっていた。例えば、内装のキャノピーはソフトなものからハードなものに交換された。また、サン・バイザーのバリエーション、フロア・ボード通路の装飾カバー、センター・ポスト内装板、灰皿、窓の装飾モールディング、ハンドレール、模様付きハブ・キャップなどを追加して、合わせて11項目を改善した。また、ドア・ロック・コントロール、パワー・ウインドウ、エア・デフレクタ、上部ブレーキ・ランプ、カラーバンパーなどの部品も増加させた。さらに、シャレードに乗せられていた（1L）376QエンジンのEFI（電子制御燃料噴射）化について研究し、ダイハツと共同で376QエンジンのEFIシステムを開発した。一方で、トヨタから導入したA型1.3Lエンジンをシャレード車に乗せるという実験も行っている[100]。

(3) トヨタとの戦略相違と合弁事業

天津自工は、90年代の半ばまで2つのシリーズ4つの製品を生産していた。すなわち、小型シリーズのトラックとバス、軽型シリーズのバンと乗用車である。

---

(99) 劉鴻飛（1994）及び天津市汽車研究所（1996）による。ちなみに、劉氏は現在天津市汽車研究所所長を務めている。

(100) 任世源（1996）による。

第5章　天津自工における市場機会の探求適合戦略　**177**

その中で、小型トラックとバスは、国内いすゞ系の合弁企業及び第一自動車や東風のような大型企業の参入によって、生産が停滞もしくは縮小していた。今後、共用シャーシー、少なくとも古い492Qエンジンを交換しなければ、淘汰される可能性が十分ある。これまでの天津自工は、主として軽自動車と乗用車生産の拡張に集中して、小型シリーズのモデルチェンジに対しては技術力も資金力も投入不足であった。仮に将来、小型シリーズ製品が淘汰されることになっても、やむを得ぬことと天津自工は覚悟しているようである(101)。

　一方、軽自動車ハイゼットの生産についても、**表5-3**にあるように90年代に入って全国で市場シェアの優位を失っている。そこで、天津自工は90年代に入ると将来のファミリー・カーとしてシャレードに発展の重点を置くようになった。90年代初期、天津自工はシャレード車のミニチェンジを模索して、排気量0.993Lエンジンのほかに、排気量1.295Lエンジンを搭載したシャレードと、排気量0.659Lエンジンの軽乗用車(ダイハツのミラ)を開発しようとした(102)。この構想のねらいは、これから10年もしくは20年の間、中国のファミリー・カー市場を狙って、1.3L以下の小型・軽型乗用車を中心とすることにあった。しかし、90年代の半ばになると、他社の乗用車増産と小型車への参入によって、天津自工は厳しい競争に直面した。特に、今まで生産してきた唯一の乗用車専用0.993L 3気筒エンジンでは、馬力不足でエアコンが乗らないので、販売拡大が大きく制限されていた。シャレードのエンジンの馬力をいかに高めるかが、天津自工にとっての最大の急務になってきたのである。

　他方でトヨタは、それまでの消極的な対中戦略を一変し、90年代の半ばから積極的に中国の合弁事業に進出し始めた。トヨタが最初に狙ったプロジェクトは、上海自工と合弁で乗用車、もしくはエンジンを生産することであった。しかし、前述したように上海自工は、その「第2回の発展のチャンス」を利用して、1995年秋にGMを新しい合弁のパートナーに選び、トヨタを選ばなかった。そこで、トヨタは天津自工に全力を集中することにした。中国政府へアピールするために、1995年9月20日に天津自工と技術提携していたダイハツの株式7115万株を338

---

　(101)　汪声鑾（天津自工の元副社長、技師長）(1993) 7-8頁を参照。
　(102)　汪声鑾（天津自工の元副社長、技師長）(1993) 7-8頁を参照。

178 第5章 天津自工における市場機会の探求適合戦略

表5-2 中国における主な企業別軽自動車生産量推移(1984-1996年)

単位:台

| 年 | 天津汽車工業公司 | 柳州微型汽車廠 | 一汽吉林軽型車廠 | 長安機器製造廠 | 安徽淮海機械廠 | 哈爾浜飛機製造公司 | 昌河飛機工業公司 | 陝西飛機製造公司 | 全国生産合計 |
|---|---|---|---|---|---|---|---|---|---|
| 1984年 | 500 | 2,570 | 5,362 | 723 | 2,013 | 1,064 | 700 | | 13,033 |
| 1985年 | 5,000 | 4,144 | 9,012 | 5,843 | 3,201 | 4,487 | 2,005 | 455 | 21,613 |
| 1986年 | 2,016 | 2,349 | 4,411 | 3,879 | 667 | 1,015 | 1,652 | | 16,381 |
| 1987年 | 3,600 | 8,089 | 7,637 | 5,029 | 1,031 | 3,609 | 2,502 | | 31,633 |
| 1988年 | 12,202 | 8,736 | 13,321 | 10,005 | 2,600 | 10,054 | 4,175 | | 56,868 |
| 1989年 | 14,031 | 7,874 | 5,292 | 11,253 | 1,089 | 6,355 | 2,729 | 4,102 | 55,662 |
| 1990年 | 9,400 | 9,115 | 3,521 | 13,370 | 571 | 3,950 | 2,178 | 1,002 | 43,480 |
| 1992年 | 13,420 | 20,008 | 7,798 | 21,442 | 4,200 | 11,834 | 8,889 | 5,501 | 94,302 |
| 1993年 | 30,738 | 23,767 | 7,171 | 30,374 | 10,065 | 14,517 | 13,888 | 8,109 | 140,280 |
| 1994年 | 43,311 | 35,892 | 7,843 | 42,884 | 20,003 | 19,381 | 20,541 | 7,006 | 205,011 |
| 1995年 | 41,888 | 49,994 | 2,100 | 32,287 | 13,722 | 45,331 | 25,020 | 8,027 | 265,010 |
| 1996年 | 51,402 | 72,166 | 700 | 64,941 | 14,730 | 44,581 | 42,194 | 6,432 | 317,135 |
| 1997年 | 55,612 | 90,008 | 生産中止 | 85,038 | 合併された | 50,018 | 70,118 | 10,061 | 370,896 |
| 1998年 | 55,254 | 103,529 | | 75,444 | | 58,322 | 100,031 | 8,390 | 401,993 |

出所:1984-1990年のデータは中国汽車工業史編審委員会(1996)220頁、1993年のデータは機械工業部汽車工業司・中国汽車技術研究中心汽車工業復関対策研究課題組編(1994)315頁、1995-1996年のデータは『上海汽車報』1997年4月6日による。各年の『中国汽車工業年鑑』も参照し、データを調整した。

注:軽自動車の数字は軽型トラックと軽型バンの合数との合計である。1991年の数字は中国で統計データがないため、空白になった。

億円をかけて取得した。これでトヨタのダイハツへの出資比率は、16.8％から33.4％にまで上昇した[103]（その後、1998年8月に、トヨタ自動車はダイハツへの出資比率をさらに51.2％へと引き上げた）。同95年11月に、トヨタは天津自工と乗用車エンジンの合弁生産について大筋合意し、96年5月に中国政府から正式認可を受けた。資本金22億元（1元＝13円）はトヨタと天津自工で折半出資した[104]。同6月1日に奥田碩トヨタ社長は、天津市で開催されたエンジン生産会社「天津豊田汽車発動機有限公司」（天津トヨタ自動車エンジン有限会社）の開所式に、日本電装やアイシン精機など、グループ企業10社の首脳、及び何光遠中国機械部部長や高徳占天津市共産党書記など、中国側の政府要人とともに出席した。合弁会社の工場は、天津市西郊外にある天津市発動機廠で建設が着工され、1998年前半に生産を開始した。

　天津自工について、1994年9月に当時の豊田達郎トヨタ自動車社長は、乗用車完成車の「合弁相手として考慮している」「勝算はある」と強い自信を示していたが[105]、1年間の商談を経て、エンジンの合弁事業に変わった。さらに、トヨタは天津トヨタエンジン工場に1.3L、1.5L、1.6Lと1.8Lの4種類のエンジンを生産する予定でいたが、中国政府は1.3Lエンジンの生産しか認可しなかった。96年から15万台規模で工場を建設し、98年前半に生産を開始して東南アジアにも製品を一部輸出した。天津を、アジアへのエンジン供給拠点と位置付け、最新鋭の8A-EFI（電子制御燃料噴射）エンジンを生産して、欧米各社との違いを強調した。その上で、トヨタは1.6L-1.8Lエンジンを積む「コロナ」級乗用車の組立も天津に進出する計画であった[106]。これに関連して、トヨタグループの部品メーカーも相次いで天津に進出してきた。

　しかし、天津自工は、あくまでも自社の従来構想に沿って、シャレードの市場販売のネックを克服することが最優先であった。とりあえず1.3Lエンジンを導入して、ダイハツの全面支援によるシャレードのフェースリフトを計画してい

---

(103)　『週刊東洋経済』1995年10月14日。
(104)　『日本経済新聞』1996年5月21日。
(105)　『日本経済新聞』1994年9月6日。
(106)　『日本経済新聞』1995年11月15日。

た(107)。1.3L以上の乗用車生産については中央政府が認める可能性が薄く、天津自工自身も考えたことはなかった。さらに、トヨタがやるからには乗用車生産についての資本参加が、その前提条件になるが、天津自工はよほどの理由が生じない限り、「唯一の民族系資本」の看板を捨てることはない。シャレード乗用車が市場でよく売れる限り、天津自工はトヨタから製造技術などのノウハウを勉強する意思も薄く、ただ外国メーカーを利用して自社の部品生産技術や資金調達の弱いところを補強していくというレベルに止まるであろう。

## 5.6 小括：市場競争激化期に入る前の競争力蓄積能力

ここで、競争力蓄積能力の観点から90年代の半ばまで、乗用車の品質を確保するための天津自工の戦略実行過程をまとめる。天津自工は技術導入した後、長い間、自社製品が売手市場であった上、技術提携先や政府からの品質管理などの要求も受け入れなかった。その中で、天津自工は生産数量の拡大ばかりを目指した結果、生産管理、品質管理と人材養成など、ダイハツのノウハウをあまり取り入れず、品質管理プロセスなどもあまり改善しなかった。一方、天津自工傘下の部品メーカーも、長年、天津自工の生産量優先の方針に従って、品質管理の問題と真剣に取り組まなかった(108)。そのために、90年代半ば以降、各社の小型乗用車の参入や生産能力ギャップの解消（売手市場から買手市場へ）にともなって、天津自工の乗用車のシェアは下がりはじめ、値引きによって利潤も低下した(109)。

---

(107) 『日本経済新聞』1996年12月18日を参照。天津自工の新しい15万台エンジンを乗せる乗用車の委託開発や工場建設のために必要な資金については、海外から調達する形へ転換し始めている。すでに中央政府の認可を得ているので、1997年から天津自工の株を日本の東証に上場する予定である。

(108) つまり、天津自工は技術導入後の長い間、自社製品が売手市場であった上、技術提携先から品質改善の要求もほとんど受け入れなかったために、品質管理プロセスなどはあまり改善されていなかった。そのために、90年代半ば以降、激しくなった品質の競争に対応できなくなってしまった。その中で、天津自工は長年の売り手市場に安住していたのに加え、外国メーカーとの関係は上海自工のように共同出資、合弁生産ではなく、技術提携のみに止まり、学習再開のチャンスは少なかった。

(109) 例えば、1999年の中国自動車業界の生産順位を見ると、上海自工と第一自動車は依

## 6. ディスカッション

　以下、これまでの実証結果をまとめて、天津自工の既存資源や各時期の焦点戦略構築能力が、90年代半ばまで同社の成長スピードと戦略的経路に対して、どのような役割を果たしたかを分析する。

　(1) 既存資源：従来の計画経済統制期（50年代→70年代後半）における天津自工は、地方小企業の管理部門で、中央政府とのつながりは弱く、国のプロジェクトも期待できなかった。しかし、こうした制約要因は70年代以後の市場経済化に伴い、次第に緩和されていった。一方、天津自工は、ある程度の部品産業基盤を持ち、自動車の試作や少量生産の経験も持っていた。また、小型乗用車の試作が成功したにもかかわらず、中央政府の政策変動のために量産が実現しなかったという教訓もあった。これら企業特殊的（既存資源）要素は、後に天津自工が中央政府に頼らず、自力で市場ニーズについて調査を行い、成長の道を探していく前提条件になった。確かに、天津自工の技術能力や品質管理の知識は少なく、後の質的な競争に対して不利な要素になったが、このような欠陥は少なくとも90年代の半ばまでの売り手市場の中では、乗用車の量的拡大に対してはっきりした影響を与えなかった。

　(2) 認識能力：技術導入・市場開放初期（70年代末→80年代前半）における天津自工は、積極的に市場調査を行い、政府の車種調整政策に適応しながら、まず軽自動車、次に乗用車市場へ進出する戦略ビジョンを策定していった。その中で、天津自工は市場のニーズおよびそれに適応する導入製品について他社よりも大規模な調査を行い、それに応じて製品を導入した結果、次期に乗用車生産の量的拡大に有利な条件を整えることができた。一方、自社製造能力の弱さに対する考慮不足もあって、導入した乗用車技術と自社の技術レベルとの格差は大きかった。しかしながら、こうした認識ミスは少なくとも90年代の半ばまでは、供給不足の環境の中で乗用車の量的拡大に対して大きな影響をもたらさなかった。

　(3) 資源投入能力：乗用車ニーズ成長期（80年代半ば→90年代前半）における

---

然として上位2社をキープしていたが、天津自工は乗用車増産の勢いが渋くなり、自動車総生産量の第3位を東風自動車に譲り、自らは第5位に転落した。

天津自工は、乗用車を発展させるために、従来生産していた車種を温存し、得られた利潤のほとんどを乗用車の工場建設に重点的に投入した。この資源投入で、天津自工は市場ニーズの成長に適応して次第に乗用車生産を拡大し、乗用車生産の「トップ2」メーカーに入った。しかし、この時期に天津自工は生産数量の拡大だけを目指した結果、生産管理や人材養成などノウハウはあまり取り入れず、品質管理プロセスなどもあまり改善しなかった。そのために、90年代半ば以降、各社の小型乗用車の参入や生産能力ギャップ（売手市場）の解消にともなって、天津自工は乗用車市場のシェアが下がった。

　企業戦略の視点から見ると、初期戦略ビジョン策定の時点では、天津自工が利用できた内部の資金や設備など既存資源は乏しく、政府からの投資やプロジェクトを獲得することも不可能であった。そこで、技術導入・市場開放初期における天津自工は、上海自工の自社製造能力を高めようという戦略目標と異なり、主に市場ニーズに合った製品を選び、市場販売から得られる自己資金などにより発展していく道を選択した。天津自工は、過去の乗用車試作の教訓から、政府に頼らず、自力で市場ニーズについて調査を行った。その際、天津自工の経営者は構想力を発揮し、乗用車生産参入の橋頭堡として、軽自動車生産へ進出するという基本戦略を立てた。この構想は当たり、天津自工が軽自動車の生産技術を導入した後、小型乗用車の市場ニーズは急速に拡大しはじめた。乗用車ニーズ成長期における天津自工は、資力の制約で上海自工のような乗用車への「集中投資」ができなかったため、「以老養新」の方針を採用してステップ・バイ・ステップで乗用車の生産能力を拡張していった。しかし、長年の売り手市場のなかで、機械設備などのハード面は拡張してきたものの、品質管理や製品開発などの質的な競争力は十分に構築してこなかったのである。競争力構築の面においては上海自工より遅れをとった。

## 第6章　第一自動車における政府政策の適応活用戦略

### 1. はじめに

　第一自動車は、中国自動車産業の「長男」として、中型トラック（解放号）の生産を中心に、ほぼ30年間、中国業界のトップの座を独占してきたが、80年代中期に市場の変化に伴い、トップの地位を東風自動車に奪われた。そこで、第一自動車は中型トラックのフルモデルチェンジや商用車のフルライン化を展開して、東風自動車と真っ正面から競争し、10年をかけてようやく総生産台数でトップの地位を奪回した[1]。この第一自動車と東風自動車の競争は、中央政府に所属する大型企業同士の間の競争であり、いかにして政府の5ヵ年計画に加わって、国のプロジェクトや投資を獲得するかという方向で展開された。このように、当初は従来の計画経済体制の仕組みのなかで企業活動が行われていたが、その後、外部要因の変化が多様化するのにつれて、企業行動の在り方も大きく変わっていった。

　乗用車生産は90年代以来、中国市場で成長が最も速い業種であり、乗用車分野で成功できるかどうかが、これからの中国における各大手自動車メーカーの地位を決める最も重要な指標と考えられる。しかしながら、商用車トップ企業として計画経済の枠組の中で競争してきた第一自動車の乗用車戦略を分析する場合、商用車における蓄積や競争経験は重要な影響要因となり、乗用車戦略を展開するうえでの出発点ともなるものである。

　それゆえ、本章の問題の関心は次のように提起される。すなわち、第一自動車は中国自動車産業の「長男」として、市場競争の激化による中央政府の政策変化に、どのように対応し、どのように変化してきたか。その在り方の変化は、具体的にどのように第一自動車の乗用車生産への参入過程にあらわれているのか。そ

---

（1）　第一自動車と東風自動車の商用車分野の競争については、李春利（1996）が詳しい。

れによって策定された乗用車戦略ビジョンは、どのような成果とリスクをもたらしたのか。それはまた第一自動車の乗用車市場のシェア変動に、どのような影響を及ぼしたのか、ということが問題となる。

国の新規投資プロジェクトを獲得する能力と企業の対政府交渉力という視点から、これまで商用車の分野では第一自動車が優れた能力を持ってきたと評価されているが、乗用車の分野では第一自動車の政府に対する働きかけの活動及び導入先やモデルの変更などについては、いままで問題にされなかった。企業が政府に働きかけた活動という視点から、第一自動車の乗用車戦略策定と企業行動の過程を整合的に分析してみたい。

以下、初期生産と既存資源（第2節）、内外調査と製品選択（第3節）、乗用車戦略の転換と資金投入の重点配分（第4節）、競争能力の構築（第5節）という順に、第一自動車の戦略策定・実行のプロセスを観察していくことにする。

## 2. 第一自動車の設立と初期の生産活動

まず、既存資源の観点から第一自動車の設立と初期の生産活動を簡単に通観し、初期における第一自動車の経営資源とその制約を見ていこう。第一自動車は、新中国が成立して以来最大の「ナショナル・プロジェクト」として、ソ連からプラント設備、車種、そして生産方式、管理方法までをワンセットで導入した。その後、第一自動車は中央政府に所属する巨大企業として、国家の計画に従ってほとんど中型トラックという単一の製品を長年生産してきた。以下、従来の計画経済統制期における第一自動車の生産能力、技術能力、部品産業基盤、乗用車生産経験や対中央政府関係など企業特殊的な要素について、重点的に観察していきたい。

### 2.1 立地条件と建設準備

第一自動車が立地した東北地区は、中国で最初に自動車が試作・量産された地域である。1929年3月から、瀋陽（奉天）にある「遼寧迫撃砲工廠」がアメリカのトラックを模倣して、1931年5月に中国で初めてトラック（1.8t）の試作車を完成させた。「満州事変」以後、日本人がこの工場を利用して、34年3月に「同和自動車工業株式会社」を設立させた。その後、39年10月に、後に第一自動車

の所在地になる長春に「満州自動車製造株式会社」が設立され、42年3月には同和もこの満州自動車に吸収されてしまった[2]。しかし、同和と満自で「いすゞ」や「ニッサン80型」トラックがKD組立されたのは、極めて短い期間であった。日本の敗戦後、これら工場の主要な機械や設備のほとんどは旧ソ連軍によって接収され、ソ連本土に持ち去られてしまったからである[3]。このため、戦前に東北地区に作られた自動車の生産基盤は、後の第一自動車の建設に直接つながらなかった。

　1949年12月、新中国が成立したばかりの時期に、毛沢東はソ連を訪問し、スターリンと会談して156項目にわたるソ連の対中工業建設の援助計画を決めた。その中のソ連による長期貸付の一つに、大型自動車工場の建設プロジェクトが含まれていた。これを受けて、50年3月に当時の中央政府の重工業部に、準備組織として「汽車工業籌備組」(自動車産業準備グループ)が設立された。「籌備組」は、それまで各地に残されていた産業基盤や図面資料を全面的に視察・収集し、北京、太原、武漢、西安などの都市で工場の立地条件を実地調査した。また、各地の自動車産業の技術者、専門家、海外留学経験者、大学生などの人材を集め、自動車産業発展のための技術基盤を作りはじめた。1950年7月に「籌備組」の下に、「汽車実験室」が設立された。設計、材料、実験など6の課室があり、直属企業として天津汽車製配廠(旧トヨタ天津工場)を持ち、自動車の試験研究、製品改善、人材養成を進めた。1953年から1954年の間、この「汽車実験室」は3回に分けて100名以上の技術者を第一自動車に送り、新工場の建設に参加させた[4]。1956年、「実験室」は600人近くの規模になり、「第一機械工業部汽車研究所」(後の「長春汽車研究所」)と名称を変えて、北京から長春に移転した[5]。

---

(2) 以上の記述は『中国汽車工業史』編審委員会(1996) 9-10, 23, 30頁による。また、戦時中、東北地方で日本人に経営された自動車工場の生産能力は年間組立2万台、修理1万台とされ、当時の中国ではトップレベルであった。
(3) 山岡茂樹 (1996) 12頁。
(4) 「実験室」の初代の責任者は後に第一自動車「工芸処」の処長となった。
(5) 『中国汽車工業史』編審委員会(1996) 80, 83, 157頁。また、劉炳南(1983)『中国汽車工業の揺籃——第一汽車製造廠建廠30周年記念文集』81頁と徐興堯(1996)『中国第一汽車集団工作情況』によれば、長春汽車研究所が、50年代から北京汽車、上海自工と

1950年8月初めに重工業部は、北京に中国で初めての自動車産業会議を召集し、輸送の急増に応じて優先的にトラック生産を発展させるという方針を打ち出した。車種についてはソ連のZIS 150型4トンの中型トラックをモデルにし、工場の設計についてはソ連の専門家に一任することを決定した。また、自動車工場の立地選択、生産規模と建設進度についても、3年後までに東北の長春に年産3万台の中型トラック製造工場を完成させるというソ連側の意見に従った[6]。工場建設の立地を長春に選んだ理由としては、鉄道に近く、エネルギーや鉄鋼工業の基盤があることなどがあげられたが、そのほかにソ連に近いことも一つ重要な立地条件と考えられる。反面、この工場は立地条件として工場周辺の在来機械産業の集積、特に自動車部品産業の基盤をほとんど考慮していなかった。

## 2.2　工場設計と工場建設

第一自動車の工場設計はソ連側の全面請負方式によるものであった。ソ連の自動車トラクター工業部自動車トラクター設計院が、設計作業の30％に相当する工場の初期設計と技術設計を担当し、ソ連側のマザープラント「スターリン自動車工場」が残り70％の工程設計と建設設計を担当した。第一自動車が使用した8000余台の工作機械のうち、38.4％を占める大型機械や複雑な専用機はほとんどソ連側から購入した。ソ連は第一自動車に180余名の教育、設計、建設、機械、生産管理などの分野の専門家を派遣し、現場の建設と生産を指導した。また、スターリン自動車工場は500余名の第一自動車の幹部、技術者と労働者を受け入れ、自

---

　　天津自工などの会社の小型トラック、大型トラックやミニバスなどの製品開発に関与したが、紅旗乗用車を含め第一自動車の製品開発にはほとんど第一自動車の「設計処」と協力して行われたのである。ちなみに劉氏は第一自動車設計処の初代副所長、徐氏は現任第一自動車の技術分野管理担当の副社長である。また、『中国汽車工業の揺籃──第一汽車製造廠建廠30周年記念文集』は第一自動車は会社設立30周年を記念するために、工場建設初期の各部門責任者の回想文章をまとめて作成した私家版文書である。一方、『中国第一汽車集団工作情況』も第一自動車の内部資料として、企業の最新動向や工作情況について各部門の責任者が書いた文章をまとめて月1回出版している未公開文書である。

(6)　孟少農(1983) 33頁による。ちなみに孟氏は第一自動車の副社長、総工程師及び東風自動車の総工程師を務めた中国自動車産業界の代表的な技術者であり、中国自動車産業の形成と発展に技術面から強い影響を与えた人である。

動車の製造技術や生産管理について訓練した[7]。

　1953年6月に中央政府は、第一自動車の設立に6億元を投入すると同時に、「全国支援一汽」（全国をあげて第一自動車を支援しよう）という指示を各地に通知した。その後、各地の優秀な管理幹部や技術者が第一自動車に集められた。例えば、上海からは800名の技術労働者と1万人以上の建築労働者が集められ、彼らは後に第一自動車の建設と生産の主力になった。また、全国各地から建築資材が運ばれ、ピーク時には毎日2、300両の貨車に達した。また、全国各地の機械工場は第一自動車のために機械設備を試作し、製造してきた。第一自動車の立地する吉林省と長春市も精力的に人力・財力・資材を各方面から調達し、第一自動車の建設を支援した。このように、第一自動車の建設は「ナショナル・プロジェクト」として進められ、1956年7月に計画通り完成した。

　第一自動車は、鋳造・鍛造の工場から機械加工、最終組立工場までを高度に垂直統合した30の工場と分工場からなっており、その立地は全て長春市内の1カ所に集中していた。中国が、第一自動車の工場設計からプラント設備、車種、そして生産方式までワンセットでソ連から導入したのは、短期間に国産車を持ちたいという願望からだけではなく、当時のソ連自体に中国に完成車や部品を大量供給しうる力がなかったためであった。当初、第一自動車の部品の内製比率は70％前後で、全国の取引部品メーカー数は46社であった。そのうち、主な部品供給工場は大連第一プラスチック工場、瀋陽第四ゴム工場、ハルビンテスター・計器工場、山東博山電機工場、北京第一自動車部品工場、南京電磁工場、南京石綿プラスチック工場、四川基江ギヤ工場、湖南長沙自動車電器工場などで、ほとんどの部品メーカーは吉林省や長春市以外の各地に散在していた[8]。その中では、上海ランプ工場、上海新蘇電器工場、上海建設交通器材工場、上海電線工場、中華ゴム工場、上海化学工業工場など上海勢が大きなウェートを占めていた。これは、長春市に既存の機械産業・自動車部品産業の基盤がなかったことと関係していると言えよう。

---

（7）『中国汽車工業史』編審委員会（1996）38-39頁。
（8）　この段落のテータは『中国汽車零部件工業史』編輯部（1994）14-15頁と『中国汽車工業史』編審委員会（1996）34,60-62頁による。

## 2.3 生産車種と紅旗号乗用車の少量生産

　初期の第一自動車の生産車種は一種類のみであった。工場を設立してから80年代の末までの30数年間は、基本的に「解放」CA 10 という中型トラックの単一モデルを生産しており、製品の多品種化、シリーズ化を実現することができなかった。1957年からは、高級幹部のために「紅旗号」乗用車、軍隊のために2.5トンオフロード車を試作し、後に少量生産をしてきたが、全般的にみて単一に近い車種構成は変らなかった。例えば、1980年における第一自動車の自動車総生産台数66,000台のうち、「解放」中型トラックが62,586台、オフロード車が3,354台、「紅旗」乗用車が60台であり、中型トラックが95％を占めていたのである。

　以下、第一自動車の乗用車試作と少量生産の歴史を振り返ってみたい。1956年4月、第一自動車建設の最中に、毛沢東は中央政府の会議で「いつか我々が会議に出席する時に自分（わが国）で製造した乗用車に乗れればいいな」という希望を話した[9]。これをきっかけにして、中央政府第一機械部が1957年5月、中型トラックの生産を開始したばかりの第一自動車に乗用車の試作を求めた。これを受けて、第一自動車は中型トラックの組立職場の一隅を利用して、外国設計車（モデル不詳）を模倣して乗用車の試作に入った。そして、1958年5月に排気量1.9L、4気筒エンジンを搭載した中国で最初の乗用車「東風号」の試作に成功したのである。当時、第一自動車「工廠設計処」の処長、第一自動車社長秘書の李嵐清（現在、中央政府副総理）と社長付運転手の3人が、この東風号を北京に送り、毛沢東をはじめ中央の高級幹部たちを試乗させた。毛沢東は乗用車を下りると、「良かった。自国で製造した乗用車に乗ることができた」と誉め、満足の意を表した。

　続いて、第一自動車はクライスラーが55年に生産したC 69乗用車を模倣して、CA 72型紅旗高級乗用車を試作しはじめた[10]。試作中、全国の11都市の60の工場によって15種類733品目の部品が供給された。また、上海から上級技術労働者

---

(9) 曹正厚（1994）による。
(10) 徐興堯（1996）によると、最初のクライスラーの手本車は吉林工業大学から借りたものであり、エンジンやトランスミッションの設計は本渓鉄鋼廠に輸入されたくず鉄鋼の中から拾った外国製ものを解体して勉強したという。

を招いて、製造技術問題の解決に関して援助を受けた。1959年9月、国慶節10周年の前に、第一自動車はCA 72型車43台を完成させた。そのうち35台を北京に送り、国慶節の活動に参加後、中央の高級幹部たちに配車した。これらの乗用車は、後にいろいろな品質問題が起きたため、1964年6月に中央政府一機部の部長が自ら第一自動車に赴き、長期間滞在して紅旗車の品質問題の改善を指導した。その後、第一自動車はGMのオールズモービル（Oldsmobile）乗用車を模倣して、排気量5.6Lで、V型8気筒エンジンを搭載し、3列座席8人乗りのCA 770紅旗大型超高級乗用車を試作した。そして1966年から、毛沢東をはじめとする中央政府の主な高級幹部たちが乗っていた外国製乗用車と、少しずつ代替していった。1967年からは2列座席のCA 771型紅旗車を試作し、北京に駐在する外国大使館に供給しはじめた。

　紅旗乗用車の試作に伴って、第一自動車の乗用車生産グループも次第に拡大していった。1963年8月に第一自動車乗用車分工場が設立され、65年までには70余名の技術者と300余名の技術労働者が集められた[11]。1972年まで、この乗用車分工場は少量のユニット部品を生産した。そして、その他13種類のユニット1735種類の部品が第一自動車の18の分工場で生産され、また844種類の部品が国内の81の部品工場で生産された[12]。第一自動車は、1973年1月には中央政府から3600万元の投資を受け、1975年9月には年産300台の紅旗乗用車の生産能力をもつまでに成長した。しかし、シャーシーやユニット部品についてはほとんど外国車を模倣し、ボディだけを自分で設計し、改善していた[13]。紅旗乗用車はあくまでも極く少数の高級幹部のために作られたもので、燃費が悪いなどの問題はあったが、更に高級のモデルを模倣することにより、高級化されていった。一方では、長年、手作業の生産方式による極く小規模の生産量に抑えられ、最高年産100余台で、1987年までの30年間で僅か1500余台しか製造されなかった[14]。

---

(11) 王振（1983）193頁。ちなみに王氏は第一自動車乗用車分工場の初代工場長をつとめた。
(12) 『中国汽車工業史』編審委員会（1996）127頁。
(13) 第一汽車製造廠（1983）222頁。
(14) 耿昭傑（1987）129頁。ちなみに耿氏は80年代半ばから現在まで第一自動車の社長をつとめている。

紅旗1台の製造コストは試作初期の最低の時でも6万元であり，1968年には22万元まで高騰したが，国に上納する計画価格は一貫して4万元であった。すなわち，第一自動車の紅旗乗用車の生産は長年赤字で，政府の補填資金を受けながら生産していたのである(15)。

紅旗乗用車と2.5トンオフロード車の他に，第一自動車は自社の設計処を中心にして60年代から4E140中型5トントラック（60年代後期に東風自動車に譲渡），SZ140中型5トントラック，CA30BとCA30Cオフロード車，CA230積載0.8トンオフロード車などを開発した。その一方で，中型トラックのモデルチェンジ計画（proposal）を12回にわたり政府に提出したが，資金の問題があって正式に生産することは認められなかった(16)。

## 2.4 生産量の拡大と部品生産の初期拡散

第一自動車は設立から80年代の前半まで，中国自動車市場で常に生産台数トップの地位を保っていたが，そのシェアは徐々に縮小していった。例えば，56年に100％を占めていたのに対して，66年に86％，76年に42％，86年になると，わずか17％に過ぎなくなっていた(17)。これは，市場ニーズの量的拡大や要求車種の変化につれて，供給が追いつかなくなったためである。50年代の末から各地で自動車工場が設立され，南京自工，北京自工，済南自工など中堅企業が台頭したことも一因と考えられるが，第一自動車自身の高度の垂直統合によるシステムの硬直性と，モデルの陳腐化が生産拡大を妨げていたとも考えられる(18)。

---

(15) 『天津汽車報』1995年7月1日。例えば，1961年にモロッコ王国の国王に送るために第一自動車は膨大なコストを投入して丸一年間かけて僅か一台の高級紅旗乗用車を製造したが，国家に上納する価格はやはり4万元であった。
(16) 国務院経済技術社会発展研究中心技改調研組（1988）4-5頁。
(17) 李春利（1996），表1-1による。
(18) 50年代の後半からバス，民間や軍用など特装車のニーズが増えてきたが，第一自動車はその生産能力を持っていなかった。そこで，上海，北京，天津などの地方工場が第一自動車の中型トラックのシャーシーを利用し，バスや特装車を試作するようになった。これに対応するため，第一自動車は次第にシャーシーの生産を拡大し，各地に供給した。60年代の半ばから第一自動車の「解放」中型トラック・シャーシーはすでに特装車メーカーの要求にあわせて，カーゴ・ボディなし，カーゴ・ボディとキャブなし，CKD部品などというような種類別に生産されるようになった。

最初の工場設計では、第一自動車は2直生産で、年間生産能力は3万台であった。しかし、自動車の供給不足により、1958年の「大躍進」運動の最中に各地で小型の自動車工場が乱立しはじめた。そこで第一自動車は、1958年から従業員、設備、面積とも同じまま生産量の拡大を試みたが、結局失敗に終わった。その後、1965年に7000万元の国家投資を得たことで、年間6万台の生産体制へと増設工事を始めた。この工事を通じて、解放車全生産時間の約20％に相当する853種類の部品生産を本工場の外に移し、生産能力を拡充する空間を設けた。その一方、自力で63の生産ラインを建設し、2000台の生産設備を完成した[19]。文化大革命などの政治的要因もあったが、工場改造から6年目の1971年に第一自動車は、ようやく6万台の自動車生産量を達成した。しかし、その後の10年間は生産能力はほとんど伸びなかった。

6万台体制への改造工事によって、第一自動車は本社工場で生産していたラジエータ、小物プレス部品、シート、エア・コンプレッサ、水ポンプ、オイル・ポンプ、ディストリビュータ・シャフト、車輪、オイル・タンク、ブレーキ・バルブ、ダンパーなどの部品生産を、50、60年代に新設した第一自動車の専門部品分工場や地方所属工場に次第に移行させた。これにより、第一自動車本社工場の周辺に次第に自動車部品工場が集まってきた。第一自動車本社工場の部品内製率も、前述した50年代の生産開始時点の70％前後（その外製部品が、ほとんど吉林省や長春市以外の地域で生産）から、中型トラックのモデルチェンジ前の80年代初めには60％にまでに下がってきた[20]。

とはいえ、計画体制の下で、第一自動車は政府から与えられた生産計画と利潤計画の数値目標（＝「ノルマ」）にもとづいて生産任務を遂行するだけで、製品開発、販売、資材供給や利潤管理などの本社機能を抜きにした単なる一生産工場に位置付けられたのである。長い間、投資決定を含めた企業の自主的な意思決定と市場競争メカニズムの欠如と。市場における自動車供給不足の中で、第一自動車

---

(19) この経験が後に中国が自力で第二（東風）自動車工場を建設する時に活かされたという。

(20) 国務院経済技術社会発展中心調研組編（1988）9頁により、80年代前半の中型トラックのモデルチェンジによって第一自動車における部品の内製率は前の60％から50％前後に下がったという。

は生産数量の拡大に努めたが、製品のモデルチェンジや多角化については、政府計画の制約でほとんど行われなかった。そのために、第一自動車の垂直統合と単一車種という初期の特徴が、約30年間にわたり固定化してしまったのである。さらに、設立から生産量の拡大まで、いずれも中央政府の巨大な投資によって行われたため、政府の投資（＝「政府の計画と政策」）に対する依存度が非常に高かった。しかも、その投資を受けて、政府の計画通りにしか活動しない受け身の経営に立っていた。

## 2.5 小括：従来計画経済統制期における既存資源

ここで本論文の分析枠組にしたがって、既存資源の観点から70年代の末までの計画経済統制期における第一自動車の立地条件と、初期の生産活動をまとめる。第一自動車は、50年代に最大の「ナショナル・プロジェクト」として、全国で優秀な人材を集め、ソ連から設備や技術を導入して設立された。但し、周辺地域の機械産業基盤が比較的に弱かったこともあり、部品の内製率は非常に高かった。計画体制の下で、第一自動車は業界でトップの生産能力や開発能力を持ちながら、中央政府と強いつながりを保ち、政府計画＝政府投資に対する依存度が非常に高かった。また、第一自動車の製品は長い間単一に近く、中型トラック（解放号）が圧倒的多数を占めていた。その中で、50年代後半から中央政府の高級幹部のための高級乗用車を試作し、手作業生産方式で極く少量を生産してきた。70年代末における第一自動車の主な問題点といえば、長年モデルチェンジがないまま生産していたため、その製品のモデルかなり後れていたことである。その上、各地のメーカーの参新規入によって、第一自動車の市場シェアは徐々に低下していたのである[21]。

---

(21) つまり、従来の計画経済統制期における第一自動車は、業界で最も長い自動車量産の経験や強い開発能力を持つと共に、乗用車少量生産の経験も持っていた。これらの要素は、後の乗用車生産に対して有利な条件になった。また、第一自動車は長年、中央政府の人脈や資金と緊密につながりを有していたため、上海自工や天津自工のような地方企業に比べ、国のプロジェクトや政府の巨額投資を獲得する能力が大きかった。ただし、この時期に、第一自動車は政府の資金ばかりに依存し、自動車の総生産量のトップ地位を保持するという組織慣性も形成されていった。それらの要素は後の乗用車生産の拡大に対して不利な条件になっていった。

## 3. 企業姿勢の転換と商用車多角化の展開

　以上、従来の計画経済統制期における第一自動車の既存資源と、その制約を分析してきた。第一自動車は、その既存資源の欠陥、すなわち製品の単一と市場シェアの低下の問題を克服するために、80年代の初めからの企業改革に伴い、中型トラックのモデルチェンジや商用車製品の多角化の行動を展開していた。この節では、認識能力の観点から技術導入・市場開放初期における第一自動車の戦略行動の展開過程を概観し、その乗用車戦略について第一自動車の認識能力の役割を見ていこう。その中で、特に国の政策研究、地方政府政策研究、外国企業・製品調査、市場調査や対自社能力の考慮など、認識能力の評価項目について重点的に観察していきたい。

### 3.1　危機の襲来と東風自動車の挑戦

　前述したように、自動車の供給が市場のニーズに追いつかないため、50年代の末から80年代の前半までの間に各地で中小メーカー設立のブームが数回にわたっておきた。その間、第一自動車の市場シェアは徐々に低下していった。特に70年代末、東風自動車（当時、第二汽車製造廠）が140型5トン中型トラックを正式に市場に投入したことによって、第一自動車は79年に設立以来初めて中型トラックの販売不振の危機に直面した。その後、第一自動車製品の滞貨現象はますます深刻になり、ピーク時（1985年）の完成車在庫は当時の年間生産量の3分の1にあたる2万台以上にも達した[22]。

　東風自動車は、中ソ関係が悪化する中でソ連に対抗するために設立された「冷戦プロジェクト」であった。1975年から、2.5トン軍用全輪駆動トラック（「東風」EQ 240）を生産し始めたが、冷戦緩和の影響で軍からの発注が激減したため、1978年からは第一自動車「解放」車のライバル製品であるEQ 140中型5トントラックの製造に、全面的に切り替えた。80年代に入ると、東風自動車は着実に市場シェアを拡大していき、1986年についに第一自動車を抜いて業界トップの座につ

---

(22)　国務院経済技術社会発展研究中心技改調研組（1988）180頁。

いた[23]。そればかりか、東風自動車は1980年から企業の「利潤留保制」、1983年から「上納利潤逓増請負責任制」を相次いで導入し、自社の留保利潤による企業発展の道を歩み始め、第一自動車を含む業界全体に大きな影響を与えた。これに対して第一自動車は、東風自動車を主なライバルと見なす競争戦略を展開した。

東風自動車からの挑戦を受け、全社的な危機を打開するために1980年5月、第一自動車は「増産増収、自籌資金、換型改造」(生産と収入を増やし、自分で資金を調達して、モデルチェンジをしていく)という方針を決め、留保利潤や銀行借入金によって、20数年間生産し続けてきた中型トラックをモデルチェンジすることを決定した。

### 3.2　中型トラックのモデルチェンジと企業姿勢の転換

中型トラックのモデルチェンジをスムーズに進めるために、1979年9月、政府の意向により、第一自動車に統合されていた中国最大の自動車開発組織「長春汽車研究所」が、第一自動車の技術部門である「設計処」と合併した。新製品「解放」CA141型5トン中型トラックの開発は、80年10月から83年7月までの間に車輌の設計とユニット部品の開発・試作・実験を終え、83年9月には国家検定に合格した。工程設計と生産準備、新工場の建設も86年9月にほぼ完了し、87年1月に新「解放」号の本格的生産が開始された。新「解放」号の技術導入は、旧「解放」号の場合のソ連からのワンセット導入とは違って、旧部品を流用しつつ新設計部品(外国からの導入技術も含む)と組み合わせた方式に変わった。これは1つには、資金の制約、特に外貨の制約で重点的導入に限られたためであり、もう1つには、「長春汽車研究所」の統合によって第一自動車自身のR&D能力が強化され、車輌全体の設計をまとめる能力が向上したこともあったものと考えられる[24]。

---

(23)　東風自動車と第一自動車の競争について、詳しくは李春利(1996)を参照されたい。

(24)　第一自動車の開発能力について藤本隆宏・李春利(1996)を参照されたい。また、1986年までにモデルチェンジされた中型トラックの「新解放号が市場投入されてからガソリン事情でエンジンの設計改良を余儀なくされた。第一自動車は政府の支持によって90号ガソリンを基準に新エンジンを開発したが、農村や辺境地域では70～80号しか供給されていなかったので、エンジンの品質トラブルが続出し、新解放号のブランド・イメージに大きな打撃を与えた。第一自動車は87年から91年までエンジンの設計改良に追われ

中型トラックのモデルチェンジにつれて、第一自動車の部品供給システムも改善されていった。まず、第一自動車はキャブレター、ラジエータ、車輪など、それまでは社内向けに生産するだけだった自社の専門部品分工場を社外向けにも生産させることで、その部品生産規模を拡大した。さらに、クラッチ、ピストン、ドア・ロック、エア・タンクなどの部品を周辺地域の地方企業や軍事産業系の企業への外注に切り替えたが、その結果、本社工場の部品内製率が60％から50％へと低下した。具体的には、「解放」CA 141中型5トントラックの4064種類の部品のうち、全国の95社の部品メーカーから供給されたものが401種類、20社の周辺の地方企業や軍事産業系企業から179種類、第一自動車の「労働服務公司」に生産させたものが618種類であった[25]。

東風自動車の前例もあり、第一自動車の中型トラックのモデルチェンジにおいては、これまでのようにほとんど政府の投資に頼る生産拡大とは異なり、使われた4.4億元の資金の全額が第一自動車の留保利潤、減価償却費および銀行からの貸付金であった。この膨大な資金を調達するために、第一自動車は大変苦労したといわれる。例えば、1985年には販売が激減し、製造工程を更新するのに必要な資金がなくなったため、1986年2月に第一自動車の社長は自ら北京に赴き、半月をかけて、中央政府の人脈を通じて国務院総理まで説得して、8000万元の貸付金を獲得したという[26]。この資金調達の苦しい経験は、第一自動車に政府投資獲

    たばかりではなく、完成車在庫が急増し、またピンチの状態になった。」その後、更に改善によって、第一自動車の中型トラックの販売はかなり回復したが、失った中型トラックの市場シェアのトップ地位は現在も奪い返していない。
(25) 国務院経済技術社会発展研究中心技改調研組（1991）9, 140頁による。また、第一自動車製造廠史誌編纂室（1991）288頁によれば、労働服務公司は70年代末期から第一自動車の各直属工場のもとで従業員の家族などを就職させるために設立されたものであり、主に第一自動車向けの部品生産や第一自動車内部のサービス業などに従事している。労働服務公司は1986年末時点で部品工場総数54社、加工部品は2119種類、その内「解放」CA 141中型5トントラックの部品は1160種類に達した。後に第一自動車乗用車生産の拡大につれてこれらの工場は更に発展し、第一自動車部品生産の重要な勢力になっていった。
(26) 第一自動車製造廠史誌編纂室（1991）89頁。また、第一自動車は長年中国自動車産業国有企業の「長男」として中央政府へ出世した幹部が多いので、中央政府、特に自動車管理官庁と強い人脈関係を持っていた。例えば、現任国家主席江沢民、第一副総理の李嵐清、前副総理鄒家華、第一機械部前部長何光遠、元部長・「中国汽車工業公司」会長饒斌、現任副部長呂福源などが挙げられる。

得の大切さを痛感させ、後の戦略行動に大きな影響を与えることになった。

## 3.3 小型トラックの開発と生産準備

70年代末からの「改革・開放」路線の下で経済発展のスピードが加速するにつれ、国内生産の商用車車種のアンバランス、すなわち小型トラックと大型トラックの供給不足問題が益々目立つようになってきた。82年に「中国汽車工業公司」が復活すると同時に、第一自動車を「下」(小型トラック)へ、東風自動車を「上」(大型トラック)へ進出させる分業・多角化政策が推進され始めた。1983年12月に、広州で開かれた全国小型トラック生産メーカー企画会議で「中国汽車工業公司」会長の饒斌は、これから「第一自動車は小型トラックへ発展する」と明確に強調した。1984年、中型トラックのモデルチェンジ工程をスタートしたばかりの第一自動車は、さっそくこの政府政策に応じて年産6万台の小型トラック生産基地の建設計画を打ち出した[27]。第一自動車の小型トラック設備の総投資額は10億余元を計画していた。1984年11月、第一自動車の小型トラック工程計画は正式に政府計画委員会により認可され、国家の第七次五カ年計画(1986~90年)の大型建設プロジェクトに編入された。

一方、小型トラックのエンジンとシャーシーの開発は、1983年から第一自動車に合併された「長春汽車研究所」で始まった。最初は独自に開発していたが[28]、84年に「自社開発を主にしながら、要の技術を導入し結合させる」方針に転換した。この後、ボディのライセンスは日本(日産)から、キャブレター技術はドイツから、ダイヤフラム・スプリング・クラッチ技術はイギリス(AP)からそれぞれ導入し、第一自動車の小型トラックに応用していった。小型トラックに搭載するエンジンの技術導入についても、第一自動車は1984年からアメリカのクライスラー、フランスのシトロエン、日本の日産などの4カ国8メーカーと20数回も交

---

(27) 『中国汽車汽油機工業史』編委会 (1996) 202頁。また、程遠 (1994) により、東風自動車は70年代の末に中国トラックの生産に参入してからまもなく小型トラック生産に参入する計画を立てて、技術協力のパートナーを選んだが、中型トラックの「上」へ発展させる分業政策のために、政府に認可されなかった。

(28) 第一自動車車製造廠史誌編纂室 (1991) 134頁。

第6章　第一自動車における政府政策の適応活用戦略　**197**

渉していた[29]。

　製品開発と同時に、小型トラック工場用地（第2廠区）の土地収用も1984年11月から始まり、1986年の年末には、第一自動車本社工場群（第1廠区）の隣に573ヘクタールの土地（このうち「軽型車基地」、すなわち小型トラック工場用地が293ヘクタール）を取得した[30]。

### 3.4　紅旗乗用車の生産中止と改善の試み

　第一自動車の紅旗乗用車は、70年代末の輸入車の増加につれて、その性能の後れ、特に燃費の悪さが目立ってきた。第2次石油危機の影響で、80年代初めに中国でも全面的なエネルギー危機が起こったため、中央政府から81年に石油節約令が出された。そこで、特に紅旗乗用車の燃費が問題となり、1981年6月、生産が中止となった[31]。1958年の生産開始から1981年の生産中止まで、第一自動車は紅旗乗用車を累計で1540台しか製造しなかった。この生産中止にともない、第一自動車は乗用車生産のスペースを、紅旗乗用車のシャーシーを利用した16人乗りのCA630A型「紅旗」高級ミニバスの生産に転換させた。

　一方、紅旗乗用車の生産が中止になって以後、1984年初め、第一自動車は中央政府から建国35周年の記念行事のために、2台のコンバーチブル高級紅旗乗用車の製造を急に要求された。それが、1984年10月1日の国慶節に北京の天安門広場で軍隊を観閲した鄧小平を乗せた観閲用乗用車である[32]。

　紅旗乗用車の性能を改善するために、「中国汽車工業公司」は1984年にドイツのダイムラー・ベンツ社と技術導入についての交渉をはじめた。これと関連して、1985年1月に完成車168台とCKD部品832台分、合わせて1000台のベンツ210

---

(29)　『中国汽車汽油機工業史』編委会（1996）204頁。
(30)　第一汽車製造廠史誌編纂室（1991）112-113頁。また、中国では小型トラックは「軽型車」、軽型車は「微型車」、乗用車は「驕車」という。この工場用地は後に主に第一自動車VW（略称第一VW）と第一自動車の「小紅旗」乗用車用エンジン工場などの建設に使われた。
(31)　『人民日報』1985年5月14日。
(32)　この2台の紅旗乗用車について、中国国内にフォード乗用車のシャーシーを利用して第一自動車に設計されたボディを乗せたものだという説もある。

型と230型乗用車を輸入する契約に調印し、CKD部品分の全数が第一自動車によって組立られた[33]。その後、ベンツとの技術導入の交渉が失敗したため、ベンツ車の組立ラインが1989年からそのままアウディ車の生産に利用されることになったのである。

とはいえ、80年代の半ばまでは、中央政府の産業政策の重点は商用車にあって、乗用車ではなかった。ベンツ乗用車技術導入の目的も、紅旗乗用車の性能を改善し、従来の極く少量の生産を維持することであり、大量生産ではなかった。一方、第一自動車はこの時期に、中央政府の商用車技術導入や多角化の政策にしたがって、商用車部門で戦略的な競争行動を展開していたが、乗用車の量産戦略についてはほとんど考えていなかった。

## 3.5　小括：技術導入・市場開放初期における認識能力

ここで認識能力の観点から、70年代の末から80年代の半ばまでの技術導入・市場開放初期における第一自動車の戦略ビジョンの策定過程をまとめる。80年代に入ると、第一自動車は東風自動車に逆転されるという深刻な危機から脱出するため、中型トラックのモデル・チェンジを行い、さらに小型トラックを中心とする商用車のフルライン戦略を展開した。その中で、資金難や資金自己調達の苦しい経験をもとに、従来の中央政府の投資を受動的に受け取る態度から、政府投資獲得の姿勢へと転換した。但し、トラック事業のピンチから脱却することに集中したために、第一自動車は少なくとも80年代半ばまで、乗用車の量産についてほとんど戦略的な認識を持っていなかった[34]。

---

(33) 第一汽車製造廠史誌編纂室（1991）85頁。中国汽車工業史編審委員会（1996）232頁。『中国汽車年鑑』1991年版29頁。

(34) つまり、技術導入・市場開放初期、乗用車ニーズが台頭しはじめたにもかかわらず、第一自動車は政府投資を獲得するために、一方的に中央政府の産業政策への順応に重点を置いていた。この時期、政府の政策投資の重点は乗用車ではなく、商用車の技術導入や多角化にあったため、これに適応した第一自動車は、上海自工や天津自工などの企業より乗用車量産の進出計画では後れをとった。しかし、第一自動車はこの時期、資金の自己調達に苦労した経験を教訓として、従来の中央政府の投資を受動的に受け取る態度から、積極的に政府に働きかける姿勢へと転換した。この転換は次の時期に入ると、早い段階で政府

## 4. 乗用車技術導入と商用車中心の市場拡張

これまで、技術導入・市場開放初期における第一自動車の戦略ビジョンの策定過程と認識能力を分析してきた。第一自動車は、技術導入・市場開放初期に政府投資を獲得する積極的な姿勢に転換したものの、その環境認識の重点は依然として商用車の技術導入や多角化に置かれていたため、後の環境変化に伴い、急速な戦略転換を余儀なくされることになった。この節では資源投入能力の観点から、80年代半ばにはいると、第一自動車が政府政策の予期せぬ変化に対応するために、どのように戦略転換を行い、国の乗用車プロジェクトを獲得して、乗用車の量産工場を建設していくかを見ていこう。その中で、特に乗用車ニーズの成長期における資金調達方法の転換、生産体制の整備、乗用車生産への集中投資、部品供給体制の構築や販売体制の整備など、資源投入能力の評価項目について重点的に観察していきたい。

### 4.1 戦略転換と乗用車進出計画の形成

80年代半ばにおける乗用車輸入の急増（表3-1を参照）により、輸入代替を目的に外資の技術を導入して乗用車を国産化しようという機運が、中国国内で高まってきた。中央政府も乗用車国産化の必要性に注目し始めた。1984年7月に、国務院総理趙紫陽は各関係部門の責任者を召集して、乗用車産業発展の問題を重点的に議論した。85年12月に、中共中央総書記胡耀邦は「中国汽車工業公司」会長李剛（第一自動車の前社長）を中南海に呼び、中国のファミリーカーの問題について意見を交換し、乗用車産業の発展を第七次五カ年計画（1986-90年）に編入する考えを示した[35]。

一方、日中経済知識交流会（日本側代表向坂正男、中国側代表馬洪）は中国政府の許可を得て[36]、1985年夏から「2000年の中国自動車産業発展の戦略」につい

---

の産業政策の変化を察知し、国の乗用車プロジェクトを獲得したことに関連している。
(35) 『中国汽車工業史』編審委員会（1996）222頁。
(36) この研究は中国機械工業部部長周健南、国家経済委員会主任呂東と国務院総理趙紫陽支持を得た。

て共同研究を行った。1987年春、その報告書の中で「乗用車工業の発展を速めるため、第一自動車と第二(東風)自動車の2大グループが、それぞれ年産30万台の乗用車工場を前後して建設する。第七次五カ年計画(1986-90年)の末期には第1番目の30万台の乗用車工場の建設を開始する。第八次五カ年計画(1991-95年)の期間中は、第1番目の乗用車工場の建設に力を集中し、生産能力を達成する。第八次五カ年計画(1991-95年)の末期には、第2番目の乗用車工場の建設を開始する。更に、第九次五カ年計画(1996-2000年)期間中に、第2番目の乗用車工場の建設に力を集中し、2000年には全国で乗用車年産70万台を生産目標とする。そして2大グループを主体とする乗用車生産体制の確立を図る」という政策提言を、中央政府に提出した[37]。その後、80年代の後半に中央政府は、この発展構想に沿って乗用車の産業政策を展開し、しかも東風自動車を中国で最初の年産30万台乗用車工場として先行させる案を支持した[38]。

　中央政府による、こうした一連の自動車産業政策の変化、特に乗用車産業に重点を転換することと、東風自動車の発展を先行させるという動きは、中型トラックのモデルチェンジが最終の段階に入り、小型トラック事業進出を中心にして商用車のフルライン戦略を展開していた第一自動車にとって、疑いもなく大きなショックであった。というのは、第一自動車は大規模な投資の決定権を持たなかったので、以上の動きがそのまま進めば、乗用車の量産に参入する時期が少なくとも5年遅くなるばかりでなく、今後10年間、ライバルの東風自動車よりずっと後手に廻ることになる。そこで、挽回をはかるために、第一自動車は1986年から大幅な戦略検討を行い、乗用車生産投資の早期獲得と、プロジェクト実施の繰り上げを必死に政府に働きかけた。

---

(37) 何世耕主編(1989) 3頁。また、『中国汽車工業史』編審委員会(1996) 222頁。『中国汽車工業年鑑』1988年版7-11頁よると、1986年に中国国家科学委員会の乗用車発展研究組も、先ず集中して年産20～30万台の生産能力をもつ乗用車メーカーを建設していくという乗用車発展の構想や措置についての調査報告書を中央政府に提出した。

(38) 『中国汽車年鑑』1991年版29-35頁。その後、1987年5月に国務院経済技術社会発展研究中心と国務院決策諮詢協調組(政策決定諮問部門)が東風自動車で中国自動車産業発展戦略討論会を召集し、日中経済知識交流会、科学委員会研究組と同じ意見を中央政府に提言した。以上一連の提言を受けて、1988年1月に国家計画委員会が東風自動車の乗用車30万台プロジェクト建設計画書を認可した。

第一自動車はまず、それまで外資各社と交渉中であった小型トラック用エンジンを、クライスラーのダッジ600用エンジンに絞った。このエンジンは、クライスラーが1980年に市場に出した小型商用車と乗用車に共用されていたが、主として乗用車に搭載された。その基本排気量は2.2Lであるが、少し改造すれば1.8L、2L、2.2L、2.5Lの製品としても搭載可能であった。また、第一自動車に導入されるエンジンの生産ラインは年産能力が30万台で、小型トラックの「6万台プロジェクト」に使用されるほか、これから製造される乗用車プロジェクトに使用することも念頭におかれていた。当時のクライスラー会長のリー・アイアコッカもこれを大きなビジネスチャンスと見なし、熱心であった。このエンジン導入プロジェクトは1986年5月に国家計画委員会で認可され、とりあえず年産15万台の生産規模で建設していくことが決定された[39]。

　一方、乗用車の大量生産の工場用地を準備するために、第一自動車は小型トラックの生産用に準備していた工場用地を乗用車の工場用地に転用する方針を打ち出した。小型トラックは、小型トラック工場の建設を計画していた吉林市と長春市傘下の4企業とで分業し、主なシャーシー工程や完成車組立工程を、これら工場に移転する方針に変更した[40]。1986年9月1日に第一自動車の「第2廠区」が正式に着工され、その名称も「軽型車（小型商用車）生産基地」から「軽轎（小型商用車と乗用車）基地」に変更された。

　以上の一連の活動が進む中、第一自動車社長の耿昭傑は、1987年5月に東風自動車で開かれた「中国自動車産業発展戦略会議」で、今後第一自動車の乗用車発展の戦略ビジョンについて、「導入と開発とを結合させ、小型トラックと乗用車とを結合させ、中級・中高級（乗用車）から始め、下（普通型乗用車）へと発展させ

---

(39)　『中国汽車年鑑』1988年版49頁。
(40)　丸川知雄（1994）によると、1986年5月に上述の4企業（吉林市汽車工業公司、長春市東風自動車製造廠、長春市汽車発動機廠と長春市歯輪廠）は吉林、長春両市から第一自動車に移管され、「緊密連合」企業として第一自動車の支配下に入った。第一自動車に「緊密連合」された4社の資産は吉林、長春両市政府の投資により形成されたものなので、各企業の現有の固定資産や資金などを評価して、その金額だけ吉林市と長春市が第一自動車に出資したと見なし、吉林、長春両市はその出資額に応じて利潤の配当を受けることになった。

202　第6章　第一自動車における政府政策の適応活用戦略

る。一括して企画し、段階的に分けて実施する。先ず輸入を止めて、それから国際市場に進出して行く」ことを発表した(41)。この戦略ビジョンの中で特に注目すべきなのは、「一括して企画し、段階的に分けて実施する」ことである。「一括して企画」の狙いは、まとめて政府計画に編入し、政府の投資を一括して獲得することであったと考えられる。「段階的に分けて」発展させるというのは、東風自動車に先に30万台工場を建設させるという中央政府の方針に対する「対策」であり、初めは少量生産でもやむを得ないが、できるだけ早期に乗用車量産に入っていきたいという期待の表れである。

　1987年7月21日、第一自動車はクライスラーから「ダッジ600」に用いられていた4気筒エンジン生産技術と設備を導入する契約を北京で締結した(42)。導入されたエンジンに対して、第一自動車は「CA 488 エンジン」という名を付けて、シリンダボディー加工ラインが2直で年30万台、ヘッド、クランクシャフト、カムシャフト加工ラインが年産15万台規模の工場（第2発動機廠）を「第2廠区」の中に建設した。続いて87年8月、第一自動車は三大乗用車生産基地（第一自動車、東風自動車、上海自工）の一つとして国家に認定され、更に10月24日に第一自動車が提出した中級、高級乗用車プロジェクト「建議書」が正式に認可された(43)。

## 4.2　技術導入先の変更と乗用車技術導入の実現

　この時点で、第一自動車は「ダッジ600」用エンジンの導入に続いて、まずクライスラーから「高級」ダッジ乗用車生産技術を導入して3万台規模で紅旗号乗用車を改造し、続いて「中級」乗用車生産技術を導入して15万台の量産工場を建

---

(41)　耿昭傑（1987）137頁。
(42)　『中国汽車年鑑』1988年版50頁。1984年から7回の交渉を経て契約を実現した。契約内容としては、第一自動車はクライスラーから2.2Lのキャブ、シングルポイント、マルチポイント＋ターボ、2.5Lのシングルポイントの4種類のエンジン生産技術と48セット217台の設備を導入することになった。
(43)　この建議書には、第一自動車が第七次五カ年計画（1985-90年）の間に年産3万台の乗用車の先導工場を概ね完成させ、第八次五カ年計画（1991-95年）の期間に先の先導工場を基礎に年産15万台の乗用車生産基地を完成し、その後さらに年産30万台の目標を実現していくことが提案された。

設する計画を立てていた。ところが、中国政府の一連の決定を察知し、第一自動車が国家計画通りにしか工場建設を実行できないと確信したクライスラー側は、ダッジ乗用車のライセンスについて非常に高い価格を第一自動車に提示した。双方が価格的に折り合わず、交渉は1987年年末まで難航した。

　ちょうどこの時、VWが第一自動車に、すでに上海VWで86年からSKD組立をしていたアウディ100乗用車の技術提携を打診してきた。当時の第一自動車は、上海自工とすでにサンタナ車の合弁事業を結んでいたVWに対しては、消極的な態度をとっていた。そこで、VWに「ダッジ600」用エンジンをVWの「アウディ100」乗用車に搭載させる実験を含めた7項目の厳しい条件を提示したが、VWはこれらの要求を全部承諾した[44]。しかも第一自動車にとって、VWのアウディ車の技術提携や設備供給などの条件はクライスラーのそれより比較的有利であった[45]。結局、1988年5月17日、第一自動車はVWとのアウディ乗用車の技術提携、中古金型の購入、アウディ乗用車のKD組立など3つの契約に、交渉開始からわずか5ケ月で調印した[46]。こうして第一自動車は、乗用車の量産で東風自動車より先手を打ったのである。

---

(44)　程遠（1994）による。
(45)　江顯芬（1991）による。例えば、3万台のアウディ車生産ライセンスを取得すると同時に、VWの南アフリカ工場にあったボディ加工用中古プレスラインと金型を、第一自動車にセットで売却するというもので、これにより価格を大きく抑えることができる。また技術提携の全費用は技術導入してから3年後に支払えばよいというものであった。更に、VWはこの3万台プロジェクトの技術提携を通じて第一自動車の年産15万台の乗用車のプロジェクトに参入するために、もっと有利な条件を打ち出した。すなわち、第一自動車がVWを15万台プロジェクトの合弁パートナーとなれば、VWはアウディの技術提携費用の1900万マルクを免除し、金型提供費用の2000万マルクと技術養成費用の1600万マルクのうち600万マルクを、15万台乗用車プロジェクトのVWの出資金として、当面は第一自動車から徴収しないという条件であった。言い換えれば、15万台プロジェクトをVWと結べば、アウディ技術提携3項目の費用総額5500万マルクのうち、第一自動車は1000万マルクだけ払えばよいということになる。
(46)　国家信息中心経済予測部・中国汽車貿易総公司（1996）171頁。更に1989年4月に紅旗号乗用車の生産再開を中央政府が許可し、第一自動車は従来の紅旗乗用車生産工場を改造拡張した。1990年から紅旗号乗用車工場の敷地でSKD（semi knocked down）でアウディ100乗用車の組立を開始し、1991年1月から更にCKD（completely knocked down）に進んだ。1992年1月に第一自動車は従来の紅旗乗用車生産工場を「第1乗用車工場」

第一自動車に導入されたアウディ100モデルは、ドイツアウディ社が1982年に生産を開始したC3型車種で、排気量1.8L・4気筒と排気量2L・5気筒の2種類のエンジンを搭載していた[47]。第一自動車は、後の派生開発モデルに、先に導入したクライスラー製CA 488エンジンを搭載することも念頭に置いて、このモデルの性能について慎重に調査した。

ただし、第一自動車がクライスラーから導入したCA 488エンジンは、VWのブランド特許の制限があり、アウディ車に搭載することはできなかった[48]。すでに15万台生産能力を形成し、さらに30万台の生産能力を目指していたCA 488エンジンは、小型トラックの「6万台プロジェクト」に使用されるのに加えて、乗用車に搭載することを前提に生産準備を進めてきたのであるが、アウディ車への搭載不能によってその生産ができなくなるという重要な局面になってしまった。

一方、アウディ車との技術提携を通じて、第一自動車はVWを年産15万の台乗用車合弁プロジェクトのパートナーとすることを決めた[49]。資金不足、特に外貨欠如の情況を克服するために、第一自動車は1989年にVWのアメリカ・ウエストモーランドにあった年産30万台の「ゴルフ＝ジェッタ」乗用車の旧工場を買収し、その溶接、塗装、組立ラインの中古設備を取得した[50]。買収した設備の一

---

と「第2乗用車工場」の2つの工場に分けて、第1工場で従来の紅旗乗用車（CA 770）とその変形車CA 630ミニバスの生産や実験を続け、第2工場をアウディ車の専用工場にした。この「第2乗用車工場」のラインで1988年にベンツ210、230車を1000台組み立てた。このラインを利用して、1989年からアウディ100を試験的に組立て始めた。いずれも手作業方式で少量生産であったが、1994年ようやく第2乗用車工場は年産3万台の生産能力を持つようになった。

(47) 後にV6とV8エンジン搭載のC4型アウディ200車の組立が追加された。
(48) 徐興堯（第一自動車技術管理担当副社長）(1996)と周穎(1996)によると、CA 488エンジンを搭載した乗用車は、後述する第一自動車の長春汽車研究所が1994年に開発したアウディの派生車「小紅旗」である。ちなみに周氏は現任長春汽車研究所所長である。
(49) 更に、第一自動車は政府の許可を得て、導入したアウディ車の生産から得た利益から税金を除いた全額を、今後生産する15万台乗用車プロジェクト建設の国家投資として自社に留保することができた。1991年当時の概算によると、1991年から1996年までの6年間に、アウディ車の留保利潤で15万台乗用車プロジェクトの投資総額の40〜50％が調達できたのである。
(50) 江顯芬(1991)による。この工場は1978年に生産を開始し、1984年に全面的に改造され、1983年からVWが開発したゴルフ＝ジェッタA2型乗用車を生産していた。その

第 6 章　第一自動車における政府政策の適応活用戦略　**205**

部は、すでに調印したアウディ車の生産ラインに使い、アウディ車の生産を繰り上げた。

　1990 年 11 月、第一自動車と VW は年産 15 万台のジェッタ乗用車の合弁プロジェクト契約を北京の人民大会堂で正式に調印した。翌 1991 年 2 月 6 日には「第一 VW」が、東風（シトロエン）の乗用車合弁企業より 1 年 3 カ月早く設立された。第一 VW の総投資額は 89 億元で、資本金は 22.5 億元であった。資本金の出資比率は第一自動車が 60％、VW が 40％である[51]。

　新会社は、前述の「第二廠区」の中で 116 万平方メートルの敷地を占め、プレス、溶接、塗装、組立、エンジン、トランスミッションなど 6 工場、及び技術センター、販売センター、訓練養成センターや鋼板・部品・完成車倉庫などを建設し、その総建物面積は 49 万平方メートルに達した[52]。新工場の設備は、前述したウエストモーランド工場からの年産 30 万台の溶接、塗装、組立ラインなど旧型設備に修正を加えたものが多く、プレスラインの設備と金型も VW のメキシコや南アフリカ工場から流用していた。またドイツ人の管理者の中にも、かつてウエストモーランド工場で働いた人が多く、技術担当の副社長も同工場の経験者であった。第一 VW の当初の生産計画は 1996 年の段階で乗用車 15 万台、エンジン 27 万台、トランスミッション 18 万台となっていた[53]。

　ただし、第一 VW で生産されたモデルは、1991 年に VW 本社で開発されたゴルフ A 3 型ではなく、1983 年に市場に出したゴルフ＝ジェッタ A 2 型乗用車（エンジン排気量 1.56L）である[54]。古いモデルが選択されたのは、先に買収してき

---

　　　後、ゴルフ車はコストと性能の両面で日本車に負けて、1988 年 8 月に生産中止に追い込まれてしまった。第一自動車は、当初の工場建設費 2.4 億ドルの 5％の価格で、この工場を落札した。
(51)　機械工業部汽車工業司・中国汽車技術研究中心　汽車工業復関対策研究課題組編（1994）185 頁。1993 年年末の時点で従業員 1737 人、そのうちドイツ人 34 人、管理部門 722 人、労働者 958 人で、将来の最終目標は 5600 余人に増やす予定である。
(52)　国家信息中心経済予測部・中国汽車貿易公司（1996）179 頁。
(53)　吉田信美（1993）154-155 頁。エンジンは 15 万台を自社内に、残り 12 万台は（VW グループの）上海、メキシコ、ブラジル工場に供給される。
(54)　結果から見ると、このプロジェクトは、5 年前にアジア太平洋の市場を進出するために生産基地として設立された上海 VW と違って、アメリカ市場で日本車との競争に悩まさ

たウエストモーランド工場などの旧型設備及び資金面での制約があったからと考えられる(55)。後述のように、旧型設備の硬直性が後の第一自動車の市場競争力と製品のモデルチェンジに対して、強い制約条件になってしまったのである(56)。

### 4.3 商用車中心の生産量拡大と部品国産化の展開

上述のように、80年代半ばからの乗用車ニーズの急成長と中央政府の政策変化にしたがって、第一自動車は急速な戦略転換によって国の乗用車プロジェクトを早期に獲得し、乗用車の技術導入も実現した。しかし、乗用車の先導工程（アウディ車）の着工（1989年）は早かったが、その生産能力は小さく、3万台しかなかった。一方、大量生産プロジェクト（15万台ジェッタ車）のスタートは遅れた上、建設のサイクルも長かった。その生産能力の実現は1996年以降に待たなければならなかった。このため、如何にしてアウディ車の派生モデルを早期に市場に出して、その生産量を拡大していくかが、90年代半ばにおける第一自動車の乗用車市場における拡張戦略の重要なポイントとなった。

第一自動車は1989年、資金の自己調達により「第2廠区」の中（第一VWと第2鋳造工場の間）に、自主開発による「小紅旗車」と命名されたアウディの派生モデルの溶接・塗装・組立工場を建設し始めた。この工場の設計能力は6万台で、94年からの生産開始を予定していた。この計画を達成すれば、先に進んだアウディ乗用車の3万台先導工程を加えて、90年代の半ばの段階で第一自動車の乗用車生産能力は少なくとも9万台となるはずであった。しかし資金不足によって、この新工場の工事はなかなか進まず、結局、1994年の末に工事は中止となってしまった。

れているVWの国際戦略の一翼を担っており、VW社の国際分業体制の調整に組み込まれていた。

(55) 江顯芬（1991）26頁による。初めからゴルフA3型車を生産すると、ライセンス費用が倍になり、ウエストモーランド工場のメリットを充分に活かすことができなくなってしまう。生産設備と工程設備を再び導入しなければならなくなり、企業に投資の圧力が大きくかかることになる。

(56) 皮肉なことであるが、中型トラックのモデルチェンジの惨烈な経験がここで想起される。第一自動車はこれから量産乗用車のモデルチェンジで再び大規模な工場改造に直面すると予想される。

図6-1 第一自動車における主要各車種生産量の推移（1991-1994年）

単位：台

|  | 中型トラック | 小型トラック | 軽自動車 | アウディ乗用車 | ジェッタ乗用車 | 紅旗乗用車 |
|---|---|---|---|---|---|---|
| 1991 | 76,039 | n.a. | n.a. | 6,500 | 156 | 0 |
| 1992 | 100,054 | 6,606 | n.a. | 15,127 | 8,050 | 0 |
| 1993 | 110,616 | 21,616 | 10,898 | 17,769 | 12,117 | 0 |
| 1994 | 105,377 | 43,701 | 7,843 | 20,128 | 8,219 | 58 |

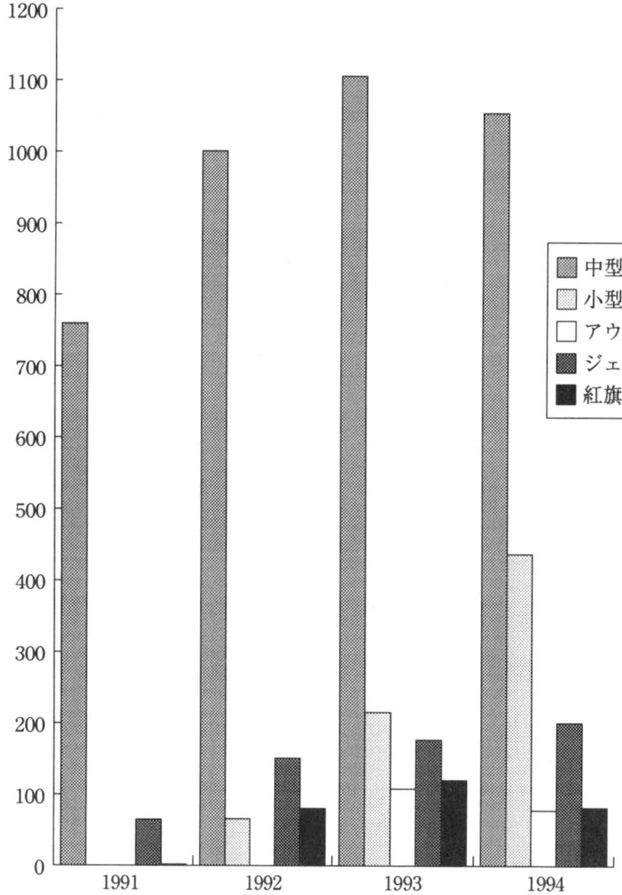

出所：『中国第一汽車集団公司 Annuai Report 1994年報』により作成。
注：ここに出た数字は各年度の『中国汽車年鑑』のデータと若干合わないところがある。

実は、乗用車新工場工事の中止を導いた根本的な原因は、第一自動車の戦略そのものの中にあった。すなわち90年代の半ばまで、第一自動車は自動車総生産量でトップの地位を東風自動車から奪回するために、図6-1で示したように、全社発展の重心を乗用車に置かず、商用車に傾斜させていたのである。自己調達資金のほとんどは商用車の生産能力拡張に投入してしまい、乗用車生産への追加投資のための資金がなくなっていたのである。

まず、小型トラックの6万台プロジェクトは、第一自動車に予想以上に自己調達資金を使わせた。従来の小型トラックの工場用地を乗用車工場に転用するため、前述したように、第一自動車は小型トラック生産について吉林市、長春市傘下の4企業と分業し、1986年5月にこれらの工場を「緊密連合」企業として専門メーカー化させようとしたが、この計画は「第一自動車集団と吉林、長春両市の間の紛争が絶えず、結局4年ほどで破綻した(57)。(中略) 最終的には、第一自動車が吉林、長春両市から4社を有償で買い取ることで問題の解決が図られ、4社は1990年から91年にかけて相次いで第一自動車に合併された。そして、小型トラック生産はようやく1994年からスタートすることになった(58)」のである。

また90年代に入ると、商用車6万台プロジェクトだけでは消化しきれないCA 488エンジン(59)の販路を確保するために、第一自動車はアウディ乗用車の派生モデル（小紅旗）の新工場建設に集中投入するかわりに、大量の資金を投入して東北の有力企業であったハルビン歯輪廠や国営星光機器廠をはじめ20余の企業を合併または子会社化し、それらをCA 488エンジン搭載小型商用車のメーカーあるいはその部品メーカーへと改造していった(60)。一連の合併買収によって、90年代の半ばには第一自動車小型商用車の生産能力は15万台に拡大し、自動車総生産

---

(57) 紛争の原因の1つは、吉林、長春両市政府が4社に対する経営権を手放したはずにも関わらず、もし連合関係が破綻して再び自らの管轄下に戻ってきた場合に独立して生産ができないようになっては困るとして、第一自動車が4社を専門化の方向で改造するのを阻止しようとしたことである。また、利益の分配を巡っても紛争が絶えなかった。

(58) 丸川知雄（1994）21頁。

(59) CA 488エンジンの商用車に搭載する構造的な問題がある（これについて、山岡茂樹（1996）269-275頁を参照されたい）。

(60) 田島俊雄（1996）66-67頁。

量のトップの地位も、96年に東風自動車から奪回した。しかし、従業員は9万人に増加し[61]、生産性も悪化した（表1-1参照）。一方、巨額な投資と急速な拡大路線は資金不足を更に緊迫させた[62]。そこで、商用車生産の拡大を保証するために、小紅旗乗用車の専用新生産工場の建設工事を中止した。小紅旗新工場の建設を中止した後も、第一自動車は1995年に5.6億元を支払い、商用車メーカー瀋陽金杯自動車の株の51％を購入し、引き続き商用車の生産を拡大していたのである[63]。

一方、第一自動車の部品工場は、主に80年代の後半以来の完成車工場の発展につれて拡大していった[64]。これらの工場も、第一自動車の商用車中心の戦略にしたがって、はじめは中型・小型トラックの部品を中心に生産していたが、後に乗用車の技術導入と国産化にしたがって、乗用車の部品も生産しはじめた。94年の年末までに、第一自動車直属の部品メーカーは20数工場にまで増加していた[65]。

しかし、1988年に導入したアウディ車の生産規模は小さく、年産3万台しかなかったため、その部品の国産化も難しかった。幸い、当時、上海でサンタナ車の部品国産化が全面的に展開されたため、第一自動車もこれに便乗してアウディ車の部品の生産を、サンタナ車の部品国産化メーカーに依頼した。同時に、自社のラジエータ、車輪、内装品などの工場に技術や設備を導入させ、乗用車の部品を生産した。1994年には、アウディ車の部品国産化率はすでに60％を超えていた（表3-3を参照）。その上、すでに国産化したCA488エンジンと016型トランスミッションを加えて、既存のアウディ車ラインで生産されたアウディ車の派生モデル「小紅旗」乗用車の国産化率も80％を超えていた。CA488（＝ダッジ）エンジンは「第2廠区」中の第2エンジン工場で組み立てられていたが、その非鉄金

---

(61) 『上海汽車報』1996年8月25日。
(62) 程遠（1994）による。
(63) 『中国汽車報』1997年11月13日の報道による。
(64) 60年代からシャーシーやボディ工場の一部職場が本社の外へ移転し、さらに遼陽、長春など周辺地域の50、60年代にできた工場を合併して、次第に現在のラジエーター、内装品、キャブレター、かじ取り装置、標準部品などの工場が形成された。日野の技術を導入したトランスミッション工場は、従来のエンジン工場の一職場から独立したものである。
(65) 黄兆鑾・謝雲（1995）による。

属部品の鋳造と加工は、合併された長春軽型発動機廠（元長春市汽車発動機廠）で行われていた。小紅旗のトランスミッションの生産は、合併された長春市歯輪廠によって VW から導入された技術や設備を用いて製造されている。その後、自社部品工場の技術導入が行われるにつれて[66]、小紅旗の部品生産は次第に第一自動車の各部品工場に集約されていった。

合弁企業である第一 VW で生産されるジェッタ乗用車の部品国産化[67]は、第一 VW、第一自動車所属の部品工場、第一自動車以外の部品工場という3つのグループに分けて進められた。第一 VW はエンジン、トランスミッションとボディの国産化で乗用車全体の国産化率の34％を引き受けている。これは前述した上海 VW の20％という内製国産化率よりかなり高く、新工場の建設所要期間が長くなった一因とも考えられる。また、第一自動車周辺に強力な部品サプライヤーが少ないことを反映している。第一 VW が国産化する34％のうち、エンジンは13.26％（エンジン全体の国産化率の85.43％）、トランスミッションは5.63％（トランスミッション全体の国産化率の82.79％）、ボディは14.84％（ボディ全体の国産化率の85.68％）を、それぞれ占めている。

第一自動車の部品工場におけるシャーシー、エアコン、エンジン・トランスミッションの鋳造、及び内装品の国産化は、車全体の国産化率の28％を占めている。この比率は、上海自工の部品工場が生産しているサンタナ車国産化率の35％（天津自工の部品工場もほぼ同程度）よりかなり低かった。これは従来、第一自動車の本社工場の部品内製率が高く、また部品工場がトラック用部品を中心に少品種

---

[66] 例えば、小紅旗に搭載する CA 488 エンジン（クライスラーによりライセンス導入）を生産している第2エンジン工場にある主な生産ラインと検査試験設備は、ほとんど先進国から輸入したものであった。また、CA 488 エンジン用の2E3キャブレター（ドイツからライセンス導入）を生産している第一自動車化油器公司では、新設した589台の設備のうち、348台がドイツから導入された中古設備であった。更に、小紅旗に搭載する016トランスミッション（VW からライセンス導入）を製造している長春歯輪廠では、新しく購入した504台の設備のうち、96台がドイツから輸入されていたし、その他アメリカ、日本、スイス、オーストリアなどから輸入した設備もあった。

[67] 耿昭傑（1991）による。先に導入したアウディ車と、後に導入する VW のジェッタ車の生産技術との共通性が比較的多く、初期に両者が重複している部品供給メーカーが89％に達して、部品供給ネットワークの配置も東風自動車より一歩先に進んだ。

生産をしていたことと関係がなくもない。

　更に、第一VWは国内277の第一自動車以外の部品工場から電器部品、非金属部品及びエンジン、トランスミッションやボディ用零細部品を調達している。その中には、上海サンタナ車の部品メーカー79工場と、第一自動車アウディ車の部品メーカーの41工場が含まれている。しかも、これらの第一自動車以外の既存部品工場におけるジェッタ車の部品国産化進展は、第一自動車や第一VWより先に進んでいた。例えば、1995年8月時点でのジェッタ車国産化率52.9%のうち、第一自動車外部の協力工場は61%を占めていた[68]。長距離輸送の問題もあるが、ジェッタ乗用車の部品生産についても、第一自動車は条件が合えば第一VWや自社部品工場へ集中していく方針をもっている。

## 4.4　「小紅旗」とジェッタ乗用車の市場進出

　第一自動車は、1989年から1995年末までアウディ車6万台余を生産したが、90年代半ばになると、高価格であること（当時上海VWのサンタナ車の価格の2倍以上、表3-5参照）などが原因で、一部のV6とV8エンジンを搭載した車種を除いて販売が伸び悩んだ。一方、第一自動車「長春汽車研究所」で開発されたアウディ車の派生車「小紅旗」は、CA488（＝「ダッジ」）エンジンと016トランスミッションを搭載していた。その国産化率は80%以上に達し、販売価格もアウディ車価格よりかなり安くなっていた。「小紅旗」は従来、高級幹部用のナショナル・ブランドを流用し、90年代半ばまで中国で国産化された最も大きな乗用車であるアウディ車（C型）に2.2Lエンジンを搭載して、アウディ車性能のイメージも消費者に強く残された。その上、1995年9月に中央政府が各地方政府部門に、輸入車の使用を禁止する旨の通達を出したため、小紅旗が中央と地方政府部門の公用車として優先的に採用されていた。これらの原因で、小紅旗の販売は好調であった。ただし、小紅旗を生産するアウディ車ラインの生産能力が年産3万台しかなく、前述した小紅旗専用の新工場建設の中止にも絡んで、如何にしてコスト・ダウンや部品メーカーの量産効果を上げるかなど、なお大きな課題が残され

---

（68）　中国汽車技術研究中心情報所（1996）8頁。

ている。

「小紅旗」に比べると、ジェッタ車の状況はあまり芳しくない。年産15万台のジェッタ車工場の生産拡大は予定より大分遅れている。15万台能力の達成を予定した1996年、第一VWはジェッタ車を僅か2万余台を製造したに留まった。その原因は、部品の内製率が高くて建設の進度が遅れたことのほかに、地元の電気や水道の供給不足も一因である[69]。また、第一VWのジェッタ車は初めから、上海VWのサンタナ車に比べてスタイルや車内スペースの大きさの点で劣っていた。同じ80年代初期に、市場に出た古いモデル（サンタナは1982年、ジェッタは1983年）であるが、第一VWで生産されているジェッタ車（1.6L）はVWのA型シリーズ車であり[70]、そもそも一クラス上のB型シリーズのサンタナ車（1.8L）より車格が低かった。しかも、上海VWサンタナ車の生産規模がすでに目標を達成し、部品の国産化も大分先に進んでいたため、価格競争力が一段と強くなっていた（表3-5参照、両者の市販価格がほぼ同じ）[71]。東風自動車の同じクラス（排気量1.3L-1.6L）の新型車（90年代初期に開発されたシトロエンZXモデル）も市場に投入され始めた。さらに、前述したように、第一VWに配備されたプレス、溶接、塗装と組立ラインは、ほとんどVWの海外工場から持ってきた古い設備であって、シャーシーやボディのモデルチェンジを強く制約していた。

一方、VW側は、80年代末期に第一自動車と合弁について交渉していたときに、後の上海VWサンタナ車の急成長や、第一VWジェッタ車と同モデルが競争関係になることを全く予想できなかった。当時、上海VWの生産能力はせいぜい3万

---

(69) 国家信息中心経済予測部・中国汽車貿易総公司（1996）182頁。

(70) ヨーロッパでは車のサイズと車格により下からA，B，Cなどと分類している。VWもこの分類をモデルのコード名に使っている。したがって、A型はB型より車格が下だと想定されている。

(71) 第一VWのジェッタ車は、初めから上海VWのサンタナ車のスタイルや車内スペースの大きさと競争にならなかった。同じ80年代初期に、市場に出た古いモデル（サンタナは1982年、ジェッタは1983年）であるが、第一VWで生産されているジェッタ車（1.6L）はVWのA型シリーズ車であり、そもそもB型シリーズのサンタナ車（1.8L）よりレベルが低かった。しかも、上海VWサンタナ車の生産規模がすでに目標を達成し、部品の国産化も大分先に進んでいたため、価格の競争力（両者の市販価格はほぼ同じ）が一段と強くなっていた。

台で、実際に毎年1万余台しか製造できなかった（表3-3参照）。合弁会社同士の競争と、ジェッタ車の販売不振に直面したVWは一時、第一自動車から撤退するという噂まで聞こえ始めるほど苦境に陥った(72)。

## 4.5 販売体制の構築

80年代、経済体制が計画管理から市場競争へ移行するにつれて、第一自動車の販売システムも従来の国家計画による統一価格で販売する方法から転換して、市場化に向けて再編された。1981年3月、第一自動車はまず従来の「銷售処」（販売部）を「銷售公司」に昇格させ、続いて1986年2月に「解放汽車貿易公司」を設立し、販売組織を強化した(73)。1990年末までに、「解放汽車貿易公司」の下に長春、天津、長沙、武漢、広州、上海、成都など大都市で7つの販売部を設け、直接販売するほか、全国すべての省と直轄市にある既存の自動車修理工場から259を選別して、第一自動車のサービスステーションとして市場調査、スペアパーツ供給、メンテナンスを委託するようになった(74)。

第一自動車とVWの契約によると、第一VWの設立初期（1991年9月）からの5年間は、親会社の第一自動車が全ての製品の販売を担当し、第一VWは販売促進、アフター・サービスとスペアパーツを担当した。1995年6月までに、第一VWは全国にフランチャイズ方式のアフター・サービス・ステーションを111カ所設立し、そのうち20のステーションにメンテナンス、スペアパーツ、販売の総合的なサービスを行わせた(75)。販売が集中する地域では、サービスの半径を50キロ以内とした。また、第一自動車は北京などの都市で無料で試乗、試運転などのサービスを提供し、消費者にジェッタ車のエンジンやトランスミッションなどの性能を紹介して、販売活動を促進した(76)。

---

(72) 『日本経済新聞』1997年1月8日によると、ドイツの週間誌シュピーゲルはVWが第一自動車との合弁事業から手を引くと報じた。
(73) 第一汽車製造廠史誌編纂室（1992）91頁。
(74) 中国汽車貿易指南編委会（1991）71-72頁による。
(75) 第一VW内部広報資料による。
(76) 『中国汽車報』1996年12月20日による。ジェッタ車の販売促進活動を通じて販売台数を増えて、一定の効果を収めた。

また、ジェッタ車の販売不振を打開するために、第一自動車は中央政府に支持や投資を呼びかけはじめた。第一自動車社長の耿昭傑は、1997年3月に次のように書いている。

「乗用車稼働率の不足は大きな矛盾になってきた。乗用車プロジェクトへの投資は巨額であった。第一自動車の15万台ジェッタ乗用車プロジェクトと東風自動車の神龍（シトロエン）合弁プロジェクトの投資額はそれぞれ100億元を超えた。これらプロジェクトの生産能力が充分発揮できなければ、その損失は驚くほど大きい。（中略）現在の乗用車生産能力を充分に発揮するためには、企業自身が最大限に努力することが必要であるが、それに加えて国家の支持が重要である。（中略）これら国家の重点乗用車プロジェクトと重点乗用車製品に対して、国家は生産開始から一定期間中は、一定額の消費貸付金を提供して、消費を誘導し刺激すべきである[77]。」

こうして、第一自動車は販売体制の改革にしたがって、全国でトラックの販売ネットワークを活用し、乗用車の販売を推進したが、90年代の半ば、ジェッタ車の販売不振の局面を打開するために、更に、VWと一緒に乗用車販売のネットワークを整備して、販売活動を促進して販売台数増加の効果を収めた。

### 4.6　小括：乗用車ニーズ成長期における資源投入能力

ここで本論文の分析枠組にしたがって、資源投入能力の観点から80年代の半ば以降90年代の半ばまでの乗用車ニーズ成長期に、第一自動車が行なった戦略実行の過程をまとめる。80年代半ばに入り、乗用車生産に関して「東風自動車先行」という中央政府の計画を知った第一自動車は、短期間で抜本的な戦略転換を行い、積極的に政府へ働きかけて、計画より繰り上げて乗用車プロジェクトを獲得した。その後、第一自動車は、国から獲得した乗用車「先導工程」プロジェクトを進めた結果、乗用車生産の上位3社に入ることができたが、従来の商用車多角化という戦略経路から抜けきれなかった。この結果、限られた自社調達資金の

---

(77) 耿昭傑（1997）による。

ほとんどを商用車企業の合併・吸収に投入してしまい、結局、乗用車の生産拡大を成長戦略の重点として積極的に推進できなかった。要するに、この時期に第一自動車は資金調達の能力を持っていたが、資金、設備、人員などを乗用車生産に集中投入しなかったため、環境変化に応じて乗用車の生産規模をタイムリーに拡大することができなかった[78]。

## 5. 技術吸収と資源能力蓄積のプロセス

前節では、乗用車ニーズ成長期における第一自動車の乗用車の生産拡大の戦略過程と、資源投入能力を分析してきた。この節では競争力構築能力の観点から、第一自動車が乗用車市場の競争激化に応じて、アウディ社やVWの協力との下で、どのように乗用車生産の品質管理制度を導入し、企業の中に定着させていったか、その過程を見ていこう。その中で、特に乗用車の製品技術ノウハウを導入してから、90年代の半ばまでにおける完成車メーカーとしての品質管理、部品メーカーとしての品質管理、コストと生産性管理、リーン生産方式の推進、製品開発能力の強化など、競争力構築能力の評価項目について重点的に観察していきたい。

### 5.1 経営理念と企業精神の変化

50年代から長い間、中央政府は第一自動車を計画経済の「重点」企業として投資・管理の両面で重視してきた。第一自動車の側も、長年国家の計画によって資金や物資を調達し、自動車製造だけに専念してきた。80年代に入ると、外部環境は次第に計画システムから市場システムへ移行していったが、第一自動車は依然として国家投資や産業政策支持の重点企業として扱われ、計画経済システムの影

---

[78] つまり、乗用車ニーズ成長期における第一自動車は、政府政策の重点がトラックから乗用車へ急変したことに対応するため、それまでまったく計画していなかった乗用車量産を、急速な戦略転換によって実現させたのである。このことによってそれまで不利な局面からかなり挽回することができたのである。しかしその後、国から獲得した乗用車プロジェクトを進めた結果、乗用車生産の上位三社に入ることはできたものの、商用車中心の方針から抜けきれなかったために、自己調達資金をトラック生産の拡張に集中して投入する結果となり、乗用車の事業拡張では上海自工と天津自工に比べて遅れをとってしまった。

響をなお大きく受けていたのである。

1990年に第一自動車を調査した際、第一自動車企業管理部門の責任者であった王世禹企業管理弁公室副主任は、第一自動車の経営理念について次のように述べた。

> 「我々は企業の長期企画を設定するときに、主に3つの方面を考える。まず、国家の長期発展企画や総体的計画、次に市場のニーズ、それから企業自身の発展である。(中略)我々工場にとって第一に重要な目標は生産任務を完成することである。なぜならば、我々の生産計画は国民経済計画の一構成部分であり、これを完成しないと、利潤を上げても良い企業とは言えないからである[79]。」

市場競争の激化につれて、30年間保ってきたトップの地位を東風自動車に奪われ、資金の自己調達の難しさを十分に経験した第一自動車は、大きなショックを受けると同時に、従来の受動的に国家計画に従う態度から、巨大企業の地位と中央政府での人脈関係を利用して、積極的に国家のプロジェクトを勝ち取る姿勢へと転換しはじめた。これには、計画経済から市場経済へ移行する制度転換期において、中央政府の財源がますます厳しくなったことも関係があると思われる。

> 「国有大企業のプロジェクトが政府に認可されることは益々難しくなる。しかも、チャンスを逸すると、再び戻らないので、先にプロジェクトを組み入れなければ、発展の機会を失い、後に獲得したくてもなかなか獲得できなくなる。これは企業の普遍的な心理であるかもしれない。中国自動車産業の『長男』として、第一自動車は一度かつてのトップの地位を失ったこともあるし、解放号(中型トラック)のモデルチェンジの時に、(資金的に)苦しい立場に追い込まれたこともある。『東山再起、重振雄風』(勢力を盛り返し、再び威風を奮い立たせること)は第一自動車を支える精神の柱、企業の魂になった。第一自動車は生産量を上げ、規模を拡大することを企業発展の主な目標としてきた。第一自動車は国のプロジェクトを勝ち取れる企業の一つとして業界内外でも有名である[80]。」

第一自動車社長の耿昭傑は1997年年頭の新年祝辞のなかで、今まで第一自動車

---

(79) 1990年6月14日に第一自動車でインタビューの録音と記録による。
(80) 程遠(1994)による。

が乗用車分野で遅れていたことを認識した上で、今後は乗用車生産の拡大を企業発展の最重点におくことを強調しながら、第一自動車の企業精神を次のように言明した。

「第一を競うのが第一自動車の伝統であり、我々の企業文化であり、第一自動車人の追求するところでもある。我々は会社の名前にも第一の称号を冠しているが、第一自動車人は常に第一の名称に誇りを持たなければならない[81]。」

## 5.2 品質管理体制の整備とコスト管理の問題

　第一自動車のアウディ車生産は、初めからドイツアウディ社から派遣されてきた技術者の指導の下で行われた。アウディ車の組立工場（第2乗用車工場）の現場には、1989年から10数名のドイツ人技術者が含まれていた。彼らは90年代の初期までプレス、溶接、塗装、組立などのラインで各職場の責任者のポストを務め、操作技術と品質のコントロール方法を教えながら、現場管理の責任を担っていた。ドイツ人技術者1人あたりとして、第一自動車は月2500マルクをアウディ社に支払い、1996年にアウディ乗用車が第一VWに移るまで、ドイツの技術者を第2乗用車工場に駐在させていた[82]。

　一方、1989年以来、第2乗用車工場ではドイツ人の技術者の指導によって、中国人の技術者や労働者の技能養成も進めていった。その技能養成に参加する中国人は、初めは月480人であったが、後に少し増員した。養成項目は、具体的な生産技術のほかに、重要なポイントとして品質監査（Audit）という品質検査制度の導入があった[83]。中国側は、この品質管理方法を真剣に勉強し、毎日午後4時に第2乗用車工場では品質監査で品質のチェックを行うことにした。94年に小紅旗

---

(81)　『中国第一自動車集団工作情況』1997年第1期4頁による。
(82)　但し、中国側が管理ノウハウを掌握するにつれて、ドイツ人技術者の人数は1994年から少し減りはじめ、6-7名になった。
(83)　Auditは品質評価の方法である。検査で合格された完成車からサンプルを取り、ユーザの目でそれをユニット部品ごとに検査項目表により再評価し、欠陥を探して、改善の措置を打ち出す。このことによって、完成車品質の情報についての全面的にかつ客観的に認識するという仕組みである。

を生産開始してからは、アウディ車の検査に参加していたドイツ人は、小紅旗車(CA 488 エンジン搭載)の検査には参加せず、同モデルの検査は中国人だけで行うようになった。

　一方、ジェッタ車を生産する第一 VW 合弁会社には、VW から派遣されたドイツ人管理者や技術者が 93 年現在で 34 人いて (94 年には 25 名に減少)、技術担当の副社長もドイツ人であった。管理組織から見れば、技術管理や品質管理分野の権限は上海 VW の場合と同じくほとんどドイツ人が持っていた。しかも、既存設備の流用と関連して、技術者の中には旧ウエストモーランド工場で働いていた人が多く、技術担当の副社長も同様であった。つまり、VW は旧ウエストモーランド工場の技術管理体制を、そのまま第一 VW に移植したものと思われる。1995 年 5 月には、建物面積が 3676 平方メートル、68 台の養成設備 (うち 25 台をドイツから輸入) を設置した第一 VW 養成センターが完成し、その後、毎年第一 VW の全従業員の 6% から 8% が、このセンターで VW 流の技術養成を受けることになった[84]。第一 VW は ISO 9000 標準を目標にして、品質監査など品質管理制度を強化しながら、部品の国産化に合わせ、品質管理の重点を国産化部品の品質保証へと移していった[85]。

　80 年代の後期以来、第一自動車は製品の品質管理やフルライン化などを着実に進めてきたが、獲得してきた国家投資資金の使用、すなわちコスト管理と資金管理においては多くの問題を抱えていた。第一自動車社長の耿昭傑は、1995 年に次のように述べた。

　「91 年に我々がコスト高と資金過剰占用という二つの山を崩していくスロー

---

(84)　『上海汽車報』1995 年 6 月 4 日による。
(85)　第一 VW の部品国産化管理組織は、上海 VW がほとんどドイツ人により管理されていたのと違って、リーダーの商務担当副社長をはじめ多くの中国人管理者が参加している。この組織は製品部、購買部、品質管理部、企画部など関係部門の責任者からなるが、毎週金曜日に一回国産化工作会議を開き、部品国産化の技術や品質問題について討議している。また、第一 VW は以下のワンセット国産化管理のプロセスを形成した。1) 供給メーカーの選択。2) 意向書及び試作協議段階。3) 部品メーカーと一緒に国産化計画の決定。4) 工程サンプルの提出。5) 初回小ロット (400 台) の試作及び最終の認可。6) CKD 部品削減の申請と確認。

ガンを打ち出してから、4、5年の時間が経過したのに、この2つ山を崩せなかったばかりか、その山は益々高くなり、わが社経済運営の大きな障害になってしまった。

　原因を追究するならば、主な責任者がきちんと管理していなかったためである。我々の指導幹部は多くが技術者出身であり、品質管理、技術改造、製品構造の調整に関しては実力があり、興味もあるが、経済管理や経済整理に対しては自覚が欠しい。それらを専門部門のことと考え、総経済師と総会計師の責務として、指導幹部の重要責任とは認識していなかったためである[86]。」

資金占用とコスト管理の問題について、第一自動車経済管理の総経済師を兼任している副社長李啓祥は、次のように指摘した。

「資金の占用において、過剰在庫の現象が普遍的にひどく存在している。例えば、たくさんの機械修理用部品を工場建設の初期に購入して、一度も使ったことがない。そのために毎年支払う利子だけで1つ中型企業が建てられる程である。また、アウディ車生産においても、各部門間の情報交流がなく、問題処理も遅い。大量の補助材料とペンキの廃棄処分は、企業に巨大な浪費をもたらし、コストも大きく上昇させた。資金使用においては、例えば、一部の幹部は無計画に資金を使い、支払う必要のないものまで買い込み、仕事は完成していないなどである。工場建設においても問題が多く、予算もない工事があるし、工程と進度だけを要求し、投入とコストを計算しない現象も多く見られる。コスト管理における問題も非常に多く、外への委託生産と生産量の成長スピードとは比例にならず、多くの製品が社内で製造すべきもしくは製造できるものであるのに、製造しなくなった。倉庫の資材管理もとてもずさんで、資材が盗まれ、公安部門が倉庫の帳簿をチェックをしたところ、帳簿上には何も記載されていなかったこともあった（管理人は全然知らなかった）[87]。」

---

(86)　耿昭傑（1995）による。ここで、彼は資金の浪費は主に技術部門出身の責任者が経済管理に対して無関心であったことによって引き起こされたものであると指摘した。

(87)　李啓祥（1995）による。ここで、李氏は主に第一自動車の過剰在庫や倉庫のずさんな管理などの問題を指摘し、資金浪費の現象が全社にわたって存在していたことを強調した。

このように、80年代半ば以来、第一自動車は6万台の小型トラック、15万台のCA 488エンジン、3万台のアウディ乗用車「先導工程」、15万台のジェッタ乗用車などの国家プロジェクトの獲得によって、次々と巨額な投資を手に入れたが、コスト管理や資金管理がルーズになってしまっていた。90年代の半ばに入ると、国家の大型投資がなくなり、銀行貸付金利の負担も重くなって、第一自動車の資金は一層緊迫し始めた。

## 5.3 部品工場の技術導入と品質管理

第一自動車の部品工場は、もともと主に中型トラックの部品を生産していたが、乗用車部品の生産をするには技術や設備が劣っていたため、大規模な技術・設備の導入を行った。例えば、小紅旗に搭載するCA 488エンジン（クライスラーによりライセンス導入）を生産している第2エンジン工場にある主な生産ラインと検査試験設備は、ほとんど先進国から輸入したものであった。また、CA 488エンジン用の2E3キャブレター（ドイツからライセンス導入）を生産している第一自動車化油器公司では、新設した589台の設備のうち、348台がドイツから導入された中古設備であった。更に、小紅旗に搭載する016トランスミッション（VWからライセンス導入）を製造している長春歯輪廠では、新しく購入した504台の設備のうち、96台がドイツから輸入されていたし、その他アメリカ、日本、スイス、オーストリアなどから輸入した設備もあった。

更に、第一自動車のラジエータ、車輪、内装品、自動車スプリング、シャーシー部品、かじ取り装置、標準部品などの部品工場も、乗用車生産のために、一部重要な設備を外国から導入して、大規模な技術改造を行った。その製品は、アウディ（および小紅旗車）とジェッタ車に供給するほかに、国内の他の乗用車メーカーにも供給するようになった。また、90年代半ば以降、第一自動車の部品工場は外国メーカーと合弁企業を作る道を歩み始めた。例えば、日本の伊藤忠商事と合弁で自動車用エアコンを生産する企業、アメリカ・フォード自動車会社との合弁でアルミニウムラジエータを生産する会社、アメリカ・KH会社との合弁でシャーシー部品を生産する会社、アメリカ・MP会社と合弁でダイキャスト部品を製造する会社、アメリカO. SMITH会社と合弁で補助フレームを生産する企業、日本の光

第6章　第一自動車における政府政策の適応活用戦略　**221**

洋精工、伊藤忠商事との合弁会社である光洋転向装置（かじ取り装置）有限公司などが96年から相次いで設立された[88]。

　技術や設備を導入すると同時に、第一自動車の部品メーカーは品質管理を強化した。具体的には、まず従業員の危機意識を強化し、管理者と現場作業員の技術能力を養成しはじめた。続いて、品質管理制度を導入し、製品の不良品比率を従業員の収入と連携させて、現場の品質管理を強化するようになった。例えば、CA488エンジンの部品を生産している長春軽型発動機廠では、製品の品質を収入に連動させる請負制度を導入することで、製品の不良品率を大幅に下げることができた。更に、品質問題に対して管理者、技術者と現場作業員が一体になって研究グループを設立し、工程や作業手順など具体的な項目を研究して問題を解決し、乗用車部品の品質を改善した。例の長春軽型発動機廠は自社の品質部、技術部、生産部及びエンジンの組立企業の第2発動機廠や鋳造金型廠など関係部門からなる品質解決グループをつくり、そこで工程の検査と整頓から着手し、工程を安定させ不良品比率を低下させる16の研究項目と41の解決措置を作成した。その結果、毎日十数件あった鋳造部品の不良品を1～2件にまで減少させることに成功した[89]。

## 5.4　リーン生産方式の推進

　第一自動車は、中国ではじめてリーン生産方式を導入した企業である。早くも1981年には、トヨタ生産方式の生みの親といわれる大野耐一の直接指導を受け、80年代中期、新トランスミッション工場を建設する際にはトヨタ系の大型トラックメーカーである日野自動車から全面的な技術援助を受け、中国では代表的なリーン生産方式の工場を作った[90]。「80年代からトヨタ生産方式を勉強しはじめ、前後して『カンバン方式』、『混流生産』など百前後の科学管理項目を行ったが、総合的な措置と改革開放というマクロ環境がなかったため、うまく展開してこられなかった。90年代に入ってから、企業内部改革の進展と経営体制の転換を結び

---

(88)　中国汽車技術研究中心情報所編輯（1996）6-7頁による。
(89)　『中国第一汽車集団工作情況』1997年第5期10-11頁、第7期、15-16頁による。
(90)　第一自動車のリーン生産方式の導入について李春利（1996）を参照されたい。

つけて、リーン生産方式を推進する歩調を速めた[91]。」

アウディ（＝後の小紅旗）乗用車を生産している第二乗用車工場は、1992年初めから次第に以下のリーン生産方式の方法を導入し始めた。1）市場のニーズによって、平準化生産を実施し、生産量の増加と部品国産化の過程に従って各ポジションの仕事量を観察し調整してきた。2）各ポジションの技術や品質の標準を定め、従業員の技術養成を強化して、4気筒、5気筒、6気筒のアウディ車の混流生産をきっかけにして、多能工制度を導入してきた。3）品質問題の発見、その原因究明と解決方法を提案する従業員の提案及びそれに対する奨励制度も作り上げた。4）「カンバン方式」制度を強化し、段取り替え時間を短縮して、中間在庫を減らしてきた。

以上の措置によって、第二乗用車工場はアウディ車の最終検査の合格率を、従来の90％以下から95％以上に引き上げることができた[92]。

第一VWは、VW流のKVP2提案制度[93]を導入しながら、QQMK（Quality Quantity Maintenance Kaizen）を中心とするチーム活動も行ってきた。「（第一VWの生産）現場がどこも整理整頓されていたことだった。そのレベルは、開発途上国の多くの工場より、はるかに上だった。第一VWのエンジンとトランスミッション工場を取材したときのことである。日野自動車の技術指導を受けているここもまた、古い型のエンジン工場に似合わず、通路、サブ・ラインの整理・清掃がゆきとどいていた。同行した黄金河副総経理（副社長）に聞くと、『トヨタから指導を受けた5Ｓ運動のおかげだ』と率直に話してくれた[94]。」

乗用車の部品を生産している工場も、90年代からリーン生産方式を導入し始めた。例えば、CA488エンジンを生産している第一自動車第2発動機廠は、94年以来2つの職場から10のチームを選んでリーン方式を試行し始めた。また、組立職場を中心にして物流のカンバン方式を全工場で広めた。更に、具体的目標を設

---

(91) 陸林奎（1995）、ちなみに陸氏は第一自動車の現任常務副社長である。
(92) 関勇（1995）と田冠軍（1994）による。
(93) KVP2提案制度はドイツVW流のリーン生産方式で、元々ヨーロッパのKVP（絶えざる改善のプログラム）から変化したものであり、日本のリーン生産方式に対抗するためにその改善のスピードをもっと速めるという意味である。
(94) 吉田信美（1993）154-155頁による。

け、従業員の収入と連動させて設備管理や製品の品質管理を強化していった[95]。

一方、乗用車の内装品を生産している第一自動車内飾件廠は「5S」(整理、整頓、清潔、習慣、修養)運動から着手し、定位置管理や色標記管理を全面的に導入した。職場のレイアウトと部品の流れを改善し、生産の平準化率[96]は86%から97.4%まで上昇した。現場管理を強化し、管理者、技術者と現場作業者からなるチームによって品質問題を研究して、アウディ車シート用フォームラバーの最終検査の不合格品率を70%から約8%に下降させた。輸入された技術と設備に対して、熱心に勉強し、技術を吸収しながら、現場の状況によって適切な改善も行った[97]。

ただし、リーン生産方式の推進については、「新工場建設の場合には移植された新しい生産方式は比較的に大きいインパクトをもたらすが、旧工場の改良と旧工程の改善の場合は旧体制の慣性力が大きい制約になる。工場間の技術の伝播のメカニズムがこれまで欠如しているため、同じ企業内で新旧体制の共存現象が発生し、工場間の格差が大きくなる[98]」との指摘もある。また、第一自動車は80年代の初期から「トヨタ自動車協力会」を模倣し、協力の部品供給メーカーを組織して「第一自動車生産協作互助会」を設立したものの、協力部品メーカーから供給された部品の品質問題にはなお未解決のものも多く、時間を区切って定期的に小ロットで第一自動車に供給する制度には、まだ達していない[99]。

---

(95) 藺凱・劉金忠(1994)による。
(96) 「平準化率」とは一定の時期の間、毎日同じ量の製品を作る日数はその全期間の日数に対する比率である。
(97) 内飾件廠(1994)による。
(98) 李春利(1996)による。
(99) 潘栄生(1994)による。また、李啓祥(1995)によると、第一自動車は「生産の過程においてこの数年間リーン生産方式を推し進めて、顕著な成績を収めたが、改善の潜在力がなお大きい。製造過程の中に、インプットとアウトプットの管理を更に強化する必要がある。無駄な現象は普遍的に存在し、原材料や部品のインプットは正常の使用量を大幅に超えている。それはインプットとアウトプットを厳しくチェックしないために不合格品の数が正確につかめないためである。不合格品による損失の重大さを認識すべきである。」更に、一連の合併活動によって、第一自動車の従業員数は急速に膨らみ、企業全体の生産性や資金運営に悪い影響をもたらす結果となっている。

## 5.5 乗用車開発活動と新事業の展開

　第一自動車は、中国の自動車業界で最も強い製品開発力を持っている企業といわれていたが、ここでその製品開発力を評価するために、同社の開発組織やその活動について観察する。

### (1) 開発組織と商用車開発活動

　70年代の末まで第一自動車には、技術部門である「設計処」が設けられていた。この設計処は小さいながら、紅旗乗用車のほか2.5トンのオフロード車や4E140中型5トントラック（後に東風自動車に移管）などを、「長春汽車研究所」の協力を得て開発していた。

　「第一自動車の設計処は500人の要員がいたが、1980年に『長春汽車研究所』と一体化して、全体として第一自動車の一部になった。85年に同研究所の従業員数は1,700人で、そのうち技術者777人であったが、1994年12月現在、第一自動車『長春汽車研究所』の人員はおよそ1900人に増え、うち技術者は1,100人、実験・試作の技能員は600～700人、その他は管理部門といった構成である。

　長春汽車研究所は、それまで長年にわたって中国自動車産業全体のための製品開発業務を担当してきており、乗用車を含めた各セグメントの開発経験を持つ、中国で最初かつ最大の自動車開発組織であった。このような、いわば中国最強の自動車R&D組織を吸収合併することによって、第一自動車は製品開発能力と製品技術面での競争優位という極めて重要な経営資源を獲得することとなり、それが80年代から90年代にかけて行われた一連の戦略転換、特にフルライン戦略の展開に大きく寄与したのである[100]。」

　「長春汽車研究所」は第一自動車に吸収されると、直ちに中型トラックのモデルチェンジに取り組み、続いて小型トラックや乗用車の開発活動を展開してきた。この中で中型トラックに搭載するトランスミッション（LF06S）の技術は日本の日野自動車から、クラッチ技術はイギリスのAP社から、ボディの技術は日本の三菱自動車（FKキャブ）から導入した。小型トラックに搭載するエンジン（CA488）はアメリカのクライスラーから、ボディは日本の日産（キャブスター）から

---

[100] 藤本隆宏・李春利（1996）3-5頁による。ちなみに長春汽車研究所の組織構成や製品開発のプロセスについて同論文を参照されたい。

導入した。第一自動車は、これらの部品技術を若干修正して自社の商用車製品にまとめたのである。

(2) 組織再編と乗用車開発の実践

90年代に入ると、第一自動車の自動車研究所は上述の商用車開発経験を活かして、組織再編を行い、積極的に乗用車の開発活動を展開していた。

90年代に入って、第一自動車は自動車研究所への投資を拡大した。そのため、研究所の固定資産は当初の400万元から96年には2億元近くに増加した。導入された IBM 4381 を中心にしてコンピューター・ステーションを設立し、CAD/CAM と技術情報センターを設けた。また、完成車試験システムや多ポイント振動システムなどの技術と設備を導入して、開発の手段と条件を改善した。更に、96年までに第一自動車は外国の専門家や在外中国人学者を講師として延べ8600人招聘し、製品開発組織、CAD技術、電子テスト技術などの講座を開いた。同時に、延べ3000余人の技術者を海外へ派遣して、視察させ、人材を養成してきた[101]。例えば、第一自動車は技術者をドイツに派遣して、VWと共同でアウディのシャーシーを利用してピックアップ・トラックを開発した。

開発組織において第一自動車研究所は、日本のモデル別開発チーム制や主査制度を導入し、キャブオーバートラックなどの開発を実践してきた。更に、1993年12月に第一自動車は、従来の自動車研究所、工場設計院、自動車材料研究所、工程装備研究所、電子計算処、技術処を統合して「技術センター（中心）」を新しく設立した。本社の技術管理副社長、総工程師（技師長）に、この技術センターのリーダーを担当させ、同技術センターの下に製品開発部、工程・材料開発部、工程装備開発部、コンピューター応用開発部、工場設計開発部、及び総合管理部を設けた。技術センターの設立は、製品開発や製造技術の改善などにおいて重要な役割を果たすことになった。例えば、大型9トントラックを開発するときに、新しい組織システムの下で製品開発や工程開発、材料開発、完成車工場と部品工場の生産準備、品質保証、コストのコントロールなどの仕事を同時進行させたのである[102]。また技術センターは、天津大学、吉林工業大学など10数の大学と協力

---

(101) 徐興堯（1996）及び『上海汽車』1996年第5期8-12頁による。
(102) 徐興堯（1996）による。

して 30 余の新技術を開発している。

　自社の乗用車開発経験が浅い弱点を直視し、第一自動車は積極的にチャンスを探して技術者に研修させ、実践の中で開発能力を高めていった。90 年代に入ると、第一自動車の長春汽車研究所の中で以下の乗用車車種の開発活動が進んでいる。

　まず、ジェッタ乗用車のスタイルの改善である。最初は、この設計を VW 社に依頼しようとしたが、VW が要求した設計料が高すぎたため、交渉を重ねた結果、双方協力の形で具体的な設計は第一自動車「長春汽車研究所」で行うことになった。これは第一自動車の技術者が、はじめて最新の手段で乗用車を設計する経験であった。コンピューターで乗用車ボディをデザインし、ボディ図面の作図、ボディ構造の設計、模型データの作成など開発技術と先進国の乗用車開発の進め方を勉強することができた。この設計で、ジェッタ乗用車のノーズ、リヤー・ボディ及びランプの形を変えて、スタイリングを丸型に変更した。新しいボディに VW の EA 113 型 20 エア・バルプ（毎気筒 5 エア・バルプ、最初導入したモデルは毎気筒 2 エア・バルプ）、EFI（電子制御燃料噴射）式新型エンジンを搭載した新モデルは、1998 年に市場に出された。

　次に、アウディ車の派生モデルである「小紅旗」乗用車のスタイル改善である。この設計の仕事量はジェッタ乗用車の 2 倍であった。第一自動車は、ドイツから一人の設計専門家を招聘し、彼の指導の下で汽車研究所の開発チームを編成した。1996 年末ですでに図面の 80％が完成したので、新モデルは 1998 年に市場に出された。これに関連して第一自動車は、またドイツの Simens 社と共同で EFI 技術を CA 488 エンジンに応用する開発を行っている。

　また、従来の排気量 5.6 L エンジンを搭載していた紅旗号乗用車に関しても、第一自動車は 90 年代半ばにアメリカのフォード社と共同で、フォードのリンカーン 98 型乗用車の技術を取り入れて紅旗車を改造した。1996 年に、すでに実物大の模型を作り上げ、98 年に新車の試作を開始した。この紅旗は、中国で生産される最高レベルの乗用車であり、従来の紅旗号乗用車の役割と同じく、中央政府の各部の部長や地方政府各省の省長レベル以上の高級幹部の専門用車として供給される。更に、第一自動車の「長春汽車研究所」は、1993 年に自力で排気量 0.76 L エンジンを搭載する軽乗用車を開発して、すでに軽自動車を生産していた吉林軽

型車廠で少量生産し始めた[103]。

こうして、第一自動車は乗用車市場の劣勢を挽回するために、自社の開発能力を活かして、国内の他社より活発な開発活動を展開していた。

(3) 乗用車新事業の展開

以下、90年代以降、第一自動車の新しい合弁事業と乗用車製品の多角化戦略を見ていこう。

1988年に、第一自動車がアウディ社と調印した契約によると、第一自動車はアウディ社からアウディ乗用車のライセンスを導入して、1989年から96年3月31日までに4気筒エンジンを搭載したC3シリーズアウディ車を生産することになっていた。この間、1994年にアウディ車を生産していた第2乗用車工場は、すでに国産化されたCA 488エンジンと016トランスミッションをアウディ車に搭載して「小紅旗」乗用車を完成した。契約期間の満了に伴い、アウディ社は第一VWの投資者としてアウディ乗用車の生産を第一VWに併合した。すなわち、1996年までのアウディ車は第一自動車の製品であったが、その後アウディ車の生産が第一自動車第2乗用車工場から第一VWに移されたことによって、第一VWの製品になったのである。第一VWに合流したアウディ・モデルは、従来のC3シリーズのボディからスタイルを改善し、96年から第一VWで生産されはじめたV6型エンジン(排気量2.6Lと2.8Lの2種類)を搭載した。これがC3V6型アウディ乗用車で、最初の生産能力は3万台を計画している。更に、1999年に第一VWは、独アウディ社が生産しているC4V6型アウディ車(C3モデルの後継車)をとび超えて、アウディ社と共同で次世代のC5V6型アウディ車を生産し、生産能力は6万台(新型V6エンジン10万台)とする計画である[104]。この動きは上海自工がアメリカのGMと合弁で98年から「ビュイック」シリーズ中型高級車を生産する動きに対抗する、第一自動車とVWの共同戦略と考えられる。

また前述のように、市場に出してからの小紅旗の生産量は順調に伸びてきたが、生産能力の限界である3万台以上設備を拡大するのは容易なことではなかった。

---

(103) 以上の記述は徐興堯(1996)、周穎(1996)及び1996年5月3日に第一自動車長春汽車研究所で行ったインタビューによる。

(104) 国家信息中心経済予測部・中国汽車貿易総公司(1996) 170-172頁。『上海汽車報』

そこで生産能力を拡大するために、第一自動車は1994年に一度中止していた小紅旗車の溶接、塗装、組立新工場の建設を、1997年に再開した。そして、建設資金を調達するために第一自動車は、政府の認可を経て、97年に第1乗用車工場（紅旗号生産）、第2乗用車工場（小紅旗生産）、第2エンジン工場（CA 488エンジン生産）と長春歯輪廠（小紅旗搭載016トランスミッション生産）の4工場を、「第一自動車紅旗轎車（乗用車）公司」という株式会社として再編し（図6-2参照）、同社全資産の25％を3億株にして深圳証券取引所に上場し、20余億元を調達した。これを利用して、第一自動車は4.3億元を紅旗車の開発に投入し、5億元を小紅旗乗用車の生産能力を2001年までに9万台へ引き上げる事業に投資し、3億元をCA 488エンジンの生産能力を15万台から25万台へ引き上げる事業に使用した。この4つの工場の従業員数は7000余人であって、これからの生産量の増加に対して人数は増加しない予定である[105]。こうして、第一自動車は国家からの新しい投資が期待できないため、株式発行の形で小紅旗乗用車の設備増強資金を調達した。そして、乗用車においても「まとめ技術」を利用して、いわば外国技術を寄せ集めていく自主開発の道を辿り始めたのである。

更に、第一自動車は1996年に中央政府の認可を得て、山東省政府、韓国大宇自動車と協力して山東省の煙台と威海で「山東大宇汽車零部件（自動車部品）有限公司」と「一汽大宇汽車発動機（エンジン）有限公司」という2つの合弁企業を設立した。「山東大宇」は1998年からエンジンの部品、ブレーキ片、かじ取り機構、エアコンなど、自動車部品を年間30万セット生産する予定であり、「一汽大宇」は99年からエンジンとトランスミッションを年間各30万台生産する予定である。以上の両社の製品は、ほとんどが排気量1.5L以下のエンジンを搭載する小型乗用車用の部品で、全製品を韓国に輸出する予定である。第一自動車は、この部品生産基地を利用して、後に1.0Lと1.3Lエンジン搭載のファミリーカーを開発していきたいと考えている[106]。

こうして、第一自動車は90年代の後半には製品の重点を商用車から乗用車に移

---

　　　1995年7月9日。
　(105)　『上海汽車報』1997年8月10日と『中国汽車報』1997年7月10日による。
　(106)　1996年5月3日に第一自動車長春汽車研究所で行ったインタビューによる。

図6-2 第一自動車の組織関連図

| | | | | | |
|---|---|---|---|---|---|
| 中央政府機械工業部汽車司 → | 第一汽車集団公司 | 自動車製造部門 | 商用車製造 | 中型車分公司: 組装車廠『解放』 | 吸収合併 → 部品事業部 ← VWと合併 ← 株上場増設 | 第一発動機廠／第一鋳造廠／鍛造廠／車身廠／長春微型発動機廠／第二鋳造廠／精密鋳造廠／車輪廠／空調機廠／散熱器廠／内装件廠／変速箱廠／熱処理廠／底盤廠／車箱廠／転向機廠／化油器廠、他 計25部品工場 | ← 別系列部品メーカー |
| | | | | 軽型車分公司: 吉林微型車廠『キャリー』／長春軽型車廠『小解放』／大連客車廠 | | | |
| | | | 特装車製造: 四平専用汽車製造廠 | | | |
| | | | 乗用車製造 | 一汽大衆汽車有限公司: 汽車廠『ジェッタ』／『アウディC3V6』／発動機廠／変速器廠 | | |
| | | | | 紅旗驕車公司: 第一驕車廠『紅旗』／第二驕車廠『小紅旗』／第二発動機廠／長春歯輪廠 | | |
| | 研究開発部門：長春汽車研究所・一汽車工廠設計院 教育機関：汽車工業高等専門学校・技術工人（労働者）学校 | | | | | |
| | 販売子会社：一汽集団貿易公司、一汽集団進出口（輸出入）公司 金融子会社：一汽集団財務公司 | | | | | |
| | 資本参加企業：一汽、深圳連営有限公司、青島汽車廠、青海汽車廠、大連柴油機廠、遼陽汽車軸承廠、無錫汽車廠、哈爾濱汽車歯輪廠、新彊汽車公司、瀋陽金杯汽車公司、他 | | | | | |
| 加盟企業 | （資本関係なし） （内 訳） 　　長春離合器廠、上海旅行客車廠、広東客車廠、他、112社 　　部品メーカー66社、中小車体組立メーカー43社 | | | | | |

出所：第一汽車集団公司の広報資料により作成。また、李春利（1996）の図4-1を参照した。

し、2000年前後に乗用車の年産能力を30万台（小紅旗9万台、ジェッタ車15万台、V6アウディ車6万台）にすることを目指して、以下の車種によってフルライン化戦略を展開している。

・排気量4.6L V8エンジン搭載の紅旗乗用車（第1乗用車工場で生産、98年からリンカーン98型乗用車を模倣してフォード自動車と共同で開発している新モデルを生産）
・2.6Lと2.8LアウディC3 V6乗用車（96年から第一VWで生産、99年からC5 V6型へ転換）
・2.4Lと2.6L長型小紅旗乗用車（第1乗用車工場で生産、第一VWのV6エンジンを搭載）
・2.2L、2.0Lと1.8Lの小紅旗乗用車（第2乗用車工場で生産、CA488エンジン搭載）
・1.6Lジェッタ乗用車と97年から市場に出す1.6L 20エア・バルプEFI式エンジン搭載の「ジェッタ王」乗用車（第一VWで生産）
・1.3Lと1.0Lファミリーカー（山東省の韓国大宇部品基地を利用、90年代末から建設）
・0.76L軽乗用車（第一自動車吉林軽型車廠で生産）

このように、第一自動車はますます激しくなった競争に対応するために、自社の開発能力と政府の政策を活用して、乗用車のフルライン化を展開し、乗用車への進出の後れを是正しようと行動しているのである[107]。

## 5.6 小括：市場競争激化期に入る前の競争力蓄積能力

ここで本書の分析枠組にしたがって、競争力蓄積能力の観点から、90年代の半

---

[107] 耿昭傑（1997）による。また、自社の開発能力を高めるために、社長の耿昭傑は再度の国の支持と投資を求めて、こう述べている。「製品開発には大量の投資が必要であるが、一つの企業ではほとんどそんな大きな能力を持っていない。そこで、国家は推進政策を制定し（企業を）支持すべきである。（中略）現在わが国の自動車工業の開発能力がまだ比較的に弱い間、国家は特別な低金利の貸付金制度を設け、製品開発、特に乗用車製品開発のステップを加速させる施策をとるべきである。」

ばまで、乗用車品質を向上させるための第一自動車の戦略実行過程をまとめる。乗用車事業への進出で遅れをとった第一自動車は、乗用車分野の劣勢を挽回するために、乗用車やトラックを生産してきた長い経験を活かし、技術導入先（アウディ社やVW）の協力を得て、乗用車の品質管理制度を導入し、これを企業内に定着させ、自社傘下の部品メーカーにも技術力や管理力を高めさせようとした。また、日本のリーン生産方式を90年代から乗用車とその部品工場において推進しはじめた。さらに、自社の開発能力を強化しながら、乗用車のフルライン化戦略を展開し、これにより乗用車の市場シェアの拡大を図ってきた。この競争力蓄積能力向上の努力は90年代半ば以降、第一自動車の競争優位に大きな影響をもたらすものと推測される[108]。

## 6. ディスカッション

以下、第2章の分析枠組にしたがって、これまでの実証結果をまとめて、第一自動車の既存資源や各時期の焦点となる戦略構築能力が、90年代半ばまでの同社の成長スピードと戦略的経路に対してどのような役割を果たしたかを分析する。

（1）既存資源：従来の計画経済統制期（50年代→70年代後半）における第一自動車は、全国から優秀な技術人材を集め、業界で最も強い生産力と開発力を持ち、乗用車の生産経験も持っていた。既存資源のこれらの要素は、後の乗用車生産に対して有利な条件になった。一方、第一自動車は業界の「長男」として、中央政府と強いつながりを持っていた。そのメリットは、政府の巨額投資を獲得する能力であるが、デメリットは、市場経済化において、市場ニーズの変化が国家計画の変化より速いために、国家計画だけを追求することによって、市場のチャンスを取り逃がす可能性があることだった。また、比較的弱かった周辺地域の機械産業基盤やトラック生産でのトップ地位を守ろうとする組織慣性は、後の乗用車生産の拡大にとって不利な要素になった。

---

[108] つまり、乗用車ニーズ成長期における第一自動車は乗用車分野の劣勢を挽回するために、自社の開発能力を活かし、乗用車のフルライン戦略を展開しながら、先進国企業の管理方法を取り入れ、技術能力や管理能力など競争力を高めようとした。この努力によって90年代半ば以降、第一自動車は競争優位に影響を与えるものと考えられる。

(2) 認識能力：技術導入・市場開放の初期（70年代末→80年代前半）に、乗用車ニーズが市場で台頭しはじめたにもかかわらず、第一自動車は政府投資を獲得するために、一方的に中央政府の産業政策への適応に重点を置いていた。この時期、政府の政策投資の重点は乗用車ではなく、商用車の技術導入や多角化にあったため、これに適応した第一自動車は、上海自工や天津自工などに比べて、乗用車の量産計画では後れをとった。しかし、第一自動車はこの時期、資金の自己調達に苦労した経験を教訓として、従来の中央政府の投資を受動的に受け取る態度から、積極的に政府に働きかける姿勢へと転換した。この転換は次の時期に入ると、早い段階で国の乗用車プロジェクトを獲得して乗用車の量産を実現するという形で実を結んだ。

(3) 資源投入能力：乗用車ニーズ成長期（80年代半ば→90年代前半）における第一自動車は、乗用車重視へとシフトした政府の政策変化に適応し、抜本的な戦略転換を行い、乗用車プロジェクトを計画より繰り上げて獲得した。しかし、国から獲得した乗用車プロジェクトを進めたおかげで、乗用車生産の上位3社に入ることはできたものの、自社調達資金のほとんどを商用車企業の合併・吸収に投入してしまい、結局、乗用車生産の拡大を積極的に推進できなかった。一方、この時期に、第一自動車は技術導入先の協力を得て、品質管理制度やリーン生産方式を導入し、自社の開発能力を活かして、技術力や管理力など競争力を高めようとした。この努力は90年代半ば以降、第一自動車の競争優位に好影響をもたらすものと考えられる。

戦略構築の視点から見ると、計画体制下の30年間、第一自動車は業界トップとしての地位を占め、国が資金を準備し、国の計画に従って生産量だけを拡大すればよいという組織慣性が根強く残っていた。ところが改革開放につれて中央政府からの投資が次第に厳しくなり、第一自動車は中型トラックのモデルチェンジの際に、資金を自己調達することに苦労した経験から、巨額の政府投資を獲得することの重要さを痛感した。そこで、第一自動車は国有大型企業の地位や中央政府との人脈を活用して、積極的に国のプロジェクトを獲得する活動に重点を置く方針に転換していった。しかし、技術導入・市場開放初期に政府の政策投資の重心は乗用車ではなく、商用車の技術導入や多角化にあったため、これに適応して

いた第一自動車は、上海自工や天津自工と違って乗用車の量産戦略について、ほとんど考慮していなかった。しかし、80年代半ば（乗用車市場成長期）に入ると、乗用車重視へとシフトした政府計画を知った第一自動車は、急いで抜本的な戦略転換を行い、更に積極的に政府へ働きかけた結果、前期の失敗を挽回し、巨大な乗用車プロジェクトを計画より早期に獲得することができたのである。しかし、その後も第一自動車は、自動車総生産量のトップの地位を東風自動車から奪回するために、自己調達資金の投入をトラック生産の拡張に集中してしまい、乗用車の事業拡張は上海自工と天津自工に比べて遅れてしまったのである。

# 第7章　パターンの違った停滞3社における失敗原因の分析

　本章では、補足的に北京自工、広州自工、東風自動車という停滞3社の乗用車戦略を観察する。北京自工と上海自工、広州自工と天津自工、そして東風自動車と第一自動車とは、初期条件や成長経路はかなり類似していたにもかかわらず、90年代半ばの時点では、それぞれの競争成果ははっきりと対照的であった。ここでは、主にこの3社の失敗の原因を絞って分析していきたい。具体的には、それぞれ初期条件や成長経路が似ていた企業をペアにして比較し、その成功と失敗の原因を分析することによって、異なる行動パターンを持つ停滞3社の共通の失敗原因を検証してみる。

## 1. 上海自工と北京自工の比較——乗用車技術の導入と生産体制再編

　北京自工は、中国で一番早く外国メーカーと合弁企業を設立して、乗用車の生産技術を導入した企業である[1]。北京自工は、上海自工と同じく地方政府に所属する企業であり、北京自工の完成車メーカーである「北京汽車製造廠」と、上海自工の完成車メーカーである「上海汽車製造廠」は（第3章参照）、ともに50年代末に独自の自動車を試作し、60年代には中国自動車産業の中堅メーカーに成長した。その後、この両メーカーで生産された乗用車とジープは、それぞれ上海自工と北京自工の主要製品となった。北京自工と上海自工は、ともに前述した1978年

---

（1）　北京自工の乗用車技術導入について、第3章を参照されたい。北京自工と上海自工は製品構成など初期条件がよく類似していた上、ともに60年代から国内の中堅企業になった。従来、北京自工で生産されたジープ型の製品（BJ212）は60年代に乗用車のシャシーを利用して作ったものであり、乗用車ベースの製品であった。したがって、その後、北京自工は上海自工と同様に政府から乗用車メーカーの1つとしてみなされるようになった。北京自工が、80年代に導入したジープ技術も上海自工と同様、乗用車の製造技術として国から認可され、これによって後に中国の乗用車生産「3大3小」基地の1つになったのである。

6月27日に国家計画委員会、経済委員会と対外貿易部が共同で国務院に提出した『対外加工・組立業務の発展についての報告』にある3つの自動車組立ラインの一つを導入した[2]。このように、両社の初期における歴史的条件や発展パターンは、かなり類似していた。しかし図1-2に見るように、技術を導入した後の両社発展のスピードは、かなり異なっていた。90年代の半ばの時点では、上海自工の乗用車の生産量はすでに20万台を越えて、中国の乗用車生産のトップメーカーになったのに対して、北京自工の新型ジープの生産量はわずか2万余台にとどまり、しかも後発の天津自工よりも後れてしまったのである。

以下、表7-1によって上海自工と比較しながら、北京自工の発展と技術導入のプロセスを概観し、その乗用車発展の後れた原因を観察していく。

1) 北京自工は歴史上、軍隊との関係が深かった。北京自工の中核工場──「北京汽車製造廠」(北京ジープの前身)は、1938年に日本軍によって設立された「華北自動車北平出張所」で、45年に国民党軍隊の「409」工場(図3-1参照)になり、49年にはさらに解放軍の「北京汽車修配廠」になったのである。長年、軍用トラックの修理及びその部品の製造を行っていた。1951年に当工場は軍用オートバイを試作し、その後、量産して朝鮮戦争の戦場に供給した。54年に軍隊から民間へ移管し、第一自動車の部品メーカーになった。58年から乗用車を試作しはじめ、相次いで「井崗山」号(Volkswagen車模倣)、「北京」号(Buick車模倣)、「東方紅」号(ВОЛГА車模倣)などの乗用車を試作した。60年には「東方紅」号乗用車の年産5000台を計画したが、軍隊からの軍用ジープを生産せよとの要求によって、この生産計画は中止した。北京汽車製造廠は、61年から「東方紅」号乗用車のユニット部品を利用して、軍用ジープを試作しはじめ[3]、66年に量産に入った。80年代の前半まで、北京自工のBJ212ジープは年産2万台程度を達成し、小型トラックと共に同社の主導製品になったが、製品の性能が後れていたため、軍隊からモデル

---

(2) 「中国汽車汽油機工業史」編委会と「中国汽車柴油機工業史」編委会編 (1996) 186頁による。

(3) 乗用車のシャーシーを利用して、ほかの車種を生産していくのは現在では不可能であるが、当時の乗用車とトラックのアーキテクチュアがまだ未分化の時代においては、新しいボディをそのまま従来のシャーシーに乗せた(Body on frame)ことが考えられる。

表7-1 上海自工と北京自工における初期条件と戦略パフォーマンスの比較

| | | 上 海 自 工 | 北 京 自 工 |
|---|---|---|---|
| 従来の計画経済統制期 50年代→70年代後半 | | ＝50年代の末から独自に自動車や乗用車を試作しはじめる | ＝50年代の末から独自に自動車や乗用車を試行しはじめる |
| | | ＝60年代から4つの中堅メーカー（北京、済南、北京、上海）の1つ | ＝60年代から中国業界で4つの中堅メーカーの1つ |
| | | ＝上海市政府に所属する地方国営企業、中央政府に重視されない | ＝北京市政府に所属する地方国営企業、中央政府に重視されない |
| | | ＝中国で2つの乗用車生産メーカーの1つとして、乗用車は主導製品 | ＝中国で2つの乗用車メーカーの1つとして、ジープは主導製品 |
| | | ○中国で最強の産業都市に立地し、民間市場に向けて長年生産 | ●従来の軍用車修理工場として軍隊からの影響が強い |
| 技術導入・市場開放初期 70年代末→80年代前半 | | ＝中央政府から技術導入優先権をもらい、地方政府の支持も受けた | ＝中央政府から技術導入優先権をもらい、地方政府の支持も受けた |
| | | ＝中国で最初の乗用車合弁企業を設立（1985年） | ＝中国で最初のジープ合弁企業を設立（1984年） |
| | | ○官民一体で技術導入先企業や導入モデルについて徹底的調査 | ●軍隊影響分野制限で技術導入先企業とモデルについて調査不足 |
| | | ○従来の経験を生かし、市場の乗用車ニーズに適応モデル導入 | ●軍隊の需要優先、民間ニーズを認識不足 |
| 乗用車ニーズ成長期 80年代半ば→90年代前半 | | ○商用車生産を相次いで中止生産能力を乗用車へ一点集中 | ●組合統合力が欠如、結果として発展の重心はトラック |
| | | ○巨額の資金を集中して乗用車生産の拡大に投下 | ●組織分散によって資金の使用も分散 |
| | | ○完成車メーカー以上部品メーカーへ投資、供給体制を構築 | ●投資の不足や生産量の制限で部品メーカーの成長が遅れ |
| 市場競争激化期 90年代半ば→ | | ＝前期から完成車メーカーが品質管理ノウハウの導入吸収 | ＝前期から完成車メーカーが品質管理ノウハウの導入吸収 |
| | | ○自社の開発能力を強化 | ●自社開発能力がないが、強化の動きもない |

注：○成功の要素、●失敗の要素、＝両社が類似した要素。

チェンジが強く要求されていた。要するに、乗用車技術を導入する前の段階で、北京自工は上海自工のように民間市場のために自動車を生産していったのではなく、その生産活動が軍隊のニーズに大きく影響されていたのである。

2) 北京自工では、技術導入の際にも、軍隊のニーズが優先していた。北京自工が、ジープ生産に米国 AMC 社の技術を導入したきっかけは、上海自工の乗用車技術導入と同じ時期の 78 年 6 月に政府部門が出した報告であった（第 4 章の 3. 2 参照）。この報告は、新しい技術を導入することによって、北京ジープの生産ラインを改造し、国産ジープの製造レベルを高めようという意見を提出した[4]。これは、北京自工の長年の願望と一致した。78 年 10 月に訪中した米籍中国人を通じて、AMC は中国企業と合弁してジープを生産する意向を中国政府に伝えた。これがきっかけとなって、79 年 10 月から北京自工は、集中的に AMC とジープ生産の技術導入について 3 年余りにわたって交渉した。この交渉の過程で、導入モデルや技術性能について、軍隊の関係部門からいろいろの意見が出され、当時の解放軍総参謀長の羅瑞卿氏も何回も指示を出すなど、深く関与した[5]。北京自工と AMC は、83 年 5 月に資本金 5,103 万ドル（中国側は 68.65％、米国側は 31.35％）の合弁企業の契約に調印した。こうして 84 年 1 月に、北京ジープ（BJC）が設立され、中国自動車産業で最初の合弁企業になった。技術吸収のために、それまで生産してきた BJ212 ジープが合弁企業に移管されたので、北京ジープの最初の計画は従来の BJ212 ジープを引き続き生産しながら、AMC の Cherokee ジープを年間 2 万台組立することであった。上海自工に比較すれば、乗用車技術導入の際、北京自工は上海自工のように民間のニーズのために、体系的に内外市場を調査して製品を導入したのではなく、軍隊のニーズを優先して限られた外国メーカーから製品を選択したのである。

3) 北京自工は技術導入の後、乗用車生産に集中投資を行わなかった。北京ジープは 85 年 9 月から Cherokee ジープの組立を始めたが、86 年前半には中

---

(4) 「中国汽車汽油機工業史」編委会と「中国汽車柴油機工業史」編委会編（1996）186 頁による。

(5) 1993 年 9 月に北京ジープで現地調査による。

国政府の部品輸入政策や外貨バランス条項の変動によって生産が中止され、AMCが撤退寸前というトラブルが生じた(6)。86年9月には、合弁した双方がCherokeeの生産能力を2万台から6万台へ引き上げることを合意したが、87年に当初の合弁相手であったAMCがクライスラー社に吸収されたこともあって、技術進出側の戦略には一貫性が欠如していた。また、北京自工は上海自工のように明確な乗用車発展戦略と強力な統合力を持っていなかった。北京市政府の行政命令で一つの看板の下にまとめられたものの(7)、各メーカーは比較的自由に独自の製品戦略を取っており、投資も分散していた。北京自工は、乗用車の部品国産化の後れなどの問題をかかえていたが、結果として発展の重点をむしろ小型トラックにおいた。例えば、従来のBJ212ジープを生産してきた北京汽車製造廠の従業員は、北京ジープの設立時点で約半数は合弁企業に入ったが、残り半数は従来の北京ジープのシャーシを利用して、積載1トンの小型トラックを生産し始めた。その上、Cherokeeジープは中国の90年代以降のニーズ、例えば政府部門用、タクシー、個人用などにはあまり合わなかったため、その生産量が90年代に入っても2万台前後を低滞していた。こうして90年代に入ると、従来から生産してきた2トントラックを加えて、小型トラックの生産量は北京自工の総生産量の3分の2以上に達し、一方、ジープの生産量は全体の3分の1にも及ばなかった。その中でCherokeeジープの生産量は、総生産の10数パーセントしか占めていなかった。すなわち、技術導入の後、北京自工は上海自工のように、資金を乗用車生産に集中的に投入せず、むしろ組織分散もあって資金を分散して投入した。その結果、乗用車生産の拡大で遅れをとった。

図1-3に見るように、北京自工は導入した乗用車の生産開始の時点（1985年）で、当時年産1万台だった上海自工に比べて、すでに年産5万台（内ジープと小型トラックが各半分を占める）に達していた。特に北京自工は、小型トラックとジープの生産については中国市場で大きなシェアを占めており、後に日本のいすゞから小型トラックのエンジンや車体などの生産技術を導入し、ニーズに対応しなが

---
（6） 渡辺真純（1996）191-192頁による。
（7） 中国軽型汽車工業史編委会編（1995）67-68頁による。

ら順調に発展していった。しかし、96年に入ると、北京自工は第一自動車、東風自動車、重慶いすゞ、江西いすゞなど各メーカーの新型小型トラックモデルと競合するようになり、同社の小型トラックの生産は40％も減少してしまった。また新旧型のジープでも販売は不振で、96年の総生産は95年より23％低下した[8]。

90年代半ばの時点で、北京自工の乗用車生産の成長が上海自工より遅れた原因をまとめてみると、主に乗用車ニーズの成長期に、組織分散などの原因によって、上海自工のように乗用車ニーズの急成長に合わせて、乗用車生産への集中投資を行うことができず、その結果、市場の成長期にタイムリーな乗用車への生産体制の切り替えができなかったことがある。また、従来の軍隊からの影響は80年代に入っても強く残り、乗用車技術導入の際、北京自工は上海自工のように民間のニーズのために内外調査を展開せず、軍隊のニーズを優先して限られた外国メーカーから製品を選択した。その結果、90年代の市場ニーズにあまり合わないモデルを導入することになり、乗用車の生産拡大にも影響したのである。

## 2. 天津自工と広州自工の比較——基盤・組織・車種について

80年代初期までは、広州自工と天津自工は共に地方政府に所属していた企業であり、自動車の生産規模が小さく、技術レベルも低かった。その後、両社は市場の変化に対応して乗用車の生産技術を導入した。技術導入の時期、小型トラックから外資メーカー設計の商用車、外資設計の乗用車へという生産車種開発の順序も、ほとんど同じであった。

「広州標致汽車有限公司」（広州プジョー）の前身は「広州汽車製造廠」で、80年代初めにはすでに広東省及び広州市の最大の自動車製造企業であった。広州汽車製造廠の初期状況は、天津自工の80年代半ばまでの中核企業（天津汽車製造廠）と似ているところが多い。例えば、80年代の初めまで、広州汽車製造廠は天津汽車製造廠と同様に、地域内で最大の完成車工場であり、地域内の完成車のほとんどを一企業で生産していた。その生産車種も、天津汽車製造廠と同じ小型トラックであった。70年代の末までに、両工場は年産2000台ぐらいの実績を持ってい

---

(8) 夏連生（1997）による。

た。天津自工の軽自動車技術導入の時期とほぼ同じ頃の1985年3月、広州自工はフランスのプジョーとの1トンピックアップトラックの技術導入と合弁生産についての契約に調印した。商用車の生産技術を導入してからは、中国乗用車市場の変化に応じて、天津自工と同じく中央政府の許可を得て、1988年から乗用車を生産し始め、中国乗用車の「3大3小」生産基地のうちの3小基地の1つとなった。

しかし、乗用車の生産技術導入後をみると、図1-1に示すように、広州自工の発展スピードは天津自工よりかなり遅れてしまった。例えば、1996年に「四大乗用車生産基地」に入った天津自工の乗用車年産能力は15万台、生産量が9万台近くに達したのに対して、広州プジョーは年産能力が3万台で生産量はピーク時の1.6万台から2,500台に減少してしまった。

以下、表7-2をまとめて天津自工と比較しながら、広州自工の発展史と技術導入のプロセスを概観し、その乗用車発展の後れた原因を観察していく。

1) 商業都市としての広州市は、自動車や機械産業の生産基盤が弱かった。「広州汽車製造廠」の前身は48年に設立した「同生機器廠」で、50年代に10数社の小さな工場が合併し、船の修理や製糖機械の製造などを経て、66年に長春汽車研究所の協力のもとで南京自工のモデルを模倣して、3.5トンの小型トラックの試作をはじめた[9]。これは広州市で最初の自動車試作であった。部品供給が追いつかなかったため、この小型トラックの生産量は少なく、最高年産が2001台（77年）であった。その後、さらに生産は衰退し、80年に中止された。81年から「広州汽車製造廠」は、一時東風自動車のグループに加入し、東風トラックのシャーシを利用してバスの組み立てをしていた。一方、広州自工に所属する「広州汽車製配廠」（後の広州羊城汽車廠）は、72年から北京の小型トラックを模倣してGZ130小型トラックを試作し、80年代の初期までに年間200台から500台程度の少量生産を行っていたが、80年代の初期に入ると、採算が取れなくなったため閉鎖の危機に陥った。要するに、乗用車技術を導入する前の段階では、広州自工は天津自工のように強い部品産業基盤を持たず、また自動車の試作や生産の経験も少なかった。

---

(9) 『1986年中国汽車年鑑』568頁による。

表7-2 天津自工と広州自工における初期条件と戦略パフォーマンスの比較

| | 天津自工 | 広州自工 |
|---|---|---|
| 従来の計画経済統制期<br>50年代→70年代後半 | ＝生産能力5千台以下の小企業 | ＝生産能力2-3千台の小企業 |
| | ＝天津市政府に所属する地方国営小企業として中央政府に無視される | ＝広州市政府に所属する地方国営小企業として中央政府に無視される。 |
| | ＝他社のモデルを模倣、主に小型トラックを生産 | ＝他社のモデルを模倣、ほとんど小型トラックを生産 |
| | ○機械産業強い都市に立地し、長年自動車試行・生産の経験を持つ | ●機械産業弱い商業都市に立地し、自動車生産の参入も遅れた。 |
| 技術導入・市場開放初期<br>70年代末→80年代前半 | ＝市場で成長の機会を探す | ＝市場利益追求を開始 |
| | ＝早期に乗用車導入計画を策定 | ＝早期に乗用車導入計画を策定 |
| | ＝先に軽自動車を導入、市場と政策変化時間差利用、乗用車を導入 | ＝先にピックアップを導入、市場と政策変化時間差利用、乗用車を導入 |
| | ○技術導入先企業・導入モデルや市場ニーズについて徹底的調査 | ●短期利益追求、技術導入先企業とモデルについて調査不足 |
| 乗用車ニーズ成長期<br>80年代半ば→90年代前半 | ○従来の生産車種を温存しながら乗用車生産能力の重点強化 | ●組織統合力が欠如、力分散で乗用車を重点的強化しない。 |
| | ○自己調達した資金を集中して乗用車生産の拡大に投下 | ●組織分散によって資金の使用も分散 |
| 市場競争激化期<br>90年代半ば→ | ○部品供給体制を次第に構築 | ●部品の供給は主に外地企業に依頼 |
| | ＝自社開発能力がないが、強化の動きもない | ＝自社開発能力がないが、強化の動きもない。 |
| | ＝トヨタとエンジン生産合弁企業を設立 | ＝本田と新しい乗用車生産合弁企業を設立 |

注：○印は成功の要素、●印は失敗の要素、＝印は両社が類似した要素。

2) 広州自工は、技術導入の際にも目前の市場利益を追求し、導入先のメーカーや製品のモデルに対する調査が足りなかった。79年に、某香港商人は自分で資金を出して、広州汽車製造廠の敷地を利用してプジョーから小型トラックの生産技術を導入し、合弁の生産計画を広州自工に提案してきた。これがきっかけとなって、広州自工は集中的にプジョーと技術導入について交渉し

始めた。その後、乗用車の輸入急増という市場変化に便乗して、広州自工は504型ピックアップとの部品の共通性を利用した505型乗用車の生産技術も導入することで、中央政府を説得した。85年3月に政府の許可を得て、広州自工はプジョーから積載1トンのピックアップトラックと505型乗用車の生産技術の導入について契約を調印し、86年に合弁会社の広州プジョーを設立した[10]。合弁会社の資本金は6億フラン、登録資本は2.4億フランで、投資比率は広州自工とCITIC（中国国際信託投資公司）など中国側が66％、プジョー自動車などフランス側が34％であった。当時の市場で小型トラックの供給が足りなかったことに関係があるが、広州自工に導入されたプジョーの504型ピックアップは60年代に開発された乗用車の変形車であり、導入の時点でそのモデルはすでに非常に古くなっていた。88年から正式に生産し始めた505型乗用車も、70年代にプジョーが南アフリカ工場で生産し、後に撤退せざるを得なかった旧タイプのセダン車であった[11]。すなわち、乗用車技術導入の際、広州自工は天津自工のように導入モデルや市場ニーズに対して深く調査せず、非常に古い乗用車製品を導入してしまった。

3) 広州自工は、天津自工のように乗用車生産への重点的資源投入や集団化の統合を行わず、また乗用車についての長期ビジョンも立てていなかった。広州自工に所属している各工場は各自の製品を生産し、相互の連携が弱く、資金投入を分散させていた。例えば、広州プジョーが設立されてからも、残された一部の広州汽車製造廠の従業員は引き続きバスを年間数百台生産したほか、「広州羊城汽車廠」は地域内の一部の部品メーカーを組織化して、小型トラックを年間数千台生産していた。また、広州地域は自動車部品の生産能力が弱いので、広州プジョーに部品を供給する地域内の部品メーカーの数は、サプライヤー総数の4分の1しか占めていなかった[12]。こうしたことも、広州自工の乗用車生産の進展を遅らせた1つの要因と思われる。こうして、広

---

(10) 「中国汽車汽油機工業史」編委会と「中国汽車柴油機工業史」編委会編（1996）196-197頁による。
(11) 『朝日新聞』1996年5月24日の報道によれば、広州プジョーの生産ラインは80年代半ばの経済制裁で操業できなくなった南アフリカの工場設備を広州に移したものである。
(12) 『中国汽車報』1998年7月30日の報道による。

州プジョーの生産計画は当初の年産1.5万台から、88年には3万台（乗用車中心）に引き上げられたが、実際の成長は非常に遅かった（図1-1参照）。その上、乗用車のモデルが古くて、フランス・プジョー側も中国市場での長期の発展戦略を持っていなかったため、90年代の半ばには、広州プジョーは衰退の局面を迎えた。天津自工に比べれば、乗用車技術を導入した後の市場の成長期に、広州自工は資金を乗用車生産に重点的に投入せず、組織の分散もあって資金は分散的に投入されてしまった。

広州プジョーの衰退によって、広東省政府は、自動車産業を省レベルの基幹産業から削除し、重点的に支持しないことを公表した[13]。これに対し、広州市政府は自動車産業を基幹産業として引き続き支持するために、新しい合弁相手をさがすという方針に転換した。これに応じて、日本の本田技研と韓国の現代自動車がプジョー株を買収する意欲を見せ、GMのドイツ法人アダム・オペル社も広州プジョーのプロジェクトを買収して乗用車とエンジン生産事業へ参入することを目指し、1996年8月に広州に代表事務所を開設した。3社競争の結果、本田が勝利した。1997年11月にプジョーは広州から撤退した。それと同時に、広州自工は東風自動車と共同で合弁事業について東京で本田と契約を仮調印した。本田は東風との間でエンジン製造・販売会社、広州自工との間で完成車製造・販売会社「広州本田汽車」（資本金1億3,994万ドル）を設立し、本田はそれぞれ50％出資することになった。1999年初めにはパイロット生産を始め、1999年10月には「アコード」（排気量2.3L級）の本格生産に乗り出す。当初は年産3万台を見込んでおり、需要に応じて年間5万台にまで増やす計画にしている[14]。こうして、広州本田はエンジン生産を抜きにした完成車組立メーカーとなり、「東風本田エンジン」及び東風の部品メーカーを通じて、東風自動車と従来な緊密な関係を回復したのである。

90年代半ばの時点で、広州自工の乗用車生産の成長が天津自工より遅れた原因をまとめてみると、まず乗用車ニーズの成長期に、広州自工が天津自工のように大規模な組織再編を行わず、また乗用車ニーズの急成長に合わせて、速やかに乗

---

(13) 『中国汽車報』1997年4月8日による。
(14) 『日本経済新聞』1997年11月14日及び『日本経済新聞』1998年5月8日による。

用車生産に集中投資を行わなかったことがある。さらに、商業都市としての広州市の部品産業基盤が歴史的にも天津市より貧弱であった上、広州自工は技術導入の際、天津自工のように深く内外環境を調査せず、技術導入先や導入製品の選択についてもミスをした。これらの要因も後の乗用車生産の拡大に影響したといえる。

## 3. 第一自動車と東風自動車の比較——政府政策対応と乗用車戦略転換

　第一自動車と東風自動車は、いずれも中国のトップ大型自動車メーカーとして知られ、中国自動車産業の「長男」と「次男」と見なされてきた。80年代の末まで、両社はほとんど中型トラックを中心に生産していた。両社とも政府の計画と政策（＝政府の投資）に対する依存度が非常に高かった。その後、政府の意向に沿って第一自動車は小型トラックへ、東風自動車は大型トラックへと商用車の多角化を展開した。生産台数から見ると、両社は業界トップの地位を逆転・再逆転していたが、国の計画に従って商用車のフルライン化を展開した点は共通している。しかも両社は、ともに商用車のモデルチェンジやフルライン化によって、乗用車への進出が遅れてしまった。両社の対政府政策の性格変化が見えはじめたのは、乗用車の進出戦略策定と企業行動の過程であった。80年代後半に中央政府は、第一自動車と東風自動車を中国乗用車生産の中心基地として指定し、しかも東風自動車を先行させる政策を打ち出した。両社は、この外部環境の変化にしたがって、各自の乗用車戦略を展開していたが、結果から見ると、第一自動車は88年に乗用車の「先導工程」を実現し、乗用車量産プロジェクト計画も東風自動車よりかなり早く実現できたのである。これと対照的に、東風自動車は90年代の半ばに入って、従来から生産してきた車種は市場ニーズが衰退し、乗用車の量産がかなり遅れたため、非常に苦しい経営状態に陥った（図1-3参照）。

　以下、表7-3をまとめて第一自動車と比較しながら、東風自動車の発展史と技術導入のプロセスを概観し、その後れた原因を考察する。

1) 東風自動車の生産拠点は、冷戦の産物として立地条件がかなり悪かった。そもそも東風自動車は、60年代末から米ソとの戦争を備えるために、中国自動車産業で最大の国家プロジェクトとして中央政府から投資を受け、「先軍後

表7-3 第一自動車と東風自動車における初期条件と戦略パフォーマンスの比較

| | 第 一 自 動 車 | 東 風 自 動 車 |
|---|---|---|
| 従来の計画経済統制期<br>50年代→70年代後半 | ＝2つの生産能力5万台以上の大企業の1つ、業界の長男と見られた。 | ＝2つの生産能力5万台以上の大企業の1つ、業界の次男と見られた。 |
| | ＝中央政府に直属する国営大企業として中央政府から重点投資された | ＝中央政府に直属する国営大企業として中央政府から重点投資された。 |
| | ＝強い技術能力を持ち、主に中型トラックを生産 | ＝強い技術能力を持ち、主に中型トラックを生産 |
| | ○都市部立地、ある程度の機械産業基盤を持つ | ●山間部立地、部品生産の周辺地域への移転がほぼ不可能 |
| | ○乗用車試作と生産の経験を持つ | ●乗用車試作や生産の経験はない |
| 技術導入・市場開放初期<br>70年代末→80年代前半 | ＝中央政府政策従いトラック多角化展開に没頭し乗用車について考えない | ＝中央政府政策従いトラック多角化展開に没頭し乗用車について考えない。 |
| | ＝東風自動車を主なライバルと見なし自動車生産量のトップ地位争う | ＝第一自動車を主なライバルと見なし自動車生産量のトップ地位争う。 |
| | ○紅旗乗用車生産によって市場と自社製造能力についてある程度認識 | ○トラック拡張が大成功、乗用車市場の変動に無関心 |
| 乗用車ニーズ成長期<br>80年代半ば→90年代前半 | ○中央政府政策変動を察知、速やかに戦略転換、政府に働き掛け | ●受動的政府のプロジェクトを待つ |
| | ○巨「先導工程」獲得、速く導入先を変えてプロジェクトを早期実現 | ●天安門事件でフランス政府の制裁に遭っても導入先を変えない。 |
| | ○早期かつ順調に「先導工程」に投資し、生産能力を拡大 | ●プロジェクトの実現と投資が遅れすぎた。 |
| 市場競争激化期<br>90年代半ば→ | ＝完成車メーカーと部品メーカーともに積極的管理ノウハウを導入吸収 | ＝完成車メーカーと部品メーカーともに積極的管理ノウハウを導入吸収 |
| | ＝開発能力を強化、自己開発を推進 | ●開発能力を強化、自己開発を推進 |

注：○印は成功の要素、●印は失敗の要素、＝印は両社が類似した要素。

民」(民間より軍隊を優先する)や「山間部、分散、隠蔽」といった建設方針により、第一自動車の生産システムをモデルとして湖北省の中部山間部に設立された「冷戦プロジェクト」であった(15)。70年代の末までは、東風自動車は国家の計画に従って、主に軍用の中型トラックを生産していた。その部品内製率は最初から第一自動車より高く、75％に達していた。70年代の末には冷戦緩和の影響で軍から発注が激減し、東風自動車はやむを得ず主力車種であった軍用トラックから民生用トラックへと転換することを検討し始めた。しかも、後に生産が拡大するにつれて部品生産を周辺地域（産業基盤もない山間部）に移行させることがほぼ不可能となり、完成車の生産は次第に山間部から遠い都市部へと移転せざるを得なくなった。第一自動車に比べた場合、東風自動車は第一自動車のように都市部に立地せず、戦争に備えた山間部の立地条件は後の乗用車生産にとって、非常に不利な要素になった。

2) 乗用車技術導入戦略を策定した際、東風自動車は環境条件に対する能動的な行動が足りなかった。80年代の初めから、東風自動車は利潤請負制の導入など企業改革の先駆者として中型トラックの生産に参入した後、小型トラックに進出する計画を立てたが、中央政府に却下されたために、政府の計画に従って大型トラックの生産に進出し始めた(16)。その中で、東風自動車は第一自動車と同じく、80年代の半ばまで乗用車量産については、まったく計画していなかった。そして、80年代の後半までの東風自動車は、自社の利潤請負制導入や中型トラックの拡張などで大成功を収めたうえに、最初の乗用車生産基地に選ばれたことによって、政府の計画に従えば乗用車生産のトップ企業になれるものと判断したため、第一自動車のようなトップの地位奪回の危機感と圧力感がなく、政府に対しても積極的に働きかける行動を取らなかった。また、第一自動車のとった国内市場での輸入阻止を優先する戦略と異なって、東風自動車ははじめから輸出優先の乗用車戦略を打ち出したが、その場合も合弁相手の選択範囲を更に限定されたことが、発展の阻害につながった一因と考えられる。

---

(15) 東風自動車の立地条件について具体には、李春利（1996）を参照されたい。
(16) 程遠（1994）による。

3) 東風自動車では、戦略調整のミスで政府の乗用車プロジェクト資金を適時に投下することができなかった。80年代の後半、中国では外貨が非常に緊迫していたため、東風自動車の乗用車合弁企業に対する政府の条件も厳しかった(17)。東風自動車は苦労の末、ようやくフランス政府の貸付金を得て、同国のシトロエンを合弁相手として選ぶことができたが、あいにく1989年に天安門事件が起こり、フランス政府の厳しい対中制裁政策によって東風シトロエンのプロジェクトは、数年間凍結される結果となった。その間、東風自動車は合弁相手を切り替えるなどの積極的措置も取らず、ただ待つだけであった(18)。90年12月になって、ようやく合弁契約に調印したが、組立工場の着工は93年2月末になってしまった。また合弁相手のシトロエンは、最初から中国乗用車市場の大きな発展に懐疑的な態度で、VWのように積極的な長期戦略を持ち合わせていなかった。要するに、東風自動車は技術導入先とトラブルがおこったときに、第一自動車のように、速やかに合弁相手を切り替えなかった。このため、せっかく国から認められた乗用車プロジェクト投資は適時に実施されず、乗用車量産の早期実現のチャンスを逸した。

90年代半ばに入って、東風自動車は戦略調整に立ち上がり、開発能力を強化して、まず小型トラックと軽型乗用車を開発して激しい競争に参入し、徐々に市場シェアを拡大していった。続いて、生産管理や技術のノウハウを吸収しながら、導入したシトロエンの新モデルや技術改善（契約によると、シトロエンは東風自動車にCitroen ZXシリーズ乗用車の全技術資料とシトロエンに開発されるCitroen ZX 1.0L、1.3L、1.6Lシリーズの派生車や変形車の全技術資料を提供する）などでの優位性を利用して、排気量1.3Lと1.6LのEFIエンジン搭載の新車を相次いで市場に投入し、上海自工のサンタナ車や第一自動車のジェッタ車と真っ正面から競争し始めた。また、乗用車の部品生産を強化するために、乗用車工場所在地である武

---

(17) 政府から全く外貨が得られず、外国政府や銀行の貸付金に頼らざるを得なかったのである。その上、合弁企業の完成車製品の3分の1を輸入しなければならないという条件もあった。

(18) 程遠（1994）により、その間にドイツVWが東風自動車に共同で合弁会社を作ることについて打診したことがある。東風自動車はVWがすでに上海自工と第一自動車と提携事業を結んだことに鑑み拒否したという。

第7章　パターンの違った停滞3社における失敗原因の分析　**249**

漢の部品工場に積極的に技術を導入させると同時に、上海の浦東開発区でも多数の部品生産の合弁会社を設立させた[19]。更に、広州の周辺（広東恵州）で日本の本田技研と部品生産の合弁事業を展開するかたわら、資金調達のために香港で株の上場をも進めた。1997年11月、プジョーが広州から撤退したのをきっかけに、日本の本田技研との間で、それぞれ50％出資してエンジン製造・販売合弁会社「東風本田発動機」（資本金6,006万ドル）を設立し、99年秋には広州自工で生産される本田の「アコード」車のエンジン（排気量2.3L級）を供給する計画である[20]。

　90年代半ばの時点で、東風自動車の乗用車生産が第一自動車より遅れた原因をまとめてみると、まず、東風自動車は技術導入先の突発事件にあったとき、第一自動車のように速やかな戦略調整をしなかったため、国の乗用車プロジェクト投資が適時に実施されなかった。その結果、その乗用車量産の実現は第一自動車よりかなり遅れをとってしまった。また既存資源の点では、第一自動車よりかなり悪い（山間部）立地条件であったことも、後の乗用車生産の拡張にマイナスの影響をもたらした。さらに、市場開放・技術導入初期にトラック生産が大成功を収めたために、かえって第一自動車のように積極的な政府に対する働きかけを行わず、これが量産体制の早期実現にも影響した。

## 4.　小　括

　以上、比較的類似したバックグラウンド、歴史的条件および行動パターンを持った企業をペアにして比較してきた。ここでは、まず上位3社に比較して停滞3社のそれぞれ異なった失敗パターンの特徴をあげて、そして停滞3社の共通の失敗原因を分析する。

　北京自工は、上海自工と同じく乗用車を自社の主導製品として、その製造能力を向上していく戦略指向を持っていたが、上海自工のように民間市場に向けて生産することがなく、むしろ軍のニーズに左右されてしまった。一方、広州自工は天津自工と同じく、市場ニーズを優先する戦略指向を持っていたが、天津自工のように徹底的に市場動向を調査することなく、目先の短期利益ばかりを追求して

---

(19)　『中国汽車報』1996年12月16日による。
(20)　『日本経済新聞』1998年5月8日による。

しまった。他方、東風自動車は第一自動車と同じく、中央政府の政策を優先する戦略指向を持っていたが、第一自動車のように積極的に政府に働きかけることなく、消極的に政府のプロジェクトを待っていたのである[21]。

このように、90年代半ばの段階で、停滞3社を失敗に導いた決定的な原因は、乗用車ニーズの成長期に乗用車生産に集中投資しなかったこと、もしくは乗用車生産への投資時期が遅れて生産能力の形成で遅れをとったことにある。また、前の時期の内外環境要因についての認識の誤りや既存資源に関する不利な要素も、この時期の乗用車生産の拡大に影響を来したようである。これらについては、次章で詳しく体系的に分析していくことにする。

---

(21) 以上、主に停滞3社は、それぞれ類似した行動パターンを持っていた上位企業と比較して、その失敗の特徴を強調した。以下、第2章の枠組にしたがって、本章の結論である失敗3社の共通した原因は次の段落にまとめた。この結論に基づいて、第8章では停滞3社の共通の失敗原因と比較しながら、成功3社の共通した成功原因を検証していきたい。

## 第8章　戦略パフォーマンス：総合比較

　ここまでに主に上海自工、天津自工、第一自動車という上位3社における企業戦略の策定と実行について詳細な分析を行ってきた。同時に、北京自工、広州自工、東風自動車の停滞3社については失敗の要因のみに限定して分析を行った。これらの分析を通じて、上位3社の共通の成功要因と上位3社間の成長経路の差異という両面性を検討すべきだという見通しを得た。すなわち、そうした「共通点」と「相違点」とを、あらためて総合的に分析する必要があると考えられる。そこで本章では、第2章で提出した企業戦略策定・実行のプロセスに関する分析枠組および仮説にもとづき、2段階に分けて比較分析を行う。まず上位3社が、停滞3社と比較して成功した共通の原因を確認し、次に成功企業間の成長経路の差異を比較分析することにする。

　第2章（第4節）の成長性に関する仮説1aによると、乗用車ニーズ成長期における個別企業のパフォーマンスはその時期でのその企業の焦点となる戦略構築能力（資源投入能力）に最も大きく影響される。また、仮説1b・仮説1cで示したように、それ以前の時期（従来計画経済統制期、技術導入・市場開放初期）における、その企業の戦略構築の成果や経営資源の状況にも、ある程度影響されると考えられる（path-dependence）。さらに、成功企業間の戦略的経路の差異に関する仮説2によれば、同じく90年代半ばの時点で成功している企業であっても、それぞれ持っている既存資源と戦略構築能力の違いによって、異なった戦略構築の経路をたどっていた傾向がある。以下、これらの仮説にしたがって、各社の事例を検証していこう。

　以下、図8-1（案内図）を参照しながら、本章の説明の手順を紹介する。本章の第一段階（第1節）では、主に第2章の**表2-2**の戦略構築能力の評価項目をもって検証し、6社の従来計画経済統制期の経営資源や、その後の各時期ごとの戦略構築能力を**表8-1**（その要約は**表8-2**）にまとめた。これによって、停滞3

252　第8章　戦略パフォーマンス：総合比較

## 図8-1　総合比較の案内図

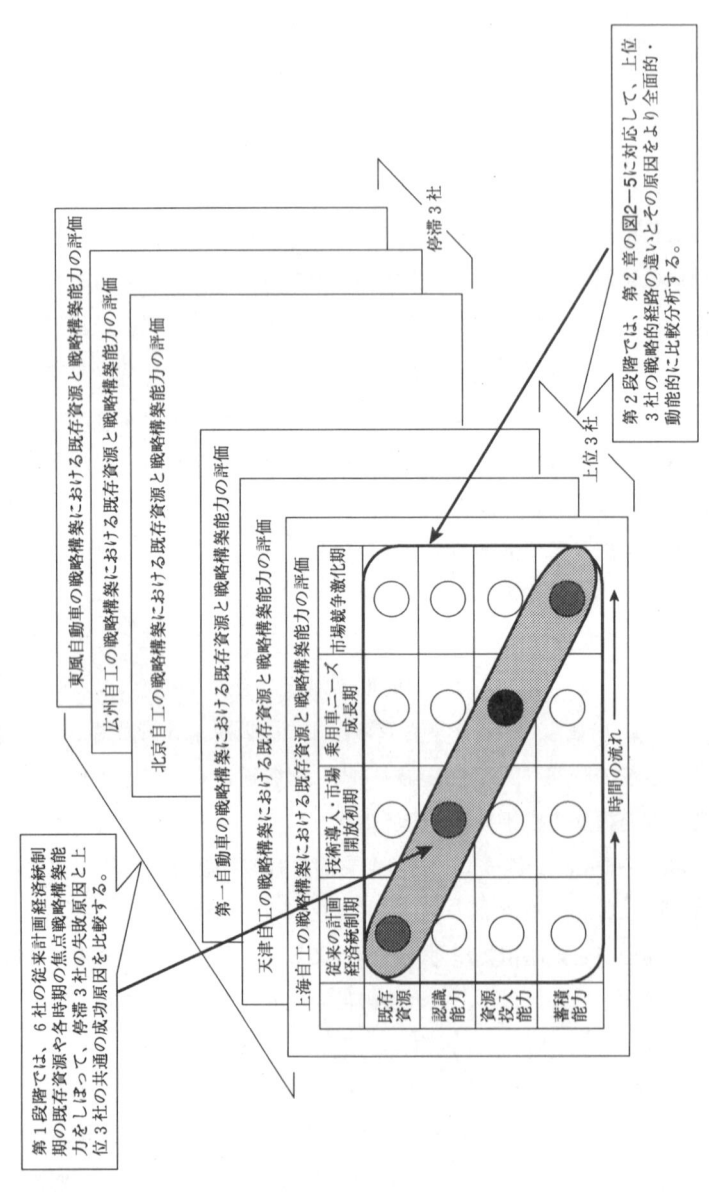

- 東風自動車の戦略構築における既存資源と戦略構築能力の評価
- 広州自工の戦略構築における既存資源と戦略構築能力の評価
- 北京自工の戦略構築における既存資源と戦略構築能力の評価
- 第一自動車の戦略構築における既存資源と戦略構築能力の評価
- 天津自工の戦略構築における既存資源と戦略構築能力の評価
- 上海自工の戦略構築における既存資源と戦略構築能力の評価

停滞3社

上位3社

|  | 従来の計画経済統制期 | 技術導入・市場開放初期 | 乗用車ニーズ成長期 | 市場競争激化期 |
|---|---|---|---|---|
| 既存資源 | ● | ○ | ○ | ○ |
| 認識能力 | ○ | ● | ○ | ○ |
| 資源投入能力 | ○ | ○ | ● | ○ |
| 蓄積能力 | ○ | ○ | ○ | ● |

時間の流れ →

第1段階では、6社の従来計画経済統制期の既存資源や各時期の焦点戦略構築能力をしぼって、停滞3社の失敗原因と上位3社の成功原因を比較する。

第2段階では、第2章の図2-5に対応して、上位3社の戦略的経路の違いとその原因をより全面的・動態的に比較分析する。

注：この図は第2章の図2-5に合わせて90年代半ばまでの競争成果を基準にして作ったもので、時期の区分については、従来の計画経済統制期は50年代初→70年代後半、技術導入市場開放初期は70年代末→80年代前半、乗用車ニーズ成長期は80年代半ば→90年代前半、市場競争激化期は90年代半ば〜、である。

表8-1 「3大3小」乗用車メーカーの既存資源と戦略構築能力についての評価

| | 評価項目 | 上海自工 | 天津自工 | 第一自動車 | 北京自工 | 広州自工 | 東風自動車 |
|---|---|---|---|---|---|---|---|
| 計画経済統制期 | 従来の生産能力 | ●1万台中小レベル | ●5千台以下小さい | ●5万台以上大きい | △2〜3万台中規模 | △2〜3千台小さい | ●5万台以上大きい |
| | 従来の技術能力 | △技術労働者比較多 | △中小修理工事人材 | ○全国優秀人材集中 | △ある程度人材吸収 | ○自動車参入人材集中 | ○全国優秀人材集中 |
| | 対中央政府関係 | ○重視されない | ○無視されない | ●業界の長男・緊密 | ○軍隊から影響強い | ●無視される | ●業界の次男・緊密 |
| | 周辺機械産業基盤 | ○中国最強産業地域 | ○機械産業発達地域 | △中小都市市強くない | ○文化都市市強くない | ●商業都市産業弱い | ●山間部立地悪い |
| | 乗用車試作生産経験 | ○試作・長年量産 | △試作少量短期生産 | ○試作・長年少量生産 | ○試作・従う | ○試作長年量産 | ○試作・長年量産 |
| 技術導入市場開放期 | 国の政府政策研究 | ○積極的適応・連携 | ○適応・時間差利用 | ○適応・中央重視地方軽視 | ○適応・時間差利用 | ○適応・時間差利用 | ○適応・請負制導入 |
| | 地方政府政策提案 | ○緊密交流積極提案 | ○緊密交流積極提案 | ●乗用車について全然しない | ○緊密交流 | ●緊密交流 | ●中央重視地方軽視 |
| | 外国企業・製品調査 | ○官民一体徹底調査 | ○出国視察・導入モデル輪入調査 | ●導入長期について然しない | ●導入先を調査不足 | ●調査不足・長い古いモデル導入 | ●乗用車について全然しない |
| | 市場調査 | △経験生かす・ニーズ見通し予想正い | △追跡調査・長期ニーズ認識不足 | △日常優先認識薄い | ●軍隊優先・民間期に需要認識不足 | △日先要求・調整ない | ●熱動きがない |
| | 自社能力の考慮 | ○事前組立適切選択 | ○市場優先能力軽視 | ○紅旗車製造体験 | ○追加技術認識不足 | ○あまり考えない | ●全然考えない |
| 乗用車市場競争激化期初期 | 資金調達方法の転換 | ●自己調達・拡大へ | ●以ど養新自己調達 | ●政府依頼積極獲得 | ●自己調達転換遅れ | ●自己調達能力不足 | ●政府依頼消極待つ |
| | 生産体制の調整 | ●乗用車へ一点集中 | ●乗用車の重点拡大 | ●商用車自社依頼拡大 | ●トラック中心変更なし | ●力分散・調整なし | ●転換なし進出遅れ |
| | 乗用車生産集中投資 | ●乗用車生産〜90%以上 | ●乗用車〜80%以上 | ●商用車〜優先投入 | ●乗用車中心変更なし | ●資金使用分散 | ●資金人達遅れさ |
| | 部品供給体制の構築 | ●完成車以上投資 | ●部品生産〜投資少 | ●部品生産重視遅れ | ●ある程度投資 | ●主に外地メーカー依頼 | ●地域転換建設遅れ |
| | 販売体制の整備 | ●全国販売網構築 | ●日本販売制度導入 | ●販売従量活動展開 | ●生産量小販売少 | ●生産量小地域制限 | ●販売宣伝活動展開 |
| 市場競争激化期 | 営業管理ノウハウ営業 | ●管理ノウハウ定着 | ●取り入れはじめ | ●管理養成ノウハウ導入 | ●ノウハウ吸収モデル制限 | △技術チェンジ導入始 | ●管理ノウハウ導入吸収 |
| | コストと生産性管理 | ○生産特区別で強化 | ○一部合弁企業強化 | △多数メーカー向上 | △追加技術吸収限界 | △部品技術東風頼り | ●合弁推進ノウハウ吸収 |
| | リーン方式の推進 | ○強化・量産効果 | ○制約・推進量産効果 | ○商品～優遇効果 | △規模小量産効果 | △規模小量産効果悪 | ●乗用車増収益改善 |
| | 製品開発能力の強化 | △資金投入他社頼り | △導入吸収が遅れ | ●早期導入積極推進 | ○殆ど導入しない | ●一部導入 | ●一部導入 |
| | | △設計は他社頼り | ●多額投資自己設計 | ●多額導入積極推進 | ○能力ない・未強化 | △能力ない・未強化 | △積極導入 |

注：本表は表8-2の評価基準として作成したもので、チェックポイントの評価項目は第2節（第2表）を参照されたい。評価ポイントの項目は70年代初〜70年代末の従来の計画経済統制期、80年代末〜90年代半ばの市場開放初期、資源投入能力は80年代半ば〜90年代半ばの乗用車市場の技術導入期に焦点を絞って考察した。また、競争力蓄積能力は90年代以降からの市場競争激化期における評価である。○印は上、△印は中、●印は下という評価を示す。その中、上位3社のデータは主に暫定したものであるから、上位3社及び表8-3を本章第7章から抽出したものであるので、もっと詳細状況については以上列挙したところを参照されたい。ここでは中国「3大3小」乗用車メーカーの成長戦略に限定する。

社の主な失敗原因を分析し、それらと比較して上位3社の共通の成功原因を考察する。第2段階（第2節）では、歴史の考察や将来の展望も含め、上位3社の戦略的経路の違いとその要因を、より総体的・動態的に比較分析する。具体的に、第2章の図2-5に対応して第4-6章に記述したデータで表8-3を作成した(1)。表8-3の評価項目についての評価基準は、第2章の表2-2、表8-3の比較結果の説明は本章の補論を参照されたい。以上の分析にもとづいて、最後の第3節では結論として本書の初めの設問、すなわち、中国では乗用車メーカー間の成長スピードと戦略的経路が何故違っていたのか、という問題について解答を試みることにする。

## 1. 成功・失敗の共通要因

まず、中国「3大3小」乗用車メーカーにおける共通の成功・失敗要因について検討する。乗用車の生産量を基準に判断すれば、90年代の半ばの時点、中国自動車産業における「3大3小」の乗用車生産メーカーの中で、上海自工、天津自工、第一自動車は業界の上位3社として成長してきたのに対して、北京自工、広州自工と東風自動車の生産量は停滞していた。特に、第7章の付表に示したように、上海自工と北京自工、天津自工と広州自工、そして第一自動車と東風自動車とは、政府との所属関係、製品構成、生産能力、乗用車生産への参入状況など、80年代半ばまでの諸条件はかなり類似していたにもかかわらず、90年代半ばの競争成果ははっきりと対照的であった。この点は、各社の既存資源と戦略構築能力の評価結果の説明を示した表8-1、および表8-1の評価結果を要約した表8-2を見れば明らかであろう。そこで、上位3社に共通の成功原因を浮き彫りに

---

（1） 以上列挙した4つの表は、データ収集の順序と文章に出る順序が若干違っている。すなわち第2章の表2-2は以下の3つの表の評価基準とする。これによって、まず第4-6章に記述されたデータをまとめて表8-3（比較結果の説明は本章の補論を参照）を作り、上位3社の戦略パターンの差異とその要因を全面的に分析する。その上に、第7章で紹介した停滞3社の主な失敗要因を加えて、成長性という点に絞って6社比較の形で表8-1を作成した。さらに、表8-1から上位3社と停滞3社の違いを一目瞭然の形で表8-2に要約したのである。ここでスムーズに分析するために、まず6社比較、そして上位3社比較の順で展開する。

第8章 戦略パフォーマンス：総合比較

表8-2 中国「3大3小」乗用車メーカーの焦点戦略構築能力と競争成果の総合比較

| | 上海自工 | 天津自工 | 第一自動車 | 北京自工 | 広州自工 | 東風自動車 |
|---|---|---|---|---|---|---|
| 既存資源<br>(従来の計画経済統制期) | △ | △ | ◎ | △ | ● | △ |
| 認識能力<br>(技術導入市場開放初期) | ◎ | ◎ | △ | △ | △ | ● |
| 資源投入能力<br>(乗用車ニーズ成長期) | ◎ | ◎ | △ | ● | ● | ● |
| 競争力蓄積能力<br>(市場競争激化期) | ◎？ | △？ | ◎？ | ●？ | ●？ | △？ |
| 競争成果<br>(90年代半ばまで) | ◎ | ◎ | △ | ● | ● | ● |

注：この表は第2章の図2-5に合わせて90年代半ばまでの競争成果を基準にして作ったものである。時期の区分について、従来の計画経済統制期は50年代初→70年代後半、技術導入市場開放初期は70年代末→80年代前半、乗用車ニーズ成長期は80年代半ば→90年代前半、市場競争激化期は90年代半ば→、である。◎印は上、△印は中、●印は下という評価を示す。競争力蓄積能力の評価は暫定的な結果、これから変わりうるものである。既存資源と戦略構築能力について評価結果の概要説明は表8-1を参照されたい。

するため、まず停滞3社の主な失敗原因に焦点を当てて考察する。

この中で、第2章（第4節）の成長性に関する仮説にしたがって、6社の各期の既存資源や焦点戦略構築能力にのみ注目したのが表8-1である。例えば、上海自工の技術導入・市場開放初期の認識能力について、表8-1では第2章（第2節）に設定された5つの評価項目、すなわち国の政策研究、地方政府の政策研究、外国企業と導入モデル調査、市場調査、自社能力の考慮という順に評価し、表8-2ではその5つの評価項目を統合評価として、上海自工の認識能力と判断したのである。以下まず表8-1、表8-2を参照しながら、これまで分析してきた6社の事例を含めて成功と失敗の原因を説明する。次に表8-3を参照しながら、上位3社の戦略的経路の差異を解明していこう。

## 1.1 停滞3社の共通の失敗原因

第2章（第4節）の成長失敗に関する仮説1aによると、乗用車ニーズ成長期における個別企業の相対的失敗は、その時期におけるその企業の焦点戦略構築能力の欠陥と相関している。また、仮説1b・仮説1cで示したように、それ以前

の時期（従来計画経済統制期、技術導入・市場開放初期）における、その企業の戦略構築能力や経営資源の欠陥が、乗用車ニーズ成長期の失敗につながりやすい。以上の仮説にしたがって、停滞3社の共通の失敗原因を検証する。

まず停滞3社は、乗用車ニーズ成長期（80年代の半ば→90年代の前半）に生産車種の分散や戦略転換のミスなどがあり、乗用車ニーズの急成長に合わせた速やかな乗用車生産への集中投資を行えず、その結果、生産規模の拡大に遅れをとった。北京自工と広州自工は強力な企業組織の統合力を持たず、所属している各工場が各自の製品戦略を取り、乗用車生産へ集中した投資ができなかったために、乗用車生産の成長を遅れさせた。一方、89年夏の天安門事件以後、フランス政府の厳しい対中制裁政策によって、東風自動車の乗用車プロジェクトは数年間凍結されたが、その間、東風自動車は早期に協力相手を変更するなどの戦略転換も行わず、せっかく国から獲得した乗用車プロジェクト投資を適時に活用することなく、乗用車量産の早期実現のチャンスを逸した。

また、技術導入・市場開放初期（70年代の末→80年代の前半）に、内外環境要因に対する認識の欠如や導入製品選択のミスが、後に停滞3社の乗用車生産拡大の遅れにも影響した。停滞3社は、共に市場ニーズや技術提携先など環境要因に対する認識が浅かった。北京自工と広州自工は比較的早期に乗用車製品技術を導入したが、市場ニーズや技術導入先企業、あるいは導入製品などについて積極的な調査を行わなかった。乗用車生産の技術を導入する際、北京自工は民間市場のニーズを軽視し、広州自工は短期の市場利益ばかりを追求した。その結果、両社に導入された軍用ジープの代替モデルや60-70年代の古い乗用車モデルは、90年代の乗用車ニーズに合わなかった。一方、東風自動車はこの時期にトラックの成長に専心し、乗用車生産の参入についてまったく計画していなかった。そればかりか、図1-3に示したように、トラックの生産拡張で大成功を収めたために、次の時期（乗用車ニーズ成長期）に入っても、乗用車生産プロジェクトに対して積極的に推進しなかった。

さらに、乗用車技術導入前の既存資源の不利な要素も、後に停滞3社の乗用車生産拡大にマイナスの影響を与えた。北京自工における軍隊との緊密関係や広州自工における自動車量産経験の欠如は、後に乗用車ニーズに合わないモデルを選

択したことにつながった。また、広州自工の弱い部品産業基盤や東風自動車の山間部の立地という制約条件が、後の乗用車生産の拡大を遅らせた原因にもなった。

　要するに、全体として、停滞3社は乗用車ニーズ成長期だけでなく、その前の時期にも弱点が多かった。すなわち、この3社の戦略構築の失敗が経路依存的に連動する傾向を示している。しかしながら、乗用車の急成長期においては、中国市場では新規参入が制限され、乗用車の供給も不足していたことに加え、製品の性能や品質に対する要求もそれほど厳しくなかったため、成功の決め手は量的な生産能力の確保であった。したがって、既に乗用車生産に参入していた上述の企業が、この時期に乗用車ニーズの急成長に合わせて、速やかに乗用車生産に集中した投資を行わなかったことが、90年代半ばまで発展を遅らせた決定的な原因となった。

## 1.2　上位3社の共通の成功要因

　第2章の成長成功に関する仮説1aによると、乗用車ニーズ成長期における個別企業の相対的成功は、その時期におけるその企業の焦点戦略構築能力（資源投入能力）から受けた影響が最も重要だが、仮説1b・仮説1cで示したように、乗用車ニーズ成長期に至るまでの時期（従来計画経済統制期、技術導入・市場開放初期）における、その企業の戦略構築能力や経営資源の累積効果にも影響される。ここで以上の仮説にしたがって、上位3社の共通の成功要因を検証する。

　まず、乗用車ニーズ成長期（80年代の半ば→90年代の前半）に、上位3社は乗用車生産に大規模な投資を行い、比較的速やかに乗用車の生産強化を行った。上海自工は、乗用車に対する集中投入を行い、市場ニーズの成長に添って、速やかに乗用車の生産規模を拡大していった。天津自工も、自己調達の資金のほとんどを乗用車生産に重点投入し、生産を拡大していった。この上海自工と天津自工における資本の適時集中投入は、2社と同時期に乗用車生産に参入した北京自工や広州自工に比べ、乗用車事業の発展が速やかであった決定的な原因でもある。

　一方、第一自動車は、国からの資金を乗用車「先導工程」（東風自動車より先に獲得したアウディ車の技術提携プロジェクト）に投入し、その年間生産能力（3万台）は、北京自工や広州自工の乗用車プロジェクトの初期規模（北京は2万台、広州は

1.5万台) よりも大きかった。国家乗用車プロジェクト資金の獲得と投入は、第一自動車の乗用車生産が東風自動車より速く行なわれ、それが北京自工と広州自工をも超えて成長していった重要な原因である。

しかしながら、技術導入・市場開放初期 (70年代末→80年代前半) においては、環境対応や成長戦略について上位3社の間で大きな差異が見られた。すなわち、上海自工と天津自工は、早くから乗用車の生産技術導入をめざして市場ニーズや技術提携先を調査しはじめたのに対し、第一自動車はこのような行動を取らなかった。この差異と成因については次の節で詳しく分析するが、ここで停滞3社と比べて上位3社の共通の成功要因といえるのは、この時期に上位3社のトップが共に各自会社にかかわる環境条件に対して比較的正確な認識を持っていたことである。上海自工と天津自工は前向きに技術提携先を調査し、市場ニーズに合った乗用車モデルを選び、後に乗用車生産拡大のための重要な条件を準備した。一方、第一自動車はこの時期に乗用車生産の参入については計画していなかったが、資金自己調達や乗用車生産中止などの苦い経験を教訓として、従来の中央政府の投資を受動的に受け取る態度から、積極的に政府に働きかける姿勢へと転換した。この転換は次の時期 (乗用車ニーズ成長期) に入ると、早い段階で国の乗用車プロジェクトを獲得し、乗用車の量産を実現させることにつながった。

さらに、乗用車技術導入前に上位3社が持っていた既存資源の優位性も、後の乗用車生産の拡大にプラスの影響をもたらした。上位3社は、共に比較的良好な部品産業基盤を持っていたと同時に、長年、民間市場を対象としたトラックや乗用車を生産した経験も持っていた。上海自工と天津自工は中国で機械産業が最も強い都市に立地しており、また第一自動車は部品生産を次第に周辺の都市部へと拡散していった。また、乗用車技術導入前に上位3社は、共に民間ニーズのためトラックや乗用車を試作・生産した経験を持っていた。これらの要素は、後に上位3社の乗用車製品技術の導入や乗用車生産量の拡大に対して重要な役割を果たした。

要するに、第2章の仮説に予測された通り、90年代半ばまで停滞3社の失敗に比べて、上位3社の成功要因は主に乗用車ニーズ急成長期に、乗用車生産へ大量の資金を投入したことである。それに加え、前の時期の環境変化についての深い

認識や既存資源の優位性なども、乗用車生産の拡張にプラスの影響をもたらした。全体として、上位3社は乗用車ニーズ成長期だけでなく、前の時期にもおおむね順調な経路をたどっていた。すなわち、この3社の戦略構築の成功は時系列に連動する傾向を示している。

　以上の要因によって、上海自工、天津自工と第一自動車は90年代の半ばの段階で、それぞれ同時期に進出してきた北京自工、広州自工と東風自動車より成功を収め、乗用車生産量の上位3社の地位を獲得した。しかしながら、第4、5、6章でも示唆したように、上位3社の戦略的経路はかなりの差異も示していた。特に、大企業としての第一自動車と、中小型企業であった上海自工や天津自工との成長経路には、大きな差異が観察される。これらの差異が、どのように形成されたかを解明するために、第2章で提出された分析枠組に合わせて、上位3社の戦略策定と実行のプロセスを項目別に比較しながら検証する。

## 2. 上位3社における戦略的経路の差異

　第2章（第4節）に提出された成功企業間の戦略的経路の差異に関する仮説2によれば、同じく90年代半ばの時点で成功している企業であっても、それぞれ持っている既存資源と戦略構築能力の違いによって、異なった戦略構築の経路をたどっていった傾向がある。また、やや緩やかな競争環境の下で、強い既存資源を持っていた企業は前期に多少失敗しても、当期にがんばればその失敗の挽回が可能である。以下、この仮説にしたがって、上位3社間における戦略的経路の差異と、その要因を検証する。

### 2.1　70年代末までの既存資源

　企業の既存経営資源とは企業が戦略策定と実行の時点ごとに持っていた経営資源のストックを指す（第2章）。例えば、企業規模、技術能力、部品産業基盤、政府との所属関係など企業の特殊的な要素が、企業の戦略行動の前提条件になっている。その中で特に、70年代末の市場経済への環境変化以前に何十年も続いていた計画経済時期に蓄積された経営資源のもつ強みや硬直性が、後に企業成長や行動パターンに影響する大きな要因となる。また、企業が成長する際に、既存資源

の強みを活かし、欠陥を克服しようとする企業努力が、企業の次期の戦略展開に影響を与える可能性がある。以下、この視点から上海自工、天津自工と第一自動車の70年代末までの既存資源が、如何に環境制約の中で形成されたか、それぞれの強みと欠陥は何かについて考察する。

まず、従来の計画経済統制期には、3社の企業規模はかなり異なっていた。これは生産量だけではなく、国家投資獲得能力、製造能力、技術レベルや製品開発能力など、あらゆる方面に現れていた。例えば、中央政府とのつながりをあまり持たない地方小工場の管理部門であった上海自工と天津自工とは異なり、当初から大企業であった第一自動車は、長年、中央政府の人脈や資金と緊密につながっていた。また、他社もしくは外国の製品を、そのままコピーして生産していた地方の中小型企業に対して、第一自動車は早くから自社技術でトラックを開発する能力を持っていた。これらの差異は、各社の乗用車戦略を展開するときの行動パターンや失敗挽回の資力と深く影響している。すなわち、きわめて強い既存資源を持っていた第一自動車は、他社より失敗挽回の資力も強かった。

また、乗用車生産技術を導入する以前から、3社の立地する地域の間には部品産業基盤の格差が存在していた。部品産業の基盤が上海は最も強く、天津はそれに次ぎ、第一自動車が所在した長春は比較的弱かった。第一自動車は当初、部品の生産を含めワンセットでソ連からトラックの生産工場を導入したので、部品の内製率は非常に高かった。しかし、後に導入した乗用車工場の部品の内製率は乗用車生産全体の約30％にすぎなかった。したがって、外製部品を生産するために、周辺地域に新しい部品工場を建てる必要があった。これに対して、上海自工と天津自工は技術や設備を導入すれば従来の部品工場の改造で外製部品の生産が可能であり、時間的にもかなり節約できた。

さらに、70年代の末の段階で、3社は、それぞれ生産車種もユーザの反応も異なっていたことを反映して、製造技術能力や市場ニーズに対する理解も異なっていた。その中で上海自工は、乗用車の試作段階で中央政府から悪評を受けた経緯もあり、国内乗用車のユーザ（政府幹部や外国人）の品質に対する要求もトラックよりかなり厳しかったために、乗用車の生産技術のレベルアップを最も重要視していた。これに対して天津自工は、如何にして供給不足である地域市場に十分

な量の製品（主に小型トラック）を提供していくかが最大の関心事であり、製品の品質についてあまり配慮していなかった。一方、第一自動車は長い間製品が単一の中型トラックであったが、東風自動車や各地のメーカーの参入によってシェアが徐々に低下していった。したがって、トップの地位を守るために、トラックを中心とする総生産台数を早期に増加させることが、第一自動車の長年の願望であった。これらの経験と理解は、後年における乗用車の技術導入や生産拡大の過程に影響力を持つものであった。

上海自工、天津自工と第一自動車の比較からもわかるように、各社の技術の基盤、生産の経験、中央政府との関係、市場ニーズの認識などの既存資源の基本要素が、それぞれ異なっていたことが、3社間の成長経路に差異が生じた要因と考えられる。この既存資源は、一旦形成されるとその影響が容易に消えることのない組織慣性（inertia）のような特性となって、企業成長の方向を決定する上で重要な役割を果たす。既存資源の強みを活かし、欠陥を克服しようとする限りにおいては、上海自工も天津自工も第一自動車も同じロジックで行動してきており、それなりの合理性は認められるが、問題はそうした欠陥克服のタイミングが、環境変化のタイミングに一致していたかどうかである[2]。

上位3社は、以上のような経営資源のストックをベースにして80年代以降の成長戦略を展開していった。さらに詳しく観察するならば、その戦略展開の過程で、如何にして環境の変化を事前に察知するか、また如何に組織をあげてそれに対応していくかは、各企業の戦略構築能力にかかっていたのである。

以下、3社の戦略構築能力の発揮状況を表8-3にまとめ、その相違点を比較してみよう。表8-3の各能力評価項目についての基準は、第2章の表2-2を参照されたい。また、表8-3の各比較結果についての説明は本章の補論に記述されている。その中で、第2章の図2-5に合わせて、環境要因の焦点シフトに従って時

---

(2) 李春利（1996）の第一自動車と東風自動車の競争論理を引用した。すなわち、環境の変化と企業の資源及び能力の転換との間にタイムラグが存在するため、競争の焦点が次の競争フェーズにシフトした時に、従来の経営資源の活用を指向する戦略への固執によって、かえって市場参入の機会を見誤りかねない。李はこの論理で商用車の分野で第一自動車が東風自動車より優位に立っていると分析したが、ここでは、同じ論理で乗用車の分野で第一自動車は上海自工と天津自工より後れていたことを説明したい。

## 図8-3　上位3社の乗用車戦略の策定と実行における戦略構築能力の発揮比較

| 環境要因の変化<br>時期 | 比較項目 | 技術導入・市場開放初期<br>70年代末→80年代前半 | | | 乗用車ニーズ成長期<br>80年代半ば→90年代前半 | | | 市場競争激化期<br>90年代半ば→ | | |
|---|---|---|---|---|---|---|---|---|---|---|
| | | 上海自工 | 天津自工 | 第一自動車 | 上海自工 | 天津自工 | 第一自動車 | 上海自工 | 天津自工 | 第一自動車 |
| 認識能力 | 国の政策研究 | ◎ | ◎ | ◎ | ◎ | ◎ | ◎ | ◎? | ◎? | ◎? |
| | 地方政府の政策研究 | ◎ | ● | ● | ◎ | ○ | △ | ◎? | ○? | ◎? |
| | 外国企業と導入モデル調査 | ◎ | ● | ● | ◎ | ○ | △ | ◎? | ○? | ◎? |
| | 市場調査 | △ | △ | △ | ◎ | △ | △ | ◎? | ○? | ◎? |
| | 自社能力の考慮 | △ | ○ | ● | ◎ | △ | ○ | ◎? | △? | ◎? |
| 資源投入能力 | 資金調達方法の転換 | ○ | ○ | △ | ◎ | △ | △ | ◎? | ○? | ○? |
| | 生産体制の調整 | ○ | ○ | △ | ◎ | ◎ | △ | ◎? | △? | ○? |
| | 乗用車生産体制へ集中投資 | △ | △ | ● | ○ | ◎ | ◎ | ○? | △? | ○? |
| | 部品供給体制の構築 | △ | △ | ● | ○ | ○ | △ | ○? | ○? | ○? |
| | 販売体制の整備 | △ | ● | ● | △ | ○ | ◎ | ○? | ○? | ○? |
| 競争力 | 完成車メーカーの品質管理 | △ | ● | △ | ○ | △ | ○ | △? | △? | △? |
| | 部品メーカーの品質管理 | △ | ● | △ | △ | ○ | ○ | △? | ○? | △? |
| | コストと生産性の管理 | ● | △ | ● | ● | ● | ● | ○? | ◎? | ○? |
| | リーン生産方式の推し広め | ● | ● | ● | ● | ● | ○ | △? | ● | ◎? |
| 蓄積能力 | 製品開発能力の強化 | ● | ● | ● | ● | ● | ○ | ○? | ○? | ○? |

既存資源 ────→ 強みの活用・欠陥の克服 ────→

注：この表は第2章の図2-5の応用枠組みに合わせて作ったものである。環境要因変化の時期区分については表2-3の外部環境要因変化プロセスと焦点転換に対応している。◎印は高い、△印は中程度、●印は低いという意味である。各項目の評価基準については表2-2を参照されたい。90年代半ば以後の競争力蓄積能力の評価は、96～97年に各社の動きから得た暫定的な結果であるので、これから変わりうるものである。

出所：現地調査と各社の資料によって作成。

期ごとに要求された焦点戦略構築能力（表8-3の対角線上のブロック）にしぼって、3社の戦略構築能力がどのように戦略パフォーマンスに影響を与えたかを分析する。また、3社間の成長経路の差異を観察するために、戦略ビジョンを策定した後、環境の変化に従う戦略計画の変更・再策定に対応する各社の認識能力を比較し、3社の動態的な競争行動について分析する。さらに、90年代半ば以降の3社の競争力と戦略動向を把握するために、乗用車生産技術の導入後、市場競争激化期に入る前の3社の競争力蓄積能力についても比較して分析する。まず、はじめに技術導入・市場開放初期における各社の認識能力について考察する。

## 2.2 技術導入・市場開放初期の認識能力

すでに第2章で明らかにしたように、認識能力とは企業が戦略ビジョンや行動プランを策定する際に、外部環境（例えば、政府政策、市場ニーズ、導入される技術）と内部資源（例えば、技術能力・製品構成）を正確に認識し、自社の目的を達成できる乗用車製品・市場セグメントを選択していくための能力を指す。この能力が、特に重要なのは技術導入・市場開放初期であるが、企業がうまく認識能力を発揮できるかどうかは、次の時期（乗用車ニーズ成長期、市場競争激化期）の企業行動に大きな影響を与える。ここでは、3社が技術導入・市場開放初期（70年代末→80年代前半）に、どの程度に内外環境条件を認識していたか、それが各社の戦略展開にどのような影響を与えていたかについて、比較検証したい。

技術導入・市場開放の初期に、3社は既存資源の欠陥克服という同じロジックで戦略行動を展開していたが、克服しようとする資源の欠陥はそれぞれ異なっていたために、環境要因に対する認識の重点も異なっていた。例えば表8-3で示したように、上海自工は乗用車の製造レベルを高めようという企業方針によって政府政策の変動に適応し、長年の乗用車製造の経験を活用して、導入するモデルの性能や自社の製造能力に対して比較的正確に認識していたが、長期の市場変動に対する予測は正確でなかった。これに対して、天津自工は政府の車種調整政策に適合しながら、主に市場の変化について積極的に内外市場の調査を行うなど、乗用車市場のニーズや、それに適応する導入製品について比較的よく認識していたが、自社の製造能力に対する正確のな識は不足していた。

一方、第一自動車は政府投資を獲得するための積極的な姿勢に転換し、国の投資を取得して総生産量の早期拡大を目指したが、その環境認識の重点はあくまでも政府の産業政策に置いていた。しかし、この時期に政府の政策投資の重心は乗用車ではなく、商用車の技術導入や多角化にあったため、これに適応して第一自動車もトラックのモデルチェンジや多角化に全力を上げ、乗用車の量産戦略についてほとんど考えていなかった。要するに、技術導入・市場開放初期の段階で、市場では乗用車ニーズが台頭しはじめたにもかかわらず、第一自動車は政府投資を獲得することに重点を置いていた。しかし、第3章（第4節）で分析されたように、政府政策の変更は市場の変動よって遅れる傾向があり、その上その政策の実施が計画に編入されるまでには更に多くの時間を要することから[3]、国の計画プロジェクトを追求していた第一自動車は、中央政府の投資に依存しなかった上海自工や天津自工に比べて、乗用車への進出計画で後れをとってしまったのである。

このように、上述3社は80年代の初期から、それぞれ異なる戦略形成の経路を辿った。もし、その新しい戦略構築の経路が環境変化の方向と一致しておれば、他社との競争で優位に立てる可能性は高いが、逆もまた真である。現実には、80年代の半ばから乗用車の輸入が急増し、それによって中央政府の産業政策の重点もトラックから乗用車へ転換しはじめた。80年代の半ば、上海自工は長年の経験を活かし、外国メーカーや導入モデルの調査を徹底して行い、結果として自社の製造レベルや市場ニーズに比較的適合した外資設計モデル（サンタナ）を導入した。一方、天津自工は国外視察や市場調査から着手し、市場ニーズに比較的適合した外資設計モデル（シャレード）を選定した。この着実な内外市場調査や適切なモデル選択によって、上海自工と天津自工は後に乗用車市場の拡張に強固な基盤を構築していった。以上2社に対して第一自動車は、この時期に積極的な政府プロジェクト獲得の姿勢に転換したものの、トラックの競争に専心し、乗用車の量産

---

（3）具体的に第3章では述べるが、例えば、1984年からの乗用車輸入と市場ニーズの急成長について、中央政府の正式な反応は1987年5月の「中国自動車産業の発展戦略についての討論会」まで待たなければならなかった。その政策が具体に現実に参入したメーカーを追認する形で政府の文書になったのはすでに1988年の年末になった。

進出についてはほとんど計画しなかった。この時期の環境変化に対する認識の誤りによって、第一自動車は次の時期（乗用車ニーズ成長期）に入ると市場ニーズと自社製品ミックスとの乖離に悩まされ、結局、短期間で戦略を大きく転換しなければならなかった。このことは乗用車生産能力のタイムリーな拡張にも影響を来した。

　ここで、技術導入・市場開放初期における、上位3社の内外環境認識や成長戦略策定過程の差異を比較してみよう。3社は、ともにこの時期の外部環境の焦点要因（政府の技術導入・格差是正の政策）に適合していたが、克服しようとする資源欠陥の特性はそれぞれ異なっていたために、環境認識の重点も異なっていた。すなわち、上海自工と天津自工は、ともに乗用車の技術導入に認識の重点を置いたが、両社の調査の関心は違っていた。上海自工は主に「内」、つまり自社の製造能力及びそれと関連する乗用車製品の性能を調査した。これに対して、天津自工は主に「外」、つまり市場のニーズ及びそれと関連する乗用車製品を調査した。一方、第一自動車は主にトラック市場の動向及びそれと関連する政府政策に注目したが、乗用車市場成長の可能性についてほとんど考えていなかった。要するに、技術導入・市場開放初期の第一自動車の認識能力、すなわち内外環境要因を調査した上で乗用車への参入を決定し、適切な製品を選択するという能力においては上海自工や天津自工より劣っていたため、次の乗用車ニーズ急成長の時期に移行する際に、かなり不利な立場に陥った。

## 2.3　乗用車ニーズ成長期の資源投入能力

　製品構成・選択に関する戦略を策定した後、あるいはそれにもとづいて乗用車製品技術を導入した後、乗用車ニーズの成長期において、如何にして乗用車の生産規模を拡大させていくかは、各社の資源投入能力にかかっている（前述）。各企業は、乗用車を量的に獲得するために、資金、設備、材料、従業員などの資源を、乗用車生産に集中的にインプットしなければならない。これに関連して、企業は資金調達方法の転換、製品構成の調整、部品供給体制の構築、生産規模の拡大、販売能力の強化など量的拡大に伴なう、いろいろな新しい問題に直面する。ここでは特に、80年代中期から90年代半ばまでの乗用車市場ニーズの成長期において、

3社の行った生産強化の過程を比較していこう。

80年代の半ばに入ると、市場の乗用車ニーズの急成長や政府の産業政策の変化に伴って、上位3社にはともに戦略計画の変更が見られたが、その変更の内容と変動の幅はかなり異なっていた。上海自工は、VW社との合弁契約に調印した直後の85年から長期的な市場ニーズについて調査を行い、乗用車の生産を30万台に拡大する長期計画を制定した。天津自工は、乗用車の市場ニーズ急成長という環境変化を利用して、86年に乗用車についての技術導入を果たすと同時に、生産能力の拡大を戦略の重点に置いた。一方、乗用車生産に関して「東風自動車先行」という中央政府の計画を知った第一自動車は、1986年から抜本的な戦略転換を行い、従来からの強い対政府関係を活かして、更に積極的に政府へ働きかけた結果、巨大な乗用車プロジェクトを計画より早期に獲得することができたのである。要するに、この時期に上海自工と天津自工は、すでに選定した乗用車モデルの生産計画を量的に引き上げたのに対して、第一自動車はトラックから乗用車への政府政策の急変に対応して、それまでまったく計画していなかった乗用車量産への進出を、急速な戦略転換によって実現させたのである。こうして、それまで不利だった局面をかなり挽回できたといえよう。

また、乗用車技術を導入した後の資源投入の方針も各社ごとに異なっていた。表8-3に示したように、上海自工と天津自工の両社は、乗用車技術を導入した後、企業発展の重点を次第に乗用車生産に移し、比較的早い時期に乗用車事業の強化を行った。特に上海自工は図4-2で示したように、中央政府と地方政府の支持及び外国企業の協力を得て、乗用車生産へ「一点集中」的な組織再編や重点投入を行い、市場ニーズの成長に応じて、速やかに乗用車及びその部品の生産規模を拡大した。一方、天津自工は地方政府の支持を受けたが、中央政府の支持や外国メーカーからの協力はあまり受けられなかった。そこで、天津自工は図5-1に示したように、当時、自社の既存製品が売り手市場にあるという有利な条件を利用して、「以老養新」という手法で資金を確保し、次第に乗用車の生産を拡大していった。他方、第一自動車は、国から獲得した乗用車プロジェクトを進めた結果、なんとか乗用車生産の上位3社に入ることはできたが、既存資源の慣性の影響もあり、結局、図6-1にあるように、従来の「商用車多角化」という発展経路から

抜けきれなかった。限られた自社調達資金のほとんどを商用車企業の合併・吸収に投入してしまい、乗用車生産規模の拡大を積極的に推進しえなかった。要するに、乗用車ニーズの急成長期に、上海自工と天津自工は市場の変化に合わせて、乗用車生産に集中的に資源を投入し、比較的速やかに乗用車の生産規模を拡大していった。これに対して、第一自動車は86年に失った自動車総生産量のトップの地位を東風自動車から奪回するために、自己調達資金の投入をトラック生産の拡張に集中させてしまい、収益性の高い乗用車の事業拡張は上海自工と天津自工に比べて遅れてしまった[4]。このことが、表1-1に示したように、企業の全体の生産性や企業収益を悪化させる結果となった。

したがって、この時期における乗用車ニーズの急成長という外部環境の変化に対して、3社の適応のパターンは各自の資源投入能力を反映して異なっていた。例えば、上海自工は政府と外資系企業の支持を得て、他車種の生産を思い切って中止し、巨額な資金を集中的に乗用車生産に投入し、速やかに生産能力を拡大した。これに対して、天津自工は資金調達能力の制約もあったため、従来の車種を温存しながら得られた利潤を重点的に乗用車生産に投入し、次第に生産を拡大していった。一方、第一自動車は国家の大プロジェクトを獲得する能力を持っていたが、その資金投入の重心がなおトラック生産の拡張にあって、乗用車生産に重点を置いて積極的に推進することがなかった。結果から見ると、第一自動車は資金、設備、人員などを乗用車生産に重点的にインプットし、早期に生産規模を拡大させていく点で、上海自工や天津自工より劣ったため、その乗用車事業の拡張は2社に比べて遅れることになったのである[5]。

---

(4) もっと詳しく見ると、実は第一自動車は先に獲得した乗用車の「先導工程」（アウディ車）を計画どおりに順調に進め、その生産能力の達成によって、乗用車生産量の上位3社に入ったが、後に建設された大量生産プロジェクト（ジェッタ車）は、参入の後れなどの原因で90年代の半ばまでに量産効果は達成されなかった。第一自動車が、90年代前半に自己調達資金を集中して建設していた小紅旗乗用車（アウディ車の派生車）用の新しい工場に投入していれば、90年代の半ばまでに乗用車の生産量は大幅に増産できたのに、その資金をトラック生産に投入したことによって、小紅旗車新工場の建設は中止された。これについて詳しくは、本章補論のIIの(1)と(3)を参照されたい。

(5) また、同時期に上位3社が実行していた具体的な戦略が、外部環境条件の変化に合致していたかどうかが、各社の成長に影響を与えた。例えば、上海自工が実行していた乗用

しかしながら、90年代の半ば以降、乗用車メーカー間の競争の焦点は乗用車生産の量的能力の拡大から、品質や性能などの質的向上へと推移していった。90年代半ば以降の各社の競争優位を把握するために、90年代半ばに至るまでの各社の競争力蓄積能力を観察しなければならない。

## 2.4 乗用車技術導入後の競争力蓄積能力

第2章で定義したように競争力蓄積能力とは、企業が品質管理、工程管理、労務管理、生産性管理、購買管理、製品開発能力を質的に向上させるために、先進国メーカーが試行済みの管理方式を模倣し、これをシステムとして定着させる競争力改善能力を指すものである。品質管理や生産技術のレベル向上の過程から上海自工、天津自工および第一自動車の戦略行動を考察すると、ここでも3社の違いを見出すことができる。そして、この違いは3社の90年代後半以降の競争上の明暗を分ける可能性もあると考えられる[6]。

表8-3に示したように、上海自工は合弁相手（VW）や中央政府・地方政府の厳しい品質要求に応じるという形での「コア能力へ集中強化戦略」に従って、段階的に自社の能力を高めていった。これにより、VW設計のサンタナ車の品質は

---

車生産拡大の戦略は、政府の産業政策や市場ニーズの変化と一致して成功した。一方、第一自動車が実行した商用車を中心とする集団化戦略は第6章の4.3で示したように、当時強化されつつあった地方政府の利害と衝突し、地方企業の買い取りに多額の資金を費やした。そのことが乗用車生産の拡張に影響を与えることになった。他方、天津自工が実行していた軽自動車・乗用車を中心とする拡張戦略は中国の市場ニーズに合致したため、順調に生産量を拡張していった。

（6） さらに、各企業は品質管理などの競争力を強化し始めた時期はそれぞれ環境制約の条件によって異なったことが観察された。例えば、上海自工は合弁相手（ドイツVW）から厳しい品質要求があり、VWの品質標準に適合させるために、80年代の後半から品質管理に力を入れ始めた。これに対して、第一自動車は導入された古い乗用車モデル（ジェッタ車）の市場販売不振は90年代半ばの市場競争激化期に入る前からすでに始まっていたため、それに対応して品質管理の強化やモデルチェンジの活動も90年代の前半から活発に行っていた。一方、天津自工は長年売場市場という環境の中にあって、技術提携先（ダイハツ）の品質改善の意見も採り入れず、90年代の半ばに入っても品質管理プロセスなどはあまり改善しなかった。要するに、本書の枠組によれば、90年代の半ばから市場の品質管理の競争は乗用車メーカーにとって主な環境要因になっていたが、その競争活動は各社の事情によって異なり、同時に始まったわけではなかった。

国内で評価されたばかりでなく、世界全体の VW グループの中でも高く評価されるに至った。これに対して、天津自工は技術導入した後、長い間、自社製品が売手市場にあった上、合弁企業でないこともあって、技術提携先からの品質改善要求も強くなかった。その中で、生産数量の拡大ばかりを目指したために、品質管理プロセスなどはあまり改善されなかった。そのために、90年代半ば以降の売手市場から買手市場への変化にともなって、厳しくなった品質競争に対応できなくなってしまった。一方、乗用車進出に遅れをとった第一自動車は技術導入先（VW）の協力を得て、乗用車分野の劣勢を挽回するために、完成車メーカーと部品メーカーに品質管理制度を導入させ、また自社の開発能力を強化して乗用車のフルライン化を展開し、これにより乗用車の市場シェアの拡大を図った。すなわち、乗用車の量産体制を確立する過程で、上海自工と第一自動車は従来の量産経験や教訓を活かし、品質管理や製品開発を強化していったのに対し、天津自工は生産量の拡大ばかりを追求し、品質管理や技術レベルをあまり改善しなかったのである。

　上海自工、天津自工、第一自動車の技術・管理能力向上過程の比較からわかるように、3社の競争力蓄積能力には90年代の後半に入って歴然と格差が現れてきた。天津自工は、外国メーカー（ダイハツ）と技術提携しただけであったのに対し、上海自工や第一自動車では外国メーカーと合弁して会社を設立したり、外車のブランドを維持したりすることが従来の組織慣性を打破し、組織学習を再開させる上で重要な役割を担ったものと思われる。しかし天津自工は、このような学習再開のチャンスが少なかったのに加え、長年の売り手市場に安住してきた結果、従来の生産量重視・品質軽視という組織慣性が維持されることになってしまった。また、上海自工と第一自動車が、長い間、乗用車を生産した経験を持っていたこと、特に上海自工が政府から悪評を受け、長い間、品質問題で悩んだ経験は、後に真剣に先進国メーカーの管理ノウハウを吸収したことと直接結びつくと考えられる。すなわち、乗用車ニーズ急成長の時期にあって、上位3社の対応が異なっていた原因としては、それぞれが置かれた特有の環境条件のほかに、各社自身が歴史の経験教訓をいかに学び、また活かしたかにあったものといえる。

　以上をまとめて、乗用車技術導入後の3社の品質管理や生産技術のレベル向上の過程を比較しよう。90年代半ばに乗用車市場の競争が激化するまで、上位3社

はそれぞれの競争力蓄積能力を反映して、異なった競争力強化の経路をたどっていた。すなわち、上海自工は厳しい品質要求に応じて、着実に先進国メーカーの製造技術や品質管理方式を習得し、それをシステムとして定着させた。これに対して、天津自工は生産数量の拡大ばかりを目指し、製造技術や品質管理プロセスなどはあまり改善しなかった。一方、第一自動車は乗用車分野での劣勢（例えば古いモデル）を挽回するために、乗用車の製造技術と製品開発の両面から自社の競争力を強化していった。しかし、品質などの競争力を向上させるには長期間の努力が必要である。したがって、90年代半ばまでの3社の競争力蓄積能力向上の差異は90年代半ば以降、乗用車企業の戦略構築の焦点が管理・技術レベルの向上に移ってからも、各社の競争優位に大きな影響をもたらすものと考えられる。

以上、本節では、第2章の分析枠組に従った項目別に第4、5、6章で詳細に分析してきた上海自工、天津自工、第一自動車という上位3社の戦略構築の経路を比較し分析した。その結果、第2章（第4節）の仮説2で予測された通り、上位3社間の戦略的経路の差異があり、それは3社それぞれが持っていた既存資源や戦略構築能力の違いによってもたらされたものであることがわかったのである。その中で第一自動車は、きわめて強かった既存資源を活かして、技術導入・市場開放初期の失敗を挽回し、乗用車ニーズ成長期の成功に結びつけたことが分る。

## 3. 結　　論

ここまでの総合比較を通じて、乗用車の生産拡大を判断の基準とした90年代半ばまでの時点で、中国では乗用車メーカー同士の戦略構築の成果及びそれまでの戦略的経路が、なぜ異なっていたかについて以下のように結論した。この結論は、第2章で提示した諸仮説とほぼ整合的であったといえる。すなわち、まず仮説1-aに予測された通り、90年代半ばの時点で、乗用車メーカー間の成長格差をもたらした最も重要な原因は、乗用車ニーズ成長期（80年代半ば→90年代前半）における資源投入の量が、各社によって差異があったことである。また、仮説1-b・1-cに予測された通り、乗用車ニーズ成長期における各企業の成果は、それ以前の時期（技術導入・市場開放初期、従来計画経済統制期）における、それぞれの戦略構築の成果や既存資源の状況にも影響された。一方、乗用車ニーズ成長期

において、高い成長率を達成した上位3社の間には戦略的経路の差異が観察された。その差異は仮説2に予測された通り、主として3社が持っている既存資源や戦略構築能力の差異によってもたらされたものである。中でも、第一自動車は他社に比べてきわめて強かった既存資源を活かして、それまでの不利や失敗を挽回して、以後の成功に結び付けたことが注目される。中国乗用車産業における各企業は、既存資源の欠陥克服や環境変化に対応するなどの面では共通したロジックで行動してきたが、企業の特殊的な (firm-specific) 要因の作用によって、成長スピードと戦略的経路に違いが生じ、90年代の半ばに至る段階で、従来は中小型企業であった上海自工と天津自工は一段と上位に食い込むことができ、大企業の第一自動車とともに上位3社にランクされるに至ったのである。

## 補論　表8-3の比較結果についての説明

　ここの事実やデータは、ほとんど1996年までのものである。すなわち、乗用車ニーズの急成長を中心とする時期が終わり、市場競争激化の時期に入った頃の各社の実績である。従って、3社の認識能力と資源投入能力については、分析枠組みに沿って乗用車の生産量成長の大小を基準に評価した。また、認識能力についての評価は、焦点となる技術導入・市場開放初期（70年代末→80年代前半）のみでなく、乗用車ニーズ成長期（80年代半ば→90年代前半）における乗用車生産の成長に影響を与えた戦略計画の変更や内外要因認識の事例も考慮に入れた。一方、競争力蓄積能力についての評価は、主に各社の乗用車生産技術を導入してから90年代半ばまでの技術吸収や管理レベル向上の事例を取り入れ、各社のこれまで競争力蓄積能力の差異を検証して、今後の企業行動への影響を予測しようとする。

### I. 認識能力

(1) 国の政策に関する研究

　70年代末に、上海自工は中央政府の乗用車技術向上の政策に適応して技術導入の戦略を策定したが、その後も、中央政府と緊密な連携を保ちながらプロジェク

トを進めていった。一方、80年代の前半から中央政府の車種調整政策に添って、軽自動車生産へ進出していた天津自工は、市場変動と政府政策変動との時間差を利用して、乗用車への進出を図った。他方、第一自動車は市場開放・技術導入の初期に、積極的に政府プロジェクトを獲得する姿勢に転換したが、政府の商用車技術導入や多角化という政策に適応して、トラックのモデルチェンジや多角化に全力を上げ、乗用車市場戦略についてはほとんど考えていなかった。その後、80年代の後半に入ると、政府の方針に従った商用車のフルライン化を展開していた第一自動車は、中央政府の乗用車産業政策の転換を察知し、速やかに戦略を調整して、政府に働きかけはじめた。この中で、上海自工と第一自動車が政府政策に積極的に適応したのに比べて、天津自工は中央政府の政策優遇をあまり期待せず、むしろ市場と政府政策の変動の時間差を利用して、乗用車の生産に参入していったのである。また70年代末、中央政府の乗用車生産技術の向上政策と、80年代後半の大量生産政策との間に時間差があったので、この2つの政策に対応していた上海自工と第一自動車の間においても、乗用車の技術導入に大きな時間差が現れた。

(2) 地方政府の政策に関する研究

地方政府に所属する企業として、上海自工と天津自工は戦略策定の初期段階から地方政府と緊密な情報交流を行い、積極的に地方政府に対して自動車産業の発展戦略を提案し、地方政府から組織再編や利潤請負制導入などについて支持が得られた。これは、上海自工と天津自工が比較的に速く成長してきた1つ重要な原因でもある。これに対して、第一自動車は80年代の半ばまでの中型トラック・モデルチェンジと商用車多角化の展開過程で、資金を調達するために目を主に中央政府に向け、地方政府の政策に対してはほとんど研究しなかった。例えば、乗用車を生産する工場用地を確保するために、小型トラックの生産を地方所属企業に分散していくという戦略は、後に地方政府との間で利益の分配を巡って紛争が絶えず、大きな挫折に遭遇した。

### (3) 外国企業と導入モデル調査

　上海自工は、80年2月に政府部門と官民一体で乗用車の導入モデルや外国メーカーについて徹底した調査を行った。また、上海VWが正式に設立する前に、すでに2,000台以上のサンタナ乗用車のCKD部品を輸入し、組み立て試行を行った。一方、天津自工の技術者グループは、83年1月に日本に赴き、技術導入さきの製品を視察し、ダイハツの軽自動車と小型乗用車には共通の部品が多いことを認識した。さらに、その乗用車を輸入し、ユーザの評価も詳しく調査した。他方、第一自動車は市場開放・技術導入の初期に、トラックの競争に専心していたため、乗用車量産進出についてほとんど計画していなかった。80年代の後半、第一自動車は乗用車の生産経験や開発能力を活用して、ダッジ車のエンジンシリーズと、アウディ車の性能及びダッジ・エンジンの搭載について徹底した調査を行った。但し、大量生産モデルとしてのジェッタ車についての調査は外貨の制限もあり不十分であった。こうして、上海自工と天津自工は第一自動車より早くから導入する乗用車のモデルについて調査を行ったが、上海自工が製品の性能に着目したのに対し、天津自工は市場の反応を重視した。一方、市場開放・技術導入の初期に乗用車進出に後れをとった第一自動車は、中央政府のプロジェクトを獲得するために、間に合わせに大量生産の乗用車モデルを導入してしまった。

### (4) 市場調査

　80年代の初期に上海自工は、長年の乗用車生産の経験からユーザーの反応についてはある程度わかっていたが、技術導入後の乗用車ニーズの急成長については予想もしていなかった。一方、1984年末、天津自工は技術導入前に300台のシャレードを輸入し、市場ニーズなどについて追跡調査を行い、膨大な市場ニーズの存在を予測していた。他方、第一自動車は80年代の半ばまで、長年の高級乗用車生産の経験から、そのユーザーの反応について、ある程度わかっていたが、トラック市場に精力を集中していたため、乗用車市場の変化について全然予測していなかった。80年代後半、長年「紅旗」号の製造や市場経験をアウディ車を導入する際に生かすことはできたが、次の大量生産モデルの導入については、ちょうど乗用車ニーズが成長期の最中で、90年代半ば以降の激しい市場競争をまったく

予測していなかった。すなわち、3社は乗用車技術の導入について時間差があったため、市場ニーズに対する認識も、それぞれ当時の状況によって異なっていた。上海自工は、乗用車市場の激変がまだ起こらなかった80年代の前期に導入戦略を策定したので、大量生産の準備もなかった。天津自工は、乗用車市場が成長し始めたばかりの時期に調査を行い、その波に乗って乗用車技術を導入した。後れた第一自動車は「高級車」について市場のニーズを考慮したが、90年代にスタートした大量生産プロジェクトについては、後の市場競争の激化を予想していなかった。

(5) 自社能力の考慮

上海自工は80年代前半に、長年にわたる乗用車製造の経験を生かし、自社の製造能力を考えながら比較的製造しやすいモデルを選択した上で、事前に試行組立は行った。一方、天津自工は導入した軽自動車の延長線上で、市場の反応を見ながら導入する乗用車モデルを決定したが、現地の試行組立も行っていなかった。他方、第一自動車は80年代の半ばまで乗用車の量産を計画していなかったが、高級乗用車を少量生産した経験やトラックを大量生産した経験を活かして、トラックの開発やベンツ乗用車の組立を行った。すなわち、上海自工と第一自動車は乗用車の生産経験を持っていたため、自社の製造能力や開発能力を考慮しながら生産技術を導入したのに対し、天津自工は生産の経験がなかったために、主に市場参入の機会をねらって導入したものの、乗用車の技術要求と自社の技術レベルに大きなギャップがあった。

Ⅱ. 資源投入能力

(1) 資金調達方法の転換

ニーズ拡大の動きに直面して、上海自工は早期に「資金の自己蓄積と自己拡大」の対策を打ち出し、上海市政府から優遇政策を受け、留保利潤を乗用車生産に投入した。一方、天津自工はそれまで生産していた製品の販売から得られた利潤によって乗用車生産の発展を支え、成長していく、いわゆる「以老養新」という道を歩んだ。他方、第一自動車は自己調達資金のほとんどを商用車生産に投入した

第 8 章　戦略パフォーマンス：総合比較　**275**

ため、乗用車生産規模の拡大は依然として中央政府の投資に依存していた。要するに、乗用車生産規模の拡大について、上海自工と天津自工は外部環境の変動にしたがって、早期に市場に向けて資金を「自己調達」する方向へ転換したが、第一自動車は積極的な獲得姿勢に転換したものの、従来の中央政府の投資に依存するやり方は変わっていなかった。政府計画の制定と実施は、市場の変動との間に大きな時間差が存在していたので、政府の計画投資に依存していた第一自動車の生産規模の拡大は、市場ニーズの変化に遅れをとってしまった。

(2) 生産体制の調整

市場の変動に伴って、上海自工は積極的に組織再編を行い、乗用車生産だけに能力を集中させた結果、上海自工の自動車生産量に占める乗用車の比率は、80年代初めに40％以下であったものが、90年代半ばには90％以上に上昇していった。一方、天津自工は、よく売れる車種を温存しながら乗用車の生産能力を重点的に強化し、自動車総生産量に占める乗用車の比率を、80年代半ばではゼロであったものが、90年代半ばには50％以上にまで拡大していった。他方、第一自動車は乗用車小紅旗号（アウディ車の派生車）の生産能力を強化せず、既存商用車メーカーの合併買収に力を注いでいたために、生産量に占める乗用車の割合は90年代半ばになっても20％以下に止まっていた。結果から見ると、乗用車市場の急成長にしたがって、上海自工と天津自工は生産体制を調整し、発展の重点を乗用車へ転換したのに対して、第一自動車の発展の重点は終始トラックであり、そこから抜け出すことができなかった。

(3) 乗用車生産へ集中投入

上海自工は、第7次5カ年計画（86-90年）の間に投下した固定資産22.3億元の中の約90％を乗用車生産に投入、第8次5カ年計画（91-95年）の間に投資した81億元のうち、乗用車生産への投資は75億元に達して、総投資額の90％を超えた。一方、天津自工は1983年から92年にかけて投入した9.1億元の内、乗用車およびその部品の生産能力に向けた投資は7.6億元以上で、総投資額の80％以上を占めた。他方、第一自動車が第7次5カ年計画で建設したアウディ車プロ

ジェクトへの投資額はトラックプロジェクト投資の半分にも及ばず、第8次5カ年計画にスタートしたジェッタ車プロジェクトへの投資は巨額であったものの、着工が遅れ、90年代の半ばになっても生産能力を達成することができなかった。このとき、もしも第一自動車が自己資金をアウディ＝小紅旗車の生産に集中して投入しておれば、乗用車の生産能力は速やかに拡大できたはずであるが、限られた資金のほとんどを商用車企業の合併・吸収に投入した結果、「小紅旗」新工場の建設を中止せざるを得なくなったのである。

(4) 部品供給体制の構築

上海自工は、第7次5カ年計画で乗用車生産に投入した資金の半分を乗用車の部品生産に投資し、第8次五カ年計画では、乗用車部品生産への投資は完成車投資額の2倍になった。これに対して天津自工は、第7次5カ年計画で自動車生産に投入した約6億元の中で、部品生産に投資したのは僅か1億元程度であり、第8次5カ年計画で乗用車の完成車生産に投入した37億元に対して、その部品生産への投資は6億元であった。一方、第一VWの部品内製率（34%）は上海VW（20%）より遥かに高かったが、工場の建設所要期間が長引いた上、完成車工場の着工が上海と天津よりかなり遅れたために、関連する新しい部品工場への投資や建設は更に遅くなってしまった。

以上まとめて見ると、上海自工は従来の部品生産基盤を活用しながら、大量の資金を投入して、強い部品供給ネットワークを構築していったのに対して、天津自工は投入資金の不足、第一自動車は進出の後れや従来の部品基盤の弱さによって、部品供給体制の構築に影響を与えた。

(5) 販売体制の整備

上海自工は、乗用車生産技術の導入時期が、ちょうど販売体制が政府計画から企業自主販売へ転換した時期と一致したため、VWの協力を得て保管倉庫を建設したり、専用列車を整備して、全国各地に販売拠点を設立するなど、販売体制を強化していった。一方、天津自工は調達資金を確保するために、積極的に全国に販売システムを構築し、トヨタの販売方法を模倣して代理店制度を導入し、マー

ケティングに力を入れるようになった。第一自動車も販売体制の改革に従って、全国でトラックの販売ネットワークを構築していったが、90年代に入って、ジェタ車の販売不振の局面を打開するために、更に乗用車販売のネットワークを整備して、販売活動を促進していった。こうして、乗用車の市場進出時期や各社に直面した問題が異なっていたことから、乗用車販売体制を整備する時期や方法に差異が認められたものの、3社ともに自社の販売体制を強化していった。

### III. 競争力蓄積能力

(1) 完成車メーカーの品質管理

　乗用車の生産技術を導入した後、厳しい環境制約の中で上海自工は、生産技術の向上という初期の目的に沿って、新設備を導入すると同時に、VWと共に上海VWに品質管理制度や従業員の訓練制度を定着させ、納入部品のチェックなどのノウハウも吸収してきた。一方、天津自工は品質管理については厳しい環境条件に制約されなかったために、絶えず生産設備を増強したが、生産管理、品質管理や人材養成など、ソフト面のノウハウはあまり取り入れなかったが、90年代半ばからの競争激化によって、ようやく品質管理を重視しはじめた。他方、乗用車生産に立ち遅れた第一自動車は、ますます激しくなった競争に対して、従来の製造経験を活用しながら、アウディ社やVWの協力を得て、乗用車生産の品質管理制度や従業員の技術養成制度を導入し、社内に定着させていった。即ち、長年の乗用車生産の経験を持っていた上海自工と第一自動車は、環境の制約や競争の下で合弁相手の協力を得て、積極的に品質管理などノウハウを導入したのに対して、天津自工は売り手の市場環境の中で、生産量ばかりを追求して管理ノウハウはあまり導入しなかった。

(2) 部品メーカーの品質管理

　上海自工はVWの品質標準に到達するために、自社所属の部品メーカーの中に「生産特区」という独特の方式で先進的な生産管理や品質管理方法を導入し、全社の製造レベルを大幅に引き上げた。これに対して、天津自工は90年代の半ばまで、資金上の制約もあったが、傘下の部品メーカーに先進技術や設備をあまり導

入しなかったうえ、生産量優先の方針に従って、品質管理を真剣に取り込まなかったが、ようやく90年代半ばから技術導入や合弁企業を設立する動きを見せはじめた。また、第一自動車はアウディ車の生産技術を導入した後、一部の部品メーカでは先進国から生産技術を導入しはじめたが、ジェッタ乗用車の大量生産工場の建設に伴って、多数の傘下部品メーカーは積極的に技術能力や管理能力を高めていった。要するに、乗用車ニーズの成長期に、上海自工は積極的に部品生産の品質管理を強化していったのに対して、第一自動車は一部の部品メーカーの技術向上に力を入れた。天津自工は、部品メーカーの技術レベルをほとんど改善しなかった。そして、90年代の半ばに入ってから、天津自工と第一自動車はともに部品生産の技術を改善しはじめた。

(3) コストと生産性の管理

上海自工は管理制度の推進や品質管理の強化と同時に、コスト管理も重視していった。また、乗用車の生産量が急速に拡大したことにより、生産コストを大幅に下げることができ、業界で生産性が最も高い企業に成長した。一方、天津自工は資金調達の圧力の下で、積極的に企業内部の潜在力を掘り起こし、節約によって利益を高める活動を推進した上、従業員の増加を抑制しながら生産量を増やし、生産性を高めていった。上海自工と天津自工に比べ、第一自動車は次々と巨大な投資を獲得したものの、資金やコスト管理を徹底して行わなかったために、資金の浪費が多かった。また、一連の合併活動によって従業員数は急速に膨らみ、生産性や資金運営に悪い影響をもたらした。即ち、資金を自己調達で賄った上海自工と天津自工は、コストや生産性の管理を強化していったのに対し、第一自動車は国から大型プロジェクトを受けたことにより、このような管理を強化しなかった。

(4) リーン生産方式の推し広め

上海自工傘下の上海小糸は、80年代末から次第に6Ｓ、提案制度、目標管理制度やQC活動を取り込んでいった。上海自工は、90年代の半ばから更に管理能力を高めてコストを下げるために、小糸製作所を通じて日本的な生産方式を導入し、

全社にそれを普及させた。これに対して、天津自工の生産現場では日本的な管理方法を軽視し、ダイハツから派遣されてきた技術者の意見を生産体制の中に取り入れなかった。97年、競争の激化に伴って天津自工は、やっと品質重視の姿勢に転換し始めた。一方、第一自動車は80年代から一部工場にトヨタ生産方式を導入させ、高い効果を収めた。90年代に入ると、企業改革に伴って更に積極的に日本のリーン生産方式を乗用車及び部品工場に導入し、推進しはじめた。まとめてみると、日本的な生産方式の真髄に対して、第一自動車は最も速く、次いで上海自工がこれにつづき、天津自工は最も遅く認識した。これによって、各社は真剣にそれを導入し、推進する時期に差が生じた。

(5) 製品開発能力の強化

　上海自工は90年代に技術センターを設立し、車のスタイリングの設計を試行しはじめたが、本格的な開発能力はまだ形成されていなかったために、90年代の半ばから開発部門に増資し、GMと新しい合弁事業を契約して、本格的に製品開発能力の増強に力を入れ始めた。一方、天津自工は開発能力をほとんど持っていなかったので、車の外形の設計でも他社に頼らなければならなかった。90年代から開発センターを建設し、一部設備も導入したが、開発活動は小規模の改善に止まった。以上の2社に比べると、第一自動車は本格的な開発組織を持ち、トラック技術を総合する経験も持っていた。90年代から、第一自動車は積極的に開発部門に投資し、90年代の半ば以後は乗用車のフルライン化を展開して、乗用車のモデルチェンジや新製品の開発に力を入れるようになった。要約すれば、90年代半ばの時点で、第一自動車は中国業界で最も優れた製品の開発能力を活用して、乗用車スタイルの開発を試行しはじめている。これに対して、上海自工は開発能力は弱いものの、積極的に開発に力を入れている。天津自工は開発能力も弱く、強化の動向も見当たらなかった。

## 第9章　総括と今後の課題

　経営戦略論の枠組を用いて中国における乗用車産業の形成という現象を対象として分析を試み、主に中国自動車産業における 90 年代半ばの「トップ・スリー」企業である上海自工、天津自工、第一自動車における環境と資源・能力の適応過程を取り上げ、企業戦略の策定と実行のダイナミックなプロセスについて体系的に考察し比較を行った。本書の狙いは、中国の企業行動および戦略に対して実証的分析に基づいた戦略形成論的な基礎を与えようというものであり、なかでも企業特殊的な (firm-specific) 要因の把握に力点を置いてきた。以下、これまでの 3 企業に関する実証結果を踏まえて、各章の主要な諸論点を項目別に要約したい。

### 1.　総　　括

　(1)　基本的な問題設定 (key research question) は、「中国では、ほぼ同様の環境変化のなかにある乗用車メーカーであったにもかかわらず、90 年代半ばまで、どうしてその成長スピードと戦略的経路に大きな差異が生じていたのか」ということであった。このような問題意識に対して、これまでの中国企業論では経済体制論・経済政策論的な視点からアプローチされたものが多く、企業内部に立ち入って具体的な製品と市場の選択、経営資源の活用と蓄積、そして政府の計画と政策に対応する経営戦略論的な実証を踏まえた分析は、必ずしも十分に行われていたとは言えない。

　このような問題意識にもとづいて、第 1 章では、中国における企業戦略の策定と実行のプロセスを、企業特殊的な戦略構築能力という視角から捉え直し、企業の市場における競争パフォーマンスの格差を、企業特殊的な戦略構築能力の違いに求めるという視点を提起した。具体的には企業主体的な視点から、中国における企業戦略策定と実行のダイナミックな過程を解明することを試みた。

　(2)　分析枠組としては、経営戦略の理論に基づき、また制度転換期の中国に特

有な企業行動の論理も勘案して、「企業戦略策定と実行のプロセス」を分析する枠組を提示した。具体的には、企業競争の成果と行動パターンの差異を、組織慣性や戦略構築能力の企業間格差で説明しようとした。

その準備作業として、第2章では、まず中国自動車産業の実証と企業戦略の理論に関する既存研究を整理した上で、中国自動車産業における環境と経営資源の相互作用に注目し、企業戦略策定と実行のプロセスに関する分析のフレームワーク（図2-4）を提示した。また、中国における企業戦略策定と実行のプロセスを規定する諸要因として、(1)環境条件、(2)既存資源、(3)戦略構築能力（a．認識能力、b．資源投入能力、c．競争力蓄積能力）という5つの要因をあげ、実証分析のための独自の調査方法のデザインを行った。

さらに、国の計画・政策、地方政府の政策、外国企業の戦略、市場の機会・脅威などを合わせて、企業行動を制約する環境条件として位置づけ、「従来の計画経済統制期─技術導入・市場開放初期─乗用車ニーズ成長期─市場競争激化期」という4つの時期区分に添って、中国自動車企業の乗用車生産の戦略行動を国家計画追従、内外市場調査・技術導入、乗用車生産規模の拡張、管理・技術レベルの向上の4つの過程に分けた（図2-5参照）。それに応じて、要求される企業の戦略構築能力もシフトすると論じた。

(3) 第3章では、中国乗用車メーカーの企業戦略行動の経済的・歴史的背景として、中国自動車産業の発展のプロセスを通観した。

中国自動車産業においては、20世紀の初めから中国自動車修理工場と部品工場がすでに沿海部の大都市に現れ（図3-1参照）、その後、これらの自動車工場の継続的発展が見られた。しかし第2次大戦後、計画体制の下で中央政府は戦前の基盤を無視して、第一自動車や東風自動車のような新しい大量生産プロジェクトを建設し、中型トラックを中心とした車種政策を推進した。しかし、彼らの中型トラック製品だけでは、すべての市場ニーズを満足させることはできなかったため、各地の中小メーカーはそのギャップを埋める形で細々と自動車の生産を続けた。世界の冷戦構造の中で、先進国との技術交流がほぼ断絶されていたうえに、計画経済体制の下で政治目標の優先、市場原理の無視が供給不足と技術の遅れをさらに悪化させた。しかし、80年代初期から経済体制の転換に伴い、中央政府のコン

トロールの下で各企業は乗用車を含め、各車種の技術導入をはじめた。そして、80年代の半ばから市場の乗用車ニーズが急成長していった。これによって、中央政府の産業政策は商用車中心から乗用車へ移行した。すなわち、外資参入を制限し、国内市場を保護しながら乗用車の国産化を促進しはじめた。さらに、90年代の半ばにWTOの加入に直面すると、中央政府が新産業政策を公表し、関税の引き下げに踏み切った。このことから、乗用車市場の競争はますます激しくなっていった。

以下、中国乗用車の上位3社といわれる上海自工、天津自工と第一自動車の事例研究の結果を4項目ずつにまとめてみる。それぞれの事例研究の展開は、同時に企業戦略行動の実証を踏まえた企業特殊的な (firm-specific) 要因を把握する過程でもあった。また以上3社と、それぞれ類似した性格を持つ他の3社の成長戦略についても比較的分析する。

(4) 上海自工は80年代、国の開放政策の実施に伴い、ドイツVWとの合弁で上海VWを設立し、技術導入に成功した。サンタナ乗用車及びその部品の国産化を通じて量産効果を達成しながら、近代的な企業管理制度を定着させていった。第4章では、中国自動車産業における技術導入の成功例として上海自工の競争力向上の過程を、乗用車生産へ集中した重点投資と、学習を通じて能力を高めたプロセスの二つの側面から考察した。

上海自工が、能力向上優先型の戦略行動を堅持してきたのは、企業をとりまく内外要因の相互作用の結果である。同社は品質問題の歴史的な教訓から、手作業方式という初期条件から脱脚しよう企業指向を持ち、技術導入で乗用車の製造レベルを向上させるという国家政策にも適応した戦略を策定した。技術の導入後、上海VWは、主導権を握ったVWと、品質のよい輸入車の代替を優先する中国政府の両者から、高い品質標準を求められた。さらに、90年代には中国のWTO (世界貿易機関) 加入問題に直面した。これらの一連の環境制約の中で、上海自工は市場の変化に対応しながら、品質管理を強化していったのである。ここで、明らかになった結果を具体的に次の4つの項目にまとめた。

(a) 上海自工は、従来から中国の産業が最も発達した地域に立地しており、過去、長い間の自動車修理と部品製造の基盤を活用して、50年代には外国製品を模

倣し、乗用車の試作と少量生産を果たした。しかし競争圧力の欠如から、長い間1950年代のレベルにとどまり、製品のモデルチェンジもせず、品質の問題も徹底的に解決出来なかった。

　(b) 上海自工の生産技術導入の戦略ビジョンは、企業体制を整備しつつ乗用車生産に集中し、乗用車製造の能力を高めようというものであった。これは、中央政府の政策変動をきっかけに策定された。上海自工のプランの中核は、技術導入によって従来の工場を改造しようというものであった。

　(c) 早期技術導入の実現により、上海自工は優先的に中央政府から乗用車国産化の政策保護を受けた。乗用車市場の急成長に直面すると、上海自工は「資金の自己蓄積と自己拡大」という方針を打ち出して組織再編を行い、乗用車の生産に向けて集中的に投資した。VW本社の支援も受け、国・地方と企業が連携してサンタナ乗用車の部品を国産化した。これと並行して生産量を急増させ、売上額・利潤額ともに中国業界でトップになった。

　(d) 上海VWは、ドイツVW本社の標準に添った厳しい品質検査の基準を定め、それを部品サプライヤーに要求してきた。VWの品質標準を達成させるために、上海自工は「生産特区」という独特の方式で技術と設備を導入し、先進的な生産管理や品質管理方法も取り入れた。さらに、中国に生産拠点のあった小糸製作所のルートを通じて日本の生産方式を導入し、普及させていった。その上、独自の製品開発能力を獲得するために、GMと新しい合弁事業を契約し、製品開発能力の増強に力を入れ始めた。

　⑸　第5章では、天津自工による市場調査と車種選定から軽自動車・乗用車生産の急成長までのプロセスを考察した。天津自工は単なる一小企業であったが、改革開放の波に乗って市場機会を見つけ、自ら戦略的に選択した軽自動車と小型乗用車の生産量を急速に拡大し、90年代半ばには業界の「ビッグ・スリー」になった。企業戦略ビジョンの策定段階に発揮された同社の認識能力が、後の企業拡張の成功と密接に結びついていた。その意味において、天津自工は中国の制度転換期に現れた典型的な成長企業であった。

　企業戦略の視点から見れば、初期戦略ビジョン策定の時点では、天津自工が利用できた内部資源は少なく、政府から大きな投資プロジェクトを獲得することも

不可能であった。そこで、天津自工は市場ニーズに合った、しかも自社が生産できる製品を選んで、自社の販売利益に依存する「以老養新」により発展していくしかなかった。そうした中で、天津自工は政府に頼らず、自力で市場ニーズに関する内外の調査を始めた。しかし、長年の売り手市場のなかで、機械設備などのハード面は拡張してきたものの、生産管理、品質管理、製品開発などソフト面の質的能力を軽視してきた。この面を、いかに強化するかが天津自工にとって今後の重大課題であった。天津自工の事例を検証して明らかになった結果を、次の4項目にまとめた。

(a) 天津地域の自動車・同部品の生産基盤を作ったのは、戦時中に天津にトラック工場を設けた日本のトヨタであった。50年代の後期には、多くの自動車関係工場が農業機械部門に転換させられたため、自動車関連の生産は衰退した。そうした中で、1964年に天津自工が成立し、一部の部品メーカーを統合した。その後、天津自工を中心に、小型トラックや小型バスなどのモデルが少量生産されるようになると、部品産業も次第に発展しはじめた。とはいえ、80年代初期までの天津自工は完成車の生産量が少なく、単なる小型企業として存在するに過ぎなかった。

(b) 天津自工は市場調査の結果、当時中国で生産していなかった軽自動車を技術導入により発展させていくという成長戦略をたてた。そして、天津市政府の優遇政策により利益留保を増やした。日本視察の際、天津自工の社長はダイハツの軽自動車と小型乗用車が多数の部品を共通化していることに気づき、ダイハツとの提携により乗用車生産へ進出する可能性を認識した。その後、主に市場ニーズの要素を検討した結果、天津自工はダイハツから軽自動車の生産技術を導入し、工場を改造していくというプランを策定した。

(c) 軽自動車生産技術の導入後、中国の乗用車市場が急速に拡大しはじめたため、天津自工はこの環境変化を利用して、念願の小型乗用車の技術導入を達成した。その後、従来生産していた商用車からの利潤留保分を、主に小型乗用車工場の技術改造に投入し「以老養新」という成長軌道を辿った。90年代に入ると、天津自工は積極的に全国の販売システムを構築し、補修部品供給や情報フィードバックなどにも力を入れるようになり、業界の「ビッグ・スリー」にまで発展した。

(d) 天津自工は、経済利益を追求するという自社の経営理念に沿って、政府認可のチャンスを繰り返して活用し、できるだけ計画生産量を超える能力の拡大を行ってきた。これに対して、生産管理、品質管理などソフトウェアの導入については消極的であった。一方、天津自工傘下の部品メーカーは、ソフトウェア面のみならずハードウェア面でも技術導入をあまり行わなかった。このように、天津自工においては、長年の売り手市場という環境もあって、数量重視と品質軽視という社風が身についてしまったのである。

(6) 第6章では、商用車の生産開始から乗用車の競争活動に至る第一自動車の戦略策定と実行の過程を考察した。第一自動車は、乗用車分野への進出と市場拡張において上海自工と天津自工に比べて遅れたため、90年代半ば時点での利潤額や生産性の状況はかなり悪化していた。

第一自動車が、国の計画・政策優先型の戦略行動を展開してきたのは、自社をとりまく内外要因の相互作用の結果といえる。計画経済体制下の30年間、第一自動車には国から豊富な資金を投入され、また全製品を国に納められるという組織慣性が根強く残っていた。しかし、中型トラック（解放号）のモデルチェンジの際に、第一自動車は資金の自己調達に苦しみ、この経験から巨額の政府投資を獲得することの重要さを痛感した。そこで、東風自動車に対して失ったトップ地位を奪回するために、従来の受動的な姿勢から国のプロジェクトの積極的な獲得活動へと転換した。しかしながら、従来のトラック生産のトップ地位を重視する組織慣性の転換には長期間を要し、第一自動車の乗用車生産が立ち遅れる一因ともなった。以下、第一自動車の事例を検証して明らかになった結果を4項目にまとめた。

(a) 第一自動車の生産設備は「ナショナル・プロジェクト」として、ソ連よりワンセットで導入された。建設場所の選択は、ソ連側の意向に従って中ソ国境に近い東北の長春市に決定された。第一自動車の部品内製率は最初から非常に高かった。また、長い間、製品は単一であり、中型トラックが圧倒的多数を占めていた。そうした中で、第一自動車は50年代後半以来、中央政府の高級幹部用の高級乗用車「紅旗」を試作し、極く少量を生産していた。計画経済体制の下で、第一自動車は本社機能を欠き、生産量の拡大だけを追求する傾向があって、また政

府の計画投資に対する依存度が非常に高かった。

　(b)　80年代に入ると、第一自動車は東風自動車の挑戦に会い、初めて大量の完成車在庫を抱えるという深刻な危機に陥った。応戦せざるを得なかった第一自動車は、中型トラック「解放」のモデルチェンジを行い、80年代前期からは、小型トラックを中心とする商用車のフルライン戦略を展開していった。しかしながら、トラックの不振から脱却することに集中したために、乗用車生産については、80年代の半ばの中央政府による産業政策変更まではほとんど考えていなかった。この中で、解放号モデルチェンジの際に資金調達に苦しんだ第一自動車は、中央政府の投資を受動的に受ける従来の態度から、積極的に国家に働きかけてプロジェクトを獲得する姿勢へと転換した。

　(c)　80年代半ばに入り、中央政府の政策変更を察知した第一自動車は、抜本的な戦略転換を行い、乗用車プロジェクトの早期獲得をねらいとして能動的に政府へ働きかけ、東風自動車より先に乗用車生産へ参入するという目標を実現した。しかしその後、第一自動車は乗用車小紅旗号（アウディ車の派生車）の新工場建設に資金を集中投入せず、かわりに既存商用車メーカーの合併買収を継続した。つまり、第一自動車の発展の重点は、この時点では依然としてトラックにあり、そこから抜け出せていなかった。90年代の半ばには、ようやく商用車を含む総生産量でトップの地位を奪回したが、乗用車生産の成長は上海自工と天津自工に比べて後れた。

　(d)　ますます激しくなってきた乗用車部門での競争に対し、第一自動車はVWの協力を得て、乗用車生産の品質管理制度を導入し、企業の中に定着させようとした。また、自社傘下の部品メーカーも先進国から技術や設備を導入したり、外国メーカーと合弁企業を設立したりすることによって、技術能力や管理能力を高めようとした。更に、すでに一部工場に導入していた日本型のリーン生産方式を、90年代に入ると乗用車およびその部品工場にも推し広めようとした。また、乗用車生産の劣勢を挽回するために、第一自動車は自社の開発能力を強化しながら、自力で、もしくは外国メーカーと協力して、乗用車のモデルチェンジや新製品の開発に力を入れつつある。

　(7)　第7章では、「3大3小」企業のうち、北京自工、広州自工、東風自動車と

いう停滞3社の失敗原因を分析した。

まず、上海自工と類似した性格を持つ北京自工の成長戦略と停滞原因について分析した。北京自工は主に技術導入後、組織分散などの原因もあって、乗用車ニーズの成長期に新型ジープの生産に集中投資することができず、生産規模の速やかな拡大に失敗した。また、従来からの軍の影響によって軍隊用優先で選んだジープモデルも、乗用車市場のニーズに適応せず、その後の市場競争に影響した。

次に、天津自工と類似した性格を持つ広州自工の成長戦略と停滞原因について分析した。広州自工では、天津自工のように大規模な組織再編を行わず、また乗用車ニーズの急成長に合わせた生産投資も行なかった。更に、従来から商業都市であったこともあって、生産基盤が貧弱であった。新しい市場ニーズに、あまり合致しないモデルを機会主義的に選択したことも、後に乗用車生産が停滞した一因といえる。

最後に、第一自動車と類似した性格を持つ東風自動車の成長戦略と停滞原因について分析した。東風自動車は、フランス政府の対中制裁政策に遭った際、戦略の再調整を速やかに行わず、その結果、本格的な乗用車市場への進出では第一自動車よりかなり遅れをとってしまった。また山間部の立地条件や、内外市場や技術導入元に対する調査不足といった要因も、乗用車量産の早期実現に影響を及ぼした。

(8) 第8章では、上海自工、天津自工と第一自動車のそれぞれの事例研究の結果を踏まえて、第2章で提出した分析枠組にしたがって、企業戦略策定と実行のプロセスを規定する諸要因を体系的に分析した。停滞3社と比較しながら、上位3社に共通の成功原因を確認し、次に成功3社間の戦略構築経路の相違点を確認した。こうした総合比較を通じて明らかになった結果を、次の2項目にまとめた。

(a) まず、中国の「3大3小」乗用車メーカーにおける共通の成功・失敗原因について検討した。「3大3小」の中で、上海自工と北京自工、天津自工と広州自工、そして第一自動車と東風自動車は政府との所属関係、製品構成、生産能力、乗用車生産への参入状況など、80年代半ばまでの諸条件がかなり類似していたにもかかわらず、90年代半ばまでの時点では、上海自工、天津自工、第一自動車の業界の上位3社に比べ、北京自工、広州自工、東風自動車3社の乗用車生産は停

滞していた。

　90年代半ばの段階で、停滞3社を失敗に導いた決定的な原因は、乗用車ニーズの成長期（80年代の半ば→90年代の前半）に乗用車生産に集中投資しなかったこと、あるいは乗用車生産への投資時期が遅れて生産能力の形成が遅れたことにある。また、それ以前の時期における戦略的認識の誤りや既存資源に関する不利な要素も、この時期の乗用車生産の拡大に影響したといえる。

　停滞3社の失敗に比べて、上位3社の成功要因は主に、乗用車ニーズ急成長期に乗用車生産へ大量の資源を投入したことである。それに加え、それ以前の時期における戦略的認識能力の高さや既存資源における有利な条件も、乗用車生産の拡大にプラス影響をもたらした。

　(b)　一方、上位3社間においても戦略構築と企業成長の経路は互いに異なっていた。その差異が、いかに形成されたかという問題を解明するために、第2章に提出された分析枠組に合わせて、上位3社の戦略策定と実行のプロセスを長期的に比較・分析した。

　まず、70年代の末までの時点での上位3社における既存資源の強みと欠陥、及び3社間の既存資源の主な差異をまとめてみた。上海自工は、乗用車という主要製品と、その量産の経験を持っていたが、技術レベルが低く、また品質問題がよく指摘された。天津自工は、比較的に強い部品産業基盤と自動車少量生産の経験はあったが、独自の製品を持っておらず、完成車の生産能力も小さかった。一方、大型企業であった第一自動車は中央政府との緊密関係、自動車量産の経験、生産能力、製品の開発能力といった強みを持っていたが、単一製品で長年モデルをチェンジしてこなかったこともあり、自動車の市場シェアは徐々に縮小していた。

　技術導入・市場開放初期における、上位3社の内外環境認識や成長戦略策定の過程をまとめるならば、3社は克服すべき資源の欠陥がそれぞれ異なっていたために、環境認識の重点も異なっていた。上海自工は主に「内」、つまり自社の製造能力及びそれに適応する乗用車製品の性能を調査した。天津自工は主に「外」、つまり市場のニーズ及びそれに適応する乗用車のタイプを調査した。一方、第一自動車は主にトラック市場の動向及びそれに関連する政府政策に注目したが、乗用車についてほとんど考えていなかった。

乗用車ニーズの成長期における上位3社の環境適応と乗用車生産拡張過程のパターンも、各自の資源投入能力を反映して異なった。上海自工は政府と外資系企業の支持を得て、他車種の生産を思い切って中止し、巨額な資金を集中的に乗用車生産に投入し、速やかに乗用車生産を拡大した。天津自工は資金調達能力の制限もあったため、従来の車種を温存し、そこから得られた利潤を重点的に乗用車生産に投入し、次第に生産を拡大していった。一方、第一自動車は国から大型プロジェクトを獲得する能力を持っていたが、その資金投入の重心がなおトラック生産の拡張にあり、乗用車生産を重点として積極的に推進することはなかった。

一方、上位3社は、それぞれの競争力蓄積能力を反映して、異なった競争力向上の経路をたどった。上海自工は、先進国メーカーの製造技術や品質管理方式を模倣し、それをシステムとして定着させた。これに対して、天津自工は生産数量の拡大ばかりを重視し、製造技術や品質管理プロセスなどはあまり改善しなかった。一方、第一自動車は乗用車分野の劣勢を挽回するために、乗用車の製造技術と製品開発の両面から自社の競争力を強化していった。この3社の競争力蓄積能力の差異は90年代半ば以降の各社の競争力の優劣に大きな影響をもたらすとみられる。

冒頭で述べたように、「ほぼ同様の大きな環境変化に直面している中国の乗用車メーカーの間で、90年代半ばの時点で、どうしてその成長スピードや戦略的経路に大きな差異が観察されるのか」という問題提起が、基本的な問いかけであった。それに対して、本書では、具体的に企業戦略策定と実行のプロセスに焦点を当てた分析枠組及びそこから導出された仮説にもとづいて、90年代半ばに中国自動車における「上位3社」企業である第一自動車、上海自工、天津自工を主たる対象に、各社の企業戦略策定と実行のダイナミックなプロセスを体系的に分析・比較した。

結論として上位3社の間、及び停滞企業との比較を通じて明らかになったことは、第2章で提示した諸仮説とほぼ整合的であったといえる。まず、仮説1-aに予測された通り、90年代半ばの時点で、乗用車メーカー間の成長格差をもたらした最も重要な原因は、乗用車ニーズ成長期（80年代半ば→90年代前半）における資源投入の大小が各社によって差異があったことである。また、仮説1-b・1-

cに予測された通り、乗用車ニーズ成長期における各企業の成果は、それ以前の時期におけるそれぞれの戦略構築の成果や既存資源の状況にも影響されていた。一方、乗用車ニーズの成長期における、より高い成長率を達成した上位3社の間に戦略的経路の差異が観察された。その差異は仮説2に予測された通り、主に3社が持っている既存資源や戦略構築能力の差異によってもたらされたものである。中でも第一自動車は、他社に比べてきわめて強い既存資源を生かしながら前期の不利や失敗を挽回し、後期の成功に結び付けたことが注目される。このように、中国乗用車産業における各企業は、既存資源の欠陥克服や環境変化に対応するなどの面で基本的に共通したロジックで行動してきたが、企業の特殊的な (firm-specific) 要因の作用によって、各社の成長スピードと戦略的経路に違いが生じた。90年代の半ばに至る段階で、従来は中小型企業であった上海自工と天津自工は上位に食い込むことができ、大企業の第一自動車と共に上位3社にランクされるに至ったのである。

以上のような分析により、同一の環境変化のなかにある各社の成長スピードと戦略的経路が異なる要因について、企業主体的な視点からある程度整合的に説明できたと考える。

## 2. 中国企業への一般化

既述のように、本書が乗用車企業の事例をとりあげたのは、乗用車産業が改革開放以来の環境変化の中で、高い成長率を保つ中国製造業の象徴として存在し、この産業における企業戦略構築のプロセスの解明が、中国企業成長と中国産業進歩の共通ルートを、かなり説明できる最適な例だろうと考えたからである。したがって、事例分析の中では乗用車一産業における詳細な記述と分析に集中してきた。しかしながら同時に、他産業への一般化をも意識しながら分析を進めてきた。そこで以下では、これまでの議論を踏まえて、環境変動に対応する中国企業一般に関して3つの基本的差異を指摘し、それに関連した成長戦略について付言する。

(1) 経済体制変化への対応における企業間の差

環境変化へ対応する中国企業間の第1の差異は、企業が従来の国家計画に追従する形から市場ニーズを追求する形に転換したスピードの差である。この変化の

中で、従来の中国国営企業は政府計画に対する依存度が高ければ高いほど、市場ニーズの変化に対する転換が遅い傾向が見られた。特に、中央政府に所属していた大型企業の市場の変化に対する反応が、地方や農村の中小型企業より遅い傾向が目立つ。

　国家計画追従から市場ニーズ追求へと転換する過程で、企業の組織慣性が障壁になることは、第一自動車・東風自動車と上海自工・天津自工の乗用車技術を導入する過程の比較からも明らかである。すなわち、上海自工と天津自工は第一自動車や東風自動車よりずっと早く、乗用車市場が急成長する以前から、提携先の候補となる外国メーカー、導入される車種、及び潜在的な市場ニーズなどについて調査を開始し、具体的な戦略を練っていった。一方、第一自動車と東風自動車は、中央政府の計画に従って商用車の多角化を展開していたが、乗用車市場の急激な変化の後、中央政府の乗用車政策の変化に対応して、慌てて乗用車への方針プランを策定した。研究不足によるそのプランには重大な問題が残されていたために、後に大きな変更を迫られたのである[1]。

　一般に中国では、市場経済化にともなって、国の計画による生産額は国有企業の総生産額に占める比率を年々低下させていった。これに応じて、一部の大型企業は自身の特別な地位や中央政府との特殊な関係を利用して、従来の中央政府の投資を受動的に受け取る態度から、積極的に限られた資金を勝ち取る姿勢に転換した。しかしながら80年代以降、同じ時期においても、市場変化のスピードと国家計画の変化のスピードには違いがあり、政府の政策変更は市場の変動よりかなり遅く、その上その政策の実施が計画に編入されるまでには、更に時間を要した。このため、中央政府の計画に頼る大型企業と、それに頼らない中小型企業との間には、市場ニーズの変化に対する反応のスピードと行動のパターンの差異は、一層大きく見られたのである。

　経営戦略論の視点から見れば、既存の大型国営企業は改革開放までの30年間、計画経済体制の「優等生」として長い間、政府の計画にしたがって行動し、十分な投資資金が政府からもらえるという期待に基づく組織慣性を強く形成していた

---

　（1）　上海自工、天津自工と第一自動車、東風自動車の乗用車戦略比較については、陳晋（1998）を参照されたい。

が、この組織慣性が新しい環境に対応する企業の適切な認識や戦略構築にとって、大きな障害になってしまった。もちろん、既存の大型企業の間においても組織慣性克服と行動転換のスピードには差があったし、「受け取る」から「勝ち取る」ものへと転換する傾向も一部では観察されたが、全体的に見れば、後発の中小型企業より転換のスピードがかなり遅かったといえる。これは80年代半ば以後中国において従来の地方中小型企業、集団所有企業、及び農民経営の郷鎮企業の一部が市場の変化にしたがって飛躍的に発展し、新しい大型企業として続々登場して、中国経済の牽引車になってきたことからも明らかであろう。

(2) 技術転換への対応における企業間の差

　第2の差異は、中国企業が新しい技術を海外企業から導入し、それを大量生産に応用する際の吸収能力、及び関心度の企業間格差である。80年代初め以来の開放政策が実施されるにつれて、市場のニーズが多様化し、国内企業と先進国メーカーの技術レベルの格差が歴然となった。そこで、新しい市場ニーズに対応するために、新しい技術を導入しようというブームが起こった。しかし、こうした同様の市場ニーズ変化に直面した既存企業の中でも、新技術・新製品選択のパターンには差異が見られた。

　そうした差異を生み出す1つの要因として、企業の技術進歩過程における累積性という特性がある。その時点で、各自のベースになっている技術能力により、導入技術の吸収能力も違ってくるのである。例えば、本書にあげられた例をみると、80年代の半ば時点では、上海自工に導入された技術が乗用車であったのに対して、天津自工では軽商用車であり、第一自動車では中型トラックの関連技術であった。

　既存企業の対応の差を生み出すもう1つの要因は、そのときの市場シェアに応じて、既存企業の中でも新技術導入に対する誘因が異なることである。確立された市場体系の中で、優位なポジションにある企業ほど現在の市場シェアを維持しようとして、新しい（製品）技術の導入に対して消極的な行動をとる。そのかわりに、これらの企業は市場優位を確保するために、全く新しい技術に転換するより、むしろ既存技術を利用して（関連する技術を部分的に導入することも含め）、既

存製品の多角化を熱心に進める傾向がある。例えば、本書の例を見ると、第一自動車と東風自動車は80年代の半ばまで乗用車ニーズの成長を無視して商用車の多角化に没頭し、結果として乗用車への参入が遅れた。しかも、このような企業は、新技術を導入したとしても、既存製品の市場優位を他社に脅かされない限り、積極的に大量生産体制の確立を推進しようとしない。第一自動車が導入してきたアウディ車（および後の小紅旗車）の生産能力が遅々として拡張されなかったことは、その一例といえる。これは長年、計画経済体制の下で形成された既存製品の生産量の拡大を優先し、安易に技術転換をしないという組織慣性の影響とも深く関係していると考えられる。それに対して、市場で劣位にある企業は、新規参入企業と同様に、技術転換を市場優位の順序を覆すチャンスととらえ、新技術の導入と量産への応用に、より積極的に取り組む誘因を持っている。このような技術転換に対する既存企業の対応の差異は、自動車産業に限らず、他の産業にもよく見られる。例えば、中国におけるテレビをはじめとする家電産業では、積極的に新しい技術を導入して急速に業界のトップ企業まで成長してきたのは、従来ラジオなどを生産していた大型企業ではなく、主に後発の中小型企業、あるいは新規参入した企業だったのである。

(3) 市場高度化への対応における企業間の差

第3の差異は、生産管理、品質管理など新しい企業管理のノウハウを導入し、生産現場に推し広める点における企業間の差である。市場経済化の進行にともない、競争がますます激しくなり、製品の性能や品質に対するニーズの要求も高まる傾向がある。このような市場ニーズの変化に対して、各企業の対応も分かれてくる。

例えば、各企業は時期によって、また製品のタイプによって市場から受ける圧力が違うので、それへの対応も違ってくる。本書の例で見ると、乗用車ニーズの成長期における天津自工のシャレード乗用車は販売好調で、市場競争の圧力をあまり受けなかったため、天津自工も積極的に品質管理に力を入れなかった。これに対して、第一自動車のジェッタ乗用車は、早くから上海自工のサンタナ車からの競争を受けた。これによって、第一自動車はいち早く品質管理を強化すると同

時に、ジェッタ車のスタイル改善にも取り組んだ。ただし、品質管理などはすぐに高められるものではないので、いかにして早期に先進的な生産管理や品質管理のノウハウを取り入れ、きちんと実施していくかが既存企業の発展にとって重要なポイントとなる。

特に、技術提携先や合弁相手である外国のメーカーから先進的な管理ノウハウを導入し、広めていくことが、生産量を重視し、品質や生産性を軽視してきた長年の組織慣性を打破する上で、重要な役割を果たしてきた。もちろん、協力方式の違い（技術提携、資本提携、合弁企業）によって、外国メーカーが中国企業の生産管理や技術管理に関与する程度も違ってくるが、中国企業自身が歴史的な経験や現実の市場圧力をもとに形成してきた学習・競争の意欲こそが、イノベーションの原動力になるといえよう。

また、市場の高度化に対応するためには、企業管理全体や市場全般に関する知識が求められる。一般的には、長い間、大量生産や技術導入を行ってきた企業や、早くから製品の多角化を展開してきた企業のほうが、市場の高度化の意味をよく理解している傾向がある。さらに、これらの企業は量産の経験を通じて現場管理や製品開発のノウハウを蓄積してきたので、市場競争の激化に応じて、これらのノウハウを活かし、市場での優位性を守り、また失った地位の奪回をはかることにおいても比較的容易である。これに対して新規参入企業は、既存企業に比べて生産管理や市場全般に対する理解力では劣っているために、新しい技術や製品を導入したとしても、必ずしも成功するとは限らない。例えば、本書で論じられた「３大３小」の乗用車メーカーの中で、既存の大型企業としての第一自動車と東風自動車は、乗用車の生産量で上位２社より後れをとっていたが、品質管理や製品開発など競争力の蓄積は従来の中小型企業より優位に立っていた。この能力の差は90年代半ば以降、各社の競争順位に影響を与え始めたようである。例えば、1999年の中国自動車業界の生産順位を見ると、上海自工と第一自動車は依然として上位２社をキープしていたが、天津自工は乗用車増産の勢いがなくなり、総生産量の第３位を東風自動車に譲り、自らは第５位に転落した。これからは、市場競争のますますの激化に従って、既存大企業のこうした失敗挽回の能力が更に重要になり、業界内の大規模な企業再編も予想される。

## 3. インプリケーションと今後の課題

最後に、以上のような議論から導かれる実務上・研究上のインプリケーションと今後の課題について若干触れて、締めくくることにしたい。

第1に、技術導入と中国経済発展の関係である。本書では、主に1980年代初めから1990年代の半ばまで、技術導入が集中した時期における中国産業発展の象徴ともいえる乗用車産業を対象に、その完成車の技術導入から、部品の国産化、生産量の拡大、新製品の自主開発の試行までの全過程を分析してきた。この分析は、中国の自動車産業の技術レベル向上のプロセスを解明するだけでなく、中国における他の産業の発展や経済発展の共通ルートをも、かなり説明できるものと考える。

80年代の初め以来、開放改革の波に乗って中国のほとんどの産業は先進国から技術を導入し、国産化への道を辿りはじめた。雑貨、衣類、テレビ、音響など軽工業の消費財から、鉄鋼、重電機、自動車など重工業の基幹的な産業に至るまで、「技術輸入と国産化」という共通のパターンが見られる。そして、中国の各産業は技術導入・国産化とともに、一方で、低賃金を武器として国際市場へ進出しはじめ、他方で、国内市場の成長を利用して、生産量を飛躍的に増大してきた。例えば、雑貨や衣類は世界の輸出大国になり、テレビやVCD[2]の生産量ではすでに世界一になった。自動車の生産量は急成長の段階に入ったばかりだが、鉄鋼の生産量はすでに1億トンを超えている。但し、生産量の拡大にともない、国内市場および国際市場での競争がますます激しくなり、新しい技術への早急な転換が求められている。

こうした競争の激化に応じて、中国企業では新技術の導入や新製品の自社開発などの新しい動きが見られはじめた。中国が、他のアジア発展途上諸国と何よりも決定的に異なるのは、改革開放が始まる前から技術的な問題を内包しながらも、

---

（2） VCD（ビデオ・コンパクトディスク）とはCDの基本規格から派生した最大74分の動画・音声を記録できるCDで、92年に日本ビクターが商品化した。パソコンのCD-ROMプレーヤーVCDを再生できる機種が増え、日本国内では主にパソコン用の動画ソフトが浸透。一方、中国や一部の東南アジア市場では、VTRに代わる安価な映像再生機として、95年以降、専用プレーヤーの需要が大きく伸びている。

鉄鋼、自動車、重電、工作機械、建設機械など、全ての基幹産業を抱えていたという点である。すなわち、中国は長い間独自の産業技術基盤をある程度は蓄積してきていたのである。しかしながら、長年の計画統制経済の下で、市場競争の原理が欠如していたので、企業は技術革新や技術転換に対する意欲をあまり持っていなかった。今後、改革の最重要な課題になった国有企業改革の進展につれて、中国では既存の技術基盤を活用した技術転換、特に自主的な技術開発活動がさらに活発化するであろう。

　第2に、経営戦略論に対するインプリケーションである。近年の経営戦略論では、企業間のパフォーマンスの格差について中・長期的に見た場合、より深層的な経営資源と競争能力の格差の影響が大きいという観点から分析する研究が盛んである。資源と能力は、いずれも企業の歴史的発展のプロセスの中で生まれるという「累積性」と、各企業に特有の蓄積の結果であるという「企業特殊性」をもち、また時としてイノベーションを妨げる組織慣性（硬直性）というマイナス面も持っている。こうした組織慣性（既存ルーチンの硬直性）のゆえに、企業の変化が環境の変化より遅れてしまうことがある。このような見方をとった場合、一つの重要な研究課題は、長期安定的な環境の中で形成された組織慣性を抱えている企業が、どのようにしてそれを打破して、変化する環境に対応する能力を獲得していくか、という問題である。一つの方法として、変動する環境に慣れた異質な他の組織と連結して組織学習を再開するということがある。もちろん、このアプローチをとって成功した企業もあるが、本書の第7章で触れた北京自工や広州自工の例のように、外資系メーカーと連携して合弁企業を設立したが、結局、環境変化に対応できなくて失敗に終わった場合もある。

　これまでのところ、経営資源や競争能力のマイナス面である組織慣性及びその克服についての研究が、決して充実しているとはいえない。本書は、こうした研究の流れに対して、純粋な市場経済下の企業とは異なる中国企業の事例を踏まえ、長い間、安定的な計画統制の下で活動してきた企業が、市場競争という大きな環境変化に対して、いかにして既存の組織慣性を克服し、独自の戦略構築能力を形成してきたかについて分析してきた。本書で取り上げた比較的成功した中国の自動車企業は、それぞれ程度の差があるが、環境の大きな変化に対応し、既存の組

織慣性を乗り越え、それぞれの成長戦略を策定・実行してきた。その中で、上海自工と天津自工は初めから政府計画にあまり期待できないので、早めに市場調査に着手し、ニーズ変化に対応する行動をとった。また、第一自動車も環境変化にしたがって次第に新しいノウハウを吸収し、他社にまさる戦略の策定・実行を目指し、乗用車市場における逆襲を図ってきたのである。

最後に、中国自動車における企業の成長戦略の策定と実行というテーマと関連して、今後の研究課題をあげておきたい。

(1) 今後の研究課題としては、まず研究内容の深化が必要である。現代中国の企業戦略は中国固有の特徴を持っていたが、一方、活発な資本や技術の導入、特に合弁企業の設立を通じて、外国メーカーの動向にも強く影響されてきた。この意味で、改革開放以来の中国企業と関わってきた諸外国企業の対中進出戦略が、どのように形成され、変化していったか、いかに中国の企業戦略に影響を与えたかは、今後の研究課題である。

(2) 第2に、経営史などの分析枠組を応用しつつ、中国企業発展の歴史を検証することである。中国独特の政治、経済、文化など環境要因を経営史の視点から再び観察し、中国企業独自の特徴、それを形成した背景、変化するプロセスなどを分析する必要がある。今後の企業動向を把握するために、今日の企業競争の現象だけに止まらず、歴史も含めた深い環境要因を探究していきたい。

(3) 第3に、中国の企業組織形態の変革に関する分析を、さらに深めることである。本書の中でも触れたが、中国の企業組織形態は少なくとも従来の巨大工場から転身してきた企業と、従来の特定地域に散在していた中小工場群から再編してきた企業の2つのタイプがある。これらの企業形態の変革に関する分析は、中国企業再編の行方を把握する重要な手がかりになると考え、今後の課題として残されている。

(4) 最後に、軍需産業の役割についての分析を深めることである。いままでは、主に中国の自動車産業における「3大・3小」の乗用車メーカーを中心に論述してきたが、軍需産業から乗用車生産に参入してきた「2微」、すなわち長安機器と貴州航空の2社には触れなかった。軍事企業と民間企業では、環境要因がかなり異なっていたからである。但し、中国の自動車産業全体を論じるときに、従来の

軍需企業の役割を無視することはできないので、補章として論ずる。

補 章　中国軍需産業における企業の乗用車生産進出とグロバール化

## 1. はじめに

　本章は、軍需産業における企業が、いかにして乗用車産業に参入し、しかも量産体制の確立を目指すために、成長戦略を構築しながら、外資系企業と連携してグロバール化を進めていったかを、実証的に分析しようとするものである。

　冷戦時代の終結にしたがって、中国の軍需企業は民需製品の生産へ転換しはじめた。自動車産業は、各軍需企業が進出する主要な分野になっていったが、最も成功的に進出した企業と考えられるのは、従来の兵器工業総公司（以下略称：兵器総）傘下の長安汽車責任有限公司（長安自動車）と、従来の航空工業総公司（航空総）傘下の昌河飛機工業公司（昌河飛行機）、哈爾浜飛機汽車製造有限公司（哈爾浜飛行機）などである。表補－1に示したように、長安自動車、昌河飛行機、哈爾

表補－1　中国自動車産業における上位10社自動車生産台数推移（1997～99年）

単位：台

| 企　業　名 | 1997年 | 1998年 | 1999年 |
|---|---|---|---|
| 第 一 自 動 車 | 268,868 | 289,503 | 334,931 |
| 上 海 自 工 | 232,074 | 236,411 | 230,946 |
| 天 津 自 工 | 158,298 | 155,302 | 128,786 |
| 東 風 自 動 車 | 142,591 | 155,042 | 205,770 |
| 長 安 自 動 車 | 113,899 | 110,999 | 171,012 |
| 北 京 自 工 | 105,657 | 81,759 | 121,308 |
| 柳 州 微 型 | 90,008 | 102,088 | 81,018 |
| 南 京 自 工 | 73,788 | 69,062 | 71,446 |
| 昌 河 飛 行 機 | 70,118 | 100,031 | 90,079 |
| 哈 爾 浜 飛 行 機 | 50,018 | 58,322 | 86,017 |
| 全 国 合 計 | 1,582,628 | 1,627,829 | 1,830,323 |

出所：『中国汽車工業年鑑1998』76,113頁、『中国汽車工業年鑑1999』271,313,508,509頁。『CHINA AUTO』Jan.2000.15頁。
注：第一自動車、東風自動車、上海自工、天津自工、南京自工、北京自工は企業集団の数字を引用。長安自動車は長安スズキの数字も含んだ。

浜飛行機の自動車生産高は99年現在、すでに中国自動車産業の中で第4、第7、第8位にランクされている。

また、**表補-2**で示したように、兵器工業総公司傘下の長安自動車、西安秦川自動車、吉林江北機械、江南自動車と航空工業総公司傘下の貴州航空などの5社は、日本から生産技術を導入し、乗用車生産に進出してきた。その中で、特に長安自動車は1990年にスズキから技術を導入し、部品の国産化を順調に進めながら乗用車のシェアを急速に拡大してきた。長安自動車の乗用車生産は、99年現在で上海自工、天津自工、第一自動車に次いで第4位を占めている。

軍需企業が、乗用車の生産に参入する背景と条件は民間企業とはかなり違い、その組織構造も民間企業と異なっている。また、成功した軍需企業の場合は従来の民間自動車企業と違って、自動車の生産はほとんどゼロからスタートして、極めて短期間で急速に拡大してきたのである。その拡張行動は、中国の自動車市場では後発のグローバル企業の対中進出戦略とも深くかかわっていた。これらの現実状況から考えて、ここでは軍需企業が発展する歴史と、そのグローバル化の過

**表補-2　中国全乗用車メーカー生産台数推移**（1997～99年）

単位：台

| メーカー名 | 1997年 | 1998年 | 1999年 |
|---|---|---|---|
| 上 海 自 工 | 230,443 | 235,000 | 254,236 |
| 天 津 自 工 | 95,155 | 100,021 | 101,828 |
| 第 一 自 動 車 | 68,391 | 81,837 | 97,195 |
| 東 風 自 動 車 | 30,035 | 36,240 | 40,200 |
| 長 安 自 動 車 | 28,861 | 35,555 | 44,583 |
| 北 京 自 工 | 19,377 | 8,344 | 9,294 |
| 西 安 秦 川 自 動 車 | 4,010 | 5,005 | 5,306 |
| 貴 州 航 空 | 1,660 | 1,064 | 1,529 |
| 広 州 自 工 | 1,557 | 2,590 | 10,008 |
| 吉 林 江 北 機 械 | 1,234 | 518 | 500 |
| 江 南 自 動 車 | 1,050 | 1,012 | 480 |
| 全 国 合 計 | 487,695 | 507,861 | 565,366 |

出所：『中国汽車工業年鑑1998』336,337頁、『中国汽車工業年鑑1999』154,509頁。『CHINA AUTO』Jan. 2000. 12, 14頁。

注：上海自工の99年の数字は、上海VWと上海GMとの合計である。第一自動車の数字は第一集団公司と第一VWとの合計である。長安自動車の数字には長安スズキの生産台数も含まれる。広州自工の数字の中で、97年は全部が広州プジョーの生産台数、98年の広州プジョーは2,246台、広州本田は344台、99年は全部が広州本田の生産台数である。

補 章 中国軍需産業における企業の乗用車生産進出とグロバール化　*303*

程とに基づいて分析していきたい。

　したがって本章の主要なテーマは、軍需生産から民需生産に転換していく中で軍需企業はどのような背景と条件下で自動車・乗用車への進出戦略を策定したのか、経済体制の改革に伴って、いかにしてその組織を再編し、乗用車生産を拡大していったのか、中国のモータリゼーションにともない、軍需企業の乗用車生産はどのようにグロバール化していくのか、などである。

　以下、軍需企業の外部環境の変化と経営資源の蓄積（第2節）、自動車生産への新規参入の戦略策定と実行（第3節）、乗用車生産への進出（第4節）、戦略の調整と組織の再編（第5節）という順で、軍需企業の乗用車への進出と拡大のプロセスを観察する。そして、中国のモータリゼーションと小型乗用車による競争の状況を分析し（第6節）、軍需企業の乗用車生産におけるグローバル化（第7節）を展望する。

## 2.　軍需企業の歴史的変遷と経営資源の分布

　歴史的にみて、中国の軍需産業の発展は日本やソ連、アメリカとの関係の変化、とくに日中戦争によって受けた影響が大きかった。ここで中国の軍需産業の発展を歴史的に概観し、80年代の自動車産業に転換する前に、これらの軍需工場について主要分布と技術基盤を確認する。

　近代の軍需産業を中国に導入したのは19世紀末期の「洋務運動」である。そのとき、幾つかの大型兵器工場が中国東部の大都市に建設された。例えば、兵器総傘下の長安自動車の前身・長安機器製造廠と建設工業集団（ヤマハと合弁でバイク生産）の前身・漢陽兵工廠（武漢）は、ともにその時期に設立した企業である。長安機器製造廠は、清代末の洋務運動時期の1862年、李鴻章によって上海市松江に上海洋砲局として設立されている。その後、63年には蘇州洋砲局、65年には南京に移転し、金陵製造局と改称して大砲などを製造していた[1]。

---

（1）　中国汽車工業史編審委員会編（1996）9～12頁による。第一次世界大戦後、特に中国国内の北伐戦争の後、20年代末から30年代半ばにかけて短い平和の時期に、上海、天津など大都市に欧米資本を中心とする製造業が次第に発展したのと同時に、軍需企業に民間製品へ転換する動きが見られた。例えば、第3章の図3-1に記したように、中国で

304　補　章　中国軍需産業における企業の乗用車生産進出とグローバル化

　1937年、日中戦争が全面的に勃発し、日本軍の侵攻によって多数の軍需工場を沿海部から内陸部へ移転させ、国民党政府の臨時首都となった重慶を中心にして西南地方で軍需産業の工場群が形成された。例えば、長安機器製造廠と建設工業集団は、ともに日本軍の攻撃の重要目標にされたため、国民党政府と一緒に重慶に移転した代表格な軍需企業である。また戦争中、沿海部にある民間の重要な企業も中部、西部の内陸へ移転した(2)。

　50年代、ソ連の支援の下に中国東部の都市で新しい軍需工場、すなわち飛行機やミサイル製造の工場が建設され始めた。例えば、後の航空総傘下の哈爾浜東安汽車動力公司や航天総傘下の瀋陽新光動力機械公司などは、この時期に設立されたものである。その中で、航空総傘下の哈爾浜東安汽車動力公司と哈爾浜飛機製造公司は、ともに戦闘機を製造するために、50年代に設立された大型企業である。

　60年代の半ばから、中国は米ソとの戦争に備え、日中戦争の経験を活かして「三線建設」(3)が行われ、多くの企業、人材、設備を四川省など西南地域に移転

---

　　　初めての自動車の試作は、ほとんど軍需工場で行われていた。1931年6月に「民生号」トラックが東北軍閥・張学良の軍需工場によって試作され、32年12月に「山西号」トラックが山西軍閥・閻西山の軍需工場によって試作され、35年8月に「衡岳号」バスが湖南省の軍需工場によって試作された。これらの自動車は、ほとんどアメリカ車のモデルを模倣し、あるいは米国製の部品を使って組み立てたものであり、量産までには至らなかった。
（2）　例えば、ベンツ社から技術を導入し、まだ正式に生産に入っていなかった上海の自動車工場は、やむを得ず湖南省の株州、さらに香港、桂林、重慶などの内陸都市へ転々と移転し、軍用トラックの修理工場になった。これらの工場は、後に内陸部建設の重要な工業基盤になった。一方で日中戦争中、日本軍の占領（東部）地域で日本の自動車メーカーは、従来の工場を利用し、あるいは新しい工場を設立して軍用トラックの組立や修理を行った。例えば、瀋陽、上海、天津、北京、南京、武漢、済南などの東部都市にあって、現在、中国の主な自動車・乗用車生産メーカーとなっている企業は、ほとんど日本軍用車の修理や部品生産をしていた歴史を持っている。1945年、日本の敗戦後、上海と天津の工場は民間製品に転換したが、武漢、南京、北京、瀋陽、済南の工場は国民党の軍用トラックの修理工場になって、さらに49年以後、解放軍の軍用車の修理工場となった。50年代以降、これらの工場が軍隊から民間部門に移転されたが、長い間、軍隊のために製品を開発していた。例えば、北京自工のジープ、南京自工の小型トラック、済南自工の大型トラックなどは、最初は軍隊向けの製品であった。
（3）　1964年から70年代にかけて、中国の内陸部において一連の極めて大規模な工業とインフラストラクチャーの建設が行われた。これは、当時アメリカとの関係が緊張の度を深める一方で、ソ連との同盟関係も破綻し、国際的に孤立状態にあった中国が、予想され

させ、複数の飛行機、ミサイル、兵器、機械の生産基地をつくった。「三線建設」の中で、1つの重要な国家プロジェクトとして、兵器工業は重点的に四川省の重慶市に移転し、重慶付近に通常兵器・重要機械設備の生産基地をつくり、多数の工場を建設して拡充した。これと関連して重慶の鉄鋼工場も拡張され、さらに関連する化学工業、機械工業、また炭鉱、発電所などの建設も行われた[4]。同時期、貴州航空の前身である貴州飛機製造廠（011基地）は、軍用機や戦闘機を生産するために、上海や天津などの都市から工場設備を貴州省の安順の山中に移転して建設した[5]。昌河飛機製造廠はヘリコプター、ミニバスを生産するために江西省の景徳鎮で、陝西飛機製造廠は軍用輸送機を生産するために陝西省の漢中地区に設立された[6]。

こうして、中国内陸部の軍需産業の生産基盤は日中戦争によって形成され、米ソ冷戦時代にはさらに強化されていた。この基盤の上に建設されて、軍需製品や機械製品を生産していた工場群は、のちに自動車生産に進出する主力企業になっていた。

## 3. 自動車参入戦略の策定と実行

80年代初期から、冷戦の緩和と市場経済化の進展に伴って軍需製品の注文は激減した。通常兵器、航空機、ミサイル・衛星、後方勤務などの軍需産業における多くの企業は「軍民結合・保軍転民」（軍需生産と民間用品生産を組み合わせ、軍需生産を確保する上に民間用品の生産に転換すること）の政府の産業政策にしたがって、

---

る大規模な戦争に備えるために実施したもので、「三線建設」と呼ばれていた。
（4）丸川知雄「中国の『三線建設』」『アジア研究』Vol. 34 No. 2、1993年2月。
（5）『1993年中国汽車工業年鑑』480頁による。貴州航空工業公司は60年代の半ば、「三線建設」の1つ重要なプロジェクトとして設立され、設計部門、飛行機組立、エンジン組立、ミサイル製造、飛行機運搬設備、鋳造、鍛造、ゴム製品、統一標準部品、取り付け具、専用設備など47工場・部門からなる航空機・戦闘機生産の大型企業グループである。92年現在、従業員7万人、工場建物面積140万平方メートル、生産設備3万台以上を持っている。ただし、この企業は東風自動車と同じ冷戦下の産物であり、各工場の間が遠く離れ、奥深い山中に建設され、立地条件はかなり悪い。
（6）一方、この時期に第二（後の東風）自動車、四川自動車（重慶）、陝西自動車（西安）などの軍用自動車の生産工場が、従来の軍用トラック工場の南京自工、済南自工および第一自動車から人材や設備を集中して建設された。

民需用の市場に向けて機械、化学工業、光学電子などの民生製品の生産に参入しはじめた[7]。その中で、自動車産業は各軍需企業が進出する主要な分野となった。

航空産業、兵器産業、ミサイル・衛星産業の管理部門は1982年に従来の第3、第5、第7機械工業部から航空、兵器、航天工業部と名称を変更し、80年代末から90年代初に、さらに航空、兵器[8]、航天工業総公司に再編した。また、80年代後半に従来の解放軍後勤部（後方勤務部門）の車船部は、金燕汽車船舶工業公司に再編した。経済体制の改革にともなって、こうした従来の軍需産業の行政管理部門は独立採算制を導入させ、企業グループを管理する経済組織に変貌して、積極的に傘下企業の自動車進出戦略を構築した。

軍需企業は、戦略策定の際に自動車市場では中型トラックを主とし、大型・小型トラックや軽自動車などの供給は少ないという状況に直面した。このような外部環境の条件に対して、各軍需企業総公司は、それぞれの経営資源に適応して、**表補-3**に記したように、傘下企業を中型トラック以外の車種に進出させていった[9]。例えば、兵器総は当時、自社の自動車への進出戦略を「譲開大路、占領両廂」[10]（中型トラックの大通りをあけて、その以外の車種に進出すること）というように表現していた[11]。

---

(7) 同時に、東風自動車、四川自動車、陝西自動車などの軍用自動車工場も民間用自動車生産へ転換した。

(8) 兵器工業総公司の民間製品生産管理部門には、北方工業集団総公司という名称もある。

(9) ただし、**表補-3**で示したように、各軍需企業総公司は各自従来の技術基盤によって進出分野も異なった。例えば、航天工業総公司と金燕汽車船舶工業公司が小型車の生産に集中したのに対し、兵器総と航空総は中型トラック以外の多車種に進出した。また、兵器総と航空総傘下の企業の多くは、軽自動車の生産に進出していた。

(10) 「譲開大路、占領両廂」という戦略は、日本の敗戦した後、共産党と国民党が中国東北（旧満州）地方で内戦した当時、共産党東北部隊の総司令官・林彪が策定したものである。当時、敵の勢力が強いという状況判断のもとで、まず鉄道沿線や大都市を避けて農村や中小都市を占領し、自軍を補強していく作戦であった。兵器総は林彪の用いた用言をそのまま利用した。

(11) この戦略にしたがって、内モンゴルや重慶にある兵器総傘下の戦車メーカーは、ベンツなど先進国メーカーから大型トラック生産技術を導入し、現在では中国で大型トラックを生産する3大グループの1つにまで発展した。重慶にある兵器総傘下の2つ機械工場が、本田とヤマハからオートバイの生産技術を導入し、現在中国でナンバーワンとナンバーツーのオートバイメーカーになった。

補章　中国軍需産業における企業の乗用車生産進出とグローバル化　307

表補−3　中国軍需産業における主要な企業の自動車生産や技術導入状況

| 総公司名 | 従来の企業名称 | 所在地 | 生産製品 | 技術導入先(時間) | 1998年現在の企業名 | 98年生産台数 |
|---|---|---|---|---|---|---|
| 兵器工業総公司 | 長安機器製造廠 | 四川省重慶 | 軽自動車・乗用車 | スズキ(85・5, 90・11) | 長安汽車集団有限責任公司 | 110,999 |
| | 秦川機械製造廠 | 陝西省西安 | 軽乗用車 | スズキ(90年11月) | 西安秦川汽車有限公司 | 5,008 |
| | 安徽淮海機械廠 | 安徽省合肥 | 軽自動車 | スズキ(85年5月) | 中航徽昌河汽車公司 | 506 |
| | 内蒙古第一機械製造廠 | 内モンゴル包頭 | 大型トラック・バス | BENZ(88年9月) | 包頭北方重型汽車 | 5,959 |
| | 河北勝利客車廠 | 河北省定州 | 小型トラック | | 河北長安勝利汽車有限公司 | 7,433 |
| | 雲南機器五(藍箭)廠 | 雲南省曲靖 | 小型トラック | | 一汽紅塔雲南汽車製造公司 | 160 |
| | 江陵機器製造廠 | 四川省重慶 | 軽自動車エンジン | スズキ(85年5月) | 長安汽車集団有限責任公司 | 439 |
| | 北京北方車輛製造廠 | 北京市豊台 | 大型バス | Neoplan(86, 4) | 北京北方車輛製造廠 | |
| | 西南車輛製造廠 | 四川省重慶 | 大型トラック | MAN/BENZ | 西南車輛製造廠 | |
| 航空工業総公司 | 偉建機器廠 | 黒龍江省ハルビン | 軽トラック・バス | スズキ(84年7月) | 中航微汽哈爾浜飛機公司 | 58,322 |
| | 昌河機械廠 | 江西省景徳鎮 | 軽トラック・バス | スズキ(84年7月) | 中航微汽昌河飛機公司 | 100,031 |
| | 彤輝機械廠 | 陝西省城固 | 軽自動車 | スズキ(84年7月) | 陝西飛機製造公司 | 8,390 |
| | 東安機械廠 | 黒龍江省ハルビン | 軽自動車エンジン | スズキ(84年7月) | 中航微汽東安汽車動力公司 | 151,686 |
| | 貴州飛機製造廠 | 貴州省安順 | 軽乗用車 | 富士重工(92,10) | 中航微汽貴州航空公司 | 1,064 |
| | 西安飛機製造廠 | 陝西省西安 | 中型バス | VOLVO | 西安西沃客車有限公司 | 401 |
| | 松陵機械公司 | 遼寧省瀋陽 | 中型バス | | 瀋陽飛機工業有限公司 | 955 |
| | 上海飛機製造公司 | 上海市 | 大型バス | | 上汽集団飛翼汽車製造公司 | 300 |
| 航天工業総公司 | 星光機器廠 | 黒龍江省ハルビン | 小型トラック・バス | | 一汽集団哈爾浜軽型車廠 | 6,672 |
| | 万山特殊車輛製造廠 | 湖北省遠安 | 大型・小型バス | | 万山特殊車輛有限公司 | 600 |
| | 江北機械廠 | 湖北省遠安 | 小型トラック | | 三江車輛有限公司 | 53 |
| | 新光動力機械廠 | 遼寧省瀋陽 | 小型車エンジン | 三菱自動車(98年) | 新光動力機械公司 | 13,022 |
| | 貴州航天工業公司 | 貴州省遵義 | 小型トラック | | 華航汽車製造有限公司 | 927 |
| | 雲南航天工業総公司 | 雲南省昆明 | 中型バス | | 昆明旅行車廠 | 446 |
| | 三江航天工業公司 | 湖北省孝感 | 小型バス | ルノー | 三江雷諾汽車有限公司 | 1,042 |
| 金燕汽車船舶工業公司 | 第3403工廠 | 四川省重慶 | 小型バス | | 解放軍第3403工廠 | 324 |
| | 燕京機械廠 | 北京市 | 小型バス | | 燕京汽車製造廠 | 917 |
| | 第7416工廠 | 遼寧省瀋陽 | 小型バス | | 松遼汽車有限公司 | 722 |
| | 第7424工廠 | 上海市 | 中・小型バス | | 解放軍第7424工廠 | 1,036 |

出所：筆者作成。

補章　中国軍需産業における企業の乗用車生産進出とグロバール化

　80年代の後半、とくに90年代に入ると、中国の軽自動車の市場ニーズは急成長し、それにつれて生産も急拡大した。この時期の軽自動車は、中国自動車生産のなかで最も急成長した車種の１つであった（第１章の図１−４と第５章の表５−３を参照）。この市場変化にしたがって、兵器総と航空総は傘下企業の自動車生産戦略を「主攻微型」（軽自動車を重点的に攻撃すること）の方向に急転換し、その生産を拡大させた。例えば、表５−２のように軽自動車の生産上位８社の中で、長安機器製造廠、安徽淮海機械廠、哈爾浜飛機製造公司、昌河飛機工業公司、陝西飛機製造公司の５社は、すべて軍需企業であり、90年代以来これらの企業が生産した軽自動車は、中国の軽自動車総生産台数の大半を占めていたのである[12]。

　その中で、兵器総の軽自動車生産は主に長安機器製造廠と安徽淮海機械廠で行われた。両社は、ともにスズキから軽自動車の生産技術を導入したものである。安徽淮海機械廠は、後に航空総傘下の昌河飛機工業公司に合併されたが、ここで長安機器製造廠の事例について見てみよう。

　長安機器製造廠は、軍用ジープの試作と少量生産の経験は持っていたが[13]、主に特殊機械を製造してきた。1981年から自動車生産にシフトし、スズキの製品を模倣して軽自動車の開発に着手した。84年にスズキからCKD部品を輸入し、

---

(12)　中国の軽自動車メーカーの生産技術は、ほとんど日本企業から導入したものである。その中で、軍需企業の軽自動車生産技術はほとんどスズキから導入した。80年代に、ヨーロッパの自動車企業、特にVWに比べて日米企業の対中戦略は消極的だったとよく言われるが、当時スズキの対中戦略はヨーロッパ企業に少しも負けることなく、積極的であった。軽自動車の分野から見れば、スズキは兵器総と航空総を通じて上位８社の中の軍需５社にＳＴ90Ｋ型車の生産技術を提供しただけでなく、民間企業の一汽吉林軽型車廠にもＳＴ90Ｋ軽自動車の生産技術を供給していた。さらに、上位８社中のもう一つ、民間企業の柳州微型汽車廠も長年、スズキの技術でエンジンを生産していた航空総傘下の哈爾浜東安汽車動力公司から、エンジンを購入して、軽自動車（ボディ技術は三菱のＬ100型車を導入）を生産していた。要するに、ダイハツからＳ70Ｔ型車の技術を導入していた天津自工を除いて、ほとんどの軽自動車メーカーはスズキの生産技術によって軽自動車を生産していたのである。

(13)　関満博（1999）を参照されたい。長安機器製造廠は、58年からディーゼルエンジン、軍用ジープなどの生産にも踏み切ったが、62年にはジープの生産は停止、特殊機械の製造に転じた。このときのジープの設計図面は後に軍需自動車の修理工場だった北京自工に移り、北京ジープの開発に転用された。

組立生産を開始した(14)。当初の生産計画は年間3万台であったが、1994年には国産化率を90％以上にし、10万台の計画に上方修正した。90年代に入ると、90年代の半ばまで長安自動車は全国軽自動車市場で一貫して20％以上のシェアを占めていた(15)。

一方、航空総の軽自動車生産はスズキの技術を利用して主に哈爾浜飛機製造公司、昌河飛機工業公司、陝西飛機製造公司の3社で生産され、90年代以来その生産量を急速に拡大させ、98年には3社合わせて中国軽自動車市場のシェアを40％以上も占めるようになった。また、航空総傘下の哈爾浜東安汽車動力公司は、80年代の半ばにスズキから軽自動車エンジンの生産技術を導入し、中国で最大手の軽自動車エンジンメーカーに変身し、表5-2に示すように軽自動車の生産上位8社のうち天津と長安を除いた6社に、長期間にわたってエンジンを供給したことがある。

このように、積極的な自動車生産への進出によって、90年代に入ると兵器総と航空総傘下半数以上のメーカーが軽自動車を中心とする事業に参入し、自動車及びその部品の生産高は、それぞれの民需品生産高の約60％までを占めるに至った。

## 4. 乗用車生産の進出と政府政策の破綻

80年代の中国では、乗用車生産の技術導入プロジェクトが多くみられた(16)。乗用車生産の参入を制限するために、88年12月24日に中央政府は文書を公布し、乗用車の生産企業を第一自動車、東風自動車と上海自工のいわゆる「3大」基地、及びすでに技術導入をしていた北京自工、天津自工と広州自工の「3小」基地という、6社に限定する政策を打ち出した。

---

(14) 『中国汽車貿易指南1991年』189頁による。
(15) その後、生産重点を小型乗用車に移転した。
(16) まず、84年に北京自工とアメリカAMC、85年に上海自工とドイツVWとの合弁事業を設立した。そして、広州自工と天津自工は86年に、それぞれフランスのプジョーと日本のダイハツから乗用車技術を導入し、少量生産を果たした。88年、第一自動車はVWの技術提携でアウディ車を生産しはじめた。さらに、第一自動車とVW、東風自動車とフランスのシトロエンとの合弁事業についての交渉も着々進んだ。

こうした厳しい政策制限があったにもかかわらず、軍需企業はこの時期に、軍需注文の激減で稼働率不足の難局を打開するために、積極的に軽乗用車の試作や技術導入の試みを展開していた。例えば、兵器総傘下の湖南湘潭江南機器廠は85年にシトロエンの2ＣＶ車（フランス）とフィアトの126Ｐ車（イタリア）を模倣し、吉林江北機械廠は86年にフィアトの126Ｐ車と富士重工のCombi車を模倣し、西安秦川機械廠は86年にフィアトの126Ｐ車と本田のToday車を模倣して、相次いで軽乗用車を試作した。また、政府の認可がないまま89年に、貴州航空工業公司は航空総を通じて富士重工からレックス軽乗用車の技術を導入し、90年に長安機器製造廠及び上述した乗用車試作の兵器総の3工場は、兵器総を通じてスズキからアルト軽乗用車の技術を導入し、ともに少量生産をしはじめた。

兵器総と航空総は、傘下企業での自力による試作や技術導入などの試行錯誤を経て、中央政府の正式の認可がなければ、さまざまな政策制限によって乗用車生産の本格化は不可能であることを認識した。そこで、兵器総と航空総は乗用車技術導入のプロジェクトを獲得するために、90年代の初めから積極的に中央政府に働きかけはじめた。当時、ちょうど米ソ冷戦の状態が終結し、軍需工場の生産が激減しつつあった時代である。中央政府は、軍需企業からの圧力を緩和するために、やむを得ず「3大3小」の乗用車参入制限を破棄し、92年4月に兵器総と航空総の乗用車導入プロジェクトを同時に認可した。これで、中国の乗用車産業は、従来の6社体制に加えて「3大3小2微」[17]の生産体制となった。

兵器総の乗用車技術導入プロジェクトは、まずスズキからアルト軽乗用車の技術を導入して、長安機器製造廠を中心に乗用車の生産基地を建設する計画であった。長安機器製造廠は90年11月から、すでにスズキのアルトの生産技術を導入し、CKD部品を輸入して90年に54台、91年に245台を生産した。92年には、その部品の国産率は12.68％に達した。92年、中央政府に乗用車プロジェクトを正式に認可された後、長安機器製造廠は95年までに5万台、2000年までに10万台の生産計画を立てた。

ただし兵器総は、すでに乗用車の試作に突入した上述の傘下企業を顧慮し、導

---

(17) 中国では軽自動車を微型車と呼ぶため、兵器総と航空の乗用車プロジェクトは軽型であったから「2微」と言われた。

入したスズキのアルト乗用車を長安機器製造廠をはじめ、表補-2に示したように、湖南湘潭江南機器廠、吉林江北機械廠、西安秦川機械廠の3社にも、同時に生産させてきた。即ち、1つのプロジェクトを4つのメーカーに分散して生産しはじめたのである。これは当時、厳しくコントロールされた乗用車プロジェクトの中では異例なもので、自動車業界からの反発が強かった。こうした経緯があって、1993年6月に兵器総は長安機器をスズキや日商岩井と合弁させ、「長安鈴木汽車有限公司」を設立、さらに乗用車の生産を拡大しようとしたが、中央政府は長年にわたって、この合弁事業を認可しなかった。

　一方、航空総の乗用車技術導入プロジェクトは、すでに89年から富士重工のレックスを生産してきた貴州航空工業公司によって実行された。貴州航空工業公司は、80年代の後半から自動車部品を主な進出分野と決め、上海VWのサンタナの部品を生産することから始め、92年現在で傘下の20以上の工場が上海VW、天津自工、広州自工、第一自動車、北京自工、南京自工など多数のメーカーに部品を供給している。このように部品生産を発展させた上で、貴州航空は89年に富士重工からスバル・レックスKF-1型軽乗用車の生産技術を導入して、組み立てを開始した。92年、中央政府から乗用車プロジェクトを正式に認可された後、貴州航空は95年までに乗用車1万台、エンジン1万5,000台の生産達成の増強計画を立てた。

## 5. 組織再編と乗用車生産の拡大

　兵器総は乗用車技術を導入した後、乗用車の生産を拡大するため、積極的に戦略調整と組織再編を展開していった。

　まず、乗用車以外の車種を生産する傘下のメーカーを、他の企業グループや地方政府に譲渡した。例えば、傘下で小型トラックを生産していた雲南藍箭汽車廠を第一自動車に、軽自動車を生産していた安徽淮海機械廠を航空総傘下の昌河飛機工業公司と合併させ、大型トラックを生産していた内蒙古第一機械製造廠を地方政府（包頭市）に合弁させた。また、従来の乗用車生産の分散状態を克服するために、プロジェクト投資を長安自動車に集中し、すでにアルト車の技術を導入していた湖南湘潭江南機器廠、吉林江北機械廠、西安秦川機械廠を、それぞれ工場

所在地の地方政府に移管させる方向に転換した。例えば、97年4月に陝西省政府が55％、兵器総が45％を出資して、西安秦川機械廠を資本金5億元の有限責任会社「西安秦川汽車有限公司」に変身させた。

一方、長安機器製造廠は乗用車の生産技術を導入した後、乗用車市場が急成長する現実に対応するため、ただちに軽自動車から乗用車に生産の重点を移した。93年6月には、スズキと合弁で「重慶長安鈴木汽車公司」を設立した。出資比率は長安機器製造廠が51％、スズキと日商岩井が49％（スズキと日商岩井は7：3）であった。ただし前述した理由で、この合弁に関しては中央政府の正式な認可が得られなかった。それにもかかわらず、この合弁事業は中外折半出資の自動車合弁会社として中国では上海VWに次いで2番目であり、長安機器とスズキの積極的な経営戦略を表すものであった。

続いて、乗用車生産を拡大するために、94年の末に長安機器機器製造廠は兵器総の認可を経て、重慶にある兵器総傘下のエンジン工場・江陵機器製造廠と合併し、自動車の生産販売の統括会社「長安汽車責任有限公司」（長安自動車）を設立した。これがきっかけとなって、1995年に長安自動車は乗用車の生産能力を年間15万台、エンジン36万台に引き上げ、上海自工、第一自動車、東風自動車、天津自工に並ぶ中国の5大乗用車メーカーとなった。同時に、長安自動車は兵器総を通じて中央政府に働きかけ、96年末に56.5億元の資金が調達される国の第9次5ヵ年計画（1996-2000年）の中で、最大の自動車プロジェクトを獲得した。

この56.5億元の資金は、中国の国家開発銀行や日本の輸出入銀行から借り入れるほか、株式の上場によって調達される。1996年11月に、長安自動車は広東省の深圳証券取引所で国外向けに全株式の33.04％を上場し、5.83億元を調達した。株式（B株）の約半分はスズキが購入し、スズキは約50億円で長安自動車の16.5％の株式を取得した。つづいて、97年6月に長安自動車は国内向けに株式（A株）を上場し、7億元以上の資金を調達した。こうして、長安自動車は2回の株式上場で合わせて約13億元の資金を調達して、乗用車の完成車工場と部品工場に投資した。

長安自動車の部品供給ネットワークの建設は、軽自動車の技術導入とともに始まった。兵器総の前身・兵器工業部は1985年から重慶市政府と「市部連合」して

「重慶市長安微型車連合体」を成立させ、部品供給のネットワークを構築しはじめた。その後、乗用車の生産拡張戦略を実行するために、兵器総、長安自動車と重慶市政府は、さらに重慶市周辺の部品メーカーに投資し、技術導入を促進してネットワークの能力を強化していった[18]。この努力によって、長安自動車での「アルト」乗用車の部品国産化率は次第に高まり、1996年には85.25％にまで達した[19]。

　長安自動車は、技術導入と同時に品質管理の強化に努めてきた。その中で、軍需生産での技術と管理方法を活用し、「鈴木の技術、軍需の品質」というイメージを作り上げた。まず、長安自動車は合弁会社を通じて、積極的にスズキから品質管理の方法を導入し、全面的に推進した。例えば、スズキとの合弁会社を設立した以来、スズキの渡辺高光氏は合弁会社の総経理として赴任し、3年の任期満了後に帰国していたが、長安自動車側からの信任が厚く、長安自動車の招聘により、軽トラックであるキャリーの組立工場、エンジン工場の工場長として新たに赴任していた。渡辺氏は、スズキを退社して、重慶で技術指導しているのである[20]。また、先進的な管理方法の現地化も進み、品質管理と奨励金制度を連動させて従業員のインセンティブを高揚させた。さらに、長安自動車は1997年からドイツの品質管理方法である「Audit」を導入し、成果を収めた。品質管理の強化にともなって、長安自動車の製品は国内で高く評価される同時に、海外にも輸出を始めた。1989年初に、アメリカ向けに2500台の軽トラックを輸出し、その後、長安の軽自動車はシリア、モロッコ、アルゼンチンなどの国々にも輸出された。

　生産の拡大とともに、長安自動車は兵器総の協力を得て、販売の全国ネットワークを作り上げた。また、割賦販売などの方法を試行し、積極的にマーケティ

---

(18) また96年現在、全国で400余の部品供給メーカーを持っていた。

(19) さらに、長安自動車は株式の上場で調達した資金の一部（1億元）を「汽車開発中心」の建設に投入し、製品開発にも力を入れし始めた。一方、兵器総は自社の製品開発能力を形成するために、従来の兵器車両の研究開発基盤を利用して、2000年までに軽自動車を中心とする「開発設計センター」、「工程試験測定センター」と「自動車試験場」の完成を計画している。

(20) 関満博（1999）による。

ングやアフター・サービス活動を展開した。96年現在、全国で300余のアフター・修理サービス拠点を設立した。これらの活動にしたがって、中国自動車産業における長安自動車のシェアは、90年代後半には厳しい市場競争の中で着々と拡大し、95年の第7位から99年には第4位となった。

　長安自動車のプロジェクトに比べて、貴州航空の乗用車生産は余り進まなかった。乗用車の技術を導入してから96年までに、当初計画した1万台の生産計画も達成されていないし、図1-1に見られるように最高年産は2000台にも達しなかった。つねに「3大3小2微」の最下位に立っていた。この状況から脱出するために、97年に貴州航空は富士重工との合弁企業を設立した。出資比率は、中国側（貴州航空と貴州連合汽車工業集団公司）が51％（3.6億元）、日本側（富士重工）が49％（2.94億元）である。新しい合弁企業の目標は、2000年までに乗用車の年産1万台を達成することである。しかし、表補-2に見るように、合弁企業を設立した後、貴州航空の乗用車生産に大きな発展は見られなかった。

　貴州航空の失敗原因として、次のいくつかが考えられる。まず、長安機器のように機械工業分野での経験がなく、自動車についての試作や少量生産の経験もなかったこと、さらに従来から飛行機の分野を専業とし、自動車についてはゼロからのスタートだったことなどがある。また貴州航空は、長安機器のように機械産業としての基盤が強く、部品メーカーも育ちやすい重要な工業都市（重慶）にあるのではなく、工業基盤が非常に弱い貴州省の山の中にあって、一部の部品について少量生産はできるが、全体の立地条件は極めて悪く、乗用車のようなものの大量生産は不可能であった。第3に、長安機器のように長年つきあってきた技術導入先もなく、すでに導入したことのある軽自動車と同じシリーズの乗用車を導入するという恵まれた経験もなく、貴州航空はまったく初めての新しい導入先から技術を導入したのである。そのため、技術の消化や導入先との関係を構築するのにも、長い時間がかかった[21]。さらに貴州航空は、長安機器のように地方政府

---

(21) 長安機器製造廠と貴州航空工業公司は、乗用車技術を導入する前の技術導入先である外資系企業とのつきあいや、お互いの認知度にかなりの違いがあった。長安機器は、83年から兵器総を通じてスズキと接触し、84年にスズキの軽自動車生産技術を導入したのである。90年の乗用車技術導入までスズキと長年のつきあいがあって、お互いに相手の

や上部の総公司、外資系企業などからの資金協力を得る方法もなく、そのうえ軍需品の生産が激減したために、資金調達が苦しく、乗用車の生産に追加投資することもできなかった[22]。

## 6. モータリゼーションと小型乗用車競争

　国民の収入レベルと乗用車の価格の両面から考えたとき、ＷＴＯへの加入にともなって、中国のモータリゼーションは、東部の都市から排気量１Ｌ前後のエンジンを積む小型乗用車から始まる可能性が最も高い。例えば1998年現在、中国沿海部にある大都市の従業員の年間平均賃金は、ほぼ１万元（１元＝15円で換算）を超えた[23]。中国で、ほとんどの家庭は夫婦ともに働いているので、これら都市の家庭での年間収入は２万元以上になったわけである。2000年代の半ばまで、中国政府が示した年間７％の成長率を達成すれば（すでに毎年７％を超えている）、これら家庭の年間平均収入は４万元程度になるはずである。一方、1999年現在

---

　　　企業状況や技術レベルに対する認識を深くしていた。一方、貴州航空は乗用車の技術を導入するまで、富士重工とのつきあいは全くなかった。富士重工は、80年代の初期に貴州航空の上部組織である航空総にバス・ボディの技術を提供したことがある。これをきっかけにして、89年に貴州航空が乗用車技術の導入先を探すとき、航空総は仲介役として富士重工を紹介して交渉した。当時、航空総は富士重工の他に、スズキにも打診したようである。長年、兵器総と航空総傘下の多くの企業と軽自動車技術で提携してきたスズキは、中国の自動車産業政策や長安機器と貴州航空に対しても比較的よく認識していた。だからこそ、貴州航空の乗用車プロジェクトの提携交渉に乗らなかったのだろう。

(22)　また、軍需企業の乗用車戦略が失敗する１つ重要な原因は「ご飯があればみんなで一緒に食べよう」という平均主義の思想である。即ち、乗用車生産の企業を選定するときに、上層の総公司はまずどの企業が最も乗用車の生産に適合するかを考えず、軍需生産中止の圧力が一番大きい企業を優先して顧慮した。例えば、兵器総は乗用車生産を傘下企業に分散して生産させたが、この思想に基づいたものである。一方で、航空総は、すでに軽自動車技術を導入していた昌河飛機工業公司や哈瀾浜飛機製造公司などの有力企業に、乗用車を生産させなかったことも、この同じ思想に基づいていたのである。ただし、兵器総は後で次第に戦略を調整し、乗用車の生産を長安に集中したが、航空総は初めに貴州航空１社に決定したために、後で変更することができなくなった。これらも、長安自動車の乗用車生産が貴州航空に大きな差をつけた重要な原因になったと考えられる。

(23)　例えば、『1999年中国統計年鑑』第160頁によると、1998年の年間平均賃金について、北京市は１万2451元、上海市は１万3580元、天津市は9948元、広東省は１万1032元に達した。この４つの省市の人口は１億人近くに達する。

の中国で、排気量1L前後の小型乗用車の価格は4～8万元（0.54Lのレックスは4.5万元、0.8Lのアルトは5万元、1Lのシャレードは6万元、1.3Lのシャレードは8万元）である。現在、中国の乗用車価格は80～100％の輸入関税によって保護されているので、WTOに加入して5年後には輸入関税は25％に下がり、乗用車の価格はほぼ半減となっていく。要するに、これからは中国市場の乗用車の価格は次第に下がり、2000年代の半ばに、中国市場で1L前後の小型乗用車の価格は、これら家庭の平均年収で購入できるようになっていく。中国東部の大都市と中小都市は、2～3億人の膨大な人口を持っている。この人口の収入差を考えれば、東部都市で小型乗用車から始まるモータリゼーションは中国のWTOに加入するのにともない、まもなく始まるであろう。例えば、複数の自動車購入世帯の調査によると、99年に大都市で自動車を購入した世帯は全体の2.6％でしかないが、1台平均の価格は6.4万元である。また、広州、上海、北京の都市住民を対象にしたモデル調査によれば、70％以上の家庭が5～10年内に自動車を購入したいと答えている[24]。

中国は、モータリゼーションの時代を迎えて、表補-4に示したように、中国の大手自動車メーカーは積極的に1L前後の軽自動車・小型乗用車の生産に進出し始めた。第一自動車は、2000年3月から傘下の吉林軽型車廠で自社が日本の東方RDN会社と共同で車体を開発し、航空総東安発動機廠に生産された（スズキから技術導入）DA465Q-1の1.04Lエンジンを搭載した乗用車型の「佳宝」CA6350軽型バンを生産しはじめた。さらに、第一自動車は自社の研究所で1.0L～1.3Lの小型乗用車を開発し、近い内に新型車を公式に公表する予定である。一方、東風自動車はまず、92年に傘下の南京東風汽車有限公司を軽自動車の生産に参入させ、96には2万台の軽自動車の生産能力を形成し、97年には軽自動車の生産で上位8社に入った。つづいて、東風自動車は95年末から国内で生産した部品を利用して、1Lの「小王子」EQ7100AFという小型乗用車を開発しはじめ、98年8月に国家機械工業局の認可を受けた。他方、上海自工の「泛亜汽

[24] 2000年1月24日の『中国汽車報』や2000年2月1日の『国際貿易』などの記事による。

補章　中国軍需産業における企業の乗用車生産進出とグローバル化　317

表補-4　中国自動車産業における主要小型乗用車メーカーの生産とグローバル化状況

生産量の時期：1998年　単位：台

| 中国企業グループ名 | 傘下メーカー名称 | ブランド（排気量） | 生産開始時間 | 生産量 | 技術・資本提携外資系企業 | 所属グローバル企業グループ |
|---|---|---|---|---|---|---|
| 東風自動車 | 東風汽車実業公司 | 「小王子」EQ7100AF（1L） | 2000年 | | | |
| | 吉林軽型車廠 | 「佳宝」CA6350乗用車型バン（1.04L） | 2000年 | | 東方RDN会社・共同開発 | |
| 第一自動車 | 第一VW | 1L‐1.3L小型車 | 2001年予定 | | | |
| | | 不明 | 2001年予定 | | VW | VW |
| 上海汽車工業総公司 | 上海VW | POLO（1.3L） | 2001年予定 | | VW | VW |
| | 泛亜汽車技術中心 | 「麒麟」（1.2L） | | | GM | |
| 兵器工業総公司 | 長安汽車責任有限公司 | アルト（0.8L），「鈴羊」（1L, 1.3L） | 1992年 | 35,555 | スズキ | GM |
| 航空工業総公司（中国微型汽車集団） | 貴州航空工業公司 | スバル・レックス（0.6L） | 1992年 | 1,064 | 富士重工 | |
| | 哈爾浜飛哈汽車製造公司 | 「百利」「ランサー」ベース（1.3L） | 2000年予定 | | 三菱自動車 | ダイムラークライスラー |
| 天津汽車工業公司 | 夏利股分有限公司 | シャレード（1.0L, 1.3L） | 1986年 | 82,240 | ダイハツ | トヨタ |
| | 天津トヨタ | NBC1, NBC2（1.3L） | 2000年予定 | | トヨタ | |
| 独立系 | 江蘇悦達集団（南京） | 「普楽特」「Pride」ベース（1.3L） | 2000年 | | 韓国起亜（現代集団） | |
| | 吉利集団（浙江） | 「豪情」（1.3L） | 2000年 | | シャレードの真似，天津トヨタ製エンジン搭載 | |

注：ここで、小型乗用車は主に排気量1.3L以下のエンジンを積む乗用車を指す。

車技術中心」は 2000 年 1 月に 1.2 L エンジンを積んだ小型乗用車「麒麟」号を開発した。これと関連して、同 3 月に上海 GM は軽自動車最大手の柳州微型汽車廠と合弁で軽自動車を生産することを発表し、小型乗用車の量産化に向けて着々と準備を進めた(25)。一方、上海 VW も 2001 年に POLO 車の中国に投入することを公表した。また天津自工は、97 年 7 月にダイハツの支援でフェースリフトされた 1 L のシャレード車が国家の認可を受け、生産を開始した。さらに天津自工は、98 年 9 月にトヨタの 1.3 L の 8A-FE4 エンジンを積んだ新型シャレード車を市場に投入し、2000 年までに小型乗用車の年産能力を 30 万台に増強する計画を決定した。2000 年に入り、天津自工とトヨタの合弁事業を政府に認可され、トヨタの NBC 1 と NBC 2 型車の投入計画も立てられた。

さらに、独立系の新興企業として、2000 年に南京にある江蘇悦達集団は、韓国起亜（現代集団）の Pride をベースにして、「普莱特」号乗用車（1.3 L）を開発し、9 万元で販売している。浙江省吉利集団は天津トヨタ製 8A-FEI 1.3 L エンジンを購入して、ダイハツのシャレードをベースにして「豪情」号乗用車を開発し、6 万元で売っている(26)。

それと同時に、乗用車の生産を拡大するために軍需産業から小型自動車に参入してきた各企業も、さらに組織を再編して、新しい戦略を展開しはじめた。

98 年に、長安自動車は乗用車生産をさらに拡大するために、従来、軽自動車を生産してきた重慶長江電工廠、小型バスを生産してきた河北勝利客車廠を合併し、年間 30 万台の自動車（うち小型乗用車 15 万台、軽自動車 15 万台）と、36 万台のエンジンえお生産する能力を持った企業グループに発展した。また、長安自動車は従来の 0.8 L の I 型アルト車に加えて、98 年から「鈴羊」という 1 L の II 型小型車を少量生産し、1.3 L の乗用車も試作し始めた。

一方、97 年に航空総傘下の昌河飛機工業公司は兵器総傘下の安徽淮海機械廠を合併し、軽自動車の生産能力を大幅に増強した。つづいて 98 年初め、航空総傘下の有力 4 メーカーである哈爾浜飛機製造公司（軽自動車）、昌河飛機工業公司

---

(25) Chinesenewsnet ホーム・ページの 2000 年 3 月 9 日の記事による。
(26) また、南京自動車傘下の南亜汽車は第三国を通じてイタリアのフイアットの Palio を導入し、そのベースで「英格瀾」号乗用車（1.5 L）を開発し、6 万元で売っている。

(軽自動車)、貴州航空工業公司(軽乗用車)、哈爾浜東安汽車動力公司(エンジン)が統合して「中国微型汽車集団公司」という中国で最大の軽自動車生産企業グループを設立した(27)。そのねらいは今まで拡大してきた軽自動車の生産を小型乗用車に転換することにあった。その中で、哈爾浜東安汽車動力公司は、すでに1996年8月に三菱自動車から1.3L小型乗用車用のエンジンを導入し、哈爾浜飛機製造公司はそのエンジンを利用して小型乗用車「百利」号を開発し、少量生産をしてきた。そのうえ、2000年1月に哈爾浜飛機製造公司は、三菱自動車と共同で、小型乗用車を開発し当面2～3万台を生産する計画を公表した。また、昌河飛機工業公司はスズキの技術提携を得て、2000年5月に「北斗星」号軽乗用車を開発した。

こうして、**表補-4**に見るように、現在、軽自動車と小型乗用車の生産に参入したのは、民間企業の第一自動車、東風自動車、上海自工（柳州微型汽車を含む）、天津自工の4社と、軍需企業からの長安自動車と中国微型汽車集団の2社、合わせて6の企業グループである。その中で、第一自動車、東風自動車、上海自工は小型乗用車に進出したばかりで、まだ大きな生産能力を形成していないが、天津自工、長安自動車、中国微型汽車集団の3企業グループは、ともに比較的大きな生産能力を持っている(28)。

中国における1L前後の小型乗用車の競争は、当面は天津自工、長安自動車、中国微型汽車集団の3企業グループの間で展開するであろう(29)。今後、市場競争の焦点は開発されたモデル車の性能のほかに、完成車や部品の品質も重要になってくる。その中で、天津自工はトヨタと合弁で優れたエンジンを生産しているが、長い間、品質管理を軽視して粗製濫造してきた悪い気風が身についていて、

---

(27) ただし、この企業グループ中で各企業のつながりは緩やかで統一の投資管理や製品開発計画もなく、これからさらに再編する可能性はある。
(28) 天津自工は、従来生産してきたシャレード乗用車用の1L3気筒エンジンでは、馬力不足のためにエアコンが乗らないので、販売の拡大が制限されていた。この販売のネックを克服するために、トヨタと合弁会社を設立してトヨタの1.3～1.8Lエンジンの生産技術を導入した。その後、天津自工はダイハツの支援によるフェースリフトされ、1.3Lエンジンを積んだシャレード車を市場に投入した。
(29) 3社は、ともに日本メーカーの技術提携を得て小型乗用車を開発し、生産を拡大している。

短期間に他の部品や完成車の品質を徹底的に改善するのが難しい。天津自工に対して、長安自動車や航空総公司傘下の企業は軍需品を生産してきた歴史もあるし、長年、品質管理を重視して市場での評価も比較的に高い。**表補−1**と**表補−2**を見れば、軍需企業の自動車や乗用車の生産は連年のように大幅に増加し、これに対して天津自工は、停滞と衰退の傾向が目立つことがわかる。こうした完成車と部品の品質の格差は、これから各小型乗用車メーカーの競争優位に影響を与える重要な要因になることは間違いない。

## 7. 軍需企業乗用車生産のグロバール化

　上述したように、現在、中国の１Ｌ前後の小型乗用車の生産は、第一自動車、東風自動車、上海自工（柳州微型汽車を含む）、天津自工、長安自動車、中国微型汽車集団という６グループの間で競争を展開している。その中で、第一自動車と東風自動車の製品は主に自主開発で、いわゆる民族系である。それに対して、上海自工の軽自動車と小型乗用車の事業は将来、VWのPOLO車の投入計画があるが、現在、主にGMとの合弁企業である「泛亜汽車技術中心」や上海GMを通じて展開しているので、GMグループの色彩が鮮明である。また、天津自工はダイハツの製品を導入していて、トヨタとの合弁事業も進んでいるので、中国市場ではトヨタの最も重要な戦略パートナーになるだろう[30]。

　一方、軍需企業２社のグロバール化も進んでいる。長安自動車は、84年にスズキから軽自動車の生産技術、92年に小型乗用車の生産技術を相次いで導入し、定期的にスズキの技術者を招へいして技術管理や品質管理の指導を受け、スズキと安定したパートナー関係を作り上げた。93年にスズキとの合弁企業の設立を試み、97年に株式の上場でスズキに自社株を売却し、スズキとの資本面の関係も強化してきた。これから、乗用車市場の競争が激化するにともない、長安自動

---

(30) 事実上、トヨタは苦戦していた。ダイハツと共同で開発された1.3Lのシャレードが市場で好評のため、天津自工は一時トヨタとの合弁である1.3Lの小型乗用車生産プロジェクトを、積極的に推進しなくなった。一方、中国政府はトヨタが当初ねらっていた1.6-1.8Lエンジンを積む「コロナ」級乗用車の合弁生産についても、認可する可能性が薄く、1.3Lエンジンを積む「カローラ」級小型乗用車の天津進出についても、最新の技術（NBC１とNBC２型車）など厳しい条件をつけ、認可がかなり時間がかかった。

車は技術管理や製品開発面で，さらにスズキに頼ることになるだろう。

　ただし，98年9月にGMはスズキ株の保有率を従来の3.3％から約10％に引き上げ，スズキの筆頭株主になって，スズキとアジア・太平洋向けの小型乗用車を共同で開発・販売していく方針を明らかにした。GMのルイス・ヒューズ副社長は，スズキとの提携の狙いについて「中国などの新興市場では小型車が有望だ」と述べ，乗用車の普及が見込まれる中国市場で，スズキと乗用車の共同生産を視野に入れていることを明言した[31]。

　他方，航空総傘下の企業は乗用車用エンジンの合弁事業や小型乗用車の共同開発を通じて，次第に三菱自動車との協力関係を強めていった。軍需企業の潜在能力を見極めて，三菱自動車は1996年8月に航空総傘下の哈爾浜東安汽車動力公司や航天総傘下の瀋陽新光動力機械公司と，それぞれ2000年から15万台生産能力を持つエンジン生産の合弁会社を同時に設立し，乗用車用排気量1.3L（哈爾浜東安）と2.2～2.4L（瀋陽航天）のエンジンを生産し始めた。その中で，特に合弁企業の哈爾浜東安三菱公司で生産される排気量1.3Lエンジンは今後の航空総傘下の各軽自動車メーカーによる小型車生産への進出を想定して準備したものである。その上，航空総傘下の有力な軽自動車メーカーの組織再編に合わせて，2000年1月に，三菱自動車は哈爾浜飛機製造公司と共同で，「ランサー」をベースに小型乗用車を開発し，当初2～3万台程度を現地で生産することに乗り出した[32]。

　また，三菱自動車は98年に上海，99年に広州，2000年には大連と天津などに全額出資の販売子会社を設立し，中国全土をカバーする販売網を構築している。ただし，2000年3月に，ダイムラー・クライスラーは三菱自動車に34％を出資し，事実上は三菱自動車の経営権を取得した[33]。これによって，ダイムラー・クライスラーは出遅れた中国や東南アジア市場で，トヨタ自動車に次ぐ基盤を持つ三菱自動車のネットワークを活用する一方，三菱自動車の協力を得て，小型乗

---

(31) 『朝日新聞』1999年9月17日の記事による。
(32) 『日本経済新聞』2000年1月15日の記事による。これで，三菱自動車は航空総の傘下企業と協力して小型乗用車生産に向けて他の外資系企業より一歩先に進んでいた。
(33) 『日本経済新聞』2000年3月11日の記事による。

用車の事業をテコ入れする。これから、中国航空総傘下各社と協力して小型乗用車を生産することは、ダイムラー・クライスラー・グループの戦略にとって重要な一環になるだろう(34)。

要するに、当面、中国での１L前後の小型乗用車生産のグロバール化は、主に天津自工―ダイハツ―トヨタ、長安自動車―スズキ― GM、航空総公司傘下企業―三菱自動車―ダイムラー・クライスラーという３つの系統で展開している。その中で、軍需産業各社が持っていた品質管理の優位性は、これからの国内競争に大きな影響を与えるだけでなく、それぞれの企業と協力関係を持っているグロバール企業の世界戦略にも影響しかねない。例えば、当初、上海VWがサンタナ車部品の国産化計画を推進するとき、全国で最も早くVWの厳しい品質条件を達成する供給メーカーとして選ばれたのは、ほとんど従来の軍需企業であった(35)。これから、国内生産の拡大にともない、低賃金の優勢を利用して最も早くグロバール企業の品質標準を達成し、海外に進出していくのは、やはりこれらの品質管理面で優良な企業であろう。そうすれば、これら軍需企業と協力関係を持っているグロバール企業は、中国で生産された製品を中国国内と海外の２つの市場に向けて販売し、規模生産のメリットを充分に享受できるであろう。

## 8. むすび

以上、従来の軍需企業の自動車生産への参入行動、特に長安自動車と航空総傘下企業の小型乗用車の生産に進出・拡張する戦略の分析を通じて、次のことを明らかにした。まず、成功した軍需企業は比較的良い経営資源と立地条件を持っていた。特に、長安自動車が持っていた長年の機械生産の技術ノーハウ、ジープ試

---

(34) 三菱自動車は合弁生産ではなく、完成車の生産技術を供与し、エンジンなどの基幹部品も現地拠点から供給するので、早く政府に認可される可能性が高い。航空総傘下企業の膨大な軽自動車の生産能力と組織再編を考えれば、この企業グループと協力関係を結んだ外資系企業は今後中国で小型乗用車生産を拡大する潜在力が、かなり大きいと思う。

(35) 例えば、『中国汽車報』2000年4月24日によると、貴州航空公司は長年東南アジアに向け自動車部品を輸出していた。アジアでの金融危機以後、貴州航空はさらにアメリカやヨーロッパに向けて部品の輸出を拡大し、1999年の年間輸出額は1,468万米ドルに達した。

作と少量生産の経験、および所在地としての重慶の産業基盤は、後にその成功に結びついた重要な条件であった。また、自動車の生産に進出する初期に、兵器総と航空総が策定した「譲開大路、占領両廂」、特に「主攻微型」の戦略は、後に長安自動車など軽自動車メーカーの急成長と、小型乗用車の生産に進出するための重要な役割を果たした。小型乗用車の生産技術を導入した後、兵器総はスピーディに外資系との連携を強化し、組織を再編して、株式を上場するなどの戦略行動を採り、重点的に長安自動車の乗用車生産能力を拡大させた。これから、中国のＷＴＯ加盟とモータリゼーションにともない、軍需企業はスズキ、三菱、富士重工、GM、ダイムラー・クライスラーなどのグローバル企業との連携をますます強化し、１Ｌ前後の小型乗用車の市場で重要な役割を果たしていくことになるだろう。

参考文献 **325**

# 参 考 文 献

(1) 未公開及び私家版文書：

第一汽車製造廠（1983），第一汽車製造廠『中国汽車工業的揺藍――第一汽車製造廠建廠三十周年記念文集』（第一汽車製造廠）

藺凱・劉金忠（1994），「瞄準最好決戦一機」『中国第一汽車集団工作情況』1994年，第11期

耿昭傑（1995），「在専業工作会議上的講話」『中国第一汽車集団工作情況』1995年，第3期

関勇（1995），「以銷售為龍頭実行準時化生産」『中国第一汽車集団工作情況』1995年，第5期

黄兆鑾・謝雲（1995），「依靠自己力量発展零部件工業」『中国第一汽車集団工作情況』1995年，第3期

李啓祥（1995），「整頓経済秩序 厳格企業管理 為実現"一増両降"的目標而奮闘」『中国第一汽車集団工作情況』1995年，第3期

劉炳南（1983），「我們時刻関注一汽的進歩」第一汽車製造廠『中国汽車工業の揺藍―第一汽車製造廠建廠三十周年記念文集』所収

陸林奎（1995），「推進精益生産方式開拓一汽集団発展的新路」『中国第一汽車集団工作情況』1995年，集団専輯

孟少農（1983），「中国汽車工業的創建」第一汽車製造廠『中国汽車工業的揺藍―第一汽車製造廠建廠三十周年記念文集』所収

内飾件廠（1994），「応用精益生産方式実現生産現場整体優化」『中国第一汽車集団工作情況』1994年，第1期

潘栄生（1994），「現行協作体系向精益協作転変的思考」『中国第一汽車集団工作情況』1994年，第3期

上海大衆汽車有限公司編（1995），『1985-1995――十年鋳輝煌』（上海VW10年史）

上海汽車工業（集団）総公司計画部，宣伝部，培訓中心編（1996），『精益生産実践38例』（1996年3月）

田村幸一（1992），「日本の公企業から中国企業経営管理を考える」上海復旦大学日本研究センター主催第2回中日国際シンポジウム「日本企業の活力」1992年4月3日-5日

天津市汽車工業公司弁公室史誌編修組（1992），『天津市汽車工業誌 1910-1990』（送審稿）

田冠軍（1994），「精益生産方式是永葆奥迪名牌的最佳選択」『中国第一汽車集団工作情況』1994年，第5期

「中国家用轎車発展戦略研究」課題組（1994），『中国家用轎車発展戦略研究』1994年12月

王　振（1983），「為試制紅旗轎車奮戦的人們」第一汽車製造廠『中国汽車工業の揺藍—第一汽車製造廠建廠三十周年記念文集』所収

徐興堯（1996），「一汽提高産品開発能力的認識与実践」『中国第一汽車集団工作情況』1996年，第11期

周　穎（1996），「一汽集団産品開発能力」『中国第一汽車集団工作情況』1996年，第11期


(2)　公開文書：

Abernathy, W. J. (1978), The Productivity Dilemma, Johns Hopkins University Press, Boltimore.

Abernathy, W. J., Clark, K. B. and Kantrow, A. M. (1983), Industrial Renaissance, Basic Books, New Tork.（邦訳：日本興業銀行産業調査部訳『インダスタリアル・ルネッサンス　脱成熟時代へ』TBSブリタニカ，1984）

Aoki, M. (1988), Information, Incentives, and Burgaining in the Japanese Economy, Cambridge University Press, Cambridge, U. K.（邦訳：青木昌彦（1992）『日本経済の制度分析』永易浩一訳（筑摩書房）

浅沼萬里（1983），「取引様式の選択と交渉力」『経済論叢』第131巻第3号

浅沼萬里（1984），「日本における部品取引の構造—自動車産業の事例」『経済論叢』第133巻第3号

足立文彦・小野桂之介・尾高煌之助（1980），「経済開発過程における国産化計画の意義と役割—アジア諸国自動車産業の事例を中心として」『経済研究』Vol. 31, No. 1, 1980年

Andrews, K. R. (1971), The Concept of Corporate Strategy, (Homewood, Illinois : Dow Jones-Irwin)（邦訳：アンドルーズ，K.『経営戦略論』山田一郎訳，産業能率短期大学，1976）

Andrews, K. R. (1987), The Concept of Corporate Strategy, 3rd Edition, (Dow Jones-Irwin), (Homewood, Illinois : Dow-Jones-Irwin)（邦訳：ケネス，R・アンドルーズ，『経営幹部の全社戦略』中村元一他訳，産能大学出版部，1991）

Ansoff, H. Igor, (1957), "Strategies for Diversification," Harcard Business Review, Sept.-Oct., 1957.

Ansoff, H. Igor, (1965), Corporate Strategy : An Analytic Approach to Business Policy for Growth and Expansion (New York : McGraw Hill, 1965). (邦訳:アンゾフ, H. I., 『企業戦略論』広田寿亮訳, 産業能率短期大学, 1969)

Ansoff, H. Igor, (1991), "Strategic Management in a Historical Perspective", International Review of Strategic Management, Volume 2, Number 1, 1991, John Wiley & Sons, pp. 3-69.

扈　凡 (1994),「桑塔納轎車国産化之路」『上海汽車報』1994年1月2日の第2面

Barton, D. Leonard. (1992), "Core Capabilities and Core Rigidities : A Paradox in Managing New Product Development", Strategic Management Journal, Vol. 13, 111-125 (1992).

Barason, J. (1969), "Automotive Industry in Developing Countries", The Johns Hopkins Press.

Barason, J. (1971), "International Transfer of Automotive Technology to Developing Countries", United Nations Institute for Training and Research.

曹正厚 (1994),「中国第一車」『上海汽車報』(1994年5月29日)

Caves, R. E. (1980), "Industrial Organization, Corporate Strategy and Structure", Journal of Economic Literature, Vol. 58, pp. 64-120.

Chandler, A. D. Jr. (1962), Strategy and Structure, MIT Press, Cambridge, U. S. (邦訳:三菱経済研究所訳『経営戦略と組織』, 実業之日本社, 1967)

Chandler, A. D. Jr. (1990), Scale and Scope : The Dynamics of Industrial Competition, Harvard University press, Cambridge, U. S.

陳国壁 (1992),「天津汽車工業的発展速度」『中国機械企業管理』92年, 第2期

陳継明 (1995),「面対最難上与最難下的挑戦」『上海汽車報』(1995年1月15日)

陳　晋 (1999),「中国軍需産業における企業の自動車生産への進出と拡張戦略」『アジア経営研究・第5号』アジア経営学会, 1999年3月

陳　晋 (1998),「中国自動車産業における大企業と中小企業の成長戦略比較」『国際ビジネス研究学会年報1998』

陳　晋 (1997),「中国自動車産業における企業戦略行動に関する研究」『国際ビジネス研究学会年報1997』

陳　晋 (1991),「中国巨大企業組織改革の実態分析——自動車産業における企業グループを中心に」東京大学大学院経済研究科修士学位論文

Chen, J. "Different Behaviors of Chinese Auto Maker In Technology Introduction and Assimilation" *The Dragon Millenium : Chinese Business in the Coming World Economy*, edited by Frank-Jürgen Richter, published by the Greenwood Publishing Group, 2000.

Chen, J., Lee, C. and Fujimoto, T., "Different Strategies of Localization in the Chinese

Auto Industry : The Cases of Shanghai Volkswagen and Tianjin Daihatsu" Paper to be Presented to MIT 1996 IMVP Sponsors Meeting, Brazil, June, Faculty of Economics, University of Tokyo, Discussion Paper 97-F-2.

Chen, J., Lee, C. and Fujimoto, T.,"Adaptation of Lean Production in China : The Impact of Japanese Management Practice" Paper to be Presented to MIT 1997 IMVP Sponsors Meeting, Korea, September, Faculty of Economics, University of Tokyo, Discussion Paper 97-F-27.

陳正澄（1994），「中国自動車産業の産業政策と国産化戦略——SVW社を例として」『社会科学研究』第46巻2号

程　遠（1994），「中国汽車工業発展戦略評述」『上海汽車報』，1994年8月21日

Child, John (1972), "Organizational Structures, Environment and Performance : The Role of Strategic Choice", Sociology 6 (1972): 1-22.

仇　克（1990），「対上海発展轎車工業的認識与体会」『上海汽車・拖拉機』，1990・2

仇　克（1991），「上海汽車工業現状与展望」『上海汽車』1991・4

Clark, C. K. and Fujimoto, T. (1991), Product Development Performence, Harvard Business School Press, Boston.（邦訳：藤本隆宏，キム・B・クラーク（1993），田村明比古訳『製品開発力』，ダイヤモンド社）

Collis, D. J. (1991), "A Resource-Based Analysis of Global Competition : The case of the Bearing Industry", Strategic Management Journal, Vol. 12, pp. 49-68.

Cusumano, M. A. (1985), The Japanese Automobile Industry, Harvard University Press, Cambridge, U. S.

第一汽車製造廠史誌編纂室（1991），『第一汽車製造廠廠誌　1950-1986』第一巻上冊，（吉林科学技術出版社，1991年）

第一汽車製造廠史誌編纂室（1992），『第一汽車製造廠廠誌　1950-1986』第一巻下冊，（吉林科学技術出版社，1992年）

Dosi, G., Teece, D. J. and Winter, S. (1990), "Toward a Theory of Corporate Coherence : Preliminary Remarks", Working paper, University of California at Berkley.

Foil, C. M. and Lyles, M. A.(1985),"Organizational Learning", Academy of management Review, Vol. 10, No. 4, pp. 803-813.

Fujimoto, T. (1994), "Reinterpreting the Resource-Capability View of the Firm : A Case of the Development Production Systems of the Japanese Auto Makers", Paper to be Presented to Prence Bertil Symposium, Stockholm, June, Faculty of Economics, University of Tokyo, Discussion Paper 94-F-20.

藤本隆宏（1994, 1995），「日韓自動車産業の形成と産業育成政策」『経済学論集』第60巻第1号，第2号と第4号（東京大学経済学会）

藤本隆宏 (1995)，「日本自動車産業におけるいわゆるブラックボックス部品取引システム（承認図方式）の起源と進化について」Faculty of Economics, University of Tokyo, Discussion Paper 95-J-12.

藤本隆宏 (1995 b)，「いわゆるトヨタ的自動車開発・生産システムの競争力とその進化 (1)『怪我の功名』と事後的合理性」『経済学論集』第61巻第2号（東京大学経済学会）

藤本隆宏・李春利 (1996)，「中国自動車産業の製品開発システムに関する研究ノート——第一汽車と東風汽車に関する実態調査報告」Faculty of Economics, University of Tokyo, Discussion Paper 96-J-2.

藤本隆宏 (1997)，『生産システムの進化論——トヨタ自動車にみる組織能力と創造プロセス』（有斐閣）

Grant, R. M. (1991), "The Resource-Based Theory of Competitive Strategy : Implications for Strategy Formation", California Management Review, June, pp. 114-135.

耿昭傑 (1987)，「関於中国轎車工業戦略起歩和戦略発展問題」何世耕主編『汽車工業的戦略抉択』所収（中国経済出版社，1989年，北京）

耿昭傑 (1991)，「一汽轎車発展道路」『管理世界』双月刊，1991年，第2期

耿昭傑 (1997)，「汽車工業急待国家扶持」『中国汽車報』1997年3月10日

顧佩琴 (1996)，「一張取之不易的進入国際市場的通行証」『上海汽車』1996年，第1期

国家信息中心経済予測部・中国汽車貿易総公司 (1996)，『1996 中国汽車市場展望』

国務院経済技術社会発展研究中心技改調研組 (1988)，『一汽在改革開放時期的記述改造——来自生産第一線的調査報告』中国財政経済出版社，北京

Hamel, G. and Praharad, C. K. (1994), Competing for the Future, Harvard Business School Press, Boston.（邦訳：一條和生訳『コア・コンピタンス経営』日本経済新聞社，1995）

Hannan, M. T., and Freeman, J. (1989), Organizational Ecology, Harvard University Press Cambridge, Massachusetts, London, England.

Harwit, E. (1995), China's Automobile Industry Policies, Problems, and Prospects, M. E. Sharpe, Inc., New York.

Hayes, R. H. and Wheelwright, S. C. (1984), Restoring our Competitive Edge — Competing Through Manufacturing, John Wiley & Sons.

何世耕主編 (1989)，『汽車工業的戦略抉択』所収（中国経済出版社，1989年，北京）

Hofer, C. W. and Schendel, D. (1978), Strategy Formulation : Analytical Concepts, West Publishing Company.（邦訳：ホファー・シェンデル (1980)，野中郁次郎他訳『戦略策定』，千倉書房）

星野芳郎（1989），「中国おける技術移転の諸問題」『アジア経済』1989年，第10，11

法政大学比較経済研究所，山内一男・菊池道樹編（1990），法政大学比較経済研究所・研究シリーズ6『中国経済の新局面——改革の軌跡と展望』（法政大学出版局，1990年11月）

Hussey, David. (1990), "Developments in Strategic Mamagement", International Review of Strategic Management, Volume 1, 1990, John Wiley & Sons, pp. 3-25.

石井淳蔵・奥村昭博・加護野忠男・野中郁次郎（1985），『経営戦略論』（有斐閣）

伊丹敬之（1980），『経営戦略の論理』（日本経済新聞社）

伊丹敬之（1984），『新・経営戦略の論理』（日本経済新聞社）

伊丹敬之・加護野忠男・小林孝雄他編（1988），『競争と革新—自動車産業の企業成長』（東洋経済新報社）

伊丹敬之・加護野忠男・伊藤元重編（1993），『日本の企業システム』（日本経済新聞社）

岩原拓（1995），『中国自動車産業入門—成長を開始した"巨人"の全貌』（東洋経済新報社）

岩垣誠（1986），「中国の自動車産業」『中国経済』第246号

機械工業部汽車工業司・中国汽車技術研究中心汽車工業復関対策研究課題組編（1994），『汽車工業復関対策研究課題報告集』（中国汽車技術研究中心）

機械工業部汽車工業司・中国汽車技術研究中心（1996），『汽車工業規画参考資料1996』

紀学滌（1988），「転変企業経営機制　加速天津汽車工業発展」『天津汽車』1988年，第1期

紀学滌（1995），「緊緊抓住機遇　継續堅苦創業」『天津汽車』1995年，第1期

蒋一葦［主編］（1986），『第二汽車廠経営管理考察』（経済管理出版社）

江顯芬（1991），「一汽驕車工程利用外資的嘗試和探討」『汽車工業研究』1991年，第5期

河地重蔵・藤本昭・上野秀夫（1994），『現代中国経済とアジア——市場化と国際化』（世界思想社）

河端正彦（1992），「中国自動車の現状と現地生産プロジェクトの展望」『中国自動車産業・市場の現状と展望』（TEDセミナーテキストNo. 2A17）自動車問題研究会1992年10月

小島麗逸編著（1988），『中国の経済改革』（勁草書房，1988年4月）

小宮隆太郎（1989），『中国現代経済』（東京大学出版会）

栗林純夫（1988），「中国自動車産業の発展と再編」『アジア研究』第34巻3号

李　洪（1993），『中国汽車工業経済研究』（中国人民大学出版社，北京）

Lee, C., Chen, J. and Fujimoto, T. (1996), "Different Strategies of Localization in the Chinese Auto Industry : The Cases of Shanghai Volkswagen and Tianjin Daihatsu"

Paper to be Presented to MIT 1996 IMVP Sponsors Meeting, Brazil, June, Faculty of Economecs, University of Tokyo, Discussion Paper 97-F-2.
李春利（1997），「中国の自動車産業」佐々木信彰編『現代中国経済の分析』（世界思想社，1997年7月）
李春利（1996），「中国自動車産業における企業システムの形成と進化に関する研究」東京大学大学院経済科博士学位論文
李春利（1993），「中国の乗用車生産における国産化戦略とサプライヤー・ネットワーク」『産業学会研究年刊』第9号
李殿林・張中傑（1996），「天津市工業重点行業技術発展跟踪研究—汽車工業」『天津汽車』1996年，第1期
李振民（1993），「日本精益生産管理的啓示」『上海汽車・拖拉機』1993年，第4期
林樹楠（1997），「建一流技術中心　上自我開発能力」『上海汽車報』1997年4月6日
劉永鴿（1994），「離陸期の中国自動車産業」丸山恵也編『アジアの自動車産業』所収（亜紀書房，1994年）
劉鴻飛（1994），「団結勤奮求実創新　為行業産品開発努力工作」『天津汽車』1994年，第3期
陸幸生（1995），「大衆這樣走天下」『上海汽車報』1995年1月1日
丸川知雄（1993），「中国の『三線建設』」『アジア研究』Vol. 134, No. 2, 1993年2月
丸川知雄（1994），「中国における企業間関係の形成——自動車産業の事例」『アジア経済』第35巻第9号
南亮進（1988），「中国の自動車工業—産業組織と技術」『アジア経済』第29巻第12号
Mintzberg, H. (1989), Mintzberg on Management, The Free Press, ADvesion of Macmellan, Inc., New York, U. S. A.（邦訳：H・ミンツバーグ（1991），『人間感覚のマネジメント』北野利信訳，ダイヤモンド社）
門田安弘（1991），『新トヨタシステム』（講談社）
成松章利（1989），「わが国の自動車産業と中国」『中国経済リポート』1989年1月号
Nelson, H., and Waters, S. G. (1982), An Evolutionary Theory of Economic Change, Belknap, Harvard University Press, Cambridge, U. S.
野中郁次郎（1985），『組織進化論』（日本経済新聞社）
野中郁次郎（1990），『知識創造の経営』（日本経済新聞社）
野崎幸雄（1974），『中国経営管理論』（ミネルヴァ書房）
王　健（1994），「中国自動車工業における技術移転の実態」『立命館国際地域研究』第5号
大島卓（1993），「中国自動車産業の分業生産体制の特徴」『産業学会研究年報』第9号
Oshima Taku (1995), "Development of thc Chinese Automobile Industry And The

Strategy of Modern Japanese Automobile Parts Makers",『城西大学経済経営紀要』第14巻第1号, 1995年6月

岡本康雄 (1990),「多国籍企業と日本企業の多国籍化」『経済学論集(東京大学)』56 (1), 53-100頁

岡本康雄・若杉敬明編 (1985),『技術革新と企業行動』(東京大学出版会)

大河内暁男 (1979),『経営構想力――企業者活動の史的研究』(東京大学出版会)

大野耐一 (1978),『トヨタ生産方式――脱規模の経営をめざして』(ダイヤモンド社)

奥村昭博 (1989),『経営学入門シリーズ――経営戦略』(日経文庫, 日本経済新聞社)

Peteraf, M. A. (993), "The Cornerstones of Competitive Advantage : A Resource-Based View", Strategic Management Journal, Vol. 14, pp. 178-191.

Porter, M. (1980), Competitive Strategy, Free Press. (邦訳:土岐坤・中辻萬治・服部照夫訳『競争の戦略』, ダイヤモンド社, 1982)

Porter, M. (1980), Competitive Advantage, Free Press. (邦訳:土岐坤・中辻萬治・服部照夫訳『競争優位の戦略』, ダイヤモンド社, 1985)

Praharad, C. K. and Hamel, G. (1990), "The Core Competence of the Corporation", Harvard Business Review, May―June, pp. 79-91. (邦訳:坂本義実訳「コア競争力の発見と開発」『ダイヤモンド・ハーバード・ビジネス』, Aug = Sep., pp. 4-18)

銭銘根・陸文躍 (1995),「強化企業管理, 走管理創新之路」『上海汽車』1995年, 第4期

Quinn, J. B., Mintzberg, H. and James, R. M. (1986), The Strategy Process, Prentice Hall, Englewood Cliffs, New Jersey 07632.

任世源 (1996),「汽研所科研工作取得新進展」『天津汽車報』1996年1月11日

Rumelt, R. (1995), "Inertia and Transformation", Reproduced from Resource-Based and Evolutionary Theories of The Firm by Cynthia A. Montgomery, Copyright © 1995 by Kluwer Academic Publishers.

関満博 (1998),「転換期迎えた日本企業のアジア・中国戦略――進出の10年を振り返って」『季刊アステイオン』, 1998-春

関満博 (1999),「中国重慶の重機械工業と日本企業」『アジア経営研究』第5号, アジア経営学会, 1999年3月

新宅純二郎 (1994),『日本企業の競争戦略』(有斐閣)

上海汽車工業史編委会 (1992),『1901-1990 上海汽車工業史』(上海人民出版社)

上海延鋒内装件廠 (1992),「実行SQC方法推動生産特区建設」『上海汽車報』1992:9.15「生産特区専刊」

高橋伸夫 (1994),『組織の中の決定理論』(朝倉書店)

高橋伸夫 (1995),『経営の再生:戦略の時代・組織の時代』(有斐閣)

高橋伸夫編著（1996），『未来傾斜原理：協調的な経営行動の進化』（白桃書房）

高橋伸夫（1998），「組織ルーチンと組織内エコロジー」『組織科学』Vol. 32, No. 2, 1998.

高橋満（1995），「インド自動車産業――進展しつつあるモータリゼーション」『アジ研ワールド・トレンド』1995 年 5 月号

田島俊雄（1991），「中国自動車産業の展開と産業組織」『社会科学研究』第 42 巻第 5 号

田島俊雄（1996），「中国的産業組織の形成と変容―小型トラックメーカーの事例分析」『アジア経済』XXXVII―7・8（1996. 7・8）

高井和夫（1995），「発展する中国自動車産業」『徳島大学工学部研究報告』第 40 号，1995 年

高山勇一（1991），「自動車産業」丸山伸郎編『中国の工業化　揺れ動く市場化路線』所収（アジア経済研究所）

陶培泉（1996），「関於上海汽車工業産品自主開発若干問題的探討」『上海汽車』1996 年 5 月

Teece, D. J., Pisano, G. and Shuen, A. (1992), "Dynamic Capabilities and Strategic Management", Working Paper, University of California, Berkeley.

Teece, D. and Pisano, G.(1994), "The Dynamic Capabilities of Firms : An Introduction", Working Paper, University of California, Berkeley, Harvard University, respectively. WP-94-103.

天津市汽車研究所（1996），「実施新品開発加速基地建設　為天津汽車工業的大発展再立新功」『天津汽車』1996 年，第 1 期

トヨタ自動車工業株式会社（1978），『トヨタのあゆみ――トヨタ自動車工業株式会社創立 40 周年記念』

上原一慶（1987），『中国の経済改革と開放政策――開放体制下の社会主義』（青木書店，1987 年 12 月）

張茂龍（1995），「創造輝煌―記上海汽車工業銷售総公司」『上海汽車報』1995 年 2 月 26 日

張振華（1995），「上海轎車工業的沿革与発展――兼論家用轎車的発展戦略和設想」『上海汽車』1995 年 1 月

中国汽車技術研究中心情報所編輯（1996），『中国汽車引進車型国産化配套手冊』（機械工業部汽車工業司／中国汽車技術研究中心出版）

中国汽車工業史編審委員会編（1996），『中国汽車工業史 1901-1990』（機械工業出版社）

「中国汽車零部件工業史」編輯部編（1995），『中国汽車零部件工業史』（中国汽車技術研究中心出版社）

「中国汽車貿易指南」編委会編（1991），『中国汽車貿易指南』（経済日報出版社，北京）

「中国汽車汽油機工業史」編委会と「中国汽車柴油機工業史」編委会編（1996），『中国

汽車発動機工業史』(吉林科学技術出版社)
中国軽型汽車工業史編委会編 (1995),『中国軽型汽車工業史 1949-1989』(機械工業出版社)
荘明恵 (1996),「精益求精無止境——上海汽車工業総公司創建「生産特区」八周年回顧」『上海汽車報』1996, 5, 19
土屋守章 (編 1982),『現代の企業戦略』(有斐閣)
和田一夫 (1984),「『準垂直統合組織』の形成」『アカデミア』6月
和田一夫 (1991),「自動車産業における階層的企業間関係の形成——トヨタ自動車の事例」『経営史学』第 26 巻第 2 号, 経営史学会
Wada, K. (1991), "The Development of Tiered Inter-Firm Relationships in the Automobile Industry: A Case of Toyota Motor Corporation", Japanese Yearbook on Business History, August.
王栄鈞, 李新隆 (1994),「走高標準高品質的国産化道路」『上海汽車』1994 年第 4 期
汪声鑾 (1990),「提高産品質量　加強基礎建設　促進天津汽車工業健康発展」『天津汽車』1990 年第 1 期
汪声鑾 (1993),「天津汽車工業発展的十年回顧与展望」『天津汽車』1993 年第 2 期
汪道涵 (1990),「上海轎車工業発展戦略研討会上的開幕詞」『上海汽車・溶拉機』, 1990・2
渡辺真純 (1994),「中国自動車市場の夢と現実」『中央公論・中国特集』1994 年 6 月
渡辺真純 (1996),『2000 年の中国自動車産業』(蒼蒼社)
Weick. K. E. (1979), The Social Psychology of Organizing, 2nd ed., Wesley.
Wesley M. Cohen and Daniel A. Levinthal (1990), "Absorptive Capacity: A New Perspective on Learning and Innovation" Administrative Science Quarterly, 35, 1990 by Cornell University, pp. 128-152.
Womack, J., Roos, D. & Jones, D. (1990), The Machine That Changed the World, Rowson Associates. (邦訳:沢田博訳『リーン生産方式が世界の自動車産業をこう変える』, 経済界, 1990)
熊伝林 (1993),「転変観念, 縮短差距」『上海汽車報』1993 年 4 月 20 日
夏連生 (1997),「96 北京汽車市場簡析　97 北京汽車市場初探」『北京汽車報』1997 年 1 月 3 日
肖　威 (1996),「中国自動車産業における国産化問題——上海大衆汽車有限公司のケーススタディ」,『龍谷大学経営学論集』第 36 巻第 1 号 (平成 8 年 6 月)
肖　威 (1997),「中国乗用車産業の技術導入——合弁企業と国営企業の比較」『社会科学研究年報』第 27 号 (1997 年 3 月), 龍谷大学社会科学研究所
薛　軍 (1996),「中国乗用車部品供給体制の形成と展開——上海 VW 国産化の事例研究

を中心に」一橋大学大学院経済科修士論文, EM412

山岡茂樹 (1996), 『開放中国のクルマたち』(日本経済評論社)

Yang, X. (1994), "Global Linkages and the Constraints on the Emerging Economy : The Case of the Chinese Automobile Industry", Working Paper for IMVP, MIT, June, Cambridge, U. S.

楊桂栄 (1993),「天津轎車工業的発展歴程」『天津汽車』1993 年, 第 3 期

楊桂栄・劉霞 (1994),「関於発展天津汽車零部件工業的建議」『天津汽車』1994 年, 第 1 期

吉田孟史 (1991),「組織間学習と組織慣性」『組織科学』Vol. 25, No. 1, 1991.

吉田信美 (1993),『自動車激震 25 時』(NTT 出版)

葉　平 (1995),「抓住機遇　建設一流技術開発中心」『上海汽車報』1995 年 7 月 2 日

# インタビュー・リスト

(敬称略。会社・部門別、時間順、役職はインタビュー時点)

## ◆第一汽車集団公司（第一自動車）

1990年6月12日　機械部第9（工場）設計院　副院長　金世振
1990年6月13日　模具中心（ダイス・センター）　副工場長　宋日明
1990年6月13日　第2鋳造廠　副工場長　張貴明
1990年6月14日　轎車廠（乗用車工場）　副工場長　朱重明
1990年6月14日・15日　第一自動車企業管理弁公室　副部長　王世禹
1991年5月7日　機械部第9（工場）設計院　副院長　金世振
1991年5月8日　第一自動車企業管理弁公室　副主任（副部長）　王世禹
1994年9月5日　一汽大衆汽車有限公司（第一自VW）
　　　　　　　第一副総経理（第一副社長）　Klaus Wulf
　　　　　　　技術副総経理（技術副社長）　Edgar Stange
1994年9月6日・7日　第一自動車取締役副董事長　常務副社長　李治国
1996年4月28日　長春汽車研究所　『汽車工業研究』雑誌　編集長　梁代魁、
　　　　　　　副編集長　任鴻泉
1996年4月29日　長春汽車研究所　『汽車技術』雑誌　編集長　孫秀玲
1996年5月2日　機械部第9（工場）設計院　副院長兼総工程師　韓雲嶺
1996年5月2日　第一自動車企業管理弁公室　主任（部長）　馮雲翔
1996年5月3日　第2轎車廠（小紅旗乗用車工場）　副工場長　鄭成林、
　　　　　　　技術課　課長　尚
1996年5月3日　長春汽車研究所　総合計画管理部　製品企画室　主任室長　孫志斌

## ◆天津汽車工業公司（天津自工）

1990年7月5日　天津自工企業管理弁公室　課長　宋徳玉
1990年7月6日　天津自工企業管理弁公室　主任（部長）　陳家禮
1990年7月7日　天津自工企業管理弁公室　副主任（副部長）　陳国壁
1990年7月7日　天津内燃機廠（エンジン工場）　工場長　劉清茂、
　　　　　　　工場長室　室長　趙永昌
1991年5月12日　天津微型汽車廠（シャレード乗用車工場）　工場長弁公室
　　　　　　　主任室長　陸中山
1993年8月13日　天津自工企業管理弁公室　副主任（副部長）　陳国壁
1996年6月9日　天津自工企業管理弁公室　統計師　於銘禮

1996年6月10日　天津微型汽車廠（シャレード乗用車工場）
　　　　　　　　企業管理弁公室　主任　明国林
1996年6月11日　天津汽車研究所　副所長　高洪林
1996年6月11日　天津汽車研究所　『天津汽車』雑誌　編集長　馬士寛
1996年8月12日　天津華利汽車有限公司　副社長　王丁林
1996年8月12日　天津微型汽車廠（シャレード乗用車工場）　公司接待処　劉棟岩

◆上海汽車工業総公司（上海自工）
1993年8月10日　上海大衆汽車有限公司（上海VW）　国産化管理部　部長　李新隆
1994年9月12日　上海大衆汽車有限公司（上海VW）　前社長
　　　　　　　　サンタナ国産化共同体理事長　王栄鈞
1994年9月13日　上海小糸車燈有限公司　副総経理（副社長）　木瀬勝征
1994年9月14日　上海台厚（台湾厚木）汽車配件（クラッチのプレス）
　　　　　　　　有限公司　社長　簡文雄
1995年8月7日　上海匯衆汽車製造公司　汽車底盤（シャーシー）廠
　　　　　　　　副工場長　沈昌鈞
　　　　　　　　重型汽車（大型トラック）廠　工程師　襲衛国
1995年8月8日　上海自工海外合作部　経理助理　張玉麗、劉梅
1995年8月8日　上海離合器（クラッチ）総廠　企画発展部　経理　陶家声
1995年8月9日　上海延鋒内飾件（内装品）有限公司　常務副社長　黄康寧、
　　　　　　　　生産製造部　部長　呉宗興
1995年8月10日　上海納鉄福伝動軸（ドライブシャフト）有限公司　社長　南陽
1996年5月17日　上海汽車研究所　情報室　室長　『上海汽車』雑誌　編集長　宋徳良
1996年5月17日　上海大衆汽車有限公司（上海VW）
　　　　　　　　質量（品質）管理部　課長　楊玉梅
1996年8月26日　上海自工技術部　部長　兼上海汽車工業技術中心（センター）
　　　　　　　　主任　張振華
1996年8月26日　上海大衆汽車有限公司（上海VW）　市場販売部　主任経済師　饒達

◆東風汽車集団公司（東風自動車）
1995年7月31日　神龍汽車有限公司（東風シトロエン乗用車）
　　　　　　　　市場開発部　部長　李伯良
1995年8月2日　東風汽車公司柴油発動機（ディーゼルエンジン）廠　工場長　陳法成
1995年8月4日　東風汽車公司本社　副社長　兼神龍汽車有限公司　副董事長　宋延光
1995年8月4日　東風汽車公司本社　科学技術部　部長　楊立貴、

　　　　　　　　　　企画投資部　部長助理　　俞新
1996年 8 月20日　　雲南汽車製造廠　副総工程師　徐瑞庭、工場長代理　朱明生
1996年 8 月20日　　昆明鋼板弾簧（板バネ）廠　工場長　呉振家
1996年 8 月23日　　東風杭州汽車公司汽車廠　工場長　張慶裕

### ◆北京汽車工業公司（北京自工）
1993年 9 月10日　　北京吉普汽車有限公司（北京ジープ）　企業管理部　課長　趙徳昭
1994年 9 月 2 日　　北京内燃機（エンジン）廠　高級工程師　谷維賢、
　　　　　　　　　　対外経済処　課長　藩海峰
1994年 9 月 2 日　　北京吉普汽車有限公司（北京ジープ）　製品発展部　部長　林大為
1994年 9 月 3 日　　北京軽型車有限公司(北京小型トラック)　総合管理部　副部長　銭洵

### ◆南京汽車工業総公司（南京自工）
1995年 7 月27日　　南京汽車工業総公司　科技処　処長　張禾豊、外事部　部長　陳海

### ◆中国重型汽車総公司（重型自動車）
1994年 9 月 9 日　　重慶汽車発動機（カミンズエンジン）廠　副工場長　易継曽
1995年 7 月26日　　済南汽車製造総廠　総設計師　張朝金、総工程師　任昭傑
1996年 8 月15日　　陝西汽車製造廠　総工程師　杜孝先、国際貿易部　季同盟
1996年 8 月23日　　杭州汽車発動機（スタイヤーエンジン）廠　副工場長　張徳生

### ◆北方工業総公司
1994年 9 月10日　　長安機器製造廠（長安スズキ）　副総工程師　鄒冬蓮、
　　　　　　　　　　対外連絡処　副処長　潘慶革
1996年 8 月14日　　内蒙古第一機械製造廠(北方ベンツ汽車製造公司)　総経済師　尚学富、
　　　　　　　　　　副総工程師　尤鳳元、販売サービス部　部長　李済仁

### ◆政府部門と研究開発組織
1990年 7 月 3 日　　中国汽車工業連合会　体制改革弁公室　副部長　孫縁根
1993年 8 月10日　　上海市政府サンタナ乗用車国産化指導弁公室　副主任　朱克勤
1993年 8 月15日　　中国汽車技術研究中心　情報所　副所長　陳效曽
1994年 9 月 8 日　　国家計画委員会産業経済と技術経済研究所　副所長　胡子祥
1994年 8 月18日　　中国汽車総公司　信息情報司　部長　張錚
1995年 8 月16日　　中国汽車工業経済技術信息研究所　所長　霍義光
1996年 5 月11日　　中国汽車総公司　信息情報司　部長　張錚

1996年5月14日　国家計画委員会産業経済と技術経済研究所　副所長　胡子祥
1996年5月7日　中国汽車技術研究中心　主任研究員中国自動車産業ＷＴＯ加盟対策研
　　　　　　　　究グループ主幹　呂鉄山
1996年5月7日　中国汽車技術研究中心　『汽車市場動態』雑誌　編集長　呉賢明
1996年8月12日　トヨタ中国技術中心　総代表　内田賢一、副総代表　東和男

# 事項索引

## あ 行

- アウディ100乗用車……………………203
- アコード……………………………244
- アルト軽乗用車………………………310
- 一上一下……………………………114
- 1企業1車種…………………………59
- 一汽大宇……………………………228
- 一点集中……………………………128
- 以老養新……………………………153
- インプリケーション……………………296
- 売手市場……………………………173

## か 行

- 開発組織…………………………175, 224
- 外部環境の焦点要因……………………35
- 仮　説………………………………41
- 株式発行……………………………228
- 環境条件……………………………29
- 環境創造……………………………28
- 環境認識の重点………………………265
- 環境変化……………………………23
- ──の方向…………………………264
- 危機管理……………………………221
- ──20条……………………………113
- 企業規模……………………………260
- 企業精神……………………………215
- 企業戦略…………………………9, 20
- 企業体制の改革………………………144
- 企業特殊性…………………………297
- 企業の基本精神………………………101
- 貴州航空……………………………314
- 技術的な問題…………………………74
- 技術転換への対応……………………293
- 技術導入……………………………55
- ──プラン…………………………82
- 既存資源……………………………30
- 規模生産……………………………322
- 旧ウエストモーランド工場………………218
- QQM品質保証体制……………………103
- 業界トップ…………………………232
- 供給不足……………………………172
- 競争力蓄積能力……………………32, 268
- 共通要因……………………………254
- 橋頭保………………………………180
- クライスラー…………………………201
- グローバール化………………………320
- 軍需産業……………………………301
- 軍隊のニーズ…………………………238
- 軍民結合・保軍転民……………………305
- 経営資源──競争能力アプローチ………21
- 経営指導思想…………………………165
- 経営戦略……………………………8
- ──論………………………………18
- 経済体制変化への対応…………………291
- KVP2提案制度………………………222
- 欠陥克服……………………………263
- 紅旗号乗用車…………………………188
- 広州汽車製造廠………………………240
- 広州ジープ…………………………243
- 小型乗用車…………………………316
- 小型トラック生産基地…………………196
- 国産化………………………………56
- ──部品の品質管理…………………170
- ──率………………………………93
- 五五分成……………………………144
- コスト・ペナルティー…………………67
- コスト管理…………………………219

ゴルフ＝ジェッタ乗用車 ……………204

## さ 行

産業基盤分布…………………………45
三線建設 ………………………………304
3大3小2微 …………………………58
サンタナ国産化協調オフィス………94
サンタナ乗用車の国産化……………96
CA488エンジン ………………………220
GM ……………………………………124
ジェッタ車 ……………………………212
資金調達 ………………………………195
資源投入能力 …………………………31
資源投入の方針 ………………………266
市場高度化への対応 …………………294
次善の策 ………………………………152
実証分析 ………………………………10
失敗原因 ………………………………255
自動車産業政策 ………………………55
Citroen ZX シリーズ乗 ……………248
夏 利 ……………………………………153
シャレード ……………………………148
上海GM ………………………………320
上海VWの開発組織 ………………119
上海VWの管理組織 ………………86
上海VWの部品供給体制 …………97
上海汽車技術センター ………………121
上海汽車工業総公司 …………………2
上海汽車工業銷售（販売）総公司……99
上海汽車製造廠 ………………………71
上海小糸 ………………………………110
上海号乗用車 …………………………73
上海自工の開発組織 …………………120
上海市政府の産業政策 ………………78
上海自動車産業の構想 ………………76
上海大衆汽車公司 ……………………84
重慶市長安微型車連合体 ……………313
集中投資 ………………………………256

重点的に投資 …………………………162
主攻微型 ………………………………308
上位3社 ………………………………8
譲開大路、占領両廂 …………………306
小紅旗 …………………………………211
乗用車開発 ……………………………225
乗用車企業 ……………………………1
乗用車産業 ……………………………12
乗用車新事業 …………………………227
乗用車先導工程 ………………………206
商用車中心の戦略 ……………………209
指令性配分計画 ………………………24
事例分析 ………………………………12
新解放号 ………………………………194
スバル・レックスKF－1型
　軽乗用車 …………………………311
精益求精 ………………………………102
成功要因 ………………………………257
生産管理 ………………………………168
生産強化の過程 ………………………266
生産特区 ………………………………106
成長経路 ………………………………6
成長スピード …………………………41
成長戦略 ………………………………1
製品開発 ………………………………175
製品多角化 ……………………………62
先行投資 ………………………………167
潜在力を掘り起し ……………………174
先内後外 ………………………………158
戦略形成論 ……………………………2,9
戦略構築能力 …………………………10,26
戦略構築の経路 ………………………43
戦略構築の焦点 ………………………37
戦略相違 ………………………………176
戦略的経路の差異 ……………………259
戦略ビジョン …………………………79
ソ 連 ……………………………………186
総合比較 ………………………………251

| | |
|---|---|
| 組織学習 | 269 |
| 組織慣性 | 20 |
| 粗製濫造 | 173 |

## た 行

| | |
|---|---|
| 第一基幹産業 | 87 |
| 第一汽車集団公司 | 2 |
| 第一自動車の戦略 | 208 |
| 第一VW | 210 |
| 対外加工・組立の業務の発展についての報告 | 77 |
| 滞貨現象 | 193 |
| ダイハツ | 146 |
| ダイムラー・クライスラー | 321 |
| ダイムラー・ベンツ社 | 197 |
| 代理店制度 | 163 |
| 他産業への一般化 | 291 |
| ダッジ600用エンジン | 201 |
| Cherokee ジープ | 238 |
| 地方産業の育成政策 | 53 |
| 地方メーカー | 49 |
| 中堅メーカー | 47 |
| 中国汽車工業公司 | 48 |
| 中国自動車産業 | 2 |
| ――発展戦略会議 | 55, 201 |
| 中国微型汽車集団公司 | 318 |
| 長安汽車責任有限公司 | 301 |
| 朝鮮戦争 | 70 |
| TJ130小型トラック | 140 |
| TJ740 | 139 |
| TJ620小型バス | 139 |
| 天津汽車配件工業公司 | 137 |
| 天津汽車工業公司 | 2 |
| 天津市軽自動車建設プロジェクト | 145 |
| 天津市内燃機廠 | 148 |
| 天津市の支柱産業 | 157 |
| 天津市微型汽車廠 | 148 |
| ドイツ人技術者 | 217 |
| 同時適応 | 27 |
| 東風本田発動機 | 249 |
| 時系列に連動 | 259 |
| トヨタ | 177 |
| ――自動車 | 133 |
| ――天津工場 | 134 |

## な 行

| | |
|---|---|
| ナショナル・プロジェクト | 186 |
| 二重価格制度 | 40 |
| 2000年の中国自動車産業発展 | 199 |
| 日中経済知識交流会 | 199 |
| 日中戦争 | 303 |
| 認識能力 | 30 |
| 農業機械化政策 | 137 |

## は 行

| | |
|---|---|
| ハイゼット | 146 |
| 8A-EFIエンジン | 179 |
| 哈爾浜東安汽車動力公司 | 309 |
| 泛亜汽車技術中心 | 125 |
| 販売体制 | 213 |
| 飛鷹号 | 135 |
| BJ212ジープ | 236 |
| ビュイック | 124 |
| 評価項目 | 35 |
| 品質監査 | 104 |
| VW | 203 |
| ――社の海外戦略 | 81 |
| 部品産業基盤 | 69, 260 |
| 分析枠組 | 22 |
| 北京汽車製造廠 | 235 |
| 華利 | 153 |
| 鳳凰号乗用車 | 72 |
| 放水養魚 | 89 |
| 補充導入 | 151 |
| 本田技研 | 244 |

事項索引 *343*

## ま行

満州自動車製造株式会社 …………185
三菱自動車 ………………………321
民族系資本 ………………………180
モータリゼーション ……………315
問題関心 ……………………………1

## ら行

リーン生産方式 ……………109, 221
立地条件 …………………………187
累積性 ……………………………297
冷戦プロジェクト ………………247
6万台体制 ………………………191

## Growth Strategies of the Chinese Automotive Manufacturers

### CONTENTS

#### by Jin Chen
#### (University of Tokyo)

**Chapter 1   Research Theme and Method** ........................................... *1*
1. Research Theme
2. Research Method

**Chapter 2   Research Framework : Process of Environmental Change and
             Formation & Performance of Enterprise Strategy** ........................ *15*
1. Existing Research of Empirical and Theoretical Approach
   1.1. Empirical Research of the Chinese Automobile Industry
   1.2. Theoretical Research of Management Strategy
2. Research Framework : Dynamic Research of the Process of Strategy Formation
   2.1. Formation of Market Economy and the Chinese Automobile Industry :
        Theoretical Re-definition
   2.2. Inter-Function of Environment & Resource and Process of Strategy
        Formation
   2.3. Research Framework : Strategy Formation and Its Elements
        (1) Environmental Conditions
        (2) Existing Resource
        (3) Capability of Strategy Formation
            (3)-a  Capability of Acknowledgement
            (3)-b  Capability of Resource Adaptation
            (3)-c  Capability of Competition Capability Accumulation
3. Concentration Change of Environment Elements and Strategy Formation
   3.1. Concentration Change of Environment
   3.2. Process of Formation & Performance of Enterprise Strategy and
        Concentration Change of Strategy Formation
4. Hypothesis of the Difference of Development Speed and Strategy Route

**Chapter 3   History of the Chinese Automobile Industry and
             the Advance to Car** ................................................... *45*
1. Initial Trial Production of Automobile and Industrial Foundation Distribution
2. Formation of the Multi-layer Structure and Concentration on Medium Truck
3. Market Opening and Policy Performance of Technological Introduction
4. Rapid Development of Car Needs and Change of Industry Policy

5. Advance to Competition System from Segment Layer Structure
   6. Summary

**Chapter 4   Concentration & Enforcement Strategies of Core Capability in
              Shanghai Automotive Industry Corporation (SAIC)** ·······················67
   1. Introduction
   2. History of Automobile Repairing and Car Production in SAIC
      2.1. Automobile Repairing and Foundation Formation of Parts
      2.2. Assembly Experience of Vehicle and Car
      2.3. Trial Production of "Phoenix" Car
      2.4. Small Quantity Production of "Shanghai" Car
      2.5. Summary : Existing Resource of Former Plan Economy Period
   3. Concentration Idea to Car Production and Adaptation to Government Policy
      3.1. Concentration Idea to Car Production and Reform of Manufacturer Structure
      3.2. Adaptation to Government Policy and Strategy Vision of Technological
           Introduction
      3.3. Expectation of Foreign Maker
      3.4. Plan Formation of Introduction and Performance of Trial Assembly
      3.5. Summary : Acknowledgment Capability in the Early Period of Technological
           Introduction & Open Market
   4. Enforcement of Car Production and Formation of Parts Localization Network
      4.1. Realization of Technological Introduction and Organization Structure of
           Shanghai-VW
      4.2. Strategy Adjustment and Enforcement of Car Production Capability
      4.3. Formation of Parts Supply Network
      4.4. Establishment of Sales System and Market Enlargement
      4.5. Summary : Resource Input Capability in Development Period of Car Needs
   5. Process of Technological Assimilation and Resource Capability Accumulation
      5.1. Ideology of Manufacturer and Basic Spirit of Enterprise
      5.2. Establishment of Shanghai-VW's Quality Control System
      5.3. Trial Performance of "Special Production Zone"
      5.4. Introduction and Popularization of Lean Production
      5.5. Training of Development Capability and New Performance
           (1) Development Organization and Development Activity of Shanghai-VW
           (2) Development Organization and Development Activity of SAIC
           (3) New Performance and Training of Development Capability
      5.6. Summary : Competition Capability Accumulation before Intensified Market
           Competition

6. Discussion

## Chapter 5　Search and Adaptation Strategies of Market Opportunity in Tianjin Automobile Industry Corporation (TAIC) ·······················*131*

   1. Introduction
   2. History of Initial Vehicle and Parts Production of Tianjin
      - 2.1. Production Foundation of Vehicle and Parts by Toyota
      - 2.2. History of Car Trial Production
      - 2.3. Decline and Re-development of Parts Production
      - 2.4. Small Quantity Production of Vehicle and Setbacks of Car Trial Production
      - 2.5. Summary : Existing Resource of Former Plan Economy Period
   3. Search for Market Opportunity and Plan Formation of the Advance to Car
      - 3.1. Vision of Light Vehicle Based on Market Survey
      - 3.2. Reform of Enterprise System and Project Development
      - 3.3. Visiting Japan and Technological Introduction of Light Vehicle
      - 3.4. Inside & Outside Survey and Plan Formation of Advance to Car
      - 3.5. Summary : Acknowledgment Capability in the Early Period of Technological Introduction & Open Market
   4. Car Technological Introduction and Adaptation of Market Needs
      - 4.1. Utilization of Market Change and Realization of Car Technological Introduction
      - 4.2. Development Pattern of "Establishing New by Depending Old"
      - 4.3. Change of Parts Supplier and Insufficient Investment of Parts Production
      - 4.4. Formation of Sales System and Trial Performance of Agent
      - 4.5. Summary : Resource Input Capability in the Period of Car Needs Development
   5. Process of Technological Assimilation and Resource Capability Accumulation
      - 5.1. Ideology of Manufacturers and Guiding Ideology of Management
      - 5.2. Excessive Introduction of Hardware and Insufficient Introduction of Software
      - 5.3. Technological Introduction of Parts Factories and Order Management
      - 5.4. Pursuit for Market Interest as Quantity Enforcement and Quality Ignorance Despise
      - 5.5. Actual Condition of Product Development and New Joint Venture
         - (1) Body Reform and Commission Design
         - (2) Development Organization and Performance
         - (3) Strategy Difference with Toyota and Joint Venture
      - 5.6. Summary : Competition Capability Accumulation before Intensified Market Competition

348   CONTENTS

6. Discussion

**Chapter 6   Adaptation & Utilization Strategies of Government Policy in First Automotive Works Corporation (FAW)** ·················································· *183*
1. Introduction
2. Establishment and Initial Production Performance of FAW
    2.1. Location Condition and Establishment Preparedness
    2.2. Works Design and Establishment
    2.3. Production Models and Small Quantity Production of "Red Flag"
    2.4. Production Enlargement and Initial Development of Parts Production
    2.5. Summary : Existing Resource of Former Plan Economy Period
3. Change of Manufacturers' Attitude and Multi-dimension Development of Commercial Vehicle
    3.1. Crisis Appearance and the Challenge from Dong Feng Motor Corporation (DFM)
    3.2. Model Change of Medium Truck and Change of Manufacturers' Attitude
    3.3. Development of Small Truck and Production Preparedness
    3.4. Production Discontinuance and Improvement Effort of "Red Flag"
    3.5. Summary : Acknowledgment Capability in the Early Period of Technological Introduction & Open Market
4. Car Technological Introduction and Market Development of Commercial Vehicle Concentration
    4.1. Strategy Change and Plan Formation of Advance to Car
    4.2. Change of Technological Introduction Origin and Realization of Car Technological Introduction
    4.3. Production Development of Commercial Vehicle Concentration and Development of Parts Localization
    4.4. Advance to Market of "Small Red Flag" and "Jetta"
    4.5. Formation of Sales System
    4.6. Summary : Resource Input Capability in Development Period of Car Needs
5. Process of Technological Assimilation and Resource Capability Accumulation
    5.1. Ideology of Manufacturer and Change of Enterprise Spirit
    5.2. Establishment of Quality Control System and Problem of Cost Management
    5.3. Technological Introduction and Quality Control of Parts Factories
    5.4. Development of Lean Production
    5.5. Car Development and New Performance
        (1) Development Organization and Development Performance of Commercial Vehicle

CONTENTS  **349**

   (2) Reorganization of Structure and Car Development Performance
   (3) New Performance
 5.6. Summary : Competition Capability Accumulation before Intensified Market Competition
6. Discussion

**Chapter 7   Analysis of Failure Causes of Three Declined Makers with Different Pattern** ················································································*235*
 1. Comparison of SAIC and Beijing Automobile Industry Corporation
    ── Car Technological Introduction and Reorganization of Production System
 2. Comparison of TAIC and Guangzhou Automobile Industry Corporation
    ── Foundation & Organization & Vehicle Model
 3. Comparison of FAW and DFM
    ── Adaptation of Government Policy and Strategy Advance to Car
 4. Summary

**Chapter 8   Strategy Performance : Complex Comparison** ······················*251*
 1. Common Elements of Success and Failure
   1.1. Common Failure Causes of Three Declined Makers
   1.2. Common Success Causes of Three Top Makers
 2. Strategy Route Difference of Three Top Makers
   2.1. Existing Resource till the End of 1970s
   2.2. Acknowledgment Capability in the Early Period of Technological Introduction & Open Market
   2.3. Resource Input Capability in Development Period of Car Needs
   2.4. Competition Capability Accumulation after Car Technological Introduction
 3. Conclusion
 Supplementary Conclusion : Explanation of Comparison Result of Table 8-3

**Chapter 9   Conclusion and Future Research Topics** ····························*283*
 1. Conclusion
 2. Popularization of the Chinese Manufacturers
   (1) Differences of Manufacturers in Adaptation of Economy System Change
   (2) Differences of Manufacturers in Adaptation of Technological Advance
   (3) Differences of Manufacturers in Adaptation of Intensified Market
 3. Implication and Future Research Topics

**Supplementary Chapter : The Advance to Car Production and Globalization of the Chinese Munitions Enterprises** ·······································*301*
 1. Introduction

2. Historical Changes and Management Resource's Distribution of Munitions Enterprises
3. Strategy Formulation and Performance of Advance to Vehicle Production
4. Advance to Car Production and Flaws of Government Policy
5. Structure Reorganization and Development of Car Production
6. Motorization and Competition of Compact Car
7. Globalization of Munitions Enterprises' Car Production

**Bibliography** ··············································································· *325*
**Appendix : List of Interviews** ················································ *337*

*Shinzansha Press, Tokyo, 2000*

〈著者紹介〉

陳　晋（Chen Jin）
（チン　シン）

1952年　中国天津市に生まれ
1984年　中国天津商科大学企業管理学部卒業
　　　　天津商科大学企業管理学部専任講師を経て
1993年　天津商科大学企業管理学部助教授
1993年　米国ペンシルベニア大学ウォートン・スクール（Wharton School）にて訪問研究
1994年　米国マサチューセッツ工科大学（MIT）国際自動車プログラム（IMVP）客員研究員
1999年　東京大学大学院経済学研究科企業・市場専攻博士課程修了、経済学博士学位取得
現　在　東京大学社会科学研究所客員研究員

［主要論文］
「中国自動車産業における企業戦略行動に関する研究」（『国際ビジネス研究学会年報1997』、1997年）
「中国自動車産業における大企業と中小企業の成長戦略比較」（『国際ビジネス研究学会年報1998』、1998年）
「中国軍需産業における企業の自動車生産への進出と拡張戦略」（『アジア経営研究』第5号、1999年）
「中国自動車産業における企業の成長戦略の策定と実行に関する研究」（東京大学大学院経済科博士学位論文、1999年）
"Different Behaviors of Chinese Auto Maker In Technology Introduction and Assimilation" *The Dragon Millenium : Chinese Business in the Coming World Economy*, edited by Frank-Jürgen Richter, published by the Greenwood Publishing Group, 2000.

住所：〒274-0072　千葉県船橋市三山2-10-8
TEL：047-493-2676
E-mail : chenjin@pop06.odn.ne.jp

---

中国乗用車企業の成長戦略

2000年（平成12年）6月30日　第1版第1刷発行

著　者　　陳　　　晋
発行者　　今　井　　貴
発行所　　信山社出版株式会社
　　　　　〒113-0033　東京都文京区本郷6-2-9-102
　　　　　　　　　電話 03（3818）1019
　　　　　　　　　FAX 03（3818）0344

Printed in Japan

Ⓒ陳　晋、2000. 印刷・製本／松澤印刷・大三製本
ISBN4-7972-1939-4 C3333
1939-012-050-010
NDC 分類 600.001

── 信山社 ──

平12. A1124 S

陳　晋 著
中国乗用車企業の成長戦略　8,000円

李　春利 著
現代中国の自動車産業　5,000円

張　紀南 著
戦後日本の産業発展構造　5,000円

梁　文秀 著
北朝鮮経済論　予6,000円

山岡茂樹 著
ディーゼル技術史の曲がりかど
　3,700円

坂本秀夫 著
現代日本の中小商業問題　3,429円

坂本秀夫 著
現代マーケティング概論　3,600円

寺岡　寛 著
アメリカ中小企業論　2,800円

寺岡　寛 著
アメリカ中小企業政策　4,800円

山崎　怜 著
〈安価な政府〉の基本構造　4,635円

R. ヒュディック 著　小森光夫他 訳
ガットと途上国　3,605円

大野正道 著
企業承継法の研究　16,000円

菅原菊志 著
企業法発展論　20,000円

多田道太郎・武者小路公秀・赤木須留喜 著
共同研究の知恵　1,545円

吉川惠章 著
金属資源を世界に求めて　2,369円

吉尾匡三 著
金融論　5,980円

中村静治 著
経済学者の任務　3,500円

中村静治 著
現代の技術革命　8,500円

千葉芳雄 著
交通要論　2,060円

佐藤　忍 著
国際労働力移動研究序説　3,080円

辻　唯之 著
戦後香川の農業と漁業　4,635円

山口博幸 著
戦略的人間資源管理の組織論的研究
　6,180円

西村将晃 著
即答工学簿記　3,980円

西村将晃 著
即答簿記会計（上・下）　9,940円

K. マルクス 著　牧野紀之 訳
対訳・初版資本論第1章及び附録
　6,180円

牧瀬義博 著
通貨の法律原理　49,440円

李　圭洙 著
近代朝鮮における植民地地主制と
　農民運動　12,000円

李　圭洙 著
米ソの朝鮮占領政策と南北分断
　体制の形成過程　12,000円

宮川知法 著
債務者更正法構想・総論　15,000円

宮川知法 著
消費者更正の法理論　6,800円

宮川知法 著
破産法論集　10,000円

小石原尉郎 著
障害差別禁止の法理論　10,000円

**信山社**

〒113-0033　文京区本郷6-2-9-102
TEL 03 (3818) 1019　FAX 03 (3818) 0344
order@shinzansha.co.jp